Politiques
et aménagements sportifs
en région stéphanoise

Collection "**Espaces et Temps du Sport**"
dirigée par Jean Saint-Martin et Thierry Terret

Le phénomène sportif a envahi la planète. Il participe de tous les problèmes de société, qu'ils soient politiques, éducatifs, sociaux, culturels, juridiques ou démographiques. Mais l'unité apparente du sport cache mal une diversité aussi réelle que troublante : si le sport s'est diffusé dans le temps et dans l'espace, s'il est devenu un instrument d'acculturation des peuples, il est aussi marqué par des singularités locales, régionales, nationales. Le sport n'est pas éternel ni d'une essence trans-historique, il porte la marque des temps et des lieux de sa pratique. C'est bien ce que suggèrent les nombreuses analyses dont il est l'objet dans cette collection créée par Pierre Arnaud qui ouvre un nouveau terrain d'aventures pour les sciences sociales.

Dernières parutions

Pascal SERGENT, *Edmond Jacquelin. La vie du champion le plus populaire de tous les temps*, 2008.
Jean-Pierre FAVERO, *Immigration et intégration par le sport. Le cas des immigrés italiens du bassin de Briey (fin du XIXe siècle – début des années 40)*, 2008.
Guy BONO, *L'avenir du football européen en question. Golden Goal*, 2007.
Emmanuel BAYLE et Pascal CHANTELAT, *La Gouvernance des organisations sportives*, 2007.
Pierre-Olaf SCHUT, *L'exploration souterraine. Une histoire culturelle de la spéléologie*, 2007.
Sandrine VIOLLET, *Le Tour de France cycliste 1903-2005*, 2006

Stéphane Merle

Politiques et aménagements sportifs en région stéphanoise

L'Harmattan

5-7, rue de l'École-Polytechnique ; 75005 Paris

http://www.librairieharmattan.com
diffusion.harmattan@wanadoo.fr
harmattan1@wanadoo.fr

ISBN : 978-2-296-06759-2
EAN : 9782296067592

Introduction

La recherche urbaine et la recherche en géographie ont longtemps délaissé le sport, un phénomène social perçu en tant qu'objet secondaire, comme dans d'autres disciplines. Le sport est aujourd'hui un objet adulé et honni ; c'est surtout un concept à géométrie variable : nombreux sont les historiens et sociologues qui ont débattu de sa définition, de son apparition dans la société[1]. Ces débats restent vifs sur l'origine des sports, donc des espaces sportifs : il est pour nous nécessaire, même succinctement, de donner un cadre théorique à notre recherche sur ce point tout en le questionnant.

Au sens le plus large, le sport est intrinsèque à l'homme : il appartient à la sphère ludique et n'est donc pas un phénomène de civilisation, avec la conséquence spatiale qu'il ne nécessite aucun espace particulier. Mais nous préférons questionner les périodes où l'on peut parler pour la première fois d'aménagements sportifs : dès l'Antiquité avec entre autres les Jeux Olympiques, au Moyen-Age avec les jeux sportifs, et au XIXème siècle avec les sports modernes. Pour plusieurs spécialistes des sports, notamment Bernard Jeu, l'origine est antique et repose sur l'exemplarité de la Grèce classique : compétition, tribalité et rituels caractérisent le sport antique, homérique et olympique en particulier[2]. D'un côté le sportif est souvent un guerrier pour lequel les exercices physiques font partie de l'éducation mais d'un autre côté le sportif est associé au mythe des Jeux Olympiques et des grands « stades ». En effet, au-delà de leur origine floue et de leur singularité exagérée par rapport à d'autres jeux antiques, à l'image de leur nom même excluant le mot « sport », les Jeux Olympiques montrent la conception d'un univers ordonné. Le site d'Olympie est considéré comme le premier grand ensemble sportif aménagé avec

---

[1] Non seulement il est difficile de déterminer quand et où sont nés les sports modernes, pour la plupart olympiques (depuis la rénovation des Jeux Olympiques dans les années 1890), mais aussi cette précision dépend des conceptions et acceptions du mot sport. De nombreuses recherches et publications font état de pratiques sportives réelles dans l'Antiquité ou au Moyen-Age mais bien souvent les termes employés sont ceux de jeux sportifs, d'activités physiques (suggérant que le sport, devenu moderne au XIXème siècle, existait auparavant mais sous d'autres manières) : cf. Bancel N. et Gayman J-M., 2002, *Du guerrier à l'athlète, éléments d'histoire des pratiques corporelles*, PUF, Paris, 385 p., et Collectif, 1993, *Jeux, sports et divertissements au Moyen-Age et à l'Age classique*, CTHS, Paris, 298 p.

[2] Thomas Raymond, 1991, *Histoire du sport*, PUF, Paris, Que sais-je, 128 p.

définition conventionnelle de la piste (une distance entre une ligne de départ et une ligne d'arrivée, pour la première fois circulaire lors des premiers Jeux Olympiques en 724 av. JC, délimitant alors l'espace de course : le stade). Ce n'est donc pas un hasard si les Jeux Olympiques ont été pris en référence au moment de l'avènement des sports modernes à la fin du XIXème siècle, même si peu de spécialistes valident le mythe fondateur de ces jeux. L'Antiquité a aussi produit d'autres archétypes d'espaces sportifs, dans la période romaine qui suit (arène, gymnase)[1]. Plusieurs historiens de l'Antiquité vont même plus loin en associant gymnases et thermes à des espaces modernes de préparation physique et sportive, sorte d'ancêtres des salles de sports et centres de stages actuels : pistes d'entraînement et locaux de massages pour les gymnases, hygiène et bien-être mais encore espace de relation humaine pour les thermes[2]. Cette période marque dans tous les cas pour nous l'émergence de modèles d'aménagement sportif malgré la timide codification des espaces d'activités physiques.

D'autres essais de périodisation et de réflexion sur l'apparition des sports privilégiant le long terme sont fondés sur une thèse de la structuration progressive des sports modernes depuis le Moyen-Age (passage du jeu sportif au sport). C'est d'une part Bertrand During qui différencie trois phases : l'importance des jeux dans une société largement villageoise du Moyen-Age au XVIème siècle, l'association gymnastique/Etat dominante aux XVIIIème et début du XIXème siècles, la codification des sports modernes à la fin du XIXème et au XXème siècle[3]. C'est d'autre part Georges Vigarello qui retrace une histoire culturelle des activités sportives en soulignant des points forts dans une évolution très découpée[4]. Plusieurs rapprochements d'ordre culturel existent entre activités physiques du Bas Moyen-Age et sports modernes, mais nous ne pouvons parler de sports institués : les jeux physiques et sportifs qui se multiplient à l'époque médiévale ne peuvent être que timidement assimilés aux pratiques modernes, que ce soient les tournois (prolongeant la conception du sport comme

---

[1] Vigneau, 1998, *Les espaces du sport*, PUF, Paris, Que sais-je ?, 128 p.

[2] Decker W. et Thuillier J-P., 2004, *Le sport dans l'Antiquité*, Picard, Paris, 260 p.

[3] During Bertrand, 2000, *Histoire culturelle des activités physiques XIXème-XXème siècles*, Vigot, Paris, 161 p.

[4] Vigarello Georges, 2000, *Passion sport*, Textuel, Paris, 191 p.

éducation à la guerre et coutumes de combat), la lutte, les joutes et surtout les trois jeux de crosse, de paume, de soule (ancêtres respectifs du golf, du tennis et du football). Dans ces jeux sportifs médiévaux, l'affrontement physique repose sur une permission et un contrôle du transgressif, souvent cadrés dans une chronologie festive elle-même fondée sur le poids des communautés religieuses ou villageoises. Pour Vigarello et d'autres historiens du sport, il existe bien une culture du jeu, voire une culture « physique » dans l'Ancien Régime, sans équivalent institutionnel ni spatio-temporel[1]. Les espaces sportifs sont souvent ouverts, libres et mobiles, et se situent comme la majorité de la population dans les campagnes : les jeux sportifs anciens investissent le plus souvent l'espace commun, notamment la soule (sauf quelques jeux sportifs comme le tir des archers ou la courte paume qui ont des salles couvertes en ville). Bref, le rapprochement entre sports modernes et jeux traditionnels est limité et le terme de sport doit être réservé aux pratiques codifiées de la fin du XIXème siècle, troisième moment d'apparition des sports, celui que nous privilégions.

En effet, la plupart des activités physiques du Moyen-Age et de tout l'Ancien Régime ne sont pas des loisirs et restent liées à diverses activités, militaires, professionnelles, éducatives. L'exercice physique est nécessaire à la défense d'ordre militaire et de nombreux jeux sont associés à la guerre. Les joutes et les pas d'armes sont comme des imitations d'opération militaire ; les tournois, dont les origines sont floues et reposent sur le mythe de la sélection des chevaliers, sont à la fois lutte et défi, imitation de bataille et fête, voire mise en scène. Pour les tenants de la naissance du sport à la fin du XIXème siècle en Angleterre, le sport moderne et les activités physiques anciennes se différencient comme le sport et le jeu en général : « le sport est du domaine de la convention et de l'institué, le jeu appartient au monde de

---

[1] Même si d'autres historiens insistent sur les représentations sociales négatives des activités physiques : Collectif, 1993, *Jeux, sports et divertissements au Moyen-Age et à l'Age classique*, CTHS, Paris, 298 p. « L'espace du jeu, également, est sans rapport avec sa spécificité d'aujourd'hui : le terrain de soule demeure celui de l'irrégularité des campagnes, le terrain de paume celui des places et des rues, le terrain de patinage celui des étangs et des canaux. Quelques jeux ont bien leurs aires spécialisées, le mail, le tir, le tripot de la paume, mais rares parce que coûteux sont les investissements dans la création de terrains particuliers et séparés » (Vigarello, 2002, p.17). Cf. également Merdrignac Bernard, 2002, *Le sport au Moyen-Age*, PU de Rennes, Rennes, 335 p.

la transgression et de l'instituant »[1]. Ainsi les jeux seraient réputés spontanés, festifs, turbulents, volatiles, enfantins, et les sports seraient jugés sérieux, performatifs, contrôlés, rationnels et institués. Pour d'autres, à notre avis plus réalistes, le processus de civilisation est plus complexe : Pierre Bourdieu a toujours affirmé que le sport ne révèle en rien le niveau de civilisation, Roger Caillois questionne lui la différenciation entre sports et jeux[2].

De manière plus globale, le XIXème siècle, hygiéniste et positiviste selon un temps rentabilisé, donne au sport une forte dimension sociale, éducative, reposant sur un idéal démocratique et égalitaire que les logiques sociales distinctives remettent en cause dès le départ. Considérations sportives (au sens culturel) et sociologiques se croisent : même si nous retenons l'ancrage des sports modernes dans les jeux sportifs anciens et les processus de filiation entre jeux et sports selon des logiques sociales pré-déterminées, plus importante est la rupture du XIXème siècle autour de la codification des pratiques et de la normalisation des espaces spécifiques.

Le sociologue majeur sur le processus de civilisation et sur la sportisation des jeux traditionnels (ou sportivisation, voire sportification), que nous prenons comme principale référence théorique, est Norbert Elias dont les travaux, tardivement importés en France, sont depuis plusieurs années largement reconnus et repris, sur l'importance de la sociologie des processus, des affects, de l'habitus social/civilisé et des espaces d'interactions[3]. Ce processus de sportisation explique la naissance des sports modernes en Angleterre, dès le XVIIIème siècle pour Elias, notamment avec les courses hippiques

---

[1] Caillat Michel, 1996, *Sport et civilisation, histoire et critique d'un phénomène social de masse*, l'Harmattan, Paris, p.17.

[2] Caillois Roger (dir), 1967, *Jeux et sports*, Gallimard, Paris, 1826 p.

[3] Cf. l'avant-propos de Roger Chartier « Le sport ou la libération contrôlée des émotions » dans l'édition française de 1994 de l'ouvrage *Sport et civilisation, la violence maîtrisée*, paru en Angleterre en 1986, intitulé *Quest for excitement, sport and leisure in the civilizing process*, un ouvrage synthétisant quarante ans de recherches du sociologue et de l'un de ses disciples, Eric Dunning. Cf. aussi Heinich Nathalie, 1997, *La sociologie de Norbert Elias*, La Découverte, Paris, 122 p., Delzescaux Sabine, 2002, *Norbert Elias, civilisation et décivilisation*, l'Harmattan, Paris, 336 p., et Bonny Yves et alii (dir), 2003, *Norbert Elias et la théorie de la civilisation, lectures et critiques*, PU de Rennes, Rennes, 265 p.

et l'association compétition-pari (le premier jockey-club date de 1750). Les facteurs essentiels sont la rationalisation des activités ludiques comme des procédés industriels (mesure, règles, vitesse, etc), les nouveaux modes de vie sous l'Angleterre victorienne (avec processus d'identification sociale des élites), une quête de liberté et de plaisir (sphère naissante et croissante du temps libre face au travail, redécouverte du corps), une relative liberté d'association et une appropriation pédagogique dans les public schools (compétition comme outil pédagogique, voire projet éducatif et moral, et surtout esprit d'initiative).

Chacun de ces points fait encore l'objet de débats historiographiques, par exemple le dernier sur les public schools : rupture ou continuité ? conquête estudiantine autonome ou réforme pédagogique ? Pour de nombreux chercheurs, les sports modernes ne sont que des jeux codifiés, encadrés par des clubs, compétitions et fédérations : « Aux yeux de nombreux auteurs, le sport n'est que la codification minutieuse d'activités physiques qui existaient depuis très longtemps en l'état mais sans être réglementés avec précision »[1]. Sur un plan sociologique, le sport moderne repose sur une violence maîtrisée, telle une « libération contrôlée des émotions »[2] ; mais plus importants pour nous sont les aspects spatio-temporels de cette sportisation. De nombreux chercheurs, Elias le premier, s'accordent à reconnaître l'urbanisation comme facteur d'apparition des sports modernes, mettant en valeur les liens villes-campagnes pour expliquer le passage des jeux aux sports. Certains vont même plus loin pour associer sport et urbanité : l'historien André Rauch analyse la simultanéité de l'effacement des traditions et jeux villageois et de la diffusion urbaine des sports modernes[3], une transition à interroger dans le cas stéphanois.

Un changement d'ordre géographique nous paraît presque plus important et se situe à plus grande échelle : c'est la normalisation des lieux de pratique, associée à une standardisation du temps sportif. Des

---

[1] Arnaud P. et Camy J. (dir), 1986, *La naissance du mouvement sportif associatif en France, sociabilités et formes de pratiques sportives*, PU de Lyon, Lyon, p.128.

[2] Elias N. et Dunning E., 1994, op. cit.

[3] Rauch André, 1989, « Des jeux aux sports, pour une histoire des différences », in *Cahiers d'histoire* n°1, CHCE, Lyon, pp.41-53.

normes et des valeurs créent des règles de jeu, donc des espaces spécifiques régularisés, influençant la pratique : « la création du vélodrome ou du stade, avec leurs pistes artificielles et leurs distances standardisées, incite à la comparaison des performances »[1]. Faut-il aller plus loin et supposer une volonté de structuration de l'espace, d'une mise en ordre sportive en opposition ou non à un certain désordre dans les jeux sportifs traditionnels ? Nous pouvons en douter en percevant d'une part des formes d'organisation et de sportisation importantes dans les jeux anciens et d'autre part un faible niveau de réflexion sur les espaces sportifs. Il reste que les sports modernes engendrent un système spatio-temporel fermé[2]. La ritualisation des pratiques sportives tout comme leur organisation matérielle provoque une spécialisation des lieux, une forme d'individualisation avec clôture des terrains puisque le sport est bien souvent pratiqué à l'écart d'une vie quotidienne rythmée par le travail. Certains géographes analysent dans cette mise en limite de l'activité physique une survivance et même une gradation du sacré lorsqu'on analyse les seuils présents dans un lieu sportif, depuis la limite au centre du terrain jusqu'aux limites de tribunes[3]. Ce sont autant des seuils physiques que socio-culturels, séparant des espaces sportifs et des espaces sociaux (différentes tribunes pour différentes classes sociales). Bref, ce processus de sportisation constitue un cadre général à garder en mémoire pour le cas stéphanois, et pas seulement pour la période d'apparition des sports modernes fin XIXème siècle.

Finalement, au-delà de ces débats d'historiens sur la naissance des sports et des espaces sportifs, gardons en tête les travaux de Pierre

---

1 Vigarello Georges, 2002, *Du jeu ancien au show sportif*, Le Seuil, Paris, p.73. Cette normalisation des lieux sportifs se confond avec la structuration du mouvement sportif en fédération prescrivant des règles : des cordes séparent pour la première fois les concurrents dans les courses de vitesse en 1888, un an après la création de l'Union des sociétés françaises de course à pied, ancêtre de l'USFSA. De plus, le temps des sports devient calculé, précisé et mesuré, et s'oriente vers la dichotomie du temps visible et polarisé des compétitions et du temps masqué des entraînements et des projets (voire un temps de loisir au-delà du temps du stade avec les sociabilités sportives).

2 Durry J., Hubscher R. et Jeu B., 1992, *L'histoire en mouvement : le sport dans la société française XIXème - XXème siècle*, A. Colin, Paris, 559 p.

3 Gay Jean-Christophe, 1997, « Le sport : une mise en limites de l'activité physique », in *L'espace géographique* n°4, pp.327-340.

Parlebas sur les sports et les jeux traditionnels révélant une mosaïque de pratiques. Reprenant le principe du processus de sportisation, Parlebas donne une typologie en quatre catégories dans une approche motrice intéressante mais qui ne convient pas toujours à l'approche géographique : les sports (des jeux sportifs institués), les quasi sport (des jeux sportifs semi-institués comme la boule lyonnaise), les jeux sportifs traditionnels (non institués comme la thèque), les quasi jeux sportifs (des activités libres informelles, sans règles)[1].

A cette difficulté conceptuelle propre au mot sport s'ajoute celle de définir les espaces et lieux associés aux pratiques : notre choix se porte sur le terme privilégié d'aménagement sportif dans le sens où le mot espace a un sens très large, presque générique, et où le mot équipement suggère un ouvrage identifié, un lieu de pratique aménagé excluant les espaces publics et naturels requalifiés par de nombreuses pratiques[2]. L'aménagement sportif fait directement référence, selon la définition générique d'action volontaire plus ou moins concertée et réfléchie, aux systèmes d'acteurs et aux logiques socio-politiques de production des espaces sportifs, voire des territoires sportifs au sens le plus convenu d'espace approprié, délimité. En fait, la notion de territoire sportif est délicate à manipuler, souvent proche de la notion d'espace social notamment selon plusieurs géographes sociaux : c'est la notion-même de territoire qui pose problème par son acception diverse en géographie d'une part, selon les disciplines d'autre part. Elle sera utilisée dans le sens où l'aménagement sportif initial suggère une appropriation par la société locale, tel un construit collectif marqué par des représentations, des sentiments d'appartenance, bref selon une dimension à la fois matérielle et idéelle.

Plus qu'un débat *a priori* sur le vocabulaire, l'important réside dans le choix de la démarche, selon le paradigme de départ : le social

---

[1] Parlebas Pierre, 1999, *Jeux, sports et sociétés, lexique de praxéologie motrice*, INSEP, Paris, 469 p. Cf. également Parlebas Pierre, « Le destin des jeux : Héritage et filiation », *Socio-Anthropologie, N°13 Jeux / Sports*, mis en ligne le 15 novembre 2004, URL: http://socio-anthropologie.revues.org/document173.html.

[2] L'espace sportif désigne l'ensemble des structures plus ou moins aménagées où le public pratique des sports de manière plus ou moins encadrée. Quant à l'équipement sportif, il est souvent réduit aux installations sportives de base. Cf. Bessy et Hillairet, 2002, *Les espaces sportifs innovants*, PU du Sport, Voiron.

guide le spatial. La géographie est bien pour nous l'étude de la dimension spatiale du social avec divers thèmes possibles pour cerner l'esprit des lieux, ici le sport. Ainsi, une place importante sera donnée au cours de notre recherche aux logiques socio-spatiales, en mobilisant autant d'apports de la science politique et de la géographie politique que de la sociologie et de l'histoire : il s'agira d'étudier les logiques de production des territoires sportifs en région stéphanoise, et les tensions qui découlent de la confrontation éventuelle de ces logiques, sans grand modèle social. Nous prenons toutefois pour principales références les approches sociologiques de N. Elias et P. Bourdieu et les approches géographiques de G. Di Méo et B. Debarbieux, selon une méthode structuralo-dialectique qui laisse toute sa place au temps long, sans historicisme ni marxisme dogmatique mais en partant de l'action humaine. L'espace social est bien un levier et un enjeu de la production des rapports sociaux, approprié par des groupes sociaux et structuré selon la défense des intérêts, au-delà du seul domaine sportif (logiques économiques, politiques, de distinction sociale, etc.).

Notre géographie du sport se conçoit comme une science de l'organisation de l'espace à partir des logiques d'acteurs. Ces acteurs, des individus socialisés avec leurs compétences stratégiques, leurs marges d'action et leurs capacités d'arbitrage, fonctionnent en interaction donc en système (notion prise au sens large, c'est-à-dire de jeux de pouvoirs, voire d'arrangements qui évoluent dans le temps). Ces acteurs plus ou moins proches du monde sportif, qu'il s'agira de préciser, contribuent activement ou passivement à façonner les territoires sportifs, se manifestant de manière identifiable ou implicite, individuelle ou collective (en groupe ou organisation), souvent fragmentée. C'est alors que les apports de la sociologie des organisations sont essentiels, en particulier les travaux de M. Crozier (sur la régularité des comportements, selon une vision dynamique des systèmes d'acteurs), prolongés par E. Friedberg[1]. Parmi les écoles de

[1] Notre utilisation de la notion d'aménagement sportif rejoint celle d'action organisée chez Freidberg : l'action est une construction sociale qui produit et reproduit un ordre, tandis que l'action organisée suggère la capacité d'un acteur à structurer des processus d'échanges durables en sa faveur, selon divers degrés de formalisation. « Le phénomène organisation apparaît alors comme la construction d'un ordre local dont les caractéristiques relativement autonomes structurent la capacité d'action collective des intéressés » (Friedberg, 1993).

pensée les plus valorisées en sociologie du sport, nous retenons la sociologie systémique et stratégique de Crozier, en gardant en tête les apports de la sociologie structuraliste et critique de Bourdieu et Pociello, mais encore d'une sociologie constructiviste et sensible[1].

Ainsi, la sociologie du sport et la géographie sociale influencent largement notre conception de la géographie du sport : c'est d'ailleurs dans un ouvrage de géographie sociale qu'apparaissent en France les premières réflexions sur la diffusion spatiale des sports et le poids symbolique d'équipements sportifs comme les stades[2]. Point n'est besoin ici de revenir sur une épistémologie de la géographie du sport ; il s'agit simplement de se positionner sur l'apport que nous espérons fournir dans la démarche géographique, notamment quant aux récents travaux de thèse en géographie du sport. Par rapport à la thèse de R. Keerle menant une réflexion sur divers objets (des pratiques de plongée jusqu'à la politique sportive de Montpellier), nous sommes plus proche d'une similitude d'objet avec la thèse d'O. Naria sur la diffusion du sport à la Réunion par les équipements, selon une logique chronologique de l'action publique qui donne du poids aux acteurs traditionnels de l'échelle nationale (Etat et fédérations sportives). Mais d'une part le terrain est d'un type différent, la région stéphanoise, une région urbaine sur laquelle la réflexion doit intégrer les approches spécifiques de la géographie urbaine ; d'autre part ce terrain fait l'objet d'une analyse privilégiant l'articulation local/global. Plus précisément, il s'agit pour le terrain stéphanois de voir ce qu'il y a de général et/ou de particulier dans les configurations locales, en évitant les généralisations imprudentes, selon une étude détaillée de la société stéphanoise et des groupes qui la constituent, qui évoluent dans le temps et surtout qui produisent différents espaces sportifs. Les nombreuses lectures de travaux connexes permettent des mises en perspective d'une situation locale où l'analyse du terrain reste primordiale. Grâce à cette sociologie de terrain, dans toute sa profondeur historique depuis les premiers espaces et pratiques de sports

---

[1] Corneloup Jean, 2002, *Les théories sociologiques de la pratique sportive*, PUF, Paris, 248 p.

[2] Cf. Frémont Armand, 1976, *La région espace vécu*, PUF, Paris, p.114-118. L'ouvrage synthétique depuis ces premières approches est : Augustin Jean-Pierre, 1995, *Sport, géographie et aménagement*, Nathan, Paris, 256 p.

modernes, seront identifiés des systèmes d'acteurs producteurs d'espaces sportifs locaux. Le terrain stéphanois, constitué de la région urbanisée autour de la grande ville de Saint-Etienne (l'agglomération au sens morphologique, de Saint-Chamond à Firminy et Andrézieux-Bouthéon), est pour nous un laboratoire, un atelier, un objet, une expérience. Il permet de questionner l'articulation entre pratiques et espaces de pratiques au sein d'une ville industrielle, mais pas seulement puisqu'à un héritage proto-industriel qui questionne l'apparition des sports modernes s'ajoute une réflexion sur l'émergence de la ville dite post-industrielle (portant un regard critique sur la post-modernité).

Sans empirisme ni approche quantitative décisive, c'est par des méthodes qualitatives que nous pouvons saisir la diversité de ces acteurs de terrain et des logiques de production des espaces sportifs, sans grande enquête ethnologique appuyée : c'est la prise de recul historique qui permet de saisir l'évolution de ces logiques de production puisque qu'un espace n'a pas de vocation sportive a priori, ni même de vocation sportive unique (sport de masse, de haut niveau, spectacle sportif ...). Outre quelques observations, participantes ou non, souvent informelles, sur les espaces sportifs actuels de la région stéphanoise, c'est surtout les nombreux entretiens semi-directifs conduits avec les acteurs actuels, récents ou passés du champ sportif (pour simplifier du monde politique et du monde sportif). Certains ont une vue directe et localisée de l'organisation sportive locale ; d'autres ont une hauteur de vue grâce au recul historique ou grâce à leur fonction actuelle. Même si aucune analyse de discours précise et méthodique n'a été menée (limitée à l'étude de quelques thèmes comme les liens entre politique et sport, l'intercommunalité sportive, etc), il ressort que c'est l'appréciation qualitative de ces discours qui fonde une bonne partie de notre analyse, suggérant une production statistique relativement secondaire (études des budgets municipaux, des fréquentations d'équipements comme les stades ou le golf).

Ainsi, il s'agit de préciser quelles politiques ont engendré quels aménagements sportifs, par quels acteurs, selon quelle place dans la société, dans la ville, dans l'aménagement urbain. Autrement dit, nous allons voir, selon les significations sociales qu'ont eu et ont encore l'implantation des équipements sportifs, de quelle manière les politiques sportives en région stéphanoise ont produit et produisent des hauts lieux sportifs, une expression qui fait référence aux récents travaux sur la mise en tourisme des espaces. Cela permet de nous interroger sur le rôle polarisateur du grand équipement, sur sa force, éventuellement remise en cause aujourd'hui par les logiques du sport-loisir dans les espaces de proximité et l'ensemble des espaces publics (la rue, les centres-villes, les parcs, bref tous les espaces appropriés par les sportifs mais non destinés à cela). Cela permet enfin de s'interroger sur ce qui fait la politique sportive, qui est de moins en moins perçue par les acteurs du champ sportif comme un moyen de construire et d'entretenir des équipements sportifs normés mais comme un accompagnement des aménagements : mise à la disposition et soutien à la pratique sportive, volonté de requalification spatiale, impact sur l'aménagement urbain. Nous allons donc poser la question d'une logique globale de production de l'espace sportif dans la ville, dans l'idée que l'aménagement sportif relève d'autres orientations et objectifs que la simple pratique sportive.

Trois périodes se dégagent selon nous, dont les délimitations seront discutées au cours du raisonnement : une première de la fin du XIXème siècle jusqu'en 1919 où le sport moderne, naissant puis en voie d'affirmation progressive dans la société industrielle locale (marquée par la dichotomie patronat/ouvriers), n'occupe qu'une faible place comme l'ensemble des loisirs, avec des espaces sportifs essentiellement privés qui *a priori* relèvent de logiques assez simples de distinction sociale, sans grand modèle d'aménagement sportif public. Dans la seconde période, de 1919 – année de redémarrage et reconfiguration du mouvement et des politiques sportives – jusqu'au début des années 1960, l'affirmation des acteurs publics, notamment dans les municipalités des grandes villes, mais aussi celle d'acteurs privés dans une logique marchande précoce, suscitent divers modèles d'aménagement sportif, souvent concurrents et bousculés par l'instabilité politique nationale. Enfin, du début des années 1960 aux années 1990, c'est une forte structuration des politiques sportives par l'Etat et les municipalités, l'un et l'autre étant par hypothèse successivement dominant dans le système d'acteurs, donnant à l'équipement sportif un caractère public lié au service collectif rendu, privilégiant une idéologie liant sport de masse et sport de haut niveau. Le sport occupant une place croissante dans la société, de fait structuré par des enjeux socio-économiques, politiques et culturels qui le dépassent, il est de plus en plus utilisé à d'autres fins que lui-même.

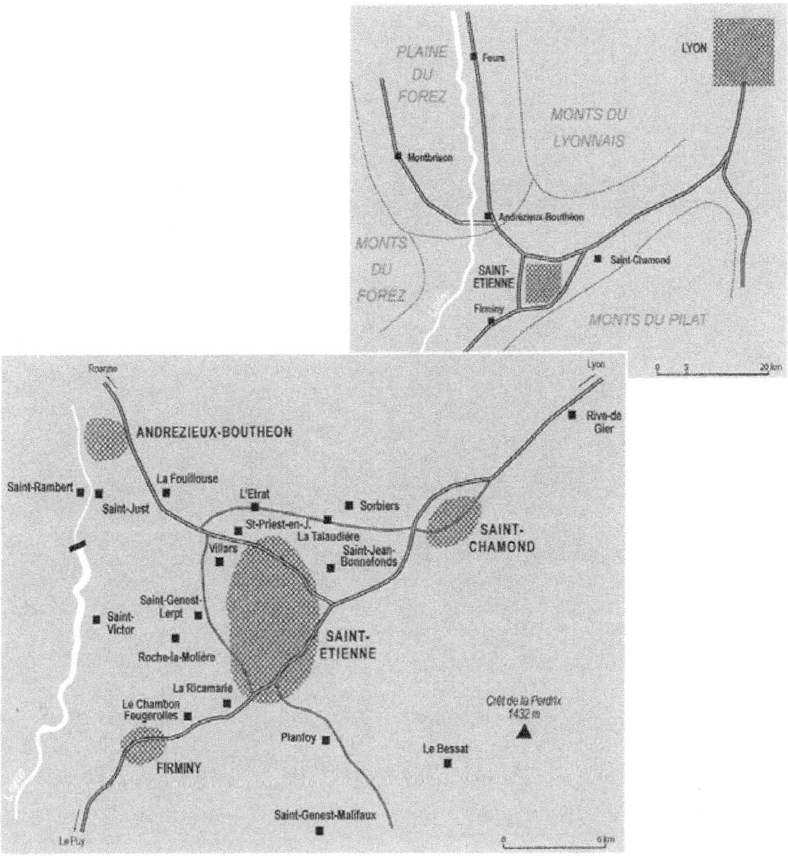

Localisation des pôles urbains de la région stéphanoise (Merle, 2008)

Partie 1 : Les premiers aménagements sportifs en région stéphanoise : le sport de « l'entre soi » (années 1870 – 1919)

Il s'agit de déterminer dans cette première partie comment, avec quels acteurs et quelles orientations socio-politiques, sont apparus sports et aménagements sportifs en région stéphanoise. Le terme de sport doit être utilisé au pluriel car d'une part les manières de concevoir ce type de loisir sont très hétérogènes selon les époques et les classes sociales, d'autre part les pratiques sportives et leurs modalités sont relativement disparates. Il est en conséquence nécessaire de s'interroger sur l'apparition puis le développement des sports modernes à partir de la fin du XIXème siècle et sur les éventuelles modifications apportées aux jeux sportifs traditionnels très présents à Saint-Etienne, parfois dès la fin du Moyen Age (tir, sarbacane). Nous menons donc ici une réflexion dans une dialectique local / global sur un temps long, à l'image du processus-même de sportisation.

Cette première partie, étendue sur un demi-siècle si l'on s'en tient aux sports modernes, dégage une relative cohérence temporelle dans le sens où les territoires sportifs – souvent conçus sans grande intervention publique ni réflexion d'aménagement très poussée, surtout dans les premières décennies – ne sont pas considérés comme des équipements publics. Ils sont d'ailleurs souvent des espaces privés, créés sans grande réflexion sur leur place dans l'aménagement des villes, tout en participant à la reproduction sociale. Les années 1920 constituent une rupture avec une première véritable intervention publique, se traduisant par une logique d'équipements collectifs et d'équité sociale.

Toutefois, cette cohérence s'efface derrière les nombreuses et fortes contradictions masquées par les logiques d'aménagement de ces premiers territoires sportifs : les formes de pratiques et d'utilisation du sport sont diverses. Elles sont surtout associées à des structures sociales différenciées, produisant donc des espaces différenciés. Ainsi, dans l'optique que les logiques sociales produisent des espaces particuliers selon différentes idéologies du sport, nous étudierons l'originalité stéphanoise, c'est-à-dire comment émergent des territoires sportifs à partir des logiques sociales mais aussi politiques et économiques. Cette étude suppose de connaître les implications des acteurs du monde sportif de l'époque et l'influence de ces aménagements sportifs sur les pratiques socio-spatiales, donc comment dans un processus global de sportisation le sport est « reçu » par la société locale, selon une identité sportive stéphanoise forgée par imitation, inspiration, rejet de modèles d'aménagement pré-existants.

1. Des élites dominantes dans la naissance des sports modernes

1.1 Les sports élitistes stéphanois : l'affirmation des élites par d'importantes initiatives privées

1.1.1 La diffusion du modèle anglais du sportsman

Pour comprendre le poids des sports élitistes en région stéphanoise, il faut rapidement revenir sur l'apparition des sports modernes en France, à partir du foyer de l'Angleterre. Le processus de diffusion du modèle anglais du sportsman qui s'engage alors n'est ni brutal ni uniforme : il est en général progressif, différencié selon les espaces, les sports et les classes sociales. Il existe bien un parallèle entre une nouvelle culture urbaine et la quête de sociabilités, dans les associations, les cafés ou les espaces publics extérieurs[1]. L'enjeu social est bien l'appropriation des sports par des populations diverses selon leurs expériences sociales, traditions, intérêts, systèmes de valeurs, « dispositions d'action »[2]. Les sports bourgeois sont devenus le modèle dominant, masquant parfois les spécificités d'origine entre des sports et des jeux sportifs traditionnels populaires, entre des pratiques physiques scolaires et des sports organisés par de puissantes fédérations, etc. Jusqu'aux années 1920, c'est le sport de l'entre soi qui prévaut, avec ses codes, ses lieux de pratiques, ses manières d'exercer, ses enjeux. Et même si elle comporte plusieurs nuances, l'opposition sports élitistes / sports populaires reste essentielle, tant en France qu'en région stéphanoise, région industrielle qui connaît plusieurs spécificités quant à son système d'acteurs, privilégiant sur notre période l'opposition entre classe bourgeoise et classe ouvrière[3].

---

[1] Agulhon Maurice (dir), 1983, *Histoire de la France urbaine : la ville de l'âge industriel (Tome 4)*, Le Seuil, Paris , 665 p.

[2] Clément J-P., Defrance J. et Pociello C., 1994, *Sport et pouvoirs au XXème siècle, enjeux culturels, sociaux et politiques des éducations physiques, des sports et des loisirs dans les sociétés industrielles*, PU de Grenoble, Grenoble, 204 p.

[3] Pour éviter les dangers du « localisme », nous mettrons parfois le cas stéphanois en perspective avec le contexte urbain régional (c'est-à-dire la ville de Lyon bien sûr et

Saint-Etienne est à la fin du XIXème siècle « l'archétype » de la ville noire, c'est-à-dire la ville industrielle de la première révolution industrielle dont la richesse s'est fondée au XIXème siècle sur le textile, la sidérurgie, les constructions mécaniques et surtout le charbon. Ce rapide développement industriel a entraîné une urbanisation importante – l'agglomération passant entre 1806 et 1876 de 60 000 à 210 000 habitants environ – et une arrivée massive de populations d'origines rurale et étrangère, souvent logées dans des quartiers très denses (des faubourgs des XVIème et XVIIème siècles aux quartiers ouvriers du XIXème siècle), sans oublier la formation d'une élite bourgeoise industrielle et commerçante, dominée par des négociants et de plus en plus par de grands industriels[1]. Cette élite, surtout issue du monde du textile et de la mine (patrons rubaniers dans le premier cas et ingénieurs dans le second cas) encourage la transformation du paysage urbain stéphanois, distinctement des quartiers et faubourgs ouvriers, sur deux types d'espaces : le centre-ville (nombreux immeubles à cour de la bourgeoisie), et l'habitat en périphérie (villas bourgeoises au nord de la ville). Ce « schéma » urbain et socio-économique se double d'une évolution culturelle et identitaire majeure : Saint-Etienne est une ville marquée par la culture ouvrière avec une forte dichotomie entre classe ouvrière et patronat, propre aux villes industrielles mais avec des spécificités locales. La population ouvrière, peu mobile après les épisodes migratoires (depuis les campagnes environnantes ou l'étranger), donc plutôt autochtone dès le début du XXème siècle, reste proche de ses attaches rurales (ouvriers-paysans aux pratiques religieuses importantes). La culture stéphanoise dominante, que ce soit chez les ouvriers ou dans un patronat souvent issu du monde artisanal, est une culture du travail, fondée sur une mémoire collective forte qui différencie de plus en plus les deux classes à travers l'emprise du métier sur la vie quotidienne, suscitant une conscience de classe (même si cette expression recouvre des réalités sociales très diverses[2]).

---

son éventuelle influence sur les sports stéphanois, mais aussi les villes proches comme Givors ou Rive-de-Gier).

[1] Bonilla M., Tomas F. et Vallat D., 1994, *Saint-Etienne au XIXème siècle, de Dalgabio à Lamaizière*, PU de Saint-Etienne, Saint-Etienne, 209 p.

[2] Mandon Daniel, 1976, *Les barbelés de la culture, Saint-Etienne une ville ouvrière*, Fédérop, Lyon, 384 p.

Ces identités sociales construisent au cours du XIXème siècle des représentations sociales fortes, entretenues par la presse locale : le stéphanois a dans l'imaginaire collectif « la fierté d'être gaga », c'est-à-dire une vie simple, fondée sur l'accueil, l'entraide, le travail bien fait, renforçant l'idée d'une classe ouvrière unie et opposée aux classes dirigeantes (une conscience de classe révélée en particulier dans les premières coopératives et caisses de secours, les syndicats et les actions sociales). L'image traditionnelle et populaire est celle d'une ville « laborieuse », dans les deux sens du terme, neutre et négatif, telle une imagerie du rouge et du noir[1]. Dès le début du XXème siècle, Saint-Etienne a une « mauvaise » image pour l'extérieur et pour une partie des élites locales qui craignent les mouvements de cette classe ouvrière nombreuse et de plus en plus organisée, mais aussi qui nourrit un complexe d'infériorité, voire une frustration vis-à-vis des élites lyonnaises et parisiennes (qui se représentent surtout une ville noire et enclavée). André Vant a bien analysé cette constitution de l'imagerie locale : il montre que l'idéologie territoriale (ou la production d'image territoriale) se déroule en trois temps : le repérage des images (en fonction des paysages construits, donnés à voir, d'où l'image de ville noire pour Saint-Etienne au XIXème siècle, reprenant l'image de la ville cyclopéenne avec le « froid climatique » et le « feu industriel »), l'analyse de leur fonctionnement et l'étude des mécanismes de naturalisation échappant aux groupes qui les ont produits, formant une véritable culture locale[2]. Cette imagerie se décline en diverses représentations, souvent tenaces et plus ou moins liées à la réalité urbaine : ville ouvrière, industrieuse donc travailleuse, peu axée sur les loisirs, mais avec un capital sympathie reposant les sociabilités de quartier (surtout les sociabilités chaleureuses des cafés). Il existe donc plusieurs manières d'appréhender la ville et l'ensemble de la région stéphanoise : à une vision restreinte d'une vie urbaine confinée dans les quartiers, celle des classes populaires, s'oppose une vision plus ambiguë des classes dirigeantes, attachée à la ville mais soucieuse de montrer sa réussite socio-économique, par l'habitat et par des activités ludiques rejetant la ville industrielle dense et noire (activités permises par une plus grande mobilité, dans les « périphéries vertes » : Plaine du

---

[1] Mandon Daniel, 1976, op. cit.

[2] Vant André, 1981, *Imagerie et urbanisation*, CEF, Saint-Etienne, 661 p.

Forez, Gorges de la Loire ou Massif du Pilat). Le cas stéphanois montre une forte articulation entre sport et société industrielle : représentative des changements socio-économiques de la fin du XIXème siècle, la ville a un tissu économique dense où les élites industrielles – les rubaniers en particulier – encouragent d'un côté la diffusion de procédés industriels, d'un autre côté la diffusion d'un modèle sportif anglophile et distinctif, dans des espaces spécifiques.

Avant de voir les conditions d'une appropriation de ce modèle sportif par les élites locales, retenons quelques principes généraux sur l'apparition et la diffusion des sports bourgeois ou élitistes : ils privilégient la fonction sociale du loisir, symboles de classe, moyens de socialisation et d'affirmation d'identité. Ils sont directement inspirés du modèle anglais, c'est-à-dire un sportif gentleman ou sportsman, issu de la gentry, éduqué dans l'optique d'une formation du corps et de l'esprit, par fidélité et respect pour l'Angleterre victorienne. Le club de sport est un véritable cercle fermé, fondé sur des valeurs bourgeoises telles que le progrès (d'où les compétitions et les courses au record), l'individualisme, l'amateurisme en gardant le sport comme divertissement et moyen de distinction en public. Nous pouvons vraiment parler d'un sport de « l'entre soi » puisque dans ces clubs, la grande majorité des espaces sportifs sont privés et d'une accessibilité sociale limitée (soit directement par l'argent, soit indirectement par l'intermédiaire des statuts du club résident). De même à l'intérieur des clubs se forme une hiérarchie sociale et sportive assez forte, reproduisant les structures sociales, renforcée par un mouvement de bureaucratisation (création des fédérations et de leurs comités). Cette orientation socio-sportive est constitutive du modèle sportif anglais.

En outre, à l'image de la diffusion générale de l'industrialisation et d'une anglophilie qui touche en France les élites bourgeoises et aristocratiques (les premières pour le modèle socio-économique, les secondes pour le modèle socio-politique), un modèle sportif anglophile se diffuse en France. Mais présenter l'importation, la diffusion et les processus de localisation des sports anglais reste un exercice périlleux[1]. Cette diffusion repose sur une dialectique du local

---

[1] « Si les conditions de diffusion de 'l'idée sportive' commencent à être connues (et controversées), il reste bien des zones d'ombre et d'incertitude quant à la couverture

et du global, entre particularismes locaux et standardisation des espaces. Certains facteurs jouent de manière générale : le rôle des transports puisque le sport suppose la « rencontre » (le meeting en anglais), donc une capacité de déplacement, a priori favorable à la région stéphanoise qui a développé les réseaux de transports de manière précoce, pour le rail par exemple. Le rôle des Anglais eux-mêmes dans la formation des premiers clubs est en revanche plus timide à Saint-Etienne que dans d'autres régions françaises plus touchées par les migrations anglo-saxonnes. Ces Anglais peuvent être des ingénieurs et commerçants notamment dans les sports maritimes de l'Ouest (initiant le premier club de football en France, le Havre Athlétic Club en 1872), ou des touristes sur les côtes normande et basque. De plus, les espaces sportifs étant culturellement construits, de plus en plus spécialisés et voués à la compétition, ce sont les grandes villes les plus touchées (d'abord Paris puisque de nombreux clubs datent de la fin des années 1870 et du début des années 1880). Mais une analyse plus fine reste délicate : par rapport aux théories de la diffusion spatiale, qui privilégient l'opposition entre une logique d'extension de proche en proche et une logique de migration selon différentes barrières et en différentes étapes, le sport semble emprunter surtout la seconde voie[1].

Dans les grandes villes comme Paris, l'esprit de conception de ces espaces sportifs montre un rapprochement entre monde des affaires et monde des loisirs : de nombreux hippodromes et établissements nautiques sont conçus pour une sociabilité dépassant le cadre du sport avec de grands bâtiments pouvant servir de lieu de réunion, tandis que des gymnases privés associent dès les années 1850-1860 salle de sport, douche et buffet, privilégiant parfois le sport-spectacle pour impressionner la haute société et développer un spectacle sportif rentable. Par exemple à Paris, Hyppolite Triat, riche sportif et homme d'affaire, aménage deux gymnases avenue Montaigne, à l'architecture majestueuse et équipée d'un matériel abondant. Ce même personnage met sur pied en 1869 le projet du « Sport International », une sorte de

---

spatiale et géographique du phénomène sportif depuis la seconde moitié du XIXème siècle » (Arnaud, in Arnaud et Terret, 1998, *Le sport et ses espaces XIXème - XXème siècles*, CTHS, Paris, p.8). Cf. également Corbin Alain, 1995, *L'avènement des loisirs 1850-1960*, Aubier, Paris, 471 p.

[1] Arnaud P. et Terret T., 1998, op. cit.

complexe de sports et loisirs en plein air sur l'île de Billancourt[1]. Les projets d'aménagements sportifs des premiers clubs bourgeois, *a fortiori* des clubs étudiants, sont moins ambitieux, plus réalistes et souvent imaginés par opportunité foncière. Créés dans un souci de performance et de formation morale, les premiers clubs pratiquant les sports anglais sont peu nombreux, même dans le Paris de la Belle Epoque, et soumis à de nombreux aléas (disparitions, regroupements et fusions). Seuls quelques clubs omnisports arrivent à se structurer et donc à se pérenniser ; ils ne sont que deux à Paris dans les années 1880, créés un peu à l'image des public schools anglais, dominés par l'aristocratie avec Georges de Saint-Clair et Pierre de Coubertin, privilégiant les localisations prestigieuses : le Racing-Club de France né en 1882 à partir des prestigieux lycées Condorcet et Rollin, basé au bois de Boulogne, tourné principalement vers l'athlétisme et la course à pied sous l'autorité de Georges de Saint-Clair, et le Stade Français né un an plus tard à partir des lycées Henri IV et Saint-Louis, rapidement basé au parc de Saint-Cloud après des débuts au jardin des Tuileries[2]. Ce sont ces deux clubs qui forgent l'esprit olympique et fédéral français : ils forment en 1887 la première véritable fédération sportive de France, l'Union des Sociétés Françaises de Course à Pied, élargie deux ans après en une Union des Sociétés Françaises de Sports

---

[1] Ce projet s'inscrit, grâce à la création d'une société anonyme et au lancement d'une souscription auprès des élites socio-économiques parisiennes, dans un mouvement d'occupation résidentielle et ludique de l'Ouest parisien, à mettre en parallèle avec l'urbanisme haussmannien qui modèle les beaux quartiers dans l'Ouest de Paris et suggère une répartition privilégiant le logement dans Paris et les activités ludiques à l'extérieur. Comme le suggère le plan projeté, se mélangent activités sportives (gymnases, stands de tir, pistes pédestres et cyclistes, école de natation, estrade de lutte), ludiques (tribunes pour le spectacle sportif), culturelles (salle de concert et de réunion), économiques (restaurants, buffet). Bref, un projet très ambitieux, vite contraint par l'insuffisance des capitaux, l'ampleur des travaux et la confusion des genres, mais aussi la chute du Second Empire. Cf. Le Bas Antoine, 1991, *Architecture du sport (1870-1940)*, Connivences, Paris, 127 p.

[2] Le dernier grand club omnisports né pendant la Belle Epoque est le Paris Université Club en 1905, sous le patronage de la famille Rothschild, montrant ainsi que les lycées ont été suppléés par d'autres impulsions. Sur la complexité des liens entre sport et école, notamment les résistances de l'institution scolaire française au modèle anglais d'éducation libérale et de sport, voir l'article suivant : Arnaud Pierre, 1995, « Les deux voies d'intégration du sport dans l'institution scolaire », in *Education et politiques sportives XIXème - XXème siècles*, CTHS, Paris, p.11-39.

Athlétiques ou USFSA (avec trois autres sociétés fondatrices, purement scolaires). Celle-ci règne sur les sports modernes français jusqu'en 1919. Même si elle prétend contrôler et organiser tous les sports – *Tous les sports* est d'ailleurs le titre de son organe de presse – soit une vingtaine au total en 1914 après une très forte progression (de 34 sociétés sportives en 1891 à 217 en 1897 et 1640 en 1914), la réalité montre une toute autre complexité du contrôle fédéral, révélant des enjeux de pouvoir importants.

Initiés par Pierre de Coubertin dans un récent esprit de renaissance olympique largement liée à la structuration des sports au sein de l'USFSA, les premiers Jeux Olympiques de 1896 à Athènes et surtout de Paris en 1900 montrent le développement des sports modernes selon un modèle du sportsman amateur. Ces JO de Paris en 1900 sont le symbole de l'influence du sport français et de l'état d'esprit régnant dans les sports modernes à la Belle Epoque, mais aussi des difficultés et retards dans la structuration des sports et dans l'aménagement sportif. Si Georges Vigarello les appelle les « faux JO » sans panache[1], c'est parce qu'ils s'appellent d'abord Championnats du monde amateur, sans cérémonies d'ouverture et de clôture, mais surtout parce qu'ils sont intégrés sans grande réflexion globale au cadre de l'exposition universelle (la « vedette » est le métro qu'on inaugure). Les imprécisions spatio-temporelles y sont nombreuses : les sites sont éparpillés et peu adaptés à une pratique réglementée recevant du public, puisque sans aménagement spécifique ou presque, reprenant les espaces sportifs privés des débuts du sport moderne[2]. Si la finale du football se dispute devant près de 50 000 personnes, on ne compte que 1000 spectateurs pour le tennis : à l'image du personnage même de Pierre de Coubertin, ambigu et assez conservateur, les sports élitistes gardent un caractère confidentiel et distinctif. Cet exemple des JO de Paris en 1900 montre bien la transition entre l'apparition des premiers

---

[1] Vigarello, 2002, op. cit.

[2] Avec seulement deux tribunes de 600 places au pré Catelan dans le bois de Boulogne, appartenant au Racing-Club de Paris (ne permettant pas de suivre correctement les épreuves). Le tennis par exemple, prévu au Cercle du Bois de Boulogne, est pratiqué sur l'île de Puteaux, plus vaste mais éloignée de Paris, sur des terrains hors normes. Des anecdotes mettent en évidence le flou des règlements et quelques échecs comme au lancer de disques, perdus dans les arbres : cf. Berjat, Dumons et Pollet, 1987, *Naissance du sport moderne*, la Manufacture, Lyon, 204p.

sports élitistes et leur mise en scène toujours socialement distinctive. Un parallèle peut alors être dressé avec la situation stéphanoise et notamment le premier grand aménagement des sports élitistes, privé, créé selon le modèle sociologique du sportsman et le « modèle spatial » du grand parc (londonien et parisien) : le parc des sports de l'Etivallière.

1.1.2 Parc et Société des Sports de l'Etivallière, une initiative d'envergure des élites locales

C'est le principal aménagement sportif privé de la fin du XIXème siècle, dans un site approprié depuis plusieurs siècles par l'aristocratie locale et qui est investi dans les années 1890 par la bourgeoisie stéphanoise, soucieuse de trouver un cadre à ses nouvelles pratiques ludiques, au caractère sportif affirmé selon le modèle anglais du sportsman, telle une stratégie sociale distinctive. Cet exemple est emblématique du développement des sports bourgeois à Saint-Etienne.

L'Etivallière est un parc clos progressivement aménagé dans un site naturel plutôt répulsif, celui de la plaine du Marais, insalubre car marécageuse, traversée par le Furan et son affluent le Bessard. Il appartient depuis le Moyen-Age au seigneur de Saint-Priest puis, à partir de 1645, au riche marchand Louis Badol de Forcieu[1]. L'un de ses descendants directs, Alexandre Badol de Forcieu, en fait au début du XVIIIème siècle une « résidence de plaisance », autrement dit d'agrément : à son décès dans les années 1770, c'est la famille Bernou qui récupère, par une alliance avec l'unique héritière, le nom de la famille de Rochetaillée (plus le titre, les armes et la résidence de la baronnie). Elle hérite du parc de l'Etivallière et reconstruit la maison pour un très beau manoir aux portes de la ville, entouré d'arbres et de jardins, eux-mêmes toujours entourés de fermes.

L'Etivallière est donc la résidence des barons de Rochetaillée de la fin du XVIIIème siècle au milieu du XIXème siècle : le baron Henri,

---

[1] Cf deux ouvrages de La Tour-Varan parus en 1976 aux éditions Laffitte à Marseille : *Armorial et généalogies des familles qui se rattachent à l'histoire de Saint-Etienne, étude historique sur le Forez*, 1ère éd. 1854, 470 p. (sur la famille Badol), et *Chronique des châteaux et des abbayes, étude historique sur le Forez*, 1ère éd. 1857, 462 p. (sur la famille Bernou et les barons de Rochetaillée).

installé depuis la Révolution, a deux fils, Camille en 1804 et Charles en 1806. Les deux frères participent largement à la transformation des espaces alentours liée à l'industrialisation : jusque-là marqué par un paysage rural et agricole, l'environnement du parc évolue au début du XIXème siècle avec le développement industriel de la ville. Cette industrialisation est fondée sur un système de concessions à de grands propriétaires terriens issus de vieilles familles : ainsi les Bernou de Rochetaillée ont-ils 906 hectares au Cros et à Monthieu, l'est de la ville, près de l'Etivallière. Charles et Camille dirigent la compagnie des mines du Cros, résistant au monopole des grandes compagnies minières qui se met en place. Charles épouse en 1836 Marie-Thérèse de Ramey, la fille du Comte de Sugny, grande famille du Roannais basée à Saint-Just-en-Chevalet, et s'installe au château de Nantas. Il laisse donc l'Etivallière à Camille qui assure la prospérité de l'ensemble des terres (devenues plus minières qu'agricoles) tout en faisant du parc de l'Etivallière un lieu de villégiature. Devenu Président de la Chambre de Commerce et Conseiller Général, il donne une grande réception « au château » en 1855 pour honorer la ville de son rang de Préfecture.

Le parc de l'Etivallière est aménagé dans ces années 1850 par Camille de Rochetaillée comme un espace dédié aux pratiques équestres avec écuries et piste équestre[1]. Mais le baron n'est pas seul dans ce type d'initiative : en apprenant à monter à cheval (décédant d'ailleurs en 1857 semble-t-il d'une chute de cheval), il s'investit dans l'élevage de chevaux et se lie d'amitié avec le marquis Emmanuel de Poncins, issu d'une aristocratie rurale qui développe ce type d'élevage dans la Plaine du Forez[2]. Ainsi, le marquis de Poncins fonde dès 1852, pour développer cette passion, la société hippique de la Loire dans la région de Feurs, en plein cœur de la Plaine du Forez. Il fait aménager vers 1856, à l'aide d'autres aristocrates locaux dont le comte Palluat de Besset qui devient président de la société, un hippodrome à Civens près de Feurs. La première grande réunion de courses hippiques est organisée le 13 septembre 1858, les suivantes lui permettant d'acquérir

---

[1] « Luttant contre les difficultés presque insurmontables de terrain et de climat, il avait créé à l'Etivallière [...] une écurie qui donna bientôt des produits de premier ordre » (*L'Illustration moderne* de mai 1895, une revue locale mondaine).

[2] Le premier concours d'élevage de chevaux de Saint-Etienne daterait de 1828 (AM : 3F6).

une belle réputation à l'échelle du Centre-Est, attirant même des jockeys de Normandie. Les grandes courses hippiques, devenant de plus en plus à la mode, attirent la « bonne société » de tout le sud du département, prenant très tôt un caractère sportivo-mondain.

Cette aristocratie rurale tisse des liens avec la bourgeoisie stéphanoise, à l'image de l'amitié née entre le marquis de Poncins et l'industriel stéphanois Francisque Balaÿ, selon d'autres formes de pratiques équestres. En effet, dès les années 1840-1850, des pratiques sportivo-mondaines se développent dans la grande ville, sur l'initiative d'une bourgeoisie en voie d'affirmation dans l'espace social local, une élite anglophile assez active qui adopte de manière précoce ce sport appelé turf. Car le turf est l'un des tout premiers sports développés en France, sous la Monarchie de Juillet (donnant lieu à l'assimilation entre les deux mots 'sport' et 'turf' jusqu'aux années 1870[1]). La bourgeoisie stéphanoise (notamment les rubaniers MM. Balaÿ, Vignat, etc.), crée le premier jockey-club dès 1841 : un manège est construit en centre-ville rue de Lodi en novembre 1841 et le 23 juin 1842 les statuts sont déposés, assurant un fonctionnement très fermé, telle une société « sportlife ». La société, qui aurait pu être reconduite, disparaît comme le prévoient les statuts vers 1848 (peut-être à cause des mouvements politiques), avant que ne se crée sur les mêmes lieux un Cercle du manège en 1862, également surnommé le jockey-club[2].

Entre ce jockey-club stéphanois et l'hippodrome de Feurs, le parc de l'Etivallière, où ne se déroule aucun grand concours hippique représente donc une transition entre le monde aristocratique des courses hippiques dans la Plaine du Forez et le monde bourgeois des jockey-clubs de la grande ville. Après le décès de Camille de Rochetaillée, il n'est alors, semble-t-il, plus occupé en permanence : seul Vital, premier

---

[1] Le premier jockey-club anglais naît en 1754, et respectivement en 1833 et 1836 à Paris et à Lyon. Le premier journal sportif français, *le Sport*, apparaît dès 1854 même s'il parle justement plus du turf que de sport moderne au sens actuel, selon une étymologie encore floue à l'époque, importée d'Angleterre.

[2] Proche des cercles du Second Empire, c'est un lieu fermé (cotisation annuelle de 120 francs), de réunions pour des exercices équestres, mais aussi littéraires et musicaux, et des jeux de société (AM : 4M284). Sont membres du conseil d'administration les grands industriels locaux : C. Cholat, A. Barrallon, etc. Cf. Verney-Carron Nicole, 1999, *Le ruban et l'acier, les élites économiques de la région stéphanoise au XIX*^{ème} *siècle (1815-1914)*, PU de Saint-Etienne, 448 p.

fils de Charles né en 1839, qui hérite de la compagnie des mines du Cros, l'occupe parfois, mais il est surtout intéressé par ses activités professionnelles dans les mines, se rapprochant des grands industriels comme le métallurgiste Barrouin, installés dans ce quartier situé encore à l'extérieur de la ville[1], appréciant l'intense activité des rubaniers stéphanois[2]. Cette situation explique en partie la reconversion de l'Etivallière en parc des sports dans les années 1890 où la bourgeoisie relaye l'aristocratie dans la mise en valeur du parc.

Ainsi, la bourgeoisie stéphanoise est largement présente aux courses de Feurs en 1892, soucieuse de s'inscrire durablement dans ce milieu des courses hippiques : la filiation est autant sociale que sportive. En effet, ces élites stéphanoises forment officiellement cette année-là une Société des Sports dite de l'Etivallière ou de Saint-Etienne. Profitant du cadre de pratique (la piste équestre pouvant servir à d'autres sports, cyclistes en particulier), elles font du parc de l'Etivallière un haut-lieu du sport-spectacle mondain à Saint-Etienne, depuis les courses hippiques qui mobilisent l'essentiel de la vie de la société jusqu'aux sports modernes développés dans une logique sociale distinctive.

La Société des Sports de l'Etivallière naît officiellement le 28 juillet 1892 avec statuts et autorisation préfectorale. La location est précisée à l'article 2 : bail avec Mme Camille de Rochetaillée, fille du baron Vital Bernou et petite fille de Charles le frère de Camille. L'analyse de ces statuts et des premiers articles de presse concernant la pratique sportive mondaine dans le parc montre une connivence avec les grands parcs parisiens, des bois de Boulogne et de Vincennes en premier lieu, mais à l'échelle de Saint-Etienne bien sûr, entre opportunité foncière et application d'un « modèle » d'aménagement. Ce « modèle » est celui des parcs, d'abord londoniens d'après la fréquentation mondaine de Regent's park à Londres notamment pour le

---

[1] Le rapprochement entre les deux grands propriétaires, l'un terrien et dans les mines – Vital Bernou – l'autre puissant industriel (fondateur de la compagnie des fonderies, forges et ateliers de Saint-Etienne en 1865), se fait assez rapidement, telle une stratégie de contrôle sur l'espace local, puisque à la toute fin du XIXème siècle des cités-jardins Barrouin sont aménagées sur l'initiative du baron de Rochetaillée.

[2] Dans les archives privées du baron de Rochetaillée (Vital Bernou), une correspondance évoque le rubanier Alexandre Colcombet (membre du Cercle du manège) comme un « commerçant de race », un « notable yankee » (AD : 157J40).

tennis, puis parisiens avec les aménagements du Bois de Boulogne. Influencée indirectement par l'aménagement de ce Bois de Boulogne, dans les années 1880-1890 par les élites parisiennes fortunées, l'élite bourgeoise stéphanoise aménage l'Etivallière dans l'idée d'un éloignement de la ville industrieuse, tel un dualisme précoce entre ville noire et ville verte.

Mais l'envergure n'est pas la même et une seule société contrôle et utilise le parc stéphanois alors qu'au Bois de Boulogne à Paris ce sont plusieurs clubs, puissants en effectifs et moyens financiers, qui obtiennent d'importantes concessions auprès de la ville de Paris[1]. En effet, les 29 articles des statuts en font une société bourgeoise fermée, un cercle qui regroupe en son sein « la jeunesse dorée de la ville ». L'article 8 mentionne les 23 membres fondateurs, tous membres du conseil d'administration pendant les deux premières années : on retrouve de nombreux rubaniers (environ les trois quarts des membres : le président Antony Barrallon, mais aussi J-J. et E. Giron, A. Colcombet, H. Faure, E. Balaÿ, etc.) et d'autres chefs d'entreprises locales, M. Gaudet (patron de la métallurgie saint-chamonaise, parmi quelques autres industriels), des notaires comme P. Germain, des docteurs comme L. Coste et des avocats comme J. Jaray. Les autres articles précisent le fonctionnement en cercle élitiste fermé, pour « se préserver » socialement[2].

Quant au sport, but premier de la société, il est précisé dès l'article 1 : « la société des sports de Saint-Etienne a pour but de donner

---

[1] Pinçon Michel et Pinçon-Charlot Monique, 1999, *Dans les beaux quartiers*, le Seuil, Paris, 257 p.

[2] L'article 3 des statuts de 1892 précise la cotisation : 50 francs par an payable par avance en janvier et juillet, tandis que l'article 6 fait état d'un droit d'introge (entrée) de 50 francs pour tout nouveau sociétaire à partir du 1er janvier 1893, donc deux sommes importantes (l'article 19 donne comme condition d'entrée l'âge minimum de 21 ans). La liste des membres est affichée et les nouveaux doivent être présentés par deux sociétaires, avec une demande écrite et surtout un vote du conseil d'administration (en obtenant 80% des suffrages pour 10 bulletins minimum), tandis que des exclusions sont prononcées en cas de condamnation, de faillite ou de cessation de paiement (article 14). Il existe une police interne (article 10), le règlement est strict et affiché (article 12) : par exemple, les règles de politesse et de convenance peuvent faire l'objet de rappel à l'ordre, voire d'exclusion (article 13), « toute discussion politique ou religieuse est interdite dans les salons de la société » (article 9) : AD 4M322.

le moyen de se livrer à toutes sortes d'exercice, compris sous la dénomination générale de sports. Son siège est château de l'Etivallière à Saint-Etienne ». Sur les exercices sportifs, seuls les annonces et les récits journalistiques de la presse locale, surtout au sein du *Mémorial*, le journal le plus proche des élites locales[1], donnent des précisions : « Une société de sport vient de se constituer à Saint-Etienne. Elle a pour but d'organiser des exercices et des jeux tendant à développer la force, l'adresse et le courage. Dès maintenant, elle va installer un tir au pigeon, une piste pour course de chevaux, une piste spéciale pour vélocipèdes, un lawn-tennis, un football ... » (*Mémorial* du 23 juillet 1892). N. Verney-Carron mentionne l'existence au milieu des années 1890 de tennis en terre battue, d'un hippodrome avec tribune, d'un pavillon couvert (certainement l'ancienne orangerie), d'une patinoire en hiver, d'un stand de tir aux pigeons et enfin d'une piste cycliste, certainement la première dans la région. Mais cette période originelle est aussi celle d'un aménagement paysager typique des parcs mondains à Londres et Paris : « ...de grands et beaux arbres, des bosquets, de vertes pelouses formeront un cadre charmant aux installations qui vont être établies. L'ancienne maison d'habitation est tout indiquée pour servir de cercle aux sociétaires. [...] L'emplacement que la société a choisi est admirablement approprié à cette multiple destination. C'est la propriété de Madame de Rochetaillée à l'Etivallière. C'est la campagne au milieu de la ville. De la station des tramways (abattoirs) le trajet est de sept minutes » (*Mémorial* du 23 juillet 1892). La situation du parc révèle cette volonté d'évasion et de proximité, proche de la ville mais assurant une distance sociale par son caractère d'espace clos réservé.

La fête d'inauguration le 21 août 1892, devant près de 2000 personnes sélectionnées par invitation, donne quelques indications sportives qu'il faut recadrer avec la naissance du mouvement sportif stéphanois puisque par exemple ont lieu, en plus de pratiques équestres, trois courses vélocipédiques. La présence du cyclisme correspond à une stratégie de distinction, celle des courses sur piste, plus prestigieuses que les premières courses sur route qui naissent en France dès les années 1870-1880 (d'abord de ville à ville comme Paris-Bordeaux organisée dès 1869). Les courses cyclistes sur piste,

---

[1] Cf. Tibi Jean, 2003, « La Belle Epoque de la presse stéphanoise 1881-1914 », in *Bulletin du Vieux Saint-Etienne*, n°209, pp.44-64.

issues du modèle du sportsman anglais, montrent, ici pour l'inauguration du parc de l'Etivallière mais aussi de manière plus générale, une autre forme de sport élitiste : le sport-spectacle (même si l'expression est discutable tant il s'agit au début surtout de mise en scène de pratiques bourgeoises distinctives). La logique de classe prime sur la pratique elle-même et celle-ci est une sorte de mise en spectacle des élites locales, dans un parc mondain : la vélocipédie (sic) est bien une innovation sportive menée par les classes dirigeantes, selon un processus qu'il nous faut rapidement préciser. Ce sport-spectacle est organisé, sur des pistes rudimentaires puis dans des vélodromes aménagés (à Paris, Lyon, Grenoble, Reims, etc), sous l'autorité de l'Union Vélocipédique de France ou UVF née en 1881 (comptant plus de 10 000 membres dès 1890), implantée en région stéphanoise grâce au milieu des artisans et petits industriels du cycle qui utilisent la pratique sportive pour développer leur activité[1]. L'engouement pour le cyclisme à l'Etivallière en 1892 ne peut se comprendre qu'au regard d'une progression du sport cycliste local, lancé au début des années 1870[2]. La première course officielle de type sportive, organisée par un club, a lieu le 9 juillet 1882 entre Saint-Etienne et Feurs : c'est le club des Cyclistes Stéphanois, créé en février de cette année par deux artisans locaux, les frères Gauthier[3], qui met sur pied cette course de fond avec seize participants dont onze membres du club et cinq venus de Saint-Chamond. En plus des frères Gauthier qui montrent les liens entre innovation économique et sport élitiste, l'autre personnage majeur, devenu presque une légende locale, est Paul de Vivie dit

---

[1] Poyer Alex, 2003, *Les premiers temps des véloce-clubs, apparition et diffusion du cyclisme associatif français entre 1867 et 1914*, l'Harmattan, Paris, 341 p.

[2] Même si une « société de vélocipédistes stéphanois » est en voie de constitution en 1869 (Achard, 1986). Les informations sont centrées jusqu'aux années 1880 sur les démonstrations, par exemple place Marengo en centre-ville, mais aussi sur les ventes d'engins, voire sur les quelques courses cyclistes à Lyon ou même Montbrison (première course cycliste recensée dans la Loire le 18 juillet 1869).

[3] Pierre et Claudius Gauthier, qui lancent leurs premiers essais d'engins dans leur atelier en 1877, impulsent pour diffuser leurs inventions la création de clubs cyclistes : après le Club des cyclistes stéphanois, ils fondent un nouveau club en 1891, le Vélo-Club Forézien (qui compte rapidement plus de 50 adhérents). Les quinze membres du Club des cyclistes stéphanois se donnent pour buts de développer l'exercice physique, hygiénique et moralisant, offrir promenades, courses et voyages avec des mono-bi-tri cycles, répandre leur usage (AD : 4M321).

Vélocio, homme passionné, sportif et journaliste sportif[1]. Le Vélo-Club Forézien (VCF) que développe Vélocio devient le plus important club cycliste mais toujours élitiste, ce qui explique sa présence à l'Etivallière. Le VCF développe des activités au caractère sportif innovant affirmé, attirant donc les élites socio-économiques notamment à travers la vélocipédie militaire puisque le cyclisme fait partie de la formation militaire avec course sur route, visite médicale et examen oral (lecture de cartes, questions militaires). Le VCF organise surtout les premières courses sur piste qui mobilisent la vie des sportifs pionniers (issus des élites de la région). C'est le parc de l'Etivallière qui sert de cadre mondain, autour d'une importante effervescence pour la récente Société des Sports de l'Etivallière qui accueille pour garantir le succès mondain les courses fédérales du VCF.

Une hypothèse sur le rapprochement entre cette bourgeoisie rubanière (qui crée la société des sports de l'Etivallière et cherche à animer le parc) et les clubs cyclistes tenus par les artisans-industriels du cycle tient à la promotion économique de la ville de Saint-Etienne auxquels les deux types d'acteurs sont attachés et le sport est utile à cette promotion. En effet, dans un contexte de structuration du sport cycliste dans ces années 1890, en lien avec une véritable industrie naissante du cycle[2], les courses cyclistes touchent le milieu sportif et le milieu industriel de près. Par exemple, aux courses du 2 octobre 1892, le défi sportif entre Lyonnais et Stéphanois est accentué par les précisions sur la localisation des productions industrielles : la bicyclette du Lyonnais est fabriquée à Coventry, une capitale européenne du cycle, tandis que celle du Stéphanois est de Saint-Etienne ; et pour les courses du 23 octobre, le *Mémorial* donne le nom des marques et des statistiques sur les 32 machines participantes (pour 47 partants). Mais

---

[1] Vélocio est dans les années 1880 secrétaire du club des Cyclistes Stéphanois et publie dès février 1887 la première revue spécialisée sur Saint-Etienne, *le Cycle forézien* (devenue *le Cycliste*), avant de beaucoup publier, notamment dans le *Mémorial* ou *l'Illustration moderne*.

[2] Un pôle d'industrie mécanique autour du cycle se forme au milieu des années 1890, symbolisé par la création d'une chambre syndicale du cycle en 1897 regroupant les nombreux petits patrons (parfois issus de la classe ouvrière), soutenant une timide démocratisation des bicyclettes donc indirectement du sport cycliste, en opposition à la grande production industrielle parisienne et anglo-saxonne, à Coventry (Vant, 1993, op. cit.).

la sportisation du cyclisme sur piste n'a pas qu'un caractère économique et s'inscrit dans une mode anglophile des loisirs sportifs mondains, en dehors du « temps productif ». Ainsi, *le Cycliste*, journal spécialisé tenu par Vélocio, évoque ces réunions sportives d'octobre en termes plus sportifs selon le modèle anglais du sportsman[1]. Que de significations dans cette presse sportive sur l'apparition des sports modernes dans la région selon le modèle anglais codifié, mais aussi d'autres significations identitaires comme la rivalité avec le voisin lyonnais, tel un affrontement de deux bourgeoisies[2]. Signe de concurrence, le vélodrome de l'Etivallière, pompeusement appelé ainsi et même placé parmi les meilleurs de France par le *Mémorial* du 24 octobre 1892, est amélioré pour chaque course : par exemple en septembre les organisateurs modifient la position des tribunes et dès octobre, les virages de la piste sont relevés pour la rendre plus rapide, tout en maintenant une longueur de 500 mètres. Apparemment pour profiter de ces améliorations avant l'hiver et certainement accompagner cette nouvelle mode de spectacle sportif sur la ville, un championnat de l'Etivallière, non prévu, est finalement organisé le 13 novembre 1892 avec deux courses départementales. Lors de ces courses sont également essayés de nouveaux engins (AD : 27J21), faisant déjà du sport un enjeu du développement local. De manière plus générale, au-delà du poids du cyclisme en cette première saison sportive du parc, l'Etivallière symbolise le modèle du sportsman, un sportif amateur qui pratique dans son temps libre l'équitation, le tir au pigeon, le tennis, le cyclisme.

---

[1] La référence au modèle élitiste de l'Angleterre victorienne est totale : « De même qu'on dit en Angleterre : le temps de la reine, de même nous pourrons à l'avenir dire à Saint-Etienne : le temps de l'Etivallière, comme synonyme d'un beau soleil et d'une agréable température » (*Le Cycliste* de décembre 1892).

[2] Autant dans les résultats sportifs que dans la construction d'équipements : « Ce succès du vélodrome de Saint-Etienne sous l'habile direction de la société des sports a été pour nos voisins de Lyon cette dernière goutte qui fait déborder les âmes d'indignation ou d'enthousiasme » (*le Cycliste* n°12 de décembre 1892). Cela explique largement le projet lyonnais de vélodrome à Genas (inauguré l'année suivante par la société anonyme du vélodrome de Lyon).

1.1.3 Les sports à l'Etivallière, entre affirmation sociale et sport-spectacle (1892 – 1900)

Loin de nous l'idée de restituer dans sa totalité les récits d'évènements sportifs à l'Etivallière, même dans ses huit premières années jusqu'à 1900 où la pratique sportive reste limitée ; mais il reste qu'une ou deux manifestations sportives portent des significations socio-spatiales fortes, ici les pratiques élitistes d'une bourgeoisie qui se donne en spectacle. Le parc aménagé pour des sports codifiés est un territoire sportif approprié par les élites locales, lieu de reconnaissance sociale. Si le tir au pigeon a rapidement les faveurs des sociétaires[1], notamment parce qu'il se rapproche de la chasse, passe-temps favori des élites stéphanoises (telle une imitation de la bourgeoisie sur l'aristocratie), ce sont les courses hippiques qui constituent les temps forts de la saison sportive mondaine. En effet, les années 1890 sont celles de l'affirmation de ce spectacle sportif mondain, dans tout le département, dans la dynamique de Feurs et de l'Etivallière : la mise en spectacle de la bourgeoisie prend la forme d'une saison sportive avec établissement d'un calendrier, car après la naissance de la société hippique de Roanne en 1880, c'est en 1897 que naît celle de Saint-Galmier[2]. Dans la saison hippique, restreinte aux mois de juin, juillet et septembre, voire fin mai et début octobre, Saint-Etienne garde une

---

[1] Dès le 24 juillet 1892 est organisé le premier concours avec MM. Barrallon, Faure, Balaÿ, Dumond, Barlet et Duplay (issus de la bourgeoisie). Le stand est inauguré devant une assistance assez nombreuse, et un second concours se déroule les 11 et 12 août : sans championnat ni réel enjeu sportif, la victoire permet de gagner des « vases et bronzes d'art » (*Mémorial* du 12 août 1892). Le développement du tir au pigeon est ensuite freiné par sa faible sportisation.

[2] Puis en 1902 celle du Forez à Montbrison, sans oublier les projets avortés comme la société hippique d'Andrézieux (*Mémorial* du 7 octobre 1905). Il ne s'agit pas de détailler ces créations, reposant sur les mêmes processus (telle l'impulsion par l'aristocratie locale comme à Montbrison grâce au comte de Villerchaize). Il y a en France plus de 420 sociétés hippiques en 1910 (*Mémorial* du 3 juillet 1910). A Saint-Galmier, c'est le maire et conseiller général J. Desjoyaux qui fait aménager en 1897, aidé par une cinquantaine de personnalités locales dont les dirigeants de l'entreprise Badoit, un hippodrome à la Colombinière, sur un vaste espace plat comme en offrait la plaine, avec une piste de 1200 mètres parsemée de haies et de belles tribunes (*Mémorial* du 14 mai 1900). « Il n'a rien à envier à ceux des grandes villes », Saint-Etienne, Lyon ou Vienne (*Mémorial* du 7 mai 1905).

avance sur les autres villes avec trois fois plus de courses. En fait, les courses et les concours hippiques ne sont pas très nombreux avant 1900, à l'Etivallière comme ailleurs. Une des plus importantes manifestations sportivo-mondaines est celle des fêtes de l'Ascension à l'Etivallière : le premier concours hippique est donné les 20 et 21 mai 1893, timidement soutenu par les pouvoirs publics locaux[1]. Ce concours et ces courses hippiques de l'Ascension font l'objet des mêmes commentaires chaque année : temps plus ou moins agréable, liste des personnalités présentes et succès du public, notamment dans les tribunes et la « pelouse » (nom donnée à la tribune réservée où l'on commente les toilettes féminines). Par exemple, au grand concours de l'Ascension, du 23 au 26 mai 1895, annoncé depuis le mois de mars dans le *Mémorial*, sont notées en compte-rendu les personnalités militaires, colonels et commandants puisque la pratique équestre intéresse l'armée au plus haut point, mais encore les personnalités politiques (Charles Dorian le député, M. Chavanon le maire) et bien sûr les membres responsables de la Société des Sports dont le président Barrallon, des membres importants comme Henri Faure ou Alexandre Colcombet le président du comité d'organisation du concours[2]. Les résultats des courses en revanche semblent secondaires, à peine commentés, puisque d'une part les élites locales ne pratiquent pas et assistent à un spectacle mondain, et d'autre part aucun pari d'argent sur les chevaux n'est signalé dans la presse dans cette période primitive. L'aspect sportif est d'ailleurs assez limité et à nouveau le caractère économique apparaît, comme pour le cyclisme mais plus en lien avec une activité rurale, l'élevage des chevaux. L'important réside dans la tenue des chevaux, leur apparence et leur force dans l'optique d'améliorer l'élevage et non pas de conquérir une quelconque gloire

[1] Seulement 500 francs de subvention par le Conseil Général et rien de la ville (DCM du 8/5/1893), malgré les arguments du comité d'organisation : premier concours de ce genre à Saint-Etienne, public attendu donc favorable au commerce local, objectif d'instruire et encourager l'élevage des chevaux (et non pas de faire une spectacle distractif), etc. (AM : 3F7).

[2] Ce comité siège au café de Lyon place de l'Hôtel de Ville et s'organise autour des personnalités influentes, dans les domaines économiques (A. Colcombet et J-J. Giron), politiques (C. Dorian) et militaires (colonels, commissaires militaires qui sont souvent des capitaines ou des lieutenants), multipliant les prix / courses.

sportive[1]. D'ailleurs, en plus des courses, ont parfois lieu comme en mai 1895 des spectacles équestres : le samedi 25 est présenté pour la première fois aux Stéphanois un « Longchamp » (quadriges et chevauchées en tandem), tandis que le matin est souvent réservé comme en mai 1896 aux démonstrations de poulains et d'attelages, voire aux courses au trot comme en mai 1898. Ces spectacles variés visent à fidéliser une clientèle mondaine, non sans difficultés puisque le succès n'est pas toujours au rendez-vous : le *Mémorial* du 23 mai 1896 parle même d'échec, une année où le concours de l'Ascension est ramené de quatre à deux jours. En général, les courses hippiques ne semblent pas faire l'objet d'aménagements spécifiques et importants : le public se déploie dans les tribunes et surtout tout autour de la piste (ainsi que sur la piste cycliste intérieure), tandis que les pelouses, bosquets, murs, haies et autres obstacles sont déjà présents normalement dans le parc. Ces courses relèvent plus du spectacle mondain, hérité des premiers jockeys-clubs, que d'une sportisation avancée : l'assistance à une fête sportivo-mondaine semble plus importante que la pratique sportive elle-même qui en est à des balbutiements.

En dehors des courses hippiques précocement implantées en France et dans la Loire, les sports élitistes peinent à s'affirmer en région stéphanoise, faute de liens avec le monde économique, restant à l'état de loisirs sportifs secondaires auprès des élites locales (sans logique de sport-spectacle). D'ailleurs, les aménagements sportifs en dehors des sports équestres ne sont pas nombreux au sein du parc dans ces années 1890, souvent limités à une modernisation des installations comme pour le stand de tir aux pigeons qui est reconstruit suite à un incendie en 1896, ou pour la piste cycliste et pédestre qui est rénovée début 1899 (puis inaugurée par des matches de cyclisme et de courses pédestre le 7 mai 1899). Quelques nouveaux aménagements répondent à de nouvelles modes sportives qui entretiennent l'innovation donc la distinction sportive, comme celle du tennis au milieu des années 1890.

---

[1] Le journal *Lyon sport*, premier journal régional spécialisé né en 1898 dans la dynamique des sports modernes et élitistes de l'USFSA signale au moment du concours de l'Ascension du 22 mai 1899 que la croissance de la société dépend des nombreux éleveurs et propriétaires de chevaux du département.

Le premier tournoi de tennis, prévu au départ dès 1896, a lieu en juin 1897. Mais c'est pratiquement le seul dans ces années 1890 : le tennis ne trouve pas à Saint-Etienne les conditions d'une implantation rapide, en partie à cause de processus généraux de diffusion laissant une grande place aux zones touristiques[1] et aux grands clubs structurés dans les grandes villes. En effet, le tennis correspond grosso modo aux valeurs de la haute bourgeoisie, fondées sur un certain individualisme et une fermeture aux autres parties de la bourgeoisie (ce qui ne semble pas être le cas de la Société des Sports de l'Etivallière). Plus important, Saint-Etienne n'est pas touchée par les deux diffusions socio-spatiales : d'une part la pratique mondaine par les Anglais eux-mêmes, des touristes fortunés aménageant quelques courts près des lieux de villégiature pour s'entraîner l'hiver (de la côte normande à la côte d'Azur), d'autre part la pratique de loisir des aristocrates et grands bourgeois français, aménageant des courts dans la banlieue ouest de Paris. Par exemple, la Société des Sports de l'île de Puteaux près de Neuilly, née en 1886 à l'initiative de trois vicomtes, construit un court de tennis en asphalte et un chalet club-house, puis d'autres courts puisqu'en 1900 c'est le premier club français avec 1200 adhérents (souvent riches, permettant de rentabiliser l'investissement). Ce sont également les grands clubs omnisports bourgeois qui aménagent des terrains, d'abord le Racing-Club de France dès 1885 à la Croix Catelan dans le Bois de Boulogne, puis le Stade Français[2].

Proche dans ses processus de diffusion, mais avec des nuances géographiques fortes du fait de sa spécificité, le golf est d'abord associé au style de vie aristocratique (surtout en Angleterre) puis au mode de vie de la haute bourgeoisie, mondain et oisif lors des vacances. Avec une faible sportisation et dans un refus d'ouverture sociale, le golf montre une hyper-concentration dans les hauts lieux de villégiature,

---

[1] Cf. Peter J-M. et Tétart P. 2003, « L'influence du tourisme balnéaire dans la diffusion du tennis. Le cas de la France de 1875 à 1914 », in *Revue STAPS*, n°61, vol.24, p.73-91. Souvent le sport moderne et compétitif (tennis, golf et voile) trouve des appuis dans le développement du tourisme hivernal et estival, accompagnant ainsi l'affirmation des stations touristiques.

[2] Avec les premiers courts couverts en terre battue dans la galerie de l'Exposition Universelle en 1889 (certainement par concurrence et volonté de prestige face au Racing-Club de France), avant que ce club ne construise des courts de plein air en 1898 dans une clairière du parc de Saint-Cloud.

c'est-à-dire essentiellement les stations balnéaires des côtes normande, basque et d'Azur. Saint-Etienne reste donc à l'écart de ces sports élitistes, et même les sports implantés par les élites locales peinent à se développer au sein du parc de l'Etivallière et en dehors. A l'Etivallière, l'organisation assez limitée ne permet pas d'inscrire les épreuves dans la durée (même si la saison sportive est étendue d'avril à novembre avec une concentration d'activités les week-end de mai et juin) et le relais médiatique ne suit pas toujours : ainsi en 1899, si *Lyon sport* signale la première course cycliste pour le 7 mai, l'inauguration semble en fait avoir lieu dès le 11 avril puisque le *Mémorial* parle de l'ouverture de la saison, des courses de vitesse pour les Lyonnais et les Stéphanois. A d'autres moments, la Société des Sports organise quelques concours de tir au pigeon et de tir au ball-trap (appareil lançant des disques d'argile), mais qui restent assez sélects, plus mondains que réellement sportifs, réservés aux quelques membres de la Société des Sports[1]. L'hiver, l'activité de la société se trouve réduite même si celle-ci ne semble pas en sommeil et aménage même le parc pour quelques activités de sports d'hiver dont le patinage : « Les patins pourront dès aujourd'hui samedi faire leur rentrée au parc de l'Etivallière où les attend un miroir de glace plein de séduction, une piste minutieuse expurgée des aspérités ». Le soir a lieu une réunion de flambeaux avant la grande journée de patinage du dimanche entrecoupée d'un buffet au château, « réconfort pour triompher du froid » (*Mémorial* du 5 janvier 1895).

Bref, ces premières pratiques sportives à l'Etivallière semblent toutes avoir un caractère plus mondain que sportif, tel un « entre soi » qui limite l'ouverture sur la société locale par un sport-spectacle peu développé. Mais sont-elles fermées, réservées aux membres de la Société des Sports et à leurs invités ? N'y a-t-il pas des signes d'ouverture « socio-sportive » ? Ces signes sont rares pour les pratiques et manifestations sportives organisées par la société elle-même : quelques opérations peuvent être signalées comme pour le concours

---

[1] Comme ce 14 juin 1896 à 9h et 13h30 avec possibilité de déjeuner ou pique-niquer au château (comme lors des courses hippiques pour entretenir la vie mondaine). En mai 1898 a même lieu un concours international de tir aux pigeons lors d'une fête pour le président Barrallon, mêlant à nouveau sport et mondanité dans « une tradition d'accueil et un intérêt sportif » (*Mémorial* du 14 mai 1898).

hippique de mai 1896 dont le succès dépasse les prévisions les plus optimistes, répondant « à ceux qui croyaient que parler sports dans notre cité industrielle était folie », grâce à une baisse du prix des places de un franc à 50 centimes, dans « une volonté de populariser » (*Illustration moderne* de mai 1896). Toutefois, ce genre d'initiative semble limité et les commentaires de la presse locale valorisent toujours les mondanités, portant en général surtout sur les toilettes féminines et sur la beauté du parc : l'Etivallière représente bien une possibilité d'évasion pour la haute société, voire de négation de la ville noire et industrieuse, tel un îlot de verdure au sein d'un quartier d'usines et d'ouvriers[1].

Autre signe d'ouverture sur la société locale, plus fort, une forme de « partenariat » semble parfois s'instaurer entre la Société des Sports et les autres tenants du mouvement sportif naissant à Saint-Etienne, certainement pour assurer une visibilité sociale (admirer le beau parc et ses installations), créer une émulation sportive et multiplier les spectacles. Après la participation de deux sociétés de gymnastique locales lors de l'inauguration de 1892, plusieurs manifestations sportives sont co-organisées avec des clubs stéphanois pour utiliser le parc, notamment pour les courses cyclistes. Celles-ci sont toujours organisées sous l'égide de l'UVF par la Société des sports et par le principal club local, le Vélo-Club Forézien (en moyenne cinq par an). Pour appuyer le côté spectaculaire de ces courses, la Société des Sports organise un événement en 1896, la venue de Buffalo Bill et de sa troupe le Wild West Show, un grand cirque américain inspiré de la vie du far-west en tournée en Europe, juste après son passage à Lyon au vélodrome de Genas.

Un autre partenaire pour l'utilisation du parc est le lycée de garçons de Saint-Etienne (formant les futures élites locales, à même d'adhérer plus tard à la Société des Sports) et son Union Sportive (USLSE), que l'Etivallière accueille dès 1896 pour ses premiers matches de rugby, sport élitiste qui représente le modèle du sportsman pour les sports collectifs, diffusé de l'Angleterre en France. Cette

---

[1] « Peu attrayant sans doute est ce coin de la banlieue stéphanoise, mais il a sa poésie tout de même pour les yeux qui savent voir. [...] Combien doux est ce joli parc, oasis en pays noir, dans la suavité de ses floraisons printanières » (*Illustration moderne* de mai 1896, p.121).

implantation du rugby à Saint-Etienne par le rugby scolaire est tout à fait représentative de la situation nationale : sans revenir sur les racines françaises de ce sport importé d'Angleterre, déjà bien étudiées par des historiens, des géographes et des sociologues, le rugby montre dans ses débuts, des années 1880 aux années 1900, le passage de sport de gentlemen parisiens à un sport des petites villes et villages du Sud-Ouest associant culture populaire et identité régionale[1]. L'arrivée du rugby à Saint-Etienne se situe au milieu des années 1890, dans la première phase du rugby des gentlemen, des jeunes sportsmen qui s'inspirent du modèle des public schools anglaises. C'est donc au lycée de garçons, ouvert en 1890, que s'implantent les sports élitistes collectifs d'origine anglaise[2], selon une logique de cohésion prônée par les instances pédagogiques, sans caractère sportif pleinement affirmé. Le premier match du rugby aurait eu lieu le 15 décembre 1895 (évoqué dans le *Mémorial*), pas à l'Etivallière mais au Rond-Point, un vaste pré aménagé à l'extérieur de la ville, dans le prolongement du cours Fauriel où résident plusieurs notables stéphanois. Le premier match de rugby à l'Etivallière se déroule en mai 1896 pour la fête du lycée organisée dans le parc, visiblement comme simple démonstration : sportivement, les premières années du rugby stéphanois sont hésitantes, en marge du mouvement sportif régional face aux puissants lycées lyonnais et même grenoblois[3]. Certes, l'USLSE se structure progressivement en club

---

[1] En trois générations : les grands pôles rugbystiques primitifs avant 1914 (d'abord Paris, Bordeaux et Toulouse, puis Perpignan et Lyon, avec essaimage régional à Roanne ou Saint-Etienne), suivis de grands clubs de deuxième génération dans des villes moyennes ou petites (Narbonne et Béziers pour les principales), enfin la multiplication des petits clubs dans l'entre-deux-guerres : cf. Callède Jean-Paul, 1996, « Implantation, diffusion et rayonnement du rugby dans la France du sud » in *Le sport dans la France contemporaine*, PU de Perpignan, p.67-104.

[2] Sans détailler le sport scolaire stéphanois, dont les sources sont par ailleurs très limitées, retenons qu'à une élite scolaire au sein des lycées (« au sommet » de la population scolaire), correspond une hiérarchie des sports avec l'apparition des sports élitistes et bourgeois dans ce lieu 'stratégique', formant l'élite régionale. Pour mettre en perspective cette inscription du sport au lycée de Saint-Etienne, entre l'anglomanie de certains lycées et le maintien de « lycées-casernes » centrés sur la gymnastique, cf. les travaux de Pierre Arnaud.

[3] La supériorité lyonnaise est une constante du rugby régional, perceptible dans les journaux régionaux : « Saint-Etienne sans doute n'est pas une ville de sport, mais elle le deviendra » (*Lyon sport* du 26 mai 1900).

sportif : des réunions sportives ont souvent lieu les jeudis, avec rugby mais aussi course pédestre et cyclisme ; les effectifs augmentent. Mais l'activité sportive et compétitive reste timide, sans inscription aux championnats du récent comité du Lyonnais de l'USFSA : la première véritable saison sportive semble dater de 1898/99 et connaît des difficultés d'organisation. En fait, le système d'acteurs privilégiant jusque-là l'unicité du sport élitiste autour de la Société des Sports se recompose dans cette fin des années 1890 et permet la diffusion d'autres sports d'origine anglaise comme le rugby. Quant aux usages du parc lui-même, le passage d'un sport de « l'entre soi » (à l'image du tennis) à une relative vulgarisation et ouverture sur d'autres sports marque la naissance de l'espace sportif moderne, moment important où le sport élitiste quitte la seule sphère privée, tout en gardant un caractère distinctif.

En fait, le parc de l'Etivallière n'est pas le seul espace investi par les élites pour leurs loisirs sportifs, même si pour le tennis ou le tir au pigeon il s'agit d'un « monopole social et spatial ». D'autres sports élitistes permettent une distinction sociale, un loisir de l'entre soi, mais non de manière aussi confinée que pour les sports nécessitant des aménagements spécifiques comme au parc de l'Etivallière.

1.1.4 Des sports élitistes investissant d'autres espaces, dans et autour de Saint-Etienne

En évoquant les débuts du rugby stéphanois à l'Etivallière, nous avons suggéré l'existence d'une fête sportive du lycée en 1896 organisée au sein du parc, ce qui suppose l'existence d'autres pratiques sportives chez les élèves de ce lycée élitiste (recrutant parmi la bourgeoisie locale), à Saint-Etienne comme ailleurs. Le rugby est pratiqué parmi d'autres sports lors de cette fête sportive : athlétisme, gymnastique ou même cyclisme[1]. Le rapport du proviseur du lycée de

---

[1] Un article du *Mémorial* retrace le déroulement de cette fête sportive du 31 mai entre les unions sportives des lycées de Roanne et de Saint-Etienne au parc de l'Etivallière : beaucoup d'épreuves athlétiques (dans l'ordre saut en longueur puis en hauteur, course pédestre sur 1000 mètres, saut à la perche, course à pied d'obstacles sur 110 mètres, lancer de poids, course pédestre sur 5000 mètres) et, intercalés, des courses cyclistes (sur 1000 et 5000 mètres), du tir à la corde, de la gymnastique et pour finir un match de rugby se soldant par un résultat nul 3 à 3.

janvier 1896 confirme cette diversité de pratiques[1]. Si l'Etivallière est le cadre approprié pour les sports collectifs, les sports individuels se pratiquent dans la cour du lycée et même dans quelques salles aménagées, dès l'ouverture du lycée. D'un côté la cour accueille jeux de ballon, promenades mais aussi quelques matches de tennis avec un filet tendu entre deux platanes. D'un autre côté, plusieurs exercices d'escrime et de tir à la carabine sont signalés dès 1891 grâce à l'aménagement d'une salle pour l'escrime et d'une palissade pour le tir pour protéger les cours de chimie (exercices concernant environ 100 élèves en 1894/95), tandis que pour la gymnastique le lycée aménage une salle dans ses locaux en 1899 (permettant des compétitions internes comme le 10 juin 1900).

Outre les élites scolaires, la bourgeoisie stéphanoise pratique d'autres sports élitistes dans d'autres espaces confinés du centre-ville que le lycée (l'espace central étant dans la grande ville industrielle majoritairement investi par les classes dirigeantes). Nous pensons principalement à l'escrime, un des trois arts académiques traditionnels (reconnus depuis le Moyen-Age) avec l'équitation et la danse. Cette pratique de l'escrime, réservée à une élite par ses origines aristocratiques, est peu « transparente » et ne semble pas s'inscrire fortement dans la ville : seuls quelques clubs fermés appelés cercles font aménager des salles d'armes dans des appartements privés du centre-ville. Un seul club est réellement structuré avant 1900 : le Cercle d'Escrime Forézien. Après quelques mois d'installation à l'entresol de la maison Colcombet place de l'Hôtel de Ville (grand rubanier stéphanois), le Cercle loue en 1897 une salle, aménagée en salle d'armes, au 6 de la rue Marengo, grâce au soutien des élites locales et même parisiennes. Si les deux présidents d'honneur sont des docteurs, le Cercle comprend dans ses 27 membres autant d'officiers que de professions libérales (notamment des avocats), négociants et rubaniers. Les pratiques qui s'y développent ont un caractère autant sportif que mondain : les assauts d'escrime s'accompagnent souvent de galas

---

[1] « Dans les cours, on joue au ballon. Les grands et les petits ont pendant quelques jours patiné dans leurs cours. A deux reprises, un certain nombre de grands élèves pensionnaires sont allés, pendant le temps de la promenade, accompagnés d'un répétiteur, patiner au cours Fauriel. La température s'étant adoucie, on a repris le jeu de football » : Cf. Réjany Pierre, 2001, *L'enseignement secondaire au XIXème siècle à Saint-Etienne*, sans éd., 589 p.

de danse et de soirées mondaines[1], au moins jusqu'au début des années 1900 où l'escrime sportive prend une place dominante, au sein du Cercle seulement car sa diffusion est limitée en région stéphanoise, faute d'émulation sportive.

De manière plus générale, aucun autre espace urbain que Saint-Etienne n'est touché avant 1900 par les sports élitistes de type urbain (en dehors des courses hippiques que nous avons évoquées dans plusieurs villes du département, mais qui ont souvent un caractère rural). La grande ville monopolise l'innovation sportive. Au-delà du modèle assez strict du sportsman qui adopte les logiques sportives compétitives, les élites stéphanoises mettent en avant leur goût de distinction sociale et de pratiques ludiques par d'autres sports qui se pratiquent loin de la ville, dans des espaces peu investis par les classes populaires : nous allons voir qu'à une distance sociale correspond une distance physique visible dans l'espace.

De manière complémentaire aux espaces sportifs clos et réservés des zones urbaines (parc de l'Etivallière, lycée, salles d'escrime), les élites stéphanoises pratiquent aussi leurs loisirs sportifs dans des espaces aux limites plus floues puisque tous les sports modernes n'ont pas connu de mise en limite très définie. Si la construction d'espaces sportifs spécifiques est un bon indice du développement de la pratique sportive, il n'est pas le seul : pour plusieurs disciplines dans cette période primitive des sports modernes coexistent espaces normalisés et espaces libres comme en natation et sports d'eau : en région parisienne comme en région lyonnaise, cette pratique est possible de manière spontanée dans la Seine ou le Rhône, dans des établissements de bains plus ou moins aménagés au bord des fleuves, puis dans les piscines à partir des années 1880 et surtout 1900. Le développement des piscines, privées dans un premier temps (la première en 1884 à Paris), coïncide avec la disparition des deux autres lieux de pratique, soit par influence de l'hygiénisme et du moralisme (interdiction de baignade sauvage en rivière et répression de la nudité), soit par distinction socio-spatiale (les élites construisant de belles

---

[1] « Le Cercle d'escrime a pour but d'établir des relations de société entre les habitants de Saint-Etienne et de leur procurer les moyens faciles de se livrer à l'exercice des divers sports, tout spécialement celui de l'escrime » (AM : 4M285).

piscines en opposition à l'ouverture d'établissements de bains publics). Ces premières « piscines » sont d'ailleurs comme leur nom l'indique plus adaptées aux bains qu'à un exercice sportif banalisé. Dans des logiques sociales complexes, il existe donc des manières élitistes de pratiquer les sports d'eau, avec des espaces, des finalités, des types de pratique et un recrutement spécifiques ; et ces modalités de pratique se diffusent d'abord dans les catégories sociales aisées de l'Angleterre – la National Swimming Society date de 1837 – puis de la France (piscine Deligny à Paris). A Saint-Etienne, il n'existe semble-t-il aucun établissement de bains privé et élitiste comme la piscine Deligny à Paris : seules sont signalées des écoles de natation, souvent de simples bassins et étangs faiblement aménagés, de forme irrégulière, donc très éloignés des établissements fermés et couverts du XXème siècle appelés piscines. Deux écoles de natation semblent avoir une existence pérenne, au sud de la ville (signalées sur le plan de la ville de 1850), près du Furan qui les alimente – la seule rivière stéphanoise – qui les alimente : une vers Badouillère et une autre rue Thiollière[1]. Les pratiques sportives y sont timides, selon une représentation du corps très pudique au sein de la bourgeoisie.

Les sports d'eau privilégiés par les élites de la région stéphanoise, toujours timidement (sans régates ni aviron, des sports anglophiles pratiqués dans d'autres grandes villes traversées par un fleuve, comme Lyon), sont plutôt ceux des bassins de rivières et de fleuves, dans la Loire et le Gier (affluent du Rhône). Ainsi, les joutes nautiques, sportives et festives, se développent à Rive-de-Gier[2], à Saint-Just-sur-Loire, à Saint-Pierre-de-Bœuf ou à Givors. Plus proche

[1] Si la première est élitiste (dans une vaste propriété close de murs sont installés un bassin de natation et des cabines, mais aussi un jardin d'agrément, des allées en charmille et des balançoires), la seconde semble moins aménagée et plus populaire : les activités qui s'y déroulent s'approchent plus de la baignade populaire que de la nage en bassin des élites locales. Un exemple plus emblématique de ces pratiques populaires de baignade est celui du bassin de Janon à Terrenoire, aménagé dans les années 1850 par la société des Fonderies et Forges née en 1818. Ce bassin de 50 000 m^3, profond de 4,5 mètres en moyenne, est d'abord créé pour assurer de manière permanente le refroidissement des aciers, et son usage est détourné sans vérification de l'hygiène (aucun traitement de l'eau).

[2] Où la Société de Sauvetage et de Joutes naît en 1894, acquérant à la place d'une verrerie un terrain de 780 m^2 puis aménageant une piscine en 1898. Cf. Mouillaud Aimé, 2005, *Le sport en pays de Rive-de-Gier*, Faucoup, L'Horme, 144 p.

de Saint-Etienne et surtout fréquenté par les élites stéphanoises, c'est le Pertuiset, une sorte de plage dans un méandre du fleuve au sein des Gorges de la Loire, qui accueille des joutes nautiques à la fin du XIXème siècle. Les premières rencontres régionales de joute s'y déroulent à la toute fin du siècle et en 1903 naît la Société de Sauvetage et de Joutes appelée Vigie-Mouette. Cette création s'inscrit dans la durée, selon une fréquentation de loisir ancienne, au caractère sportif d'abord très limité, celle des classes aisées (plus rarement par les classes moyennes pour des questions de coût et de moyen de déplacement) qui partent le plus souvent en excursion à la journée, le dimanche. C'est à la belle saison que sont fréquentées les plages du Pertuiset, mais aussi en aval des Gorges de la Loire celles d'Andrézieux. Ainsi, en dehors de quelques établissements de natation assez élitistes, trouvant dans la ville un cadre de pratique avantageux pour une fréquentation mondaine de proximité, la bourgeoisie stéphanoise investit des espaces naturels en bord de Loire (tout en lançant la mode des résidences secondaires), dans une logique sociale distinctive où la distance parcourue correspond à la distance sociale mise en avant.

Dans une approche similaire des loisirs sportifs élitistes, d'autres espaces naturels sont investis, en montagne, en priorité le massif du Pilat tout proche. La fréquentation semble plus limitée que pour les sports d'eau, même si en été l'excursion bourgeoise au Mont-Pilat est un « classique » depuis le début du XIXème siècle. Ce caractère confidentiel concerne plus la saison d'hiver, pour des sports d'hiver dont l'apparition avant 1900 est très timide : ils sont encore plus réservés à une élite sociale, notamment à cause du coût d'accès au matériel et des problèmes de transport et d'hébergement, mais toutes les élites ne sont pas intéressées par ces pratiques purement désintéressées dans un cadre répulsif (neige et froid) : c'est surtout la jeune bourgeoisie dynamique qui est concernée. Cette histoire des sports d'hiver autour de Saint-Etienne commence par la curieuse importation de skis par le cycliste Vélocio en 1892, étudiée par l'historien local Michel Achard tout comme le développement qui s'en suit[1]. Aucun caractère sportif ne se dégage avant les années 1910, faute

---

[1] Vélocio aurait été initié par des cyclotouristes allemands : réjoui de ces nouvelles pratiques, il écrit alors plusieurs articles dans son journal *le Cycliste*. Cf. Achard

d'impulsion par le tourisme élitiste et faute de conditions locales favorables (enneigement irrégulier, élites locales apparemment peu intéressées par des activités physiques sans retombées économiques ou sociales, éloignement des sites alpins et dynamique régionale progressive puisque le premier ski-club français n'est créé à Grenoble qu'en 1896). Seul le Club Alpin Français (CAF), né en 1874 sur le modèle du club alpin anglais, est présent à Saint-Etienne à travers une section « Forez » créée le 26 juin 1883, neuf ans après la section Auvergne, huit ans après Lyon et un an après la section de la Madeleine à Roanne. En dehors des premiers essais de skis, la section se tourne vers les pratiques estivales, randonnées et diverses excursions. Ses activités restent une préoccupation bourgeoise, loin de la masse ouvrière : le premier président est le rubanier J-B. Deville et divers annuaires confirment son caractère fermé et élitiste[1]. Le CAF-Forez connaît un engouement réel (80 sociétaires en 1883, 118 en 1893 et 197 en 1903), mais éphémère et sans caractère sportif affirmé : il s'agit plus de conférences-projections et de banquets mondains que de sorties sportives. Le Pilat ne constitue pas encore un espace sportif en tant que tel avant les années 1910.

Bref, au CAF comme dans les autres clubs et cercles sportifs dont la Société des Sports de l'Etivallière, ces premiers sports élitistes ont jusque vers 1900 autant un caractère largement mondain ; ce sont surtout des loisirs liés au monde économique et qui marquent une distinction sociale, s'opposant aux sports des classes populaires, que nous allons caractériser. Sans exagérer l'unité des sports élitistes marqués par des logiques sociales, éducatives et économiques imbriquées, le modèle du sportif bourgeois anglophile engage, par le processus de sportisation, la formation de territoires sportifs réservés à ces usages sportifs distinctifs, pour lesquels le nom (hippodrome, vélodrome, piscine) et la localisation (en marge de la ville noire) comptent plus que tout. Ces territoires se forment par stratégie de distinction où à la distance sociale correspond une distance spatiale de

---

Michel, 1989, *Histoire du ski et des sports d'hiver dans le massif du Pilat (Loire-Forez) de 1892 à nos jours*, M. Achard, Le Bessat, 256 p.

[1] En 1893, les rubaniers représentent 20% des effectifs, un peu plus que les autres fabricants et entrepreneurs et autant que les professions libérales (médecins, avocats), et il n'y a aucun militaire, aristocrate ou étudiant (ni aucune femme).

pratique. A ce modèle élitiste dominant s'oppose un modèle d'aménagement sportif populaire, plus hétéroclite car encouragé par un système d'acteurs moins tourné sur une seule catégorie sociale, où l'ouvrier n'est pas le seul initiateur des pratiques et des espaces.

1.2 Les jeux sportifs et sports populaires : un développement complexe et diversement encouragé

1.2.1 Les jeux sportifs traditionnels stéphanois et la question de leur sportisation

Comme pour les sports élitistes diffusés à partir du modèle sportif du sportsman anglophile, il faut inscrire le cas stéphanois dans une apparition puis un développement de sports populaires qui touchent toute la France, aussi bien dans le sens de sports des classes populaires (sport ouvrier) que dans le sens d'une large diffusion sociale (« sports du peuple »). La question principale qui se pose, pour les sports ouvriers en particulier, est celle d'une éventuelle influence du modèle sportif des sports modernes élitistes (club, fédération, règles, espaces normalisés, etc.) sur le développement de ces pratiques, reproduisant symboliquement la domination des élites sur les couches populaires. La question est complexe car bien souvent des formes de pratiques sportives préexistent à la naissance des sports modernes, plus ou moins populaires et organisées, notamment en région stéphanoise où à une proto-industrie correspondent divers jeux sportifs. Il nous faut alors revenir sur la naissance de ces jeux sportifs puis montrer l'influence du modèle sportif élitiste, notamment en terme d'espaces sportifs inscrits dans la ville.

Saint-Etienne est déjà une petite ville de province dès le XVIème siècle, dotée d'une tradition proto-industrielle importante, notamment armurière. En effet, la ville compte, outre la Manufacture royale d'armes, plusieurs ateliers de production et offre un contexte favorable à l'apparition d'activités physiques liées aux armes. La principale activité physique, même si elle ne repose pas sur les armes à feu, est le jeu de l'arc, apparu dès le XVIème siècle dans la région, parfois appelé en fonction de ses variantes jeu de l'arbalète, de l'arquebuse ou de l'arcagelet (certainement selon l'instrument de tir utilisé), d'influence militaire (encouragé par les autorités royales face à d'autres jeux méprisés). L'origine serait une pratique publique, dans les rues ou sur les places de la ville, surtout à la belle saison, comme prolongement de l'activité professionnelle, structurée progressivement dans des compagnies de chevaliers, reposant peut-être sur une parodie militaire. La première compagnie d'archers daterait de 1552 mais la première période de véritable apparition semble être la fin du XVIIème siècle, certainement grâce à des encouragements militaires : la compagnie du noble jeu de l'arc est fondée en 1675 (au nom suggérant un caractère populaire limité au départ), puis celle des arquebusiers naît en 1689[1]. De ces pratiques d'influence militaire serait né l'un des jeux sportifs les plus typiques de la région stéphanoise, le seul qui ait vraiment perduré au long des décennies sans grand changement : le jeu de sarbacane ou jeu de souffle. Apparu au milieu du XVIIIème siècle au cœur de la ville (signalé en 1735 rue Polignais, dans le plus ancien quartier de la ville), la première véritable compagnie date de 1775 : l'association des archers de la Croix, ou de la Croix-Courette (peut-être héritée d'une société de jeu de l'arc fondée en 1699).

La filiation de la sarbacane avec les compagnies de jeu de l'arc, suggérée par le nom d'archers, semble assez logique et confirme les liens avec le milieu armurier local. Mais la filiation sociale reste plus difficile à établir ou laisse alors supposer des évolutions sociologiques demandant un approfondissement historique (surtout lorsque dans l'imaginaire local, la sarbacane est associé aux « petites gens », voire aux mineurs et autres ouvriers). Si les origines sociales des pratiquants restent floues, *a priori* plutôt élitistes au départ (regroupement des archers les plus huppés en confrérie de chevaliers), les formes d'organisation sont réelles. Mais peut-on voir dans les Archers de la Croix la première société sportive stéphanoise ? En fait, nous sommes entre le sport et le jeu, sans l'esprit compétitif du sport moderne.

Au cours du XIXème siècle, Saint-Etienne devient une grande ville industrielle et ouvrière, avec production de formes urbaines particulières dont les nombreux quartiers ouvriers s'étendant vers le nord et le sud, le long de la route de Roanne, devenant une « ville-vallée » le long du Furan[2], ce qui ne l'empêche pas de conserver son

---

[1] L'historien local Eloi Thiollière parle pour le XVIIIème siècle de quelques 80 chevaliers pour le jeu de l'arc, 50 à 60 pour l'arquebuse et 30 pour l'arbalète, principalement installés à Valbenoîte et Chavanelle.

[2] Bonilla, Tomas et Vallat, 1994, op. cit.

cadre urbain assez confiné, ses quartiers ouvriers denses favorisant les sociabilités micro-locales. Elle structure son développement industriel en gardant les fabriques en centre-ville et expulsant les grandes usines et l'activité minière en périphérie, et acquiert un équipement digne de son nouveau rang de Préfecture et de capitale économique (prison et caserne dans le quartier de Tréfilerie en 1854, lycée Fauriel en 1890, etc). L'extension de la ville et l'arrivée d'une population ouvrière, massivement depuis les campagnes alentours, provoquent, au cœur des nouvelles sociabilités urbaines de quartier, la multiplication des jeux sportifs, à la fois inspirés des jeux traditionnels en milieu rural (comme les jeux de tirs sur cible, par une population restée proche de ses attaches rurales) et d'autres plus ou moins spécifiques au milieu urbain. Il paraît difficile de parler d'un réel mouvement sportif ouvrier homogène, tant il englobe dans son sens large des réalités socio-sportives diverses : d'un côté le sport corporatif dans l'entreprise souvent initié plus ou moins directement par les dirigeants et cadres, d'un autre côté le sport ouvrier autonome, ludique et convivial dans des sociétés spontanées. Malgré cette diversité naissante, les loisirs sont relativement peu présents dans la classe ouvrière comme le rappellent les travaux de Gérard Noiriel et d'autres historiens[1], surtout dans les grandes cités ouvrières de la première révolution industrielle où le travail occupe toute l'existence. Seul le dimanche permet vraiment une pratique de loisir, souvent associée au cabaret (cartes, jeux de boules, colombophilie, billard un peu plus tard) et quelques pratiques de plein air comme la promenade ou la pêche mais toujours dans un esprit de l'entre soi et de « localisme ». La structuration des associations sportives des classes populaires est lente, tardive et incomplète, sans commune mesure avec le rôle de l'USFSA pour les sports bourgeois codifiés.

A Saint-Etienne, plusieurs jeux sportifs sont signalés dans la presse locale avant les années 1870 et l'avènement des sports modernes dans la région. Presque tous sont mentionnés de façon occasionnelle,

---

[1] Cf. Arnaud Pierre (dir), 1994, *Les origines du sport ouvrier en Europe*, l'Harmattan, Paris, 308 p. ; Deletang Bernard, 1986, « Le mouvement sportif ouvrier ou l'enjeu idéologique du sport » in Arnaud P. et Camy J., *La naissance du mouvement sportif associatif en France, sociabilités et formes de pratiques sportives*, PU de Lyon, Lyon, p. 309-325.

sans grande précision et plus comme simple activité physique que véritable sport institué[1]. Ces activités physiques s'inscrivent dans l'essor de plusieurs loisirs, pour la plupart associées aux « centres d'attraction » que sont les cafés : Saint-Etienne en compte 10 en 1835 mais 769 en 1875[2]. De la gargote populaire jusqu'au cabaret, les loisirs se développent progressivement : activités théâtrales et musicales, danse, jeux de cartes, jeux de boules, etc. De plus, le café devient, au-delà du comptoir, une tribune politique, un havre de sociabilité et surtout un siège de sociétés. C'est d'ailleurs par cette dernière fonction que l'affirmation de nouvelles sociabilités, très largement ancrées dans les quartiers ouvriers stéphanois, débouche sur une structuration des jeux sportifs traditionnels dans la seconde moitié du XIXème siècle, au sein du mouvement de sportisation. Les sociabilités populaires évoluent vers des pratiques de plus en plus sportives, influencées par la diffusion d'un modèle sportif général, compétitif et réglementé.

Revenons ainsi sur le jeu de l'arc et la sarbacane qui s'affirment nettement à Saint-Etienne au long du XIXème siècle, en parallèle avec l'urbanisation : il existe 10 sociétés de jeu de l'arc et 15 de sarbacane en 1850, puis respectivement 14 et 22 en 1905[3]. Avec l'urbanisation de la région, surtout les vallées du Gier et de l'Ondaine qui, au cœur du bassin houiller, connaissent une industrialisation similaire dès les

[1] C'est le cas de la course à pied (un coureur faisant un aller-retour entre Bellevue et la Ricamarie dès 1827) et d'autres courses lors des fêtes locales, de la lutte et de la boxe, pratiquées à la Rotonde Saint-Charles de 1853 à 1859 (certainement une petite salle privée à l'image des salles parisiennes évoquées par J-F. Loudcher dans sa thèse sur la boxe). C'est encore le cas du jeu de boules, pratiqué comme « une sorte de pétanque », un jeu simple dans les espaces publics, pouvant provoquer des conflits d'usage de l'espace : des joueurs sont verbalisés en 1833 car jouant sur la ligne de chemin de fer Saint-Etienne – Lyon (Achard, 1986).

[2] Boudarel Roland, 1986, *Fêtes et loisirs dans la région stéphanoise au XIXème siècle (1830-1914)*, mémoire de maîtrise d'histoire, Saint-Etienne, 175 p.

[3] Bossakiewicz Stanislas, 1905, Histoire générale de Saint-Etienne depuis les origines jusqu'à nos jours, la Tour Gile, La Fère, 536 p. D'autres sources indiquent des chiffres plus importants pour la sarbacane (une cinquantaine de sociétés vers 1890) : cf. Trémaud Hélène, 1966, « Les sociétés de sarbacane en France (enquête et recherches) », in *Arts et Traditions populaires*, n°1-2, vol. 14, p.101-125 (article rédigé après une enquête ethnographique à Saint-Etienne en 1964). Ces écarts s'expliquant peut-être par les mutations des sociétés (nouveau nom, disparition, re-formation, fusion).

années 1820/1830, les jeux sportifs populaires trouvent un terrain favorable à leur diffusion. La sarbacane se développe assez rapidement dans la seconde moitié du XIXème siècle : en 1863 naît par exemple la Société de Jeu de Sarbacane de Saint-Jean-Bonnefonds, suivie par d'autres sociétés dans l'Ondaine et tout l'Ouest stéphanois : Roche-la-Molière en 1868, Firminy à partir de cette même année[1] et Unieux dès 1865. Cette création d'une société de sarbacane à Unieux en 1865 correspond à la première véritable intervention d'entreprise en faveur du sport, par les établissements de métallurgie Holtzer installés à Unieux dès les années 1820, d'où le nom de Sarbacane d'Holtzer. Malgré ce développement dans la région industrielle, la part de la grande ville Saint-Etienne reste très importante : sur 54 sociétés de sarbacane recensées dans la Loire en 1872, une quarantaine sont stéphanoises mais aucun recensement précis ne permet de dresser une cartographie. Dès 1855, un recensement des jeux de sarbacane par un embryon de fédération locale donne pour les 1466 adhérents des 22 sociétés : 36% d'ouvriers passementiers-rubaniers, 15% d'armuriers, 10% de veloutiers et seulement 6% d'ouvriers mineurs. Nous avons donc un processus social de diffusion à l'échelle locale qui questionne la signification sociale de la pratique (non éludée), entre popularisation d'une pratique aux origines assez élitistes et stratégie de couches moyennes et populaires se distinguant des ouvriers et des mineurs.

Par ailleurs, l'existence de cet embryon de fédération préfigure un processus de codification donc de sportisation de l'activité. Le premier règlement de sarbacane date de 1842, telle une activité physique codifiée encore élitiste, tandis que les sociétés elles-mêmes sont organisées, avec une hiérarchie des chevaliers, des cérémonies d'admission, une codification de l'attitude, enfin des réunions entre sociétés et des concours, dont le plus important concours de la ville, le

---

[1] Dans cette ville qui passe de 1821 habitants en 1806 à 16 903 en 1901, l'historien local Jean Vigouroux mentionne six sociétés de sarbacane et de jeu de l'arc créées entre 1865 et 1900, rappelant la filiation de l'un vers l'autre et les débats quant à leur positionnement social. Partant du constat que le jeu de l'arc, plus ancien (société de jeu de l'arc de Firminy née avant 1850) périclite au profit de la sarbacane à partir du milieu du XIXème siècle, il s'interroge sur ce passage comme démocratisation du tir à l'arc à travers la sarbacane, hypothèse que nous suivons sans la confirmer par des sources sûres. Cf. Vigouroux Jean, 1994, *Firminy 1814-1914, naissance d'une ville industrielle*, Jean Vigouroux, Firminy, 333 p.

tir du papegai, chaque premier dimanche de mai[1]. D'autres concours sont signalés à partir de 1862 avec des demandes d'autorisation d'utilisation des places publiques, dans les divers quartiers de la ville. L'exemple du quartier passementier du Crêt de Roch, l'un des plus typiquement stéphanois, montre un fort développement des deux jeux sportifs dès les années 1840 (sarbacane et jeu de l'arc, en voie de popularisation). Le Crêt de Roch compte dans les années 1870 huit sociétés de jeux traditionnels (dont quatre de sarbacane), avec un recrutement qui se démocratise, passant du milieu des bourgeois et des marchands à celui de « l'élite » des classes populaires : artisans dotés d'un certain prestige, armuriers, veloutiers, passementiers, et pour une minorité des commerçants et employés. La sarbacane est bien le jeu sportif spécifiquement stéphanois, qui ne se diffuse pratiquement pas en dehors de la région stéphanoise, si ce n'est dans le Nord-Est dans les années 1870 après la venue d'Alsaciens à Saint-Etienne suite à la défaite de 1870[2]. Les années 1890 sont celles de l'apogée de la sarbacane à Saint-Etienne, dont un symbole pourrait être la production de sarbacanes par l'entreprise Manufrance fondée en 1885 par Etienne Mimard. L'autre symbole, plus fort et riche en significations sportives est celui de la naissance de la Fédération des Sociétés de Jeu de Sarbacane en 1893, une des toutes premières fédérations sportives à Saint-Etienne qui regroupe 49 sociétés de la région, posant la question d'une articulation local / global : est-ce une organisation spécifique à la région stéphanoise affirmant une identité locale et peut-être sociale, ou alors une organisation influencée par le vaste mouvement de sportisation chez les élites (l'USFSA a déjà quatre ans) ? Le jeu sportif populaire montre bien les hésitations des classes populaires qui se sont emparées de cette pratique, entre imitation et autonomisation vis-à-vis des classes dirigeantes. En effet, cette date de 1893 n'est pas qu'une rupture, elle est l'aboutissement d'un processus et une base pour assurer la survivance du jeu sportif à un moment où d'autres loisirs s'affirment, sportifs ou non.

[1] Prévoyant par exemple des amendes en cas d'injures prononcées, confirmant l'idée d'une violence maîtrisée (dans le processus de sportisation de N. Elias).

[2] Seul le jeu de soufflettes développé dans les cabarets des villes du Nord peut s'en rapprocher, mais d'une orientation plus patriotique (Trémaud, 1966, op. cit.).

Justement, dans les années 1890, c'est le jeu de boules qui la concurrence, dénommé jeu de longue ou « jeu à la lyonnaise »[1] : son introduction à Saint-Etienne a lieu semble-t-il en 1884 grâce à des ouvriers lyonnais venus travailler sur la ligne de chemin de fer Saint-Etienne – Lyon près de l'Etivallière. Un groupe d'ouvriers, lyonnais et stéphanois, forme en 1895 la société des Enfants du Rhône, suggérant bien cette importation de Lyon à Saint-Etienne. D'ailleurs, cette hypothèse se confirme à échelle de la région stéphanoise puisque la vallée du Gier, aux communes marquées par l'empreinte industrielle et plus proche du voisin lyonnais que Saint-Etienne, connaît la mode bouliste de manière précoce et importante. De Saint-Chamond à Rive-de-Gier, 39 sociétés boulistes se créent dans les années 1890 contre deux ou trois à Saint-Etienne[2]. Cette avance sur Saint-Etienne se traduit par le projet de créer, dès juin 1898, une Fédération des sociétés de jeu de boules de l'arrondissement de Saint-Etienne qui serait basée à Saint-Chamond. Même si ce projet n'aboutit pas, les sociétés boulistes sont influentes par leur nombre d'adhérents chiffré à plusieurs centaines en 1901[3]. L'analyse des listes d'adhérents au moment de la création des sociétés montre une grande domination des ouvriers dans leur diversité, en général regroupés dans quelques sociétés comme le montre le tableau ci-dessous. Mais d'autres sociétés, créées en général par des dirigeants d'entreprise soucieux de proposer un loisir au sein de l'entreprise, dans l'espoir de fidélité et de contrôle social, ont une composition sociale plus variée, recrutant dans les classes moyennes (chauffeur, boulanger, comptable, employés divers), voire dans les classes supérieures : la Fraternelle par exemple à Saint-Chamond est

---

[1] Merle Stéphane, 2001, *Etude comparative de l'inscription géographique de deux systèmes de sports-loisirs à Saint-Etienne : golf et boules*, mémoire de DEA, Université de Saint-Etienne, 244 p.

[2] Pour la plupart entre 1897 et 1901 : 8 à Izieux, 7 à Saint-Chamond, 6 à Saint-Julien-en-Jarez, 5 à Saint-Martin-en-Coailleux, 5 à Grand-Croix, 3 à Lorette et 5 à Rive-de-Gier (AD : 4M319 et 4M320).

[3] Par exemple, la seule société Boule du Vieux Creux à Izieux passe de 28 membres en 1896 à plus de 60 dès 1899. Le seuil de création semble se situer à une vingtaine, voire une quinzaine de membres, souvent des amis, des ouvriers qui se connaissent, qui sont du même quartier (ce qui se retrouve dans les noms de société : le Vieux Creux, l'Avenir du Langonnand, la Joyeuse de l'Horme à Saint-Julien-en-Jarez, les Bons Amis Couramiaux à Saint-Chamond, etc).

créée en 1899 par le propriétaire de l'entreprise industrielle J-M. Staron, et compte dans ses rangs un contremaître, un négociant, un chef d'entreprise, et plusieurs ouvriers.

Tableau n°1 : composition sociale de sociétés boulistes de la vallée du Gier vers 1900

Professions	Joyeuse du Clos Marquet	Amis Réunis de la Garenne	La Française
Mineurs	11	/	/
Forgeurs	/	9	10
Teinturiers	/	4	10
Autres ouvriers	10	2	4
Total	21	15	24

Source : AD 4M319 et 4M320

Cette impulsion par les entreprises industrielles, dirigeants et ouvriers, ne se limite pas à la vallée du Gier : tous les centres urbains du bassin industriel sont touchés, dès les années 1890 (Firminy, Roche-la-Molière, la Talaudière, Villars, etc). Dans la vallée de l'Ondaine, la société Sarbacane d'Holtzer devient la Sarbacane Boule d'Holtzer : il s'agit certainement de limiter l'oisiveté des ouvriers et surtout la fréquentation des cabarets, connus pour les jeux d'argent et la consommation d'alcool : l'entreprise Holtzer, dont les dirigeants sont marqués par le paternalisme, lance en fait plusieurs œuvres sociales (bibiliothèque, jardins ouvriers ...). Néanmoins, pour la majorité des entreprises, l'intervention se limite à une aide financière ou la mise à disposition d'un terrain, répondant à une forte demande sociale et se donnant les moyens « d'acheter la paix sociale ». En outre, si la boule lyonnaise devient une mode ludique et sportive parmi la population ouvrière, d'une part elle reste limitée à quelques clos dans les cafés et quelques autres jeux disséminés dans les quartiers ouvriers, d'autre part elle ne bénéficie pas de réel soutien de la puissance publique locale, contrairement à d'autres activités physiques.

1.2.2 D'autres sports populaires, patriotiques, soutenus par le pouvoir politique local

Une évolution d'envergure nationale dans la naissance des sports populaires modernes touche la ville de Saint-Etienne en cette fin de XIXème siècle : c'est le poids des sociétés sportives de gymnastique et de tir, dès les années 1870. Ce sont des sociétés « au service de la France, pour un exorcisme de la défaite »[1], patriotiques / conscriptives dans le sens où elles accompagnent la préparation militaire du peuple français. Elles naissent de la défaite de 1870 et de l'affirmation d'une Troisième République revancharde, dans une logique disciplinaire et patriotique avec défilés et concours où triomphent mouvements d'ensemble et pyramides humaines. Comme l'a très bien étudié Pierre Arnaud, les sociabilités sportives sont très encadrées, inscrites dans un double mouvement républicain, de contrôle de la jeunesse et d'affirmation nationale, patriotique et militaire (doublé parfois d'un militantisme municipal), qui rencontre les sociabilités festives et solidaires locales. Toutefois, il faut nuancer rapidement l'idée d'un sport du peuple, pour la patrie et la défense nationale, pratiqué de manière homogène sur le territoire français, au moins pour la période précédant l'obligation renforcée de scolarité et d'éducation physique dans les années 1880. L'échec des bataillons scolaires, lancés en 1882 mais abandonnés dès la fin des années 1880, est là pour corroborer ce constat et les sportifs militants sont peut-être plus volontaires mais surtout peu nombreux par rapport aux simples membres ou participants. De plus, les sports dits conscriptifs ont un statut ambigu, selon des pratiques diversifiées à l'image de la gymnastique où la performance sportive individuelle d'agrès n'a que peu de rapport avec les mouvements d'ensemble « patriotiques ».

Saint-Etienne est touchée par ce mouvement sportif comme les autres villes, sans particularité liée au développement industriel. Dans les années 1870, des professeurs de gymnastique se partagent entre un enseignement officiel (qui devient républicain) et leurs salles privées, toutes situées en centre-ville (rues Mi-Carême, Balaÿ, Gérentet ...). Le

[1] Boudarel, 1986, op. cit.

principal professeur stéphanois est Alphonse Bourru[1], qui est surtout à l'origine de la création de la doyenne des sociétés gymniques stéphanoises, la Stéphanoise. Celle-ci se réorganise dès 1886, après cinq ans d'existence officielle, et peut alors se renforcer comme le montre le graphique ci-dessous.

Graphique n°1 : les effectifs de la société gymnique la Stéphanoise dans les années 1880

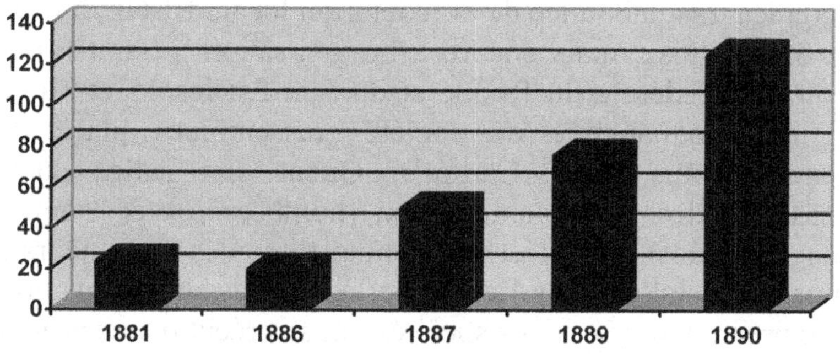

Source : AM 1S22

Cette croissance des effectifs et de l'activité (avec mouvements d'ensemble, sauts à la perche, trapèze, boxe, barres parallèles et fixes, pyramides humaines ...) nécessite de repenser le gymnase Michelet, hérité d'une simple salle privée : en décembre 1890 est inauguré le nouveau gymnase de la société, 11 rue de Saint-Etienne à proximité de la place Jacquard. Dès 1891, la Stéphanoise double alors ses effectifs avec 250 membres actifs et surtout elle impulse la création de l'USGL, Union des Sociétés Gymniques de la Loire. Cette création traduit une volonté de contrôler le mouvement sportif local et permet de mieux comprendre la volonté de fixer l'USGF dans la région stéphanoise, en

[1] Ce médaillé d'or à l'école de Joinville en 1867, moniteur de gymnastique à Saint-Etienne dès 1869, enseigne à la fois dans les écoles publiques de la ville et dans la salle privée qu'il fait aménager en 1875 au 81 de la rue Michelet, nommée salle Bourru puis gymnase Michelet (traduisant bien le processus de sportisation, codifiant un espace d'un type nouveau, la salle équipée d'agrès).

se rapprochant des sociétés de gymnastique présentes à Saint-Etienne et dans les autres villes (Saint-Chamond, Rive-de-Gier, Firminy, etc).

Mais cela ne doit pas masquer la faiblesse du mouvement local dans ces dix premières années, surtout vis-à-vis des grandes villes comme Lyon : la fédération des sociétés de gymnastique du Rhône et du Sud-Est se forme dès 1884. Un article du *Mémorial* du 17 octobre 1889 note le retard stéphanois dans le mouvement national : le chiffre de 200 gymnastes semble bien faible face au nombre théorique et souhaitable de 2000 gymnastes. D'où l'élan donné par les dirigeants sportifs locaux à la gymnastique stéphanoise dans les années 1890-1891, grâce à la naissance de la fédération locale USGL, à l'affirmation de la Stéphanoise, mais encore à l'organisation à Saint-Etienne de la sixième fête fédérale du Rhône et du Sud-Est les 15 et 16 août 1890 avec une cinquantaine de sociétés rassemblées place du Treuil (devenue depuis place Carnot[1]). Quant aux salles couvertes et gymnases, elles sont assez peu nombreuses et sommairement aménagées. Ainsi, la Société de gymnastique des instituteurs de Saint-Etienne est installée dans l'école de la rue Descours, plus précisément sous le préau, tandis que les sociétés qui se créent dans les années 1890 s'installent dans le gymnase principal rue Michelet. Par exemple, la Fraternelle, née en novembre 1892, passe de la rue Michelet à la rue Marengo en 1899, année où elle change de président pour être dirigée par le colonel Coussaud-Dullié, commandant du 102ème régiment territorial. Cette nouvelle présidence permet d'appuyer la vocation double de ces sociétés patriotiques : faire de la gymnastique certes mais aussi et surtout de la préparation ou instruction militaire, et ce grâce à la seconde activité physique principale : le tir.

En effet, que ce soit la Fraternelle, la Stéphanoise ou les autres sociétés évoquées à présent, le tir est bien présent, parfois dans le nom même des sociétés (par exemple société de gymnastique et de tir des instituteurs de Saint-Etienne). Cette activité physique du tir au fusil n'a pas de rapports directs dans l'esprit et les formes de pratique avec les

---

[1] C'est pour cette place importante de la ville, longtemps à mi-chemin entre le centre-ville et la banlieue (espace urbain de transition), le début d'un rôle de premier plan dans la mise au jour de nombreux sports dans la ville de Saint-Etienne – gymnastique et boules en tête – assurant une visibilité à des pratiques confinées dans les quartiers, devenant un haut lieu du sport populaire.

autres pratiques de tir héritées des jeux sportifs anciens (tir à l'arc ou à l'arquebuse). Les statuts de l'Espérance, troisième société d'importance en 1900 avec la Stéphanoise et la Fraternelle, précisent les objectifs de la société, selon trois directions complémentaires : physique, militaire et patriotique. Il paraît donc difficile de parler véritablement de sports tant l'usage et la pratique physique sont détournés. L'importante pratique du tir dans la ville s'explique peut-être par ses liens même implicites avec une industrie armurière bien ancrée dans l'économie régionale traditionnelle : la localisation des sociétés et l'analyse même succincte des sociétaires supposent un prolongement ludique de l'activité professionnelle. Même si aucun élément précis comme la liste des membres ne permet de l'assurer, cela semble être le cas des deux principales sociétés de tir qui fonctionnent dès les années 1860-1870 dans le quartier armurier de la Vivaraize, celle du Tir stéphanois qui aménage un stand dès 1865 côté Cours Fauriel et celle du Tir de l'Observatoire. La liste des membres du Tir stéphanois en 1880 montre une composition sociale variée, différenciant les 45 sociétaires fondateurs (où l'on compte des ingénieurs, banquiers, rubaniers, armuriers, rentiers, mais aussi un sénateur) et les 104 autres adhérents. De manière plus générale comme dans la grande majorité des sports en cette fin de XIXème siècle, les pratiquants sont des hommes, assez jeunes (25 à 40 ans), au capital économique et social fort (classes laborieuses sous-représentées). Le rapprochement avec un métier d'ouvrier-armurier doit donc être relativisé, pour une pratique qui concerne en fait plus des artisans indépendants que des ouvriers de manufacture : par exemple, si le Tir Forézien né en 1877 compte des travailleurs de la Manufacture d'armes, ce sont plus des chefs d'ateliers que des ouvriers (AD : 4M308). Quelques sociétés ont des compositions sociales variées, laissant entrevoir un brassage social représentatif du mouvement sportif patriotique (« sport du peuple » et non pas populaire) : la société de tir de Bel air, née en 1881, recrute dans les classes moyennes supérieures du quartier et au-delà, tandis que la société de tir du Soleil née la même année, est composée de milieux socioprofessionnels divers. Toutefois, une hiérarchie interne reproduit les structures et l'ordre social puisque le conseil d'administration est composé de forgeurs et d'employés, aidé de six conseillers (gérant, chauffeur, contrôleur ...) tandis que les 74 autres sociétaires sont de simples ouvriers (mineurs, armuriers, manœuvres) ou des cafetiers et diverses professions. Conséquence de cette pratique relativement diffusée dans la société stéphanoise dans une orientation patriotique nationale favorisée par les structures socioprofessionnelles locales, la structuration du mouvement sportif autour du tir n'est pas négligeable puisqu'en 1884 se forme une Fédération des Sociétés de tir de Saint-Etienne, (associée à la pratique du tir à la carabine reconnue de manière fédérale au niveau national en 1886). Cette jeune fédération locale organise en 1885 un grand concours de tir au stand du Tir Stéphanois avec les principales sociétés de la ville (Tir de Bel air, du Soleil, de l'Observatoire, de Beaulieu, Tir forézien).

Néanmoins, les sociétés ne pratiquant que le tir sont assez rares et ce développement sportif se confond avec la multiplication des sociétés patriotiques de gymnastique, tir et instruction militaire : notons les créations avant 1900, au nom toujours évocateur de l'esprit revanchard, des sociétés Touristes Foréziens et Fifres Stéphanois en 1894, les Volontaires stéphanois en 1896, l'Alerte en 1899, l'Indépendante en 1899, etc (AM : 4M304-306).

Ce mouvement sportif de la gymnastique et du tir, reposant souvent au départ sur de simples initiatives privées (à l'image de la société de Tir de Bel Air naissant dans la propriété d'un notable local), fait l'objet d'un encadrement croissant par les pouvoirs publics, aux échelles nationale et locale, non sans tensions idéologiques. En effet, d'abord encadré par les institutions républicaines, il l'est ensuite de manière plus variée, notamment par le mouvement sportif catholique qui se structure à la toute fin du XIXème siècle, ne souhaitant pas perdre son contrôle sur la jeunesse et les mentalités françaises. Ainsi, en réaction au développement des sociétés et patronages « républicains » se structurent des mouvements d'essence confessionnelle, notamment le catholicisme social avec Le Play et l'Encyclique Rerum Novarum en 1891, à la fois autour du sport et de la jeunesse avec le scoutisme[1]. L'abbé Michaux fonde en 1898 la Fédération Gymnique et Sportive des Patronages de France ou FGSPF qui compte en 1914 environ 1500 sociétés, presque autant que l'USFSA qui se trouve alors presque concurrencée par ce volontarisme. Dans cette approche idéologique, laïque ou catholique, le sport est pris comme relais éducatif

---

[1] Hélewaert Michel, 2002, *Jeunesse et sports, expériences contrariées, marginalités récupérées*, l'Harmattan, Paris, 261 p.

institutionnel : il a des fonctions civiques, moralisantes, patriotiques et socialisantes[1].

Mais il ne faut pas anticiper cette rivalité entre mouvement sportifs laïque et catholique car, au niveau local encore plus qu'au niveau national, cette opposition est lente à se mettre en place, surtout au niveau fédéral, d'autant plus qu'un certain flou existe pour le vocabulaire. Par exemple, l'expression d'amicale laïque ne recouvre pas les mêmes réalités qu'aujourd'hui puisque issue des amicales d'anciens élèves des écoles laïques, passant du cadre scolaire au cadre purement associatif, d'où le fait que les pratiques sportives sont au début limitées à des pratiques gymniques comme dans les écoles.

En revanche, si l'opposition entre ces patronages et amicales est à peine naissante avant 1900, l'intervention des pouvoirs publics locaux est déjà plus forte, même si elle n'est pas encore structurée et totalement assumée, le sport restant majoritairement l'affaire des initiatives privées. Sans détailler l'évolution de la vie politique et des municipalités stéphanoises, il faut retenir la présence d'une majorité républicaine plutôt centrée à gauche dans le conseil municipal de 1856 à 1908, mais sans stabilité aucune puisque l'on compte pas moins de 26 élections entre 1872 et 1912[2]. Parmi ces municipalités d'avant 1900, celles dont la majorité est socialiste, sensibles à la notion naissante de service public, sont assez actives dans le domaine des équipements collectifs et du soutien aux activités éducatives, sociales et patriotiques. Mais le sport reste lui une préoccupation relativement secondaire, d'abord parce que la ville connaît des situations d'urgence sur de nombreux chantiers majeurs, tels l'approvisionnement en eau (nombreuses discussions sur le projet du Lignon) mais aussi les grands équipements publics (hôpital par exemple), le logement et les problèmes d'insalubrité (depuis le milieu du XIXème siècle et la forte croissance démographique). Seul ce sport patriotique fait l'objet d'interventions politiques assez fortes, la municipalité stéphanoise soutenant la dynamique créée par l'Etat républicain. Les sociétés de gymnastique et de tir, dites conscriptives, bénéficient d'un soutien

---

[1] « Le sport, ou plus globalement les activités physiques, ne sont qu'un support (un prétexte ?) à l'exercice d'une forme de militantisme social et culturel dont les incidences sont multiples » (Arnaud et Camy, 1986, op. cit., p.182).

[2] Fournial Etienne (dir), 1976, op. cit.

public souvent dès leur création, surtout par des subventions pour du matériel ou l'organisation de manifestations.

Deux interventions municipales importantes dépassent ces simples subventions, dans les années 1880 et 1890. Premièrement, en 1881, la société des Touristes Foréziens, qui ambitionne de « populariser » les exercices physiques, fait construire une salle de gymnastique rue du Coin en partenariat avec la ville : dans une orientation républicaine, la municipalité Duchamp donne une subvention de 1200 francs en 1881. Deuxièmement, c'est pour un grand concours, celui de la Fédération des Sociétés de Gymnastique du Sud-Est (organisé par la Stéphanoise du 15 au 17 août 1890), que la ville participe à hauteur de 12 000 francs, une somme très importante pour l'époque. Le coût est important du fait des 1500 sportifs réunis et des aménagements nécessaires (clôtures, tribunes, bancs, affiches, etc), occasionnant de dures négociations entre la ville et la société.

Progressivement, le sport conscriptif participe de la politisation du sport : de pratique sociale, le sport devient à travers la gymnastique un enjeu politique et un instrument idéologique. Mais le soutien régulier et assumé politiquement, notamment lors des périodes électorales, ne s'installe qu'après 1900 à Saint-Etienne, permettant alors de parler pour la première fois de politiques sportives. L'année 1900 constitue justement une double rupture : sur un plan politique avec l'arrivée de Jules Ledin à la tête de la mairie et, sur le plan sportif, l'amorce d'un réel mouvement sportif local, toujours marqué par l'opposition sports élitistes / populaires, mais dans des dynamiques qui parfois se croisent ou tout au moins se ressemblent. Ainsi, symboliquement, le *Mémorial* jusque-là centré sur les modes sportives élitistes, fait pour la première fois en 1900 le compte-rendu d'un grand concours bouliste, celui du 14 juillet place Carnot.

2. Extension des espaces sportifs à partir de 1900 : (re)structuration des sports élitistes et populaires

2.1 Affirmation et structuration des sports modernes élitistes dans des espaces privés

2.1.1 Une tutelle des sports élitistes par la Société de l'Etivallière contestée (1900-1914)

L'analyse des manifestations sportives au parc de l'Etivallière de 1900 à 1914, toujours fondée sur la presse locale et un peu plus la presse spécialisée, montre une grande évolution par rapport aux huit premières années, même si le caractère mondain reste prépondérant. Les journaux se positionnent toujours plus comme annonceurs des manifestations que commentateurs des résultats sportifs (une tendance développée seulement dans l'entre-deux-guerres)[1]. Cette évolution marque les difficultés d'entretenir la logique de distinction pour la Société des Sports de Saint-Etienne, puisque la polyvalence sportive du parc jusque-là attractive commence à montrer ses limites avec d'une part l'apparition d'autres pratiques dans d'autres espaces et d'autre part le développement de pratiques sportives qui s'y déroulaient et recherchent désormais des espaces mieux adaptés. Cette polyvalence crée sans doute des tensions entre les sociétaires (sportifs ou non) et entre les sportifs de différentes disciplines. Il existe sûrement d'autres facteurs à cette remise en cause du « quasi-monopole » de l'Etivallière sur les sports modernes à Saint-Etienne : fin de certaines modes sportives, difficile renouvellement des élites (problèmes de recrutement, désaffection des élites économiques locales qui se recentrent sur leur activité professionnelle à cause de difficultés économiques, surtout dans la rubanerie). La question des dirigeants semble importante, surtout pour l'activité phare de la société, les

---

[1] Les sources sont toujours *Lyon sport* et surtout *le Mémorial*, parfois complété de *la Tribune Républicaine* (journal de gauche né en 1899) et la revue mondaine *Forez-Auvergne-Viviarais* (1906-1914), mais encore *la Loire sportive* en 1904, journal officiel hebdomadaire des sociétés sportives du département, dont il ne reste que les huit premiers numéros (AM : 7C106), sans oublier le compte-rendu sportif de L-J. Gras (secrétaire de la Chambre de Commerce) dans *l'Année forézienne*.

courses hippiques. En effet, le comité d'organisation des courses de Saint-Etienne, présidé depuis plusieurs années par le rubanier Alexandre Colcombet, se détache de la Société des Sports, pour des facilités d'organisation mais aussi à cause de rivalités entre personnes. En 1898 est créée la Société hippique de Saint-Etienne, présidée par A. Colcombet, avec des ambitions assez importantes, alors que la Société des Sports reste présidée par A. Barrallon. Les grands concours hippiques de l'Ascension 1898 et 1899 sont organisés à l'Etivallière, non plus par la Société des Sports mais par cette société hippique autonome et les ambitions d'A. Colcombet passent par un large soutien des élites, même politiques puisqu'il demande une aide au maire pour le concours de mai 1899. Avec le succès croissant des courses, ces ambitions passent aussi par un changement de lieu : en 1900, avec plus de 3000 entrées, le parc est « saturé » malgré sa transformation « en coquet hippodrome ». Le *Mémorial* du 9 juin 1900 mentionne la volonté des dirigeants, de trouver un terrain meilleur pour l'année suivante, permettant de passer du « trotting » aux courses au galop, de développer le spectacle sportif[1]. Il s'agit en fait d'un appel d'offre caché à la souscription pour l'aménagement du futur hippodrome de la Société hippique de Saint-Etienne, entretenant les rumeurs d'une spéculation foncière : ce sont surtout les aides privées, obtenues auprès des élites économiques, qui financent l'hippodrome et les courses hippiques[2].

Ainsi, dès 1901, la Société hippique s'installe à quelques kilomètres de l'Etivallière, dans un site plus vaste et aménagé en tant qu'hippodrome, situé sur la commune de Villars : à proximité de la

---

[1] Et de limiter la concurrence des autres hippodromes de la région stéphanoise puisque le président A. Colcombet fait remarquer dans une lettre au maire de Saint-Etienne (datée du 8 juin 1900) que Saint-Galmier et Monbrison viennent de réaliser des champs de courses pour le galop, que la septième ville de France ne peut « rester en arrière » (AM : 3F7).

[2] Près de cinquante souscripteurs sont recensés, dont de nombreuses chambres syndicales des métiers de la région (tissu et matières textiles, chausseurs, industriels du cycle, négociants, grains et farines ...) et l'union des chambres syndicales et patronales de Saint-Etienne (AM : 3F7). Pourtant, une demande de subventions est lancée auprès de la mairie (5000 francs pour l'hippodrome et autant pour les courses annuelles), question de légitimité pour l'aménagement.

plaine de la Doa, dans la périphérie Nord de la ville, non loin de l'Etivallière, des résidences du patriciat local, des gares de la Terrasse et de Villars, d'un arrêt de tramway et de la caserne militaire Grouchy, cette situation valorise la proximité avec la Plaine du Forez, lieu d'élevage et de nombreuses résidences bourgeoises. Tous les journaux valorisent la nouvelle installation comme réussite locale, une piste de 1200 mètres bien tracée, sans monotonie, peut-être selon le « modèle » de l'Etivallière. Mais cette localisation hors du territoire communal de la grande ville fait l'objet de débats qui se poursuivent pendant plusieurs mois, à l'image des hésitations sur l'appellation des courses hippiques : de Saint-Etienne, de Villars, parfois les deux à la fois. Les courses inaugurales des 25 – 27 août 1901 sont préparées à la mesure des ambitions de la bourgeoisie locale pour s'affirmer dans l'espace stéphanois et face au voisin lyonnais : trains spéciaux Lyon – Saint-Etienne et Roanne – Saint-Etienne, programme remanié pour contenter civils et militaires (huit prix au total, sur des distances de 2,4 à 4 km), défilé, nombreuses invitations de personnalités[1].

Dans les années 1900, l'hippodrome de Villars devient le haut lieu du sport-spectacle hippique, dans une ville de Saint-Etienne qui maintient sa domination sur les courses dans la Loire. En effet, les courses hippiques s'imposent à l'échelle du département, gagnant tant en nombre total qu'en sommes d'argent mises en jeu (15 000 francs de prix chaque année à Saint-Etienne). En s'affirmant auprès d'un public élitiste de plus en plus fidèle, les courses hippiques gardent tout leur caractère mondain : cette implication des élites locales est surtout le moyen d'assurer une certaine visibilité sociale dans la ville et vis-à-vis de l'extérieur (accueil de notabilités foréziennes, lyonnaises et même étrangères), relayée par les comptes-rendus des journaux mentionnant les personnalités présentes au pesage, décrivant les toilettes féminines mais aussi les banquets, traitant donc les résultats sportifs de manière secondaire. Cette visibilité sociale introduit une micro-géographie de l'hippodrome où s'opposent le pesage, tribune « réservée » aux élites

---

[1] Ces personnalités réunissant tout le « Saint-Etienne mondain » sont stratégiques pour la récente société qui doit se pérenniser ; elles sont issues des mondes politique (député Ch. Dorian, préfet M. Mascle), militaire (Général Bosc, Colonel Saisset du régiment des 30ème Dragons), économique et sportif (E. Mimard, les Epitalon et les Balaÿ, les présidents des courses de Saint-Galmier, Feurs et Saint-Etienne, MM. Desjoyaux, Raoul d'Assier et Colcombet).

fortunées, et la pelouse, espace peu aménagé accueillant les classes moyennes qui commencent à s'intéresser à ce spectacle. Le caractère mondain est entretenu par plusieurs innovations : augmentation du nombre et des types de courses mais aussi des prix, amélioration du confort des spectateurs et divers agréments (musique). A travers ces courses hippiques, nous sommes bien comme dans les années 1890 entre le sport et le spectacle, entre le loisir et l'intéressement financier : ainsi, les trois objectifs donnés aux courses par le *Mémorial* du 5 juin 1909 sont la satisfaction du public, la survie de la société et le débouché pour l'élevage. Celui-ci reste important et montre une imbrication du soutien des élites aux secteurs industriels et agricoles : les courses sont bien dans un « loisir productif » pratiqué « dans un temps utile » pour reprendre les expressions de G. Vigarello.

Dès lors, avec ce développement des courses de Villars, le parc de l'Etivallière n'accueille plus les courses hippiques de Saint-Etienne, ce qui semble porter un coup dur à la vie de la Société des Sports et à l'animation sportive du parc. Des pratiques équestres sont renouvelées à l'Etivallière mais seulement à l'état de projet en 1908 : une nouvelle société se forme, sans l'initiative des grands rubaniers, celle des Sports Hippiques Variés de Saint-Etienne, proposant des courses d'ânes, de poneys, de chevaux et de cycles : la réunion prévue le 20 février 1909 n'a finalement pas lieu faute d'organisation et la location du parc de l'Etivallière ne sera jamais effective.

Quant aux autres activités sportives (tennis, cyclisme, voire tir aux pigeons), elles périclitent progressivement, sans aucun processus de popularisation (en maintenant le modèle élitiste du sportsman anglophile). Le tennis, jamais très développé, n'est pas souvent signalé dans la presse, restant plus loisir de détente que véritable sport. Les tournois sont rares : notons celui du jeudi 2 août 1900 sur les terrains aménagés en herbe depuis peu, toujours sur le modèle anglais (*Lyon sport* du 27 mai 1900). Les joueurs qui se distinguent sportivement constituent l'élite habituelle du parc : Alexandre Colcombet, Michel Balaÿ, des plus jeunes comme Denis Epitalon et Georges Faure, Messieurs Fayolle et Bessy, etc. Mais ensuite, plus de traces de concours de tennis avant 1909. Une première explication tient à la construction semble-t-il de terrains totalement privés dans les propriétés de la bourgeoisie stéphanoise : les grandes familles rubanières ont toutes à cette époque leurs villas ou manoirs au nord de

Saint-Etienne (les Epitalon et les Giron à l'Etrat, les Guitton à Villars, les Colcombet à la Talaudière, etc) et l'on peut supposer que pratiquer chez soi renforce cette idée de l'entre soi. Un aménagement de court est daté, celui de la famille Brossy : Clément Brossy, rubanier moins bien implanté dans cette élite puisque sans tradition rubanière familiale, fait construire en 1898 un court en ciment dans sa villa de la Mulatière au Sud de Saint-Etienne, moyen pour lui de s'affirmer socialement sans s'isoler dans cette partie de la ville.

Les courses cyclistes sur la piste de l'Etivallière perdent, elles aussi, de la vigueur au début des années 1900 dans la Société des Sports[1]. Les courses sur route sont en revanche de plus en plus à la mode et se diffusent lentement dans la population, signe que le cyclisme est de moins en moins une pratique distinctive. Donc les courses de l'Etivallière tentent de se dégager de cette multiplication des courses sur route (pratiquement une par week-end), « des courses locales insignifiantes qui discréditent le sport vélocipédique dans notre ville » (*l'Année forézienne* 1903). Mais les courses sur piste peinent à s'affirmer dans le parc de l'Etivallière : dès mai 1900, lors d'une visite des journalistes lyonnais, la critique est assez sévère dans *Lyon sport* : la piste est bien peu pratique pour les courses de bicyclettes, le « vélodrome » est deux fois plus petit que celui de Genas déjà limité.

Bref, les installations gênent la progression des sports, ce qui accentue le recul des élites locales devant les problèmes de gestion de la société et il faut attendre plusieurs années pour voir un président dynamique. Après les rubaniers Antony Barrallon et Alexandre Colcombet c'est l'avocat Joseph Jaray, ancien président du Club Alpin Français, qui semble relancer la Société des Sports à la toute fin des années 1900 (Henri Tézenas du Montcel est vice-président). En septembre 1909 a lieu un concours de tennis mais c'est surtout en 1910 que les réunions sportives se multiplient, en particulier pour la fête annuelle du 19 juin 1910, manifestation qui a un écho médiatique dans la presse mondaine locale. En parallèle de ces réunions sportives, la baronne de Rochetaillée propriétaire du parc organise des garden-party,

---

[1] « Hélas ! si les réunions de *la Tivallière* suivant l'expression populaire furent bonnes, elles furent peu nombreuses et cessèrent trop brusquement, au déplaisir du public, des coureurs, des constructeurs et de tour le commerce » (*Forez-Auvergne-Vivarais* n° 72 du 1er janvier 1910, p.4).

réunions mondaines au profit d'œuvres de charité avec diverses attractions comme un défilé de voitures et de chars fleuris ce 27 juin 1909. Donc la Société des Sports de l'Etivallière, bien implantée dans le vieux parc à l'image des prestigieux clubs londoniens et qui compte vers 1910 environ 150 membres (issus surtout de l'industrie, de l'armée et de la justice), hésite entre le « high life et l'éclectisme » (*Forez-Auvergne-Vivarais* n°139 de 1912).

En fait, les élites stéphanoises investissent d'autres espaces, notamment pour de nouvelles pratiques à la mode : la perte de valeur distinctive qui touche les courses cyclistes est compensée par le développement des courses automobiles très en vogue dans les années 1900, même si la première véritable automobile apparue dans la Loire est celle d'Etienne Mimard, fondateur de l'entreprise Manufrance, achetée en 1891. Ces courses sont impossibles à l'Etivallière, malgré quelques tentatives en 1899 : la piste est même critiquée pour le cyclisme et le motocyclisme quant à sa taille et sa qualité. En outre, l'impact de ces premières courses automobiles à l'Etivallière semble faible et il faut attendre 1901 pour une réelle impulsion, par les élites économiques, dans d'autres espaces qui remettent en cause le poids du parc de l'Etivallière dans ces sports élitistes.

Dans une logique socio-sportive tout aussi distinctive que la Société des sports de l'Etivallière, le sport automobile qui se structure à partir de 1901, rappelant l'émulation sportive autour du cyclisme dix ou vingt ans auparavant, quitte les espaces clos des parcs sportifs et investit l'espace public, telle une mise en spectacle des élites locales. En juillet 1901, Etienne Mimard, dirigeant de Manufrance, crée l'Automobile Club Forézien (ACF), d'abord constitué de 32 membres puis d'une centaine dès 1903 (non recensés), année de démarrage de l'activité sportive après quelques mois d'installation. Celle-ci repose, outre des conférences et les premières excursions, sur le choix d'un siège social (café des Négociants place de l'Hôtel de Ville pour assurer une visibilité dans la ville) et d'un garage (en fait une sorte de coopérative d'achat). La première épreuve, toujours sur l'initiative d'Etienne Mimard, a lieu le 19 juillet 1903 avec 16 voitures dans la montée du col de la République (de la place Bellevue au plateau de la République), un espace sportif par appropriation et non par destination, sorte de territoire sportif éphémère mais amené à connaître dès lors un sort glorieux. Appelée course de côte ou montée de Planfoy, la seconde édition a lieu en juin 1904 avec des motos, puis en 1905 avec les premières voitures de fabrication locale : comme pour le cyclisme, l'enjeu économique avec une industrie naissante motive la pratique sportive. Pour renforcer l'aspect sportif, des circuits ou concours dits touristiques sont mis en place dès 1904 dans les départements voisins. Outre les défilés dans la Grand'rue de Saint-Etienne, entre autres pour montrer sa position sociale, ils s'accompagnent le plus souvent de banquets entre les rares propriétaires de voitures au siège de l'ACF ou avec d'autres clubs (rencontre avec l'Automobile Club d'Auvergne à Noirétable en mai 1902). La diffusion est très lente et le nombre élevé d'adhérents à l'ACF ne signifie pas un grand nombre de pratiquants sportifs : en 1905, pour le grand concours de tourisme du 9 avril sur 213 km (appelé Coupe de l'ACF), seuls 24 membres participent. En fait, le sport automobile ne trouve pas le souffle suffisant pour s'imposer, victime des difficultés locales de son industrie, même si d'autres raisons existent, pragmatiques comme les protestations contre le bruit et la poussière (interdictions de course), et sociologiques (sport attaché à une élite économique qui le délaisse presque pour une autre mode sportive, dès la fin des années 1900, celle de l'aéronautique).

En effet, *l'Année forézienne* 1909 signale ce passage des courses automobiles aux meetings aériens (une seule course en 1909 contre trois meetings) : « les temps héroïques de l'automobile sont passés ... la mode est à l'aviation ». Il se crée même en 1909 une section aviation à l'Union des Inventeurs de la Loire née en 1891, puisque les premiers vols ne sont au départ que des tentatives presque désintéressées de quelques riches inventeurs, signe que l'on se situe à la frontière du sport. Mais surtout 1909 est l'année de structuration du premier aéro-club stéphanois, appelé Société Forézienne d'Aviation : il s'installe sur le champ de manœuvre de Méons, créé en 1874 à l'est de la ville pour l'arrivée de divers régiments, puis délaissé tout début XXème siècle. Ce vaste terrain appartient en fait pour moitié à l'autorité militaire et pour autre moitié à la famille des barons de Rochetaillée[1].

---

[1] Un hangar stockant une dizaine d'appareils dont ceux du précurseur local Pierre-Lucien Buisson est aménagé dès 1909 grâce au soutien des dirigeants du club, notamment Reynaud et Tézenas du Montcel Soutenues par l'Aéro-Club de Lyon, les élites stéphanoises s'essayent à toutes sortes de pratiques aéronautiques dont les « hélicos » dès 1907 puis les ballons, et bien sûr les vols d'avions. Sur ces débuts de l'aviation en région stéphanoise, cf. l'ouvrage essentiel est celui de la journaliste et

De la publicité est faite dans la ville, notamment pour les premiers meetings à Méons et à Champirol, un vaste pré au nord de Saint-Etienne. Ainsi, le développement d'un sport ayant besoin de place comme l'aéronautique s'accompagne d'une diffusion péri-urbaine des équipements. Mais ces meetings ne permettent pas de structurer réellement un sport aéronautique stéphanois ; nous sommes plus dans la démonstration d'innovations mécaniques et dans la performance isolée que dans la compétition sportive et la pratique régulière. D'ailleurs, plusieurs meetings ont lieu en parallèle d'autres manifestations sportives, notamment à l'hippodrome de Villars qui offre un vaste espace avec tribunes déjà installées pour le sport-spectacle hippique (trois jours de démonstrations en 1909, renouvelées pour les courses de 1912). Le rapprochement entre sports élitistes concerne également les courses hippiques et le sport automobile qui reste lui aussi à l'état de démonstration : à plusieurs reprises et dès 1902, le banquet de l'ACF se déroule à l'hippodrome de Villars, entre l'excursion du matin et les courses hippiques de l'après-midi.

Durant ces années 1900-1910, que nous pouvons appeler « la Belle Epoque des sports » en référence à des sociabilités entretenues lors de diverses manifestations sportives élitistes, l'arrivée en automobile pour assister aux courses hippiques est un signe extérieur de richesse. L'ouverture des usages de l'hippodrome vers les classes populaires est limitée et les initiatives allant dans le sens de cette ouverture sont très rares[1]. Par contre, l'ouverture de l'hippodrome à d'autres sports élitistes, initiées avec le sport automobile naissant puis les meetings aériens, se précise avec les matches de rugby du Racing-Club Stéphanois puis du Stade Forézien, les deux principaux clubs de rugby tenus par des dirigeants impliqués dans la vie mondaine locale, peut-être pour rentabiliser l'usage de l'hippodrome. Le rugby est le seul sport qui bénéficie avant 1914 d'une structuration par des clubs, des fédérations, des calendriers, des terrains aménagés. Le grand sport

---

femme sportive Ennemonde Diard en 1930 : *Coups d'ailes, de l'oiseau à l'avion*, éd. imprimerie industrielle, Saint-Etienne, 532 p., à compléter par son fonds d'archives privées constitué de ses carnets (AD : 27 J).

[1] Une fois pour les courses de clôture de la saison, le 6 octobre 1912, la société hippique invite tous les établissements scolaires de la ville, changeant le tracé de la piste pour aménager une seconde « pelouse » côté route de la Fouillouse.

collectif de la Belle Epoque à Saint-Etienne n'est pas le football, mais plutôt le rugby (appelé football-rugby jusqu'au début du XXème siècle). Sa structuration autour de nombreux clubs civils est le fait d'une jeunesse bourgeoise, parfois militaire, qui tente d'impulser un véritable mouvement sportif anglophile, non sans obstacles et difficultés.

2.1.2 Le football-rugby ou la difficile sportisation du sport collectif dans un cadre élitiste

Si l'aspect élitiste du rugby ne fait aucune doute avant la Première Guerre mondiale, la domination est plus d'ordre sportif que social : ce ne sont pas les classes supérieures dirigeantes qui jouent le plus ; la bourgeoisie d'affaire est pratiquement absente. D'un côté, le rugby scolaire originel perd de sa force, de sa domination face à d'autres sports scolaires, que ce soit à l'USLSE ou dans la seconde équipe scolaire formée vers 1905 à l'Ecole Professionnelle Supérieure. Certes, l'USLSE poursuit ses matches dans les années 1900 sur un terrain à peine aménagé mais plus vaste que l'Etivallière, le pré Géras situé près du boulevard Jules Janin. Mais la dynamique sportive ne suffit pas à stabiliser et assurer le développement du rugby au lycée puisqu'en 1909 la société disparaît, au moins temporairement[1]. En fait, le rugby scolaire devient une activité physique comme une autre, complémentaire des sports de base dans l'éducation des lycées, à l'USLSE en particulier, que ce soit le cross-country et l'athlétisme, la gymnastique, ou la culture physique[2]).

Cette timidité du rugby scolaire contraste avec la dynamique des clubs civils, même si d'importants mouvements de clubs freinent

---

[1] Dès 1911, le nouveau censeur du lycée, Joseph Vidal, relance l'USLSE jusqu'à la Première Guerre Mondiale (Sigel, 2003). L'impulsion donnée au rugby scolaire par cet Ariégeois, initié au ballon ovale pendant ses études à Toulouse et censeur à Cahors puis à Saint-Etienne de 1911 à 1916, confirme le poids des processus de diffusion spatiale par migration plus que par une extension de proximité.

[2] C'est-à-dire des exercices assurant un certain équilibre (hygiène, santé) : cela regroupe la marche (« le moindre des sports » selon l'association des anciens élèves du lycée dans sa revue trimestrielle du 1er avril 1910), des séances de gymnastique, la natation et les haltères légères. En athlétisme, les rencontres se multiplient avec courses, lancers, sauts et tir à la corde, notamment contre l'Union Sportive du Lycée de Roanne et l'Union Sportive du Lycée Ampère.

cette dynamique, principalement à cause de diverses conceptions de la pratique sportive et des aménagements de terrains. Analysons les facteurs des difficultés d'une sportisation de ce sport élitiste à Saint-Etienne. De manière assez générale, les clubs restent peu nombreux jusqu'à 1914, sans stabilité, sans possibilité d'émulation sportive : comment créer des vrais stades quand les rencontres sont rares et se déroulent simplement dans les prés autour de la ville, sans caractère populaire ? Le premier grand club civil stéphanois, né en 1905, est issu d'une fusion entre les deux premiers clubs civils, résultat de quatre ans d'efforts d'organisation et de stabilisation, au moins temporaire[1]. Le Racing-Club Stéphanois (RCS) ainsi formé compte dès la fin 1905 plus de 50 membres actifs : il s'installe tout de suite au pré Giron, terrain délaissé par l'urbanisation de la ville industrielle[2]. La presse lyonnaise confirme non sans condescendance la lenteur d'organisation du rugby stéphanois[3].

Au même moment et toujours sur l'initiative des cadres et des dirigeants anglophiles de grandes entreprises industrielles, le rugby apparaît dans d'autres centres industriels de la région même si cela reste rare : ainsi, en 1904, des ingénieurs et techniciens anglais, recrutés par les établissements Holtzer à Unieux (une des plus puissantes entreprises de la région, née dans les années 1820), forment un Racing-Club. Ce dernier se rapproche rapidement des salariés de la grande

---

[1] Le premier club est celui du Rugby-Club Stéphanois formé dès 1901 (hérité d'un premier Football-Club Stéphanois né en 1898, transformé pour conformité à la nouvelle loi sur les associations), selon une filiation avec le rugby scolaire (les deux vice-présidents sont élèves). Le second est le Sporting-Club stéphanois né en 1903.

[2] « Formé seulement depuis un an, il a su par d'intelligents encouragements à l'athlétisme grouper en peu de temps une quantité de membres suffisant pour la vitalité d'un club » (*Lyon sport* du 29 décembre 1906). « La société aménage et répare ses installations du Pré Giron à l'Etivallière et une piste d'athlétisme de 380 à 400 mètres ! Le terrain sera clos et aménagé les premiers jours d'octobre » (*Mémorial* de septembre 1905).

[3] « Il est donc dit que Saint-Etienne ne sortira pas de son indolence et de son apathie au point de vue sportif. Nous voilà déjà au milieu de novembre en plein saison de football et de cross et nous n'avons pas encore entendu parler de Saint-Etienne ... Certes les causes de cette inertie sont multiples, mais il en est de particulièrement graves et auxquelles il importe pour le Rugby Club Stéphanois de remédier sans détail sous peine de croupir éternellement dans le même état de veulerie sportive » (*Lyon sport* du 7 novembre 1902).

entreprise voisine, les Aciéries et Forges de Firminy, avec réussite puisque dès 1914 est créée l'USAF, Union Sportive des Aciéries de Firminy qui remplace le Racing-Club.

Nous sommes donc loin des processus de diffusion de la région lyonnaise et de la vigueur des grands clubs notabiliaires[1]. Sans entrer dans les détails de ces vies mouvementées de clubs, étudions les principaux problèmes gênant la structuration du rugby stéphanois, signe déjà révélateur d'un complexe d'infériorité face au grand voisin lyonnais. Le tableau ci-dessous permet déjà de se rendre compte de l'instabilité des clubs stéphanois et de leur faible ancrage spatial (même s'ils ont tous leur siège dans des cafés et tavernes du centre-ville), jouant dans de simples prés en périphérie des zones urbanisées. Ce que masque cette lecture quantitative (sommaire puisque sans aucun recensement des effectifs de clubs), ce sont les processus de fusion, filiation, re-formation qui appuient la thèse de l'instabilité chronique.

Tableau n°2 : création des clubs de rugby stéphanois avant 1914

Nom	**Création**	**Terrain**
Football-Club Stéphanois	1898	Champ du Rond-Point
Rugby-Club Stéphanois	1901	Un pré vers Monthieu
Union Sportive Stéphanoise	1902	Le Rez
Sporting-Club Stéphanois	1903	Un pré vers Monthieu
Racing-Club Stéphanois	1905	Pré Giron à l'Etivallière
Stade Forézien	1908	Pré Brenier vers Méons
Union Football-Club	1908	Pré vers Montplaisir
Racing-Club Forézien	1909	Hippodrome de Villars
Stade Forézien Universitaire	1912	Terrain bvd J. janin
Racing-Club Forézien	1912	Hippodrome de Villars

Source : Sigel, 2003 et Merle, 2007

[1] Pierre Gros montre bien, dans ses recherches sur le rugby régional, comment Lyon constitue un pôle centrifuge, tout comme Bordeaux pour l'Aquitaine, avec un rôle de la hiérarchie urbaine (Gros Pierre, 2002, « Le rugby à Lyon 1890-1964, une approche sociale et historique d'un sport confidentiel » in *STAPS*, n°58, p.49-68).

Les faibles effectifs et les maigres résultats peuvent rapidement faire disparaître un club, tel l'Union Football Club de Saint-Etienne actif pendant seulement trois saisons de 1908 à 1911. A l'intérieur d'un club, les tensions et dissidences provoquent des divisions et la création d'autres clubs. Par exemple, au moment de la création du RCS en 1905 à partir du Rugby-Club et du Sporting-Club, certains membres du Sporting-Club souhaitant rester indépendants créent quelques jours après les débuts du RCS un Sporting-Club Forézien, mais vite soumis à de grandes difficultés. De plus, outre de petits soucis matériels se pose le problème des terrains disponibles et de leur aménagement en terrain de sport : les terrains sont peu nombreux et sommairement aménagés, ce qui est loin d'être une exception stéphanoise[1] : le modèle d'aménagement du stade n'est pas encore né. Quelques clubs sont favorisés grâce aux vélodromes qui laissent une grande pelouse plane au centre, dans l'Est lyonnais comme dans le Nord et l'Est stéphanois : ainsi le RCS joue à partir de 1907 à l'hippodrome de Villars, sur la pelouse centrale.

Ce transfert de terrain pour le RCS dans le prestigieux hippodrome de Villars permet d'évoquer désormais les facteurs dynamisant le rugby local dans ces années 1907-1914. Il s'explique par des résultats sportifs probants (victoires sur des clubs lyonnais) et surtout par la présence d'un dirigeant dynamique, un des principaux personnages impulsant le rugby local avant 1914 : c'est William Hunt (introduit dans la Société Hippique de Saint-Etienne installée dans cet hippodrome depuis 1901). Ce « personnage incontournable du paysage rugbystique stéphanois »[2] est consul des Etats-Unis à Saint-Etienne de 1906 à 1927, président du RCS dès 1907 : l'impulsion de dirigeants sportifs issus des élites économiques extérieures à la région[3] confirme l'hypothèse d'un rugby greffé. Mais deux filiations existent au niveau local et dynamisent le rugby stéphanois : la filiation scolaire, puisque

---

[1] Comme le prouve l'enquête de *Lyon sport* (le 23 octobre 1905), mentionnant que le doyen Football-Club de Lyon se retrouve sans terrain en ce début de saison 1905/06 après le refus de renouveler la concession de Grand Camp ; or les pelouses sont rares et chères, font l'objet de dures négociations pour les locations.

[2] Sigel, 2003, op. cit.

[3] Tel le chef de cabinet du préfet de la Loire Philippe Naud dirigeant au Rugby-Club Stéphanois en 1903 dès sa nomination sur la ville, ou encore M. Rebaud attaché de préfecture et jeune président du Stade Forézien en 1908.

de nombreux joueurs et dirigeants sont issus des jeunes générations formées au lycée (les scolaires regroupant jusqu'à 70% de l'effectif au Sporting-Club Stéphanois). L'autre vivier important de joueurs est celui des régiments en garnison dans la ville, encouragés par la hiérarchie militaire[1].

Deux autres éléments créent une émulation au sein du rugby stéphanois et expliquent la multiplication des clubs : ce sont les divergences sociales et idéologiques. Sur les premières divergences, aux clubs élitistes comme le RCS s'opposent des clubs au recrutement plus populaire : l'Union Football Club de Saint-Etienne (UFC), actif de 1908 à 1911, avec 57% d'employés, et surtout l'Union Sportive Stéphanoise, actif de 1908 à 1910, seul club à ne pas jouer dans les championnats USFSA[2]. Cette différenciation sociale entre les clubs provoque souvent des tensions où l'aspect sportif ne sert que de prétexte, comme en novembre 1910 où l'UFC rencontre le prestigieux RCF[3]. A ces différences sociales entre les clubs peut s'ajouter une divergence idéologique souvent sous-jacente : ainsi le Stade Forézien est plutôt à tendance laïque, à l'image de son président d'honneur le général Bosc proche des républicains laïcs, contrairement au RCS présidé par le consul W. Hunt.

Une vision plus négative de ces divergences peut alors être proposée : elles gênent sans aucun doute la structuration pyramidale du rugby stéphanois, qui repose moins sur de grands clubs moteurs que sur des entités aux conceptions du sport divergentes. En fait, au bout de dix ans environ après les premiers clubs civils, les années 1909-1912 montrent presque les mêmes difficultés à stabiliser et encadrer le

---

[1] Environ 2000 hommes sont répartis entre les 16ème et 38ème RI et le 30ème Dragon (cf. le numéro spécial du *Bulletin du Vieux Saint-Etienne* n°205, avril 2002). Cette filiation est forte puisque le Stade Forézien subit un coup dur avec le départ en 1912 du 16ème RI à Montbrison (où ces militaires créent le premier club de rugby).

[2] Il joue pendant deux ans au sein de la FCALSE, Fédération Cycliste et Athlétique de Lyon et de Saint-Etienne, dépendant de la Fédération Sportive des Sociétés Indépendantes de France, presque professionnelle (versement de primes aux joueurs), donc opposée au strict règlement élitiste et amateur de l'USFSA.

[3] Le Racing Club Forézien issu de la fusion temporaire du RCS et du Stade Forézien : l'UFC perd 24 à 0 et finit le match à 6 joueurs contre 12 au RCF. Cette défaite, qui ne peut traduire la revanche du club populaire sur le club élitiste, est suivie d'un compte-rendu cinglant dans le quotidien assez populaire *la Tribune*, évoquant des « matchs gagnés à la façon de Don Quichotte » (Sigel, 2003, p.40).

développement du rugby stéphanois. Le seul échec du RCF, éphémère club issu de la fusion du RCS et du Stade Forézien de 1910 à 1912 (sous l'impulsion de W. Hunt qui se heurte aux dissensions internes[1]), suffit à illustrer ces difficultés. Après cet échec, le RCS reste fidèle à ses idées et se stabilise à une quarantaine de membres jusqu'en 1914, tandis que le SFU se structure et, suivi de près par le journal *la Tribune républicaine*, moins élitiste que le *Mémorial*, se consacre à l'ancrage du club dans la vie sportive locale[2]. Bref, ces mouvements de clubs liés à diverses conceptions de la pratique sportive et à des aménagements de terrains souvent sommaires et hésitants, empêchent un réel développement du rugby stéphanois, encore marqué par le poids des élites locales mais moins puissantes et dynamiques que les dirigeants de la Société des Sports de l'Etivallière (jeunesse, élite plus militaire qu'économique). Le rugby reste une pratique sportive désintéressée, sans grande logique de sport-spectacle et offrant peu de retombées, financières et symboliques.

Ce constat est encore plus fort pour le football (appelé encore 'football-association' ou simplement 'association'), dont la dynamique sportive est bien plus fragile avant 1914 à Saint-Etienne, comme dans presque toute la France d'ailleurs. Sans détailler la diffusion du football en France, retenons quelques points forts expliquant son arrivée tardive à Saint-Etienne et sa lente structuration : une visibilité sociale limitée, un développement privilégiant le nord de la France, le rôle exclusif des élites anglophiles, des étudiants et des lycéens (timide à Saint-Etienne, surtout à cause d'un rugby déjà bien implanté), etc. D'ailleurs, de manière générale, la structuration du système global des sports est

---

[1] Nous faisons l'hypothèse que cela tient aux orientations idéologiques des anciens clubs : le RCS est plus élitiste et plus proche de la droite catholique, tandis que le Stade Forézien dit Universitaire est plus laïque, plus proche des élèves du lycée.

[2] Signe d'une véritable structuration sportive, tendant vers le modèle du stade, le terrain du boulevard J. Janin est accompagné de vestiaires aménagés au café de la Métallurgie, et surtout une salle de culture physique est installée en centre-ville. Entre septembre et décembre 1912, le club passe de 32 à 45 membres (dont 14 pionniers), « appartenant aux différentes classes de Saint-Etienne primaires et secondaires réunies » (*la Tribune républicaine* du 12 décembre 1912). Cet effort d'organisation trouve un écho sportif puisque dès mars 1913, le club remporte le Championnat du Lyonnais quatrième série après une victoire à Lyon (Cf. la *Revue trimestrielle de l'association des anciens élèves du lycée* n° 36 d'avril 1913).

complexe à décrypter, notamment les logiques socio-spatiales de pénétration des sports collectifs (football et rugby) selon une logique dualiste d'exclusion (l'un étant toujours majoritaire par rapport à l'autre)[1]. Cela se complique avec la percée d'autres sports collectifs comme le basket, sport né au collège américain de Springfield puis rapidement codifié et diffusé en France dans les villes moyennes, souvent « délaissées » par les deux premiers sports, par exemple à Orthez, Cholet, Limoges, Vichy ou Roanne dans la Loire[2].

Comme dans d'autres villes touchées par la mode du rugby, le football est très peu développé à Saint-Etienne avant 1914 (et très peu étudié), rencontrant la concurrence du rugby pendant près de trente ans (1890-1919). Il n'est pas signalé dans les pratiques physiques scolaires et militaires, ni dans les clubs de rugby et l'USFSA ne l'encourage d'ailleurs pas. Les débuts du football régional sont signalés par *Lyon sport* à Lyon à la fin de l'année 1903, sans précision aucune, et le premier Championnat du Sud-Est (inclus dans le premier Championnat de France) est organisé par l'USFSA en 1904 avec trois équipes lyonnaises (Football Club, Sporting-Club et Lyon Olympique), passant du rugby au football. A Saint-Etienne, la pratique du football est très peu présente, seulement dans quelques clubs de rugby, tels le RCS en 1904, comme entraînement pour le rugby et de manière temporaire, faute d'adhérents (*Mémorial* du 30 septembre 1904). Un seul club de football existe avant 1910 : l'Amical Football Club (AFC) qui se forme en 1906 mais ne joue son premier match officiel qu'en mars 1908, le temps de former une équipe compétitive pour le

---

[1] Par exemple, la difficile percée du rugby en Alsace serait due à une identité trop « militaire » tandis que la forte présence du football en Languedoc, corrélée à une faiblesse du rugby à Montpellier et Sète, serait due à une culture protestante, à l'importance des classes moyennes et des immigrés suisses : parfois même le football parvient à remplacer le sport-roi du midi : Augustin Jean-Pierre, 1990, « La percée du football en terre de rugby l'exemple du sud-ouest français et de l'agglomération bordelaise » in *XX*^{ème} *siècle* n°26, p.97-109.

[2] En France, le basket-ball, est importé avec difficulté au sein des grands clubs omnisports (comme le Stade Français où l'introduction du basket en 1902 est un échec). Faisant l'objet de tensions fédérales, il est pris en charge dès 1906/07 par la FGSPF qui organise le premier championnat officiel en 1912/13, alors qu'il ne parvient toujours pas à s'imposer au sein de l'USFSA.

Championnat du Lyonnais[1]. Dès lors, le *Mémorial* évoque surtout les débuts de saison afin de créer une émulation sportive, mais sans grand succès, si ce n'est en 1909/10 où l'AFC se retrouve au mois de mars en finale du Championnat du Lyonnais. Les autres saisons montrent a priori peu de changements, l'AFC restant le seul club stéphanois en Championnat USFSA jusqu'à la Première Guerre mondiale. En dehors de Saint-Etienne, seuls trois clubs élitistes pratiquent semble-t-il le football dans les années 1910, tous situés dans la vallée du Gier (confirmant alors une influence lyonnaise) : l'Athlétic Club Ripagérien dès 1906, le Sporting-Club de Saint-Chamond né en 1910, et le COSC, Club Olympique de Saint-Chamond, né en 1908 autour de l'escrime puis jouant au football, réunissant le patriciat local.

Au-delà du football, les entraînements des clubs de rugby permettent de pratiquer d'autres sports, tels l'athlétisme et le cross-country, appuyant la thèse d'une relative polyvalence sportive des clubs, tant civils que scolaires (nous l'avons vu pour l'USLSE). Athlétisme et surtout cross-country sont pratiqués, souvent comme le football, de manière complémentaire au rugby, tel un entraînement physique et pour des raisons sportives liées à l'organisation des saisons : pratiques athlétiques en été, de mai à septembre, rugby en hiver, d'octobre à avril en général. Nous avons à faire à des clubs omnisports (très éloignés de la puissance des clubs parisiens) qui aménagent simplement leur terrain avec une piste pédestre autour ou seulement sur un côté, sans réelle visibilité dans la ville à l'image d'un sport « de l'entre soi »[2]. Toutefois, face à cette difficulté générale des clubs de rugby à s'installer dans des équipements sportifs aménagés, les

---

[1] Le 8 mars à 15 heures a lieu le premier match de football à Saint-Etienne, au pré Giron que le club loue à côté de l'Etivallière, contre le Club des Nageurs de Lyon, devant de « nombreux sportsmen spectateurs », malgré la « concurrence » du match de rugby de l'USLSE boulevard Jules Janin (*Mémorial* du 9 mars 1908).

[2] C'est le cas du Rugby-Club Stéphanois en 1904 pour ses installations du pré Giron vers l'Etivallière, regroupant une piste de 380 à 400 mètres et des emplacements réservés aux sauts et aux lancers (de disque et de poids). L'entraînement combine alors en ce début de saison 1904/05 cross et football le matin, rugby et sports athlétiques l'après-midi (*Mémorial* du 30 septembre 1904). C'est aussi le cas de l'Union Sportive Stéphanoise en 1908 pour son terrain du Rez, club qui obtient même l'année suivante la location d'une salle de sports, celle du Cercle d'Escrime Forézien en centre-ville, apparemment trop petite (d'ailleurs, l'échec dans la recherche d'une nouvelle salle plus grande fait péricliter ce club).

classes dirigeantes locales lancent de grands projets d'aménagements sportifs privés s'inspirant ou non du « modèle » de l'Etivallière (parc sportif clos et polyvalent, en partie dévolu au sport-spectacle) et lancent l'aménagement d'espaces naturels pour les excursions sportives en montagne et au bord de l'eau.

2.1.3 De grands projets d'espaces sportifs privés dans l'héritage des sports de l'Etivallière

Jusqu'en 1900 environ, peu d'espaces sportifs sont pensés pour les grandes manifestations, ne permettant pas de parler d'équipements sportifs[1]. Au début du XXème siècle, une hiérarchie des espaces sportifs s'installe avec ses espaces banals et ses hauts lieux. La fixation de règles sportives mais aussi l'esprit de compétition et de comparaison des performances nécessitent une harmonisation et même souvent une véritable homogénéisation des lieux de pratique. Ce processus est lent et n'est pas généralisé pour notre première période, avant 1914 : nombre de vélodromes font 500 mètres, d'autres 300 ou 400 mètres, parfois même une distance approximative.

Justement, s'il est bien un aménagement sportif dans l'héritage du parc de l'Etivallière, c'est le vélodrome (nom souvent pompeux pour désigner une piste cycliste avec une simple tribune et souvent au centre un terrain de rugby / football). Mais à cause de son caractère élitiste, depuis le financement de la piste jusqu'aux pratiques cyclistes elles-mêmes, les constructions sont très limitées et ne concernent que les centres urbains les plus importants où un patriciat local peut s'emparer des modes sportives. A Saint-Etienne, un second vélodrome privé est aménagé en 1903, a priori par des élites stéphanoises, industriels du cycle notamment, souhaitant peut-être concurrencer l'Etivallière ou, plus plausible, créer une piste moderne et ainsi encourager le sport cycliste et l'industrie du cycle. Il est situé à Champirol dans le quartier de Ratarieux, à l'extérieur de la ville et non loin des espaces sportifs privés (hippodrome de Villars, parc de l'Etivallière), confirmant le glissement des espaces des sports élitistes vers le Nord de la région stéphanoise. Cette « coquette petite piste » (*Mémorial* du 13 mars 1903) est inaugurée pour les Championnats de la

---

[1] Vigarello Georges, 2002, op. cit.

Loire UVF, avec cinq courses de 1 à 10 km connaissant un vif succès grâce aux sportifs venus de Saint-Chamond et Firminy essentiellement. En effet, ce sont dans ces deux villes que l'on trouve trace de deux vélodromes privés au début du XXème siècle, émanant des élites industrielles locales : celui de Firminy assez dynamique en 1903 et celui de Saint-Chamond. Ce dernier, appelé vélodrome du Coin et aménagé semble-t-il depuis peu de temps, montre plusieurs similitudes avec l'Etivallière, tant par l'accueil de courses cyclistes de vitesse (et de motos puisque la piste plus moderne le permet) que par les innovations sportives de la « bonne société » locale[1]. Mais les sociétés cyclistes de la région stéphanoise sont rares, telle une lente diffusion dans les centres urbains selon un modèle centrifuge, surtout pour les courses sur piste, plus prestigieuses et élitistes, nécessitant temps et argent, regroupement de forces et de personnalités influentes, alors que la vallée industrielle de l'Ondaine accueille clubs et courses sur route, plus populaires. Il manque en région stéphanoise une réelle impulsion des élites locales, même chez les industriels du cycle (travaillant souvent encore en petit atelier)[2].

Plus que ces vélodromes, le parc de l'Etivallière et ses aménagements sportifs polyvalents inspirent dans ces années 1900 et 1910 des projets de même envergure, voire plus importants, plus tournés vers le sport-spectacle. C'est en effet dans le sport cycliste que les logiques du sport-spectacle s'affirment le plus, à l'image des premiers Six jours de Paris organisés trois ans après la construction du vélodrome d'hiver. Le principal projet à Saint-Etienne, où le cyclisme tient une place centrale, est celui en 1910 du parc des sports de la Terrasse, porté par une fédération sportive locale, élitiste et influente,

---

[1] L'aménagement de ces deux vélodromes n'est pas indépendant de l'affirmation de sociétés cyclistes dans ces deux villes dès les années 1890, même si le lien entre les deux reste difficile à préciser faute de sources.

[2] A Ratarieux, malgré quelques innovations pour pérenniser ces courses cyclistes comme le revêtement goudronné de la piste en juillet 1904 (appuyant l'hypothèse d'un vélodrome remplaçant la vieille piste polyvalente de l'Etivallière), le vélodrome ne semble plus utilisé dès 1905, sans explication claire : manque d'argent pour financer la piste (coût du revêtement, entretien), manque de sportsmen (peu plausible), désintérêt des dirigeants souhaitant développer une autre activité après une courte mode de deux années, etc. ?

qu'il nous faut présenter. Cette fédération est la Fédération Sportive de la Loire (FSL), née en 1905 « pour le développement des sports », certainement dans la dynamique fédérale de l'USFSA, pour structurer au sein du comité du Lyonnais le mouvement sportif ligérien, surtout dans la région stéphanoise[1]. Plusieurs hypothèses sont alors possibles sur ses objectifs : moyen d'exercer un contrôle sur les sports modernes et les sociétés membres (dans le cas d'une fédération « installée par le haut ») ou alors regroupement de sociétés sportives pour créer des solidarités locales et encourager le développement des pratiques, voire pour organiser des courses indépendamment de la presse ? Son affirmation est toute progressive, autour des courses cyclistes et pédestres, ce qui explique le décalage entre l'année de création et celle du projet de parc des sports (année où la FSL compte une quarantaine de sociétés membres, souvent assez jeunes et tournées vers les sports modernes, cyclistes essentiellement).

Ce projet de parc des sports privé, le premier grand projet d'équipement sportif « ex-nihilo » à Saint-Etienne, est situé dans le quartier de la Terrasse au nord de la ville, à quelques centaines de mètres du parc de l'Etivallière[2]. Ce n'est en rien une réplique exacte du parc de l'Etivallière, longtemps critiqué pour son inadaptation à la grande pratique sportive : plus qu'un espace concurrent, le parc des sports de la Terrasse est une amélioration de l'Etivallière, plus centrée sur les sports modernes compétitifs et sur le sport-spectacle (rejetant les courses hippiques et le tennis, privilégiant les courses cyclistes). Il s'agit donc par ce parc des sports de combler une lacune pour les espaces sportifs de la ville et de toute la région stéphanoise, un retard

---

[1] Mais aucun élément ne permet de vérifier cette paternité de l'USFSA, faute de sources précises sur cette fédération (limitées à quelques courts articles dans la presse locale). Alex Poyer dans sa thèse évoque une possible filiation avec une fédération des sociétés cyclistes de Saint-Etienne née en 1900 en rivalité avec la puissante UVF (comme prolongation sportive de l'unité des entreprises stéphanoises avec la Chambre syndicale du cycle en 1897), ce que confirme le poids des sociétés cyclistes à la FSL (Poyer, 2003).

[2] Il est présenté par le *Mémorial* et la revue mondaine *Forez-Auvergne-Vivarais* comme la volonté de presque toutes les sociétés sportives de la ville, regroupées dans la FSL. Les deux journaux n'oublient pas de mentionner la souscription qui est lancée pour financer ce parc de sports, auprès des élites économiques locales, ajoutant pour convaincre budget et plan prévus. Le *Mémorial* du 27 janvier 1910 signale même la présence d'un plan-programme à l'Hôtel de Ville.

faisant l'objet de critique, peut-être envers les élites entre elles mais plus sûrement envers la municipalité[1] ; la FSL agit « envers et contre tous » (*Mémorial* du 27 janvier 1910), sans susciter toutes les adhésions auprès d'élites économiques.

Si l'ouverture à tous les sports est mise en avant (gymnastique, tennis, football, tirs à la cible et aux pigeons, courses de moto et course à pied), ce sont les courses cyclistes qui supportent le projet : sur seize réunions sportives prévues pour la première saison, la moitié concerne le cyclisme, avant même que ne débute la construction des installations. Le projet est centré sur un vélodrome : une piste de 333,33 mètres de long avec virages relevés pour assurer des vitesses de 110 km/h (souci d'une précision symbole de codification et de rationalisation), entourée de tribunes prévues pour 9000 spectateurs. En effet, le coût important, près de 100 000 francs (300 000 euros actuels), doit être rentabilisé et la FSL lance la formation d'une société anonyme (SA du Parc des Sports de Saint-Etienne). Cette souscription auprès des élites économiques doit permettre de réaliser le parc mais aussi réaliser un investissement, ce qui est très représentatif d'élites économiques, industrielles, fascinées par le grand capitalisme : c'est la première apparition d'une « marchandisation » du sport. La FSL prévoit un amortissement rapide et la valorisation d'intérêts, le sport devenant dans cette Belle Epoque des sports un domaine d'investissement capitalistique, à l'image des réalisations parisiennes comme le vélodrome Buffalo (dont la piste est réaménagée en 1909 pour 1 million de francs)[2]. Les rapports avec la puissance publique sont ambigus, dans le sens où le parc est dans un terrain de 20 000 m^2 appartenant à la ville, entre le stand militaire et la caserne Grouchy (après de longues péripéties sur son contrôle foncier, liées à la présence

[1] L'homogénéité des élites stéphanoises est donc discutable et le système d'acteurs dans cet aménagement ne comprend pas encore les puissantes entreprises industrielles qui, pratiquement les seules en dehors de la municipalité à pouvoir susciter une réelle pratique sportive en aménagement des terrains de sport pour leurs ouvriers, se concentrent souvent sur d'autres œuvres sociales, à commencer par les caisses de secours ou le logement (cités ouvrières Barrouin ...).

[2] La FSL parle de création rentable et propose un budget prévisionnel pour la première année avec un excédent de 18 876 francs, grâce à plus de 57 000 francs de recettes dont 48 000 pour les recettes de courses, plus la location des buffets, cabines et garages, les cartes d'entraînement, etc.

de terrains militaires). Le bail concédé, modeste, suggère une certaine forme d'encouragement de la part de la ville, peut-être parce qu'elle-même n'a pas encore su répondre aux besoins de sportifs de plus en plus nombreux.

Toutefois, l'ambition presque démesurée du projet de la FSL freine sa réalisation, ce que l'on comprend aisément au regard du seul budget d'investissement de 100 000 francs, mais aussi des autres obstacles comme les dissensions internes à la FSL. Lancée en 1910, la construction est retardée, tandis que la FSL poursuit avec peine l'organisation de ses évènements sportifs : limitée à une petite trentaine de sociétés adhérentes dès 1912, elle ne peut poursuivre sa dynamique et surtout ses projets d'équipement. Cet effacement de la dynamique sportive fédérale se confirme à tel point que le projet de parc des sports de la Terrasse est abandonné avant la guerre.

Nous pouvons parler d'un échec local des élites économiques et sportives, notamment dans l'industrie du cycle, qui, insuffisamment unies et impliquées dans le monde du sport (de la pratique et du spectacle sportifs), ne parviennent pas à concrétiser des projets d'aménagement, laissant l'Etivallière et sa Société des Sports dans une position encore dominante (malgré son faible dynamisme sportif). Au-delà, quelques autres projets d'aménagement voient le jour mais loin de la ville, soit pour développer des sports demandant de vastes espaces soit pour organiser les excursions mondaines.

Dans le premier cas, c'est l'aéronautique qui suscite de grands projets donnant quelques réalisations : après les premiers essais à la fin des années 1900 et au tout début des années 1910, soit dans des espaces sportifs aménagés mais de taille limitée comme l'hippodrome de Villars, soit dans de vastes prés en périphérie de Saint-Etienne (Champirol, Méons), les élites stéphanoises sont à la recherche d'un vaste espace plat le plus proche de la ville, pour attirer des spectateurs. En 1911, l'Aéro Club du Forez et du Vivarais (ACFV), héritier du premier Aéro-Club Stéphanois de 1901 et patronné par l'Aéro-Club de France, s'installe dans un grand pré à Bouthéon, à une quinzaine de kilomètres au nord-ouest de Saint-Etienne, à l'extrémité sud de la Plaine du Forez : comme pour les courses hippiques, les élites stéphanoises investissent des espaces plats et étendus, telle la Plaine du Forez (que ce soit comme « terrain de jeux » ou comme espace des premières résidences secondaires), ce que montre la carte simplifiée en page suivante. Après une implantation limitée la première année, sans réel aménagement, l'ACFV construit une piste et un hangar dès 1912, et crée la même année une école forézienne d'aviation, des installations inaugurées pour le grand meeting des 18-20 octobre 1912. L'objectif n'est pas seulement ludique : il est comme pour l'automobile et le cyclisme d'ordre économique (fabrication de pièces détachées à Saint-Etienne) et de défense nationale (*Mémorial* du 20 octobre 1912). Toutefois, derrière cette ambition se cachent des problèmes financiers, fonciers et de luttes de pouvoir à l'Aéro-Club. Début 1914, l'école forézienne d'aviation est dissoute ; seuls quelques aviateurs fréquentent au printemps un champ d'aviation rapidement laissé à l'abandon, suscitant un autre projet d'aménagement[1].

Dans le second cas, celui de sports pratiqués par des élites urbaines en dehors de la ville et dans un cadre naturel peu aménagé, des aménagements plus simples et limités à quelques initiatives privées concernent les sports d'eau et de montagne. Ces aménagements répondent d'une logique d'acteurs plus structurée, formant même pour les sports de montagne un petit mouvement sportif : en plus du traditionnel Club Alpin Forézien et de l'implication du Touring-Club de France dans le tourisme sportif, un vrai club sportif est lancé par la bourgeoisie stéphanoise, les Sports d'Hiver Foréziens (SHF), dont l'activité sportive reste élitiste et se limite à quelques concours avant 1914, sans grand esprit de compétition ni cadre fédéral.

---

[1] Bouthéon fait l'objet d'un grand projet d'aménagement sportif public au début de 1914, organisé par la Préfecture de la Loire avec les présidents des sociétés sportives et de la FSL, pour un centre de culture physique (*l'Année forézienne* 1914) : une commission est créée, présidée par l'avocat M. Poncetton (aidé de deux vice-présidents, M. Ginoux inspecteur d'académie et M.Flachier commandant de régiment). Elle étudie des projets dont celui d'un véritable parc des sports : stand de tir longue portée, vélodrome modèle avec piste cimentée et virages relevés, piste pédestre, vastes terrains de tennis, de football-rugby, de « jeux olympiques » (sic), de gymnastique moderne, sans oublier une piscine, des salles d'escrime et de boxe, et des « annexes de confort » (bain-douches, vestiaires, bibliothèque sportive, secrétariat, etc). La seule objection est la distance par rapport à Saint-Etienne, douze km, mais des solutions sont imaginées avec les compagnies de transport dont le prolongement du tramway jusqu'à la Fouillouse : bref, un gigantesque projet difficile à interpréter quant à sa faisabilité et à sa signification socio-politique.

Carte n°1 : carte des espaces sportifs élitistes extra-urbains en région stéphanoise avant 1914

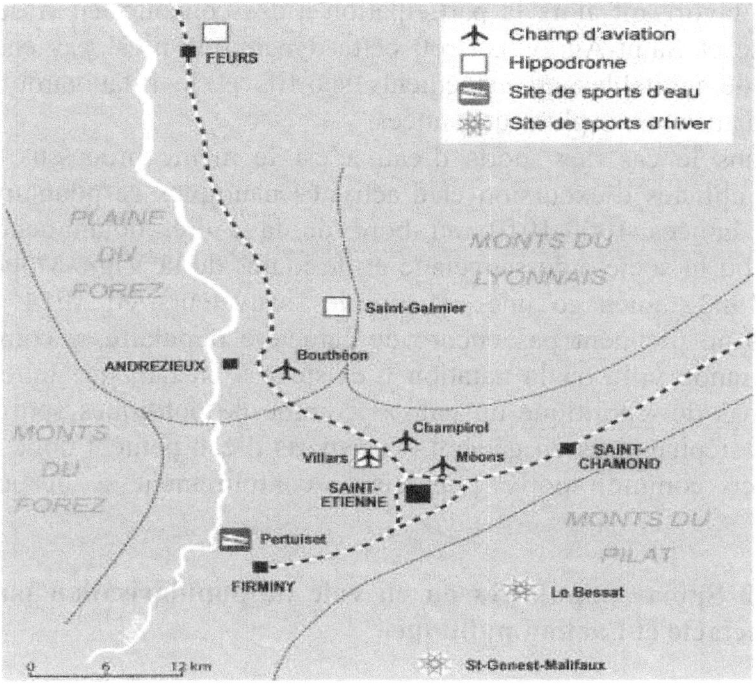

Merle, 2007

Sans détailler l'histoire des SHF, les concours ont lieu dans le massif du Pilat tout proche, au Bessat (dès 1909) ou à Saint-Genest-Malifaux (de 1911 à 1914), sans aménagement ou presque : aucune vraie piste, un tremplin improvisé à la Madone du Bessat, une petite piste de bobsleigh à la Jasserie[1]. Lors du premier concours le 21 février 1909 ont lieu six activités : ski, raquette, luge, traîneau, toboggan, bobsleigh, donc des activités innovantes et élitistes qui réunissent, sous

[1] Une ancienne ferme proche des champs de neige du Crêt de la Perdrix (sommet du massif à 1431 mètres), appartenant depuis 1870 au baron de Rochetaillée. Elle reste une bâtisse rustique, gérée à partir de 1909 par M. Boiron des SHF. Cf. Achard Michel, 1989, *Histoire du ski et des sports d'hiver dans le massif du Pilat de 1892 à nos jours*, M. Achard, Le Bessat, 256 p.

l'influence des membres du club, une trentaine de participants. Suivent dans les années 1910 des concours de sauts à ski et des courses de fond, mais le manque de neige en 1910 et 1912 contraint à annuler les épreuves, favorisant alors la participation à des concours en Ardèche (Lalouvesc et Saint-Agrève). Bref, cette dynamique n'est pas encore porteuse de véritables aménagements sportifs et le Pilat garde son caractère naturel pour plusieurs années.

Dans le cas des sports d'eau, c'est le même processus : les pratiques élitistes d'excursion et d'activités nautiques se poursuivent dans ces années 1900-1910, au bord de la Loire, notamment au Pertuiset où la société de sauvetage et de joutes de la Vigie-Mouette, née en 1903, aménage une maison des sauveteurs en 1914. Les baignades ne prennent pas encore de caractère populaire, y compris dans la grande ville où la natation n'existe pas en tant que telle[1]. Il n'existe pas de « politique du bain »[2] comme de politiques sportives des élites stéphanoises en général. Ces sports d'eau peinent donc à se positionner comme sports populaires, contrairement à beaucoup d'autres.

2.2 Sports populaires ou en voie de popularisation par le sport-spectacle et l'action publique

Un certain nombre de facteurs généraux explique cette popularisation de plusieurs sports, autour du sport-spectacle et de l'action publique naissante, mais pas seulement. L'un des plus importants déjà suggéré pour les courses cyclistes, c'est la presse sportive et la dynamique qu'elle a suscitée. Nombreux sont les chercheurs, au premier rang desquels Pierre Charreton, à avoir insisté sur le parallèle du développement des associations et des journaux sportifs. Les premières revues sportives concernent d'une part les sports bourgeois et leur sociabilité axée sur une mondanité plus ou moins extravertie, d'autre part le sport vélocipédique et cycliste (depuis

---

[1] Aucun club, peu de pratiquants, peu d'espaces de pratique, naturels ou semi-aménagés (le Furan n'ayant pas une taille suffisante pour la baignade et servant à d'autres usages) : cf. la revue *Forez-Auvergne-Vivarais* de juillet 1908. Seule la piscine Thiollière, une vieille école de natation privée, semble se pérenniser.

[2] Terret Thierry, 1994, *Naissance et diffusion de la natation sportive*, l'Harmattan, Paris, 224 p.

le *Vélocipède* en 1869 jusqu'au célèbre *l'Auto-vélo* en 1900). Ce dernier devient en 1903 *l'Auto*, sous l'impulsion de son directeur Henri Desgranges, qui crée cette même année le Tour de France cycliste pour concurrencer l'un des journaux sportifs les plus diffusés de l'époque, *le Vélo*, né en 1891 sur l'initiative de plusieurs fabricants de cycles. Un second facteur est justement l'influence des élites économiques (industriels du cycle et de l'automobile), également des élites intellectuelles (en premier lieu les médecins avec le courant hygiéniste), enfin des élites politiques avec la diffusion de la « fibre patriotique » tout au long de la période 1870 – 1914 (en lien avec l'appareil éducatif et pédagogique au niveau de l'Etat) et avec la législation pour organiser le mouvement associatif. Pierre Arnaud parle d'une « sécularisation » du sport, reposant sur un ordre sportif institutionnalisé, sur des codes de civilité (droits et devoirs des membres, importance des statuts écrits, valeurs d'honneur et de moralité mises en avant), entre socialisation et éducation morale[1].

Au mouvement sportif associatif s'ajoutent d'autres formes de structuration, notamment le mouvement fédéral favorisant une organisation pyramidale du sport français (les fédérations soutenant la création des ligues et comités régionaux qui à leur tour encouragent la création de clubs locaux). Des fédérations concurrentes permettent la multiplication des clubs sportifs : l'USFSA bien sûr est la plus puissante, confirmant la domination des élites et des sports élitistes. Les autres qui s'affirment progressivement sont, outre les autres fédérations multisports déjà mentionnées comme la FGSPF organisant le sport catholique, les fédérations unitaires (d'un seul sport), ce qui renforce leur dynamique et leurs efforts de recrutement par émulation, face à un sport scolaire encore peu développé, qui peine à relier élite des lycées et masse scolaire[2]. Surtout, l'organisation d'un sport ouvrier en rupture avec le modèle élitiste de l'USFSA et du mouvement olympique confirme cette idée d'un sport de l'entre soi au début du XXème siècle. En effet, ce sport ouvrier est l'œuvre de tendances et partis politiques qui cherchent à encadrer et utiliser l'association

---

1 Arnaud P. et Camy J., 1986, op. cit.

2 Pour structurer cet essor fédéral à un niveau plus global se forment en 1908 le Comité National des Sports puis en 1911 le Comité Olympique Français. Néanmoins, ces deux comités ont encore peu d'envergure et d'influence.

sportive comme moyen de militer, recruter et revendiquer. La Fédération Sportive Athlétique Socialiste ou FSAS naît en 1908 sur l'initiative du parti socialiste, deux ans après l'apparition des premiers clubs sportifs socialistes. Complétée par la Fédération Socialiste de Sport et de Gymnastique en 1913, rivale jusqu'à l'unification des deux en 1919 (création de la Fédération Sportive du Travail), elle associe développement des sports et luttes ouvrières, loisirs et politique, à tel point que l'on parle d'un sport rouge[1], géographiquement diffusé dans la banlieue parisienne Est et Nord, et dans des villes industrielles de l'est et du nord de la France, peu à Saint-Etienne, ville qui associe paradoxalement syndicalisme ouvrier et modération politique. Même si le sport moderne devient plus qu'un passe temps des classes dirigeantes et se diffuse lorsque les classes moyennes et laborieuses intègrent les normes et valeurs des classes supérieures[2], cette diffusion reste limitée surtout avant 1914 tant les logiques de reproduction sociale sont fortes. L'impossibilité d'avoir une double licence à cette époque entretient la différenciation sociale des pratiques sportives et la diffusion des sports modernes des classes favorisées vers les classes défavorisées est lente.

Les principaux facteurs de popularisation des sports à partir de 1900, visibles au niveau local, restent l'action publique locale et encore plus le développement du sport-spectacle qui touche des couches plus populaires. En France, si les premiers débats apparaissent sur l'intervention publique dans le domaine du sport et des activités physiques (précisément sur les moyens financiers à donner, les espaces sportifs à construire pour faire sortir le sport de sa sphère confidentielle), les tentatives sont modestes[3]. Qu'en est-il de ces

---

[1] La FSAS ouvre une autre guerre des sports : pour les ouvriers « s'associer, c'est revendiquer une opposition » (Arnaud, 1994, p.75). Les contacts avec les sports bourgeois fondés sur le modèle anglais se font après résistance, à cause d'une mise en garde des responsables vis-à-vis de pratiques sportives qui peuvent détourner du 'devoir de classe'.

[2] Léziart Yvon, 1989, *Sport et dynamiques sociales*, Actio, Joinville le Pont, 222 p.

[3] Seuls quelques grands équipements, souvent privés d'ailleurs, permettent de rendre plus visibles certains sports puisque par exemple le vélodrome d'hiver à Paris (1910) accueille rapidement, en plus des courses cyclistes, des courses de motocycles, des galas de boxe, des matches de hockey, des démonstrations de patinage, etc. Cf. sur le cas lyonnais : Lê-Germain Elisabeth, 1998, « Lyon, une longueur d'avance », in Arnaud P. et Terret T., *Le sport et ses espaces XIXème – XXème siècles*, CTHS, Paris, p. 93-102.

processus de popularisation en région stéphanoise ? Distinguons ce qui relève de modes sportives plus ou moins éphémères et ancrées dans le sport-spectacle avant d'évoquer l'ancrage local et populaire des jeux sportifs (dans divers espaces publics et au cœur des quartiers) puis les formes de soutien municipal.

2.2.1 Diverses modes sportivo-populaires inscrites dans la ville

La grande ville industrielle de Saint-Etienne, qui continue d'initier le mouvement sportif local grâce aux multiples impulsions d'une partie de sa population (au-delà des seules élites bourgeoises), est touchée dans ces années 1900-1910 par plusieurs modes sportives, hésitant entre le caractère élitiste de la plupart des innovations sportives et une popularisation par le spectacle sportif.

Nous pensons d'abord à la mode des courses d'ânes, initiée selon un processus d'imitation modeste des courses hippiques élitistes, ou peut-être de parodie de part de la petite bourgeoisie (à l'image d'une métaphore entre l'opéra et l'opérette, l'âne remplaçant le cheval). Centrées de la même manière que les courses hippiques sur le sport-spectacle, les courses d'ânes mobilisent le public stéphanois à la fin des années 1900. En effet, au printemps 1908 se forme une Société stéphanoise des courses d'ânes[1], à la suite des courses organisées au vélodrome de Genas mais aussi à Charbonnières près de Lyon. Dès le 3 mai 1908 ont lieu les premières courses d'ânes de la ville, au Rond-Point sur un terrain apparemment prêté par la municipalité. Les courses sont données au bénéfice des victimes de la crise du tissage qui secoue la ville à cette époque, signe d'un rapprochement des domaines sportif et économique comme pour les courses hippiques, et plus précisément d'une possible forme de contestation vis-à-vis du pouvoir économique des grands rubaniers. Peut-être faut-il y voir une caricature de ces courses hippiques, tel un antagonisme entre grands rubaniers et simples passementiers, entre cheval et âne. D'autres courses ont lieu le 14 juin et le 2 août, cette fois au profit des pauvres (dans un esprit de charité propre à la bourgeoisie locale), dans ce qu'il est convenu d'appeler

---

[1] Le *Mémorial* du 15 avril parle d'un comité d'organisation tout neuf, de sportsmen dévoués, siégeant café Mourier 44 rue Michelet (à la limite entre le centre-ville bourgeois et les faubourgs populaires).

dans la presse locale « l'asinodrome » ; mais si le succès semble au rendez-vous, plus aucune trace de courses d'ânes n'apparaît dans la presse jusqu'en 1914. Faut-il y voir des difficultés d'organisation à cause des frais d'aménagements et de sécurité de telles manifestations ou bien une simple caricature temporaire des sociétés hippiques (sans susciter la fidélité de la « bonne société » ni celle des classes moyennes et populaires) ? Peut-être les deux à la fois.

La seconde mode, qui tente de populariser une pratique sportive par le sport-spectacle et par des initiatives d'ouverture au grand public tout en imitant les modalités de pratiques élitistes, est celle du patinage à roulettes. Elle touche la ville de 1911 à 1914[1], sans structuration d'une pratique sportive qui reste plutôt confidentielle, ni vraiment élitiste ni vraiment populaire. C'est par l'organisation de grandes manifestations, plus ou moins mondaines, que ce sport moderne peut se développer, dans une relative visibilité qui repose d'abord sur des équipements sportifs spécifiques. Au cours de l'hiver 1910/11, une dizaine d'années après Lyon, sont aménagés deux bâtiments spécialisés appelés skating rink, c'est-à-dire établissements de patinage. L'inauguration du Grand Skating Forézien (GSF) de Bizillon, place Jules Ferry, a lieu le 18 mars 1911 : c'est le principal « palais » stéphanois, complétant le Modern Skating installé par les établissements Giron sur leur terrain du Rond-Point[2]. Au-delà du caractère prestigieux du bâtiment, la pratique du patinage montre des signes de diffusion : dès le printemps 1911, le GSF fait une publicité dans la presse locale pour signaler son ouverture été et hiver. La mode

[1] Jusqu'en 1910, le patinage se limite à un patinage sur glace pendant l'hiver, sans grand équipement comme le rappelle souvent *Forez-Auvergne-Vivarais*, pratiqué au cours Fauriel notamment, en fait semble-t-il à la patinoire Giron aménagée au Rond-Point dès 1896 par les rubaniers Giron (Achard, 1989, op. cit.).

[2] Il s'agit en fait d'une amélioration de leur patinoire en extérieur, grâce à une piste de 700 mètres de long, « fort bien aménagée » (*Mémorial* du 8 mai 1911), alors que le GSF est un établissement couvert avec sa prestigieuse piste en érable de 800 mètres, ses gradins et ses multiples lampes et glaces. La revue *Forez-Auvergne-Vivarais* de janvier 1912 parle de 100 000 bougies au plafond, tandis que le *Mémorial* du 19 février 1914 parle lui d'une salle « brillamment éclairée par les milliers de bougies électriques qui se reflètent à l'infini dans les glaces ». Sont présents également un jardin d'hiver et un buffet-bar, ce qui en fait 'un des plus beaux skating rink de France comme le rappelle souvent le *Mémorial* et *Forez-Auvergne-Vivarais* (« Le plus vaste et le plus luxueux skating rink de province »).

du patinage est lancée et le GSF réussit son pari de mobiliser les sportsmen stéphanois et même au-delà. En effet, grâce à une importante communication, la fréquentation progresse, tant pour une pratique de loisir que pour des spectacles sportifs : outre l'organisation de démonstrations et de défis sportifs, l'installation d'un grand orgue et d'un espace pour un orchestre jusqu'à 60 musiciens permet d'organiser plusieurs soirées de gala, notamment pour les fêtes de fin d'année. Enfin, un troisième type de pratique se développe : pour garder sa vocation sportive, le GSF dispose fin 1912 d'un club résident, l'Olympic Skating Club Forézien qui met en place une dynamique sportive[1]. La popularisation de cette mode, importante en ce milieu des années 1910, ne signifie pas pour autant un processus de démocratisation[2].

D'autres modes sportives, nettement plus populaires par la pratique et le spectacle sportifs, s'inscrivent dans l'espace public urbain ou dans des salles plus accessibles. Ainsi en est-il des sports athlétiques d'intérieur : lutte, boxe, poids et haltères, souvent pratiqués ensemble et parfois dénommés jeux olympiques en référence aux premiers sports pratiqués aux Jeux de l'Antiquité. Leur naissance à Saint-Etienne résulte d'une récurrente importation depuis Lyon puisqu'en 1898 se forme, émanant de l'Athlétic Club des Jeux Olympiques de Lyon né l'année précédente, un Athlétic Club de Saint-Etienne. L'esprit du club semble porter plus sur des pratiques sportives et hygiéniques que sur une pratique socialement distinctive. La lutte, sport le plus pratiqué, devient d'ailleurs rapidement un sport assez populaire, tant par ses pratiquants que par les nombreux spectateurs qui se pressent à l'Eden Théâtre, la principale salle de spectacles de l'époque qui devient un des hauts-lieux du sport-spectacle stéphanois d'avant 1914. Le sport

[1] Il organise ses premiers championnats de vitesse le 10 novembre 1912 (des courses de 20 minutes assez spectaculaires), puis son premier record du kilomètre le 9 décembre de la même année, ses premières courses de relais à l'américaine le 23 février 1913, etc. La famille Giron répond durant l'hiver 1913/14 par des essais de patinage sportif et même le début du hockey sur glace à la patinoire du Rond-Point (Achard, 1989, op. cit.). Mais dans ce contexte concurrentiel, c'est surtout le sport-spectacle qui motive la fréquentation de ces patinoires et skating-rink, même si la pratique n'est pas négligeable et devient une mode assez populaire.

[2] La presse parle d'un « établissement sélect » (*Mémorial* du 15 février 1914).

moderne s'inscrit donc dans les espaces du spectacle, comme nouvelle distraction populaire pour les week-ends et les soirées. A la suite de cette création de club et de spectacles sportifs, d'autres sociétés athlétiques se forment dans les années 1900 (Jeux Olympiques stéphanois, Sports athlétiques foréziens). Saint-Etienne connaît donc une structuration sportive rapide grâce à des clubs de compétition, organisant régulièrement des championnats et des challenges de l'automne au printemps, et forme même une pépinière de lutteurs comme le met en avant le journal lyonnais, sans que nous puissions supposer si tôt un rapprochement avec la classe ouvrière locale[1]. Les innovations sportives restent l'apanage des grandes salles de spectacles puisque par exemple lors d'une nouvelle mode sportive venue des grandes villes, celle de la boxe anglaise apparue en décembre 1908, c'est la salle du cinéma l'Alhambra, plus grande qu'à l'Eden Théâtre (où se déroulent toutefois les premières manifestations de catch juste avant la guerre), qui accueille les premières rencontres, entre combat et exhibition. Ces salles de spectacle (théâtre ou cinéma) accueillent donc des spectacles sportifs déjà populaires avant 1914, touchant plusieurs classes sociales stéphanoises, même des ouvriers prêts à sacrifier une partie de leur salaire.

Tout aussi populaires en tant que spectacle sportif, les courses pédestres et cyclistes sur route pénètrent la ville au cours des années 1900-1910, dans l'espace public donc de manière visible mais aussi posant des problèmes de gestion de l'espace urbain (excluant tout autre usage simultané de l'espace public). Si les premières courses suscitent au départ de vives oppositions dans la population urbaine (bousculant les usages habituels de la rue), la population stéphanoise s'habitue avec leur multiplication à cette mise en spectacle sportif, notamment pour les courses cyclistes qui deviennent des fêtes sportives en pleine rue.

---

[1] Les clubs qui se créent à la fin des années 1900 sont plus populaires, comme l'Association Sportive de Saint-Etienne en 1908, centré sur les poids et haltères (plus la lutte mais très peu d'escrime). Le *Mémorial* parle quelques mois après d' « émergence sociale » (signe d'une démocratisation ?) lors des championnats organisés par ce club en octobre. C'est surtout l'Athlétic Club, plus ancien, qui « concentre les forces vives » (élites sociales et sportives), organisant même un tournoi international en décembre 1902 à l'Eden Théâtre (tandis que des tournois de niveau départemental se déroulent parfois au gymnase Michelet, une des rares grandes salles sportives de la ville, occupée par les sociétés de gymnastiques).

Ces courses, encouragées par la puissante UVF mais aussi par l'industrie locale et la presse locale et nationale, sont de plus en plus suivies, grâce aux départs et arrivées en centre-ville, et grâce aux récits héroïques de cette même presse nationale et locale, dans un intérêt économique évident, à l'image du premier Tour de France qui passe en 1903 à Saint-Etienne[1]. Pour les années suivantes, il serait fastidieux d'énumérer toutes les courses organisées : quelques faits permettent de comprendre le poids du sport cycliste dans la région stéphanoise, selon une banalisation des courses liée à la concurrence des organisateurs, presse et fédérations sportives[2].

Les sociétés les plus anciennes perdurent et souvent se renforcent, selon l'impact d'un sport-spectacle qui popularise la pratique elle-même. Grâce à des champions locaux qui font la fierté de la ville (surtout les frères Faure, accueillis et fêtés le 3 août 1909 par 10 000 personnes après un joli Tour de France), le public suit de plus en plus les grandes courses et les petites. Plusieurs sociétés ont même un caractère populaire, ce que confirme l'analyse des bureaux d'associations organisés dans l'esprit de la récente loi de 1901[3]. Une autre forme de pratique cycliste se développe, mobilisant progressivement une élite plus sportive que sociale, c'est le cyclisme excursionniste (devenu cyclotourisme), impulsé de manière originelle à Saint-Etienne par Vélocio et ses amis (qui avaient fondé un club et un journal dans les années 1890 nous l'avons vu). Plusieurs clubs cyclistes modestes (25 membres en moyenne), dirigés par les classes populaires elles-mêmes, naissent autour de ce sport. Le club cycliste excursionniste musical stéphanois a près de 750 membres en 1912 et

---

[1] Au niveau local, signalons par exemple l'éphémère journal *Saint-Etienne Sport* qui organise dès 1902 une course Saint-Etienne – Montbrison puis un Championnat de la Loire Saint-Etienne – Roanne sur 100 km.

[2] L'UVF fait preuve d'influence pour garder sa domination sur l'organisation sportive des courses (*la Tribune républicaine* du 24 juillet 1912). Elle est surtout contrariée par l'affirmation d'une fédération locale, la fédération des sociétés cyclistes stéphanoises, taxée d'antipatriotisme par l'UVF qui réglemente les courses au niveau national et tente se garder sa domination (Poyer, 2003, op. cit.).

[3] Ainsi la Joyeuse pédale, société née en 1901 siégeant café Meiller place Carnot, a comme président un tourneur M. Rivet, comme vice-président un forgeur M. Voron et comme secrétaire un ajusteur ; et les 26 membres actifs au début des années 1900 sont ouvriers (tourneurs) ou employés (AD : 4M321).

autour de Vélocio se crée une véritable école stéphanoise de cyclotourisme, organisant des réunions de 300 km (jusqu'à la Méditerranée en 40h) : cette école stéphanoise reste « réservée » à une élite sportive et oisive. Il faut en outre nuancer cet engouement local pour le cyclisme et son ancrage dans la dynamique industrielle stéphanoise, sans assimiler directement production industrielle de cycles et pratique populaire du cyclisme[1].

Quant aux courses pédestres, elles s'inscrivent progressivement et durablement dans l'espace public, dans l'animation de la ville, également sous l'impulsion de la presse : *le Monde sportif* (aidé par le grand cercle de l'UVF habitué à ce type de course avec le cyclisme) organise le premier tour pédestre de Saint-Etienne le 25 octobre 1903[2]. La popularisation d'un sport par sa visibilité en centre-ville est mise en valeur : les tours pédestres de Saint-Etienne partent en général de la place Marengo, passent à Bellevue et arrivent place de l'Hôtel de Ville. Les participants proviennent essentiellement des clubs omnisports locaux, plutôt populaires, mais cela reste sans commune mesure avec la popularisation que connaissent les sociétés de jeux sportifs et sports patriotiques, pris dans le giron d'une lutte entre mouvements sportifs laïque et catholique.

2.2.2 Des sports populaires au cœur des quartiers et d'une lutte entre laïques et catholiques

Plusieurs autres sports populaires, nés et développés avant 1900, investissent l'espace public, mais cette fois selon une implantation et une diffusion dans les quartiers, touchant alors la classe ouvrière, par opposition aux sports élitistes ou à peine popularisés qui se concentrent dans les espaces centraux, ou proches des lieux de vie des élites (Rond-Point et cours Fauriel, périphérie nord de la ville : Etivallière, Champirol, hippodrome de Villars ...). Ce sont surtout les

---

[1] *L'Année forézienne* signale à plusieurs reprises ce hiatus : en 1904, la Loire a 14,5 cycles pour 1000 habitants contre une moyenne nationale de 25, et en 1913 le chiffre monte à 45 contre plus de 70 en France (la Loire est au 60ème rang national).

[2] Ce tour pédestre reproduit un modèle sportif hérité des Jeux Olympiques puisque l'arrivée se déroule place de l'Hôtel de Ville où les coureurs effectuent un tour de « piste », mais le caractère sportif est limité puisqu'on compte 13 marcheurs sur 28 partants, faute d'entraînement. Il est renouvelé avec plus de succès vers 1910.

jeux sportifs traditionnels dont le sport-boules, un peu moins la sarbacane et le jeu de l'arc, et les sports dits conscriptifs ou patriotiques comme la gymnastique et le tir. Dans les jeux sportifs traditionnels, la question de la sportisation par influence d'un modèle sportif élitiste dominant (codifié, fédéral, compétitif) reste essentielle, comme dans d'autres jeux sportifs d'orientation très régionale. Mais elle devient l'objet d'un rapport de force entre les sports qui s'affirment dans la ville et ceux qui peinent à maintenir leur visibilité et leur dynamique sportive[1].

A Saint-Etienne, la mode du boulisme pénètre la ville au cours de l'année 1900, selon un caractère plus convivial que réellement sportif : les concours qui se multiplient dans la ville sont plus un moyen de se retrouver entre soi que de participer à un championnat sportif. De nombreuses sociétés naissent en 1900 et au début de l'année 1901, donc avant la loi du 1er juillet 1901 confirmant le faible impact direct de cette loi tant au niveau national que local. Leur nom et leur localisation appuient souvent l'idée d'un recrutement majoritairement ouvrier[2]. Douze de ces sociétés se structurent rapidement selon le modèle fédéral déjà privilégié par la sarbacane, créant en janvier 1901 la Fédération Bouliste de la Loire (FBL), siégeant au café Gaillard place de l'Hôtel de Ville, telle une volonté de rendre visible cette nouvelle pratique. Son but est de propager le jeu de boules, d'établir

---

[1] Pour mettre en perspective cet enjeu, J-C. Gaugain a bien caractérisé, en étudiant les jeux et les sports dans le Var avant la Seconde Guerre Mondiale, la difficile sportisation des jeux sportifs anciens, à cause d'une part des modalités de pratique (sociabilités spontanées, à caractère festif, sans réglementation laissant présager une certaine fragilité pour s'ancrer durablement face aux évolutions du sport moderne), d'autre part de phénomènes de concurrence entre pratiques, peut-être n'ayant-il plus de place pour les nombreux jeux traditionnels (ou alors pour rester en tant que jeu : quilles, ballon, lutte). « Seul le boulisme, dans sa diversité a su, non sans crises et résistances, concilier à la fois le statut de sport, une forte pratique et une certaine identité régionale » (Gaugain, 2000, *Jeux, gymnastique et sports dans le Var (1860-1940)*, l'Harmattan, Paris, p.8).

[2] La Boule forézienne, la Boule de Raspail et la Boule sociale du Crêt de Roch, la Boule Gagasse, la Boule prolétarienne, la Boule du Marais, la Boule du Treuil, la Boule du centre, etc. Certaines sociétés recrutent chez les passementiers et les armuriers comme au Crêt de Roch et à Raspail, d'autres chez les ouvriers de la mine et la métallurgie comme au Marais. Certains noms traduisent même les convictions politiques du mouvement ouvrier (« boule sociale »).

des liens amicaux entre sociétés et d'organiser des concours locaux, mais aussi régionaux avec les Lyonnais, donc de se positionner comme un sport à part entière, selon un modèle organisationnel imitant les sports élitistes, tout en valorisant une mentalité de l'entre soi convivial. D'un côté, la FBL, riche de plusieurs centaines de membres, organise dès le mois de mai 1901 son premier grand concours place Carnot, début d'une longue histoire entre la place et ce sport-loisir, à l'image des concours de la place Bellecour à Lyon (à Pentecôte mais aussi à Pâques ou le 14 juillet). D'un autre côté, pour la pratique régulière dans les sociétés, les jeux s'installent dans les espaces laissés libres par l'urbanisation, s'accompagnant d'un local très souvent privé où les sociétaires tissent des liens amicaux en pratiquant les jeux de cartes, d'abord la manille puis la belote, la danse, parfois le jeu de l'arc. Les sociétés boulistes se multiplient sous l'impulsion de la FBL qui passe d'une quinzaine de sociétés en 1901 à 25 en 1908 et 65 en 1914. Cette mode sportive bouliste prend ainsi place dans les loisirs ouvriers, même chez les mineurs dont la journée de travail est déjà bien remplie. Il existe d'ailleurs un débat sur les pratiques réelles de loisirs chez les ouvriers stéphanois, tant en terme quantitatif que qualitatif : pour nous, ce développement du sport-boules dans la ville montre une certaine intégration à la culture ouvrière locale, voire un moyen d'affirmer une identité sociale, une identité locale inscrite dans les quartiers[1].

Ce mouvement sportif bouliste, pouvant apparaître comme homogène, ne l'est pas vraiment : sociétés liées aux cafés, sociétés autonomes et ouvrières, sociétés développées dans une entreprise industrielle, etc. Les premières suivent une sorte de modèle lyonnais, celui du clos (café et jeux à l'arrière, ce qui permet un développement assez régulier), développé surtout dans la vallée du Gier (clos Marquet à Saint-Julien-en-Jarez, clos Jamet à Rive-de-Gier, etc). Le café étant à cette époque en particulier un univers de l'anti-travail, expression et reflet de la vie des milieux populaires, peut-être existe-t-il un antagonisme entre monde des cafés et monde de l'entreprise, la société installée dans un café et gérée par les ouvriers étant un moyen d'émancipation face au travail. Pour les patrons, tel Giron qui aménage

---

[1] Alors que d'autres chercheurs vont plus loin pour y voir une construction de l'imagerie stéphanoise : reconnaissance progressive de la place des loisirs, symbole de convivialité et de solidarité, même si cela reste sous condition (Mandon, 1976).

en 1902 des jeux de boules sur son terrain de sports du Rond-Point et organise un premier concours le 5 mai 1902, il s'agit de renforcer l'esprit de solidarité, de développer la force musculaire mais surtout d'apporter aux ouvriers une distraction saine, loin des cabarets et de l'alcool[1]. A Saint-Etienne, un modèle original se développe, dépassant le cadre des sociabilités souvent informelles des cafés (et des sociabilités très encadrées des entreprises) : celui des sociétés autonomes, majoritaires, qui créent leur propre siège social et leurs propres jeux, contrairement aux sociétés du Rhône, peut-être pour accentuer le regroupement communautaire ou simplement pour l'aménagement des jeux que l'espace du café ne permet pas (à cause d'un tissu urbain très dense). Ce développement du boulisme en région stéphanoise supplante alors le mouvement sportif autour de la sarbacane et du jeu de l'arc, qui reste trop fermé dans son organisation et rapidement porté à la nostalgie des grands concours du XIXème siècle. Car si la sarbacane a « encore de nombreux adhérents » (*l'Année Forézienne* 1907), les concours se raréfient, ne font plus l'objet de compte-rendu dans la presse ou rarement. Quant au jeu de l'arc, il connaît le même sort, et seuls les grands concours sont signalés comme ce 28 juin 1914 pour le concours annuel de la Fédération des Archers de la Loire (seulement 120 archers y participent, contre plus de 500 à la fin du XIXème siècle). Dans le processus de sportisation, le sport-boules constitué en sport moderne centré sur la succession des concours supplante les plus traditionnels jeux de l'arc et de sarbacane : certaines sociétés passent de l'un à l'autre sport, telle la société de sarbacane de Saint-Jean-Bonnefonds qui, en 1913, change ses statuts pour intégrer les boules (et achète un terrain pour les deux sports).

Quant aux sports d'orientation patriotique, ils restent dynamisés par le soutien de l'Etat républicain et par la nécessité d'une préparation militaire encadrée, à base de tir et de mouvements ordonnés de gymnastique. Mais ce qui assure un développement supérieur à la fin du XIXème siècle, c'est bien la lutte entre mouvements sportifs laïques

---

[1] D'ailleurs, dans le *Mémorial*, ce sport est présenté comme un « remède contre l'alcool », un loisir sain face aux autres loisirs des cafés jugés déviants par des élites locales soucieuses de pouvoir, même indirectement, contrôler les loisirs des ouvriers, tel un sport corporatif qui exerce un contrôle social dans une apparente contradiction avec le sport ouvrier (Arnaud, 1994, p.74).

et catholiques, entre l'USGF et la FGSPF au niveau national, donc aussi entre l'USGL et l'UGSPL leurs représentants locaux (respectivement nés en 1891 et 1906). Dans une logique concurrentielle qui s'affirme dans les années 1910, l'USGL organise constamment de plus grands défilés, tournant dans les villes de la Loire et passant à Saint-Etienne en 1911 (grand défilé de la gare de Châteaucreux à la place Carnot où ont lieu les principaux concours). Cette rivalité s'exprime par des incidents lors des défilés, mais également au quotidien, ancrée dans la vie des quartiers où se créent de nombreuses amicales laïques et des cercles/patronages catholiques. D'un côté, de grandes sociétés gymniques stéphanoises du sport catholique se multiplient, facilement reconnaissables par leur nom et toutes dirigées par des abbés : l'Avant-Garde de Saint-François, la Jeanne d'Arc de Saint-Ennemond, la Sainte-Barbe du Soleil ou l'Etoile de Montaud. D'un autre côté, les sociétés de gymnastique contrôlées par les républicains laïques tentent aussi de structurer sportivement le mouvement gymnique, que ce soit les plus anciennes comme l'Espérance, la Fraternelle et la Stéphanoise ou d'autres plus récentes. Elles entretiennent également une solidarité d'association lors des nombreux banquets et des fêtes gymniques, presque « nécessaires » pour se connaître quand les effectifs dépassent les 200 personnes (plus de 300 adhérents à la Fraternelle).

Ces solidarités choisies et ces oppositions entre sports laïque et catholique se retrouvent à l'échelle de la région stéphanoise, surtout dans la vallée de l'Ondaine où le catholicisme social est très influent dans ces communes ouvrières et où l'utilisation du sport comme affirmation d'identité sociale et religieuse est assez précoce (en général dès les années 1900 comme à Saint-Etienne)[1]. Un patronage catholique majeur de la vallée est celui de l'Audacieuse du Mas dans le quartier du Mas à Firminy, né en 1912, auquel il faut ajouter celui d'Unieux, l'Arc-en-Ciel, soutenu par l'entreprise Holtzer dont les œuvres sociales et le paternalisme sont parmi les plus forts en région stéphanoise. En dehors de la vallée de l'Ondaine, d'autres patronages et sociétés gymniques

[1] A la Ricamarie, deux sociétés laïques conscriptives, la Joyeuse et la Ricamandoise, pratiquant gymnastique mais aussi tir et préparation militaire, s'opposent à d'autres sociétés de l'Ondaine. Dès 1903 se forme au Chambon-Feugerolles le Réveil Chambonnaire (gym, tir et musique), adhérent à la FGSPF.

catholiques se développent dans les centres urbains, parfois associés aux cercles paroissiaux qui pratiquent les boules ou la gymnastique : la Sentinelle de Grand'Grange à Saint-Chamond née en 1905, l'Etendard de la Talaudière née en 1913 (six ans après le Cercle paroissial), l'Espérance de Saint-Jean-Bonnefonds née en 1911 (à laquelle répond la création l'année suivante de l'Amicale Laïque de la Baraillière). Justement, que ce soit dans cet ordre ou dans un autre, selon les initiatives des abbés ou des instituteurs, à une société catholique répond une société laïque, et inversement. La vie des bourgs et des petites villes industrielles de la région stéphanoise et surtout la vie des quartiers stéphanois se structurent donc autour de ces patronages qui par le sport « se disputent » le contrôle de la jeunesse[1].

Les sociétés de tir ont également le même esprit solidaire et patriotique et un caractère sportif affirmé, toujours placées dans le giron militaire, peut-être un peu moins nombreuses et moins influentes que les sociétés de gymnastique. Certaines s'émancipent du carcan militaire, telle la Société de Tir du 102ème Territorial, née en juillet 1878 pour la préparation militaire (au moment de l'installation des régiments à Saint-Etienne) : elle devient en 1904 une association loi 1901 et obtient l'agrément de la Fédération nationale de tir en 1909. D'autres ont un caractère scolaire puisque le tir est même pratiqué de manière assez sportive au lycée à travers une société de tir du lycée. Les sociétés civiles locales organisent, elles aussi, des grands concours départementaux, grâce à la Fédération des Sociétés de Tir de Loire et Haute-Loire, dans les villes de la région et notamment à Saint-Etienne du 7 au 15 août 1910. Enfin se maintiennent les concours des plus grandes sociétés, surtout celui du Tir de l'Observatoire.

Dans ces sociétés de tir et de gymnastique, l'aspect sportif se double d'une forte obédience patriotique puisqu'elles organisent la préparation militaire. Celle-ci prenant plus d'ampleur dans les années 1910, elle demande une organisation proche d'un sport de masse, expression que nous employons pour la première fois tant elle ne

---

[1] Ainsi, dans le quartier populaire de Saint-François, l'ancrage du patronage catholique Avant-Garde s'affirme de manière très forte entre sa naissance en 1902 et 1914 : autour des sections phares de gymnastique, tir et préparation militaire, et des sections secondaires comme le cyclisme, les arts et la clique, se côtoient quelques 1800 membres dès 1908. Cf. l'ouvrage publié en 2002 par l'association pour son centenaire : *l'Avant-Garde fête ses cent ans*, 216 p.

correspond pas à la pratique majoritaire des sports avant 1914. Cette organisation est largement prise en charge par les pouvoirs publics locaux qui voient là un moyen de s'affirmer face au « sport privé », en particulier face au sport élitiste : ces sports sont à enjeu politique, d'où l'intérêt qu'y portent les pouvoirs publics..

2.2.3 Les municipalités Ledin et Neyret : le début d'une réflexion politique sur le sport

Ces deux municipalités stéphanoises, Ledin puis Neyret, sont celles qui se succèdent à la tête de la grande ville entre 1900 et la Grande Guerre : l'action publique sportive qu'elles dessinent, difficilement assimilable à une véritable politique sportive, introduit une réelle rupture politique locale dans l'aménagement sportif. En 1900, la première rupture aux effets non négligeables pour l'intervention municipale en faveur des sports correspond à l'arrivée de la municipalité socialiste dirigée par Jules Ledin, souvent positionnée en opposition à la bourgeoisie locale, avec des aménagements sportifs « appliqués » au monde ouvrier. Elle tient à la personnalité du nouveau maire, un ouvrier tisseur, élu conseiller municipal dès 1896, « profitant » de mouvements sociaux à Saint-Etienne pour conquérir la mairie et lancer une politique de grands travaux et d'intervention publique générale (égouts, trottoirs, adduction d'eau ...) pour une ville de 150 000 habitants. Les équipements sportifs commencent à prendre place dans une réflexion politique inscrite dans la durée : J.Ledin est réélu en 1904, puis, élu député socialiste de la Loire, démissionne en 1906 (remplacé par le socialiste Plantevin jusqu'en 1908).

La priorité concerne le sport populaire dominant, la gymnastique, puisque la municipalité se propose de favoriser l'accès aux sports pour le plus grand nombre, et en priorité les couches populaires. Dès le 31 mars 1901, moins d'un an après l'arrivée de Jules Ledin à la mairie, celui-ci inaugure le premier gymnase municipal en grande cérémonie (défilé avec la Marseillaise, démonstrations de trapèze et pyramides, conférence sur l'hygiénisme, banquet)[1]. La gestion municipale suscite deux actions immédiates : d'une part le

---

[1] En fait, il ne s'agit pas d'un nouveau bâtiment : c'est l'ancien gymnase Bourru de la rue Michelet, que la ville loue simplement par bail.

recrutement de plusieurs professeurs de gymnastique[1] ; d'autre part la modernisation de la salle, limitée au départ à un simple renouvellement du matériel. Mais la municipalité ne se limite pas à cet aménagement pour répondre à une demande sans cesse croissante : elle négocie avec la société de gymnastique la Stéphanoise pour lui louer sa salle et ainsi favoriser les cantons Nord, témoin d'une idéologie d'égalité sociale. Cet investissement de la ville de Saint-Etienne ne va pas de soi, surtout pour un sport dit patriotique et *a priori* soutenu par l'Etat républicain : d'ailleurs, en 1904 éclate une affaire de financement entre la ville et l'Etat représenté par le préfet : le conseil municipal décide le 8 janvier de supprimer le traitement de quatre des sept professeurs, estimant que c'est un devoir de l'Etat, d'où la demande d'un encadrement de ces cours par les instituteurs. La réponse du préfet par lettre au conseil municipal autorise justement cette demande, évitant alors à la ville de payer des professeurs qui se déplacent dans les gymnases[2]. Bref, l'intervention pour la gymnastique répond autant d'un choix politique local que d'une intervention de l'ensemble des pouvoirs publics.

Plus discrètement, la municipalité Ledin intervient en faveur d'autres sports populaires, les sports des classes populaires comme le sport-boules qui se développe fortement en ce début des années 1900. Le soutien politique passe par la protection de sociétés boulistes, se traduisant souvent par un bail verbal de location d'un terrain (régularisation après occupation illégale) : l'intérêt de la société est de pouvoir facilement aménager de véritables jeux, celui de la mairie étant de contrôler ce développement spatial, d'éviter l'anarchie et les conflits d'usages. Mais cette stratégie fonctionne au cas par cas, sans politique globale ni financement important. La municipalité Ledin lance surtout deux grands projets d'aménagements sportifs, dès le début de son mandat. Le premier, plutôt utopiste, n'est pas débattu en conseil municipal : il est seulement présenté publiquement dans une revue locale, la *Revue forézienne* de mai 1901. Il s'agit d'un jardin du peuple, un parc populaire (peut-être comme imitation du parc de l'Etivallière),

[1] Le budget sport (non défini comme tel, concernant la seule gymnastique), passe de 7300 francs à 10 700 francs de 1900 à puis 12 100 francs en 1902 après l'arrivée d'un nouveau professeur. Cela reste insignifiant (moins de 40 000 euros actuels) : moins de 0,2% d'un budget global de 5,6 millions de francs (AM : 9C1).

[2] DCM du 22/04/1904. Le budget 1905 tombe alors à 5300 francs et ce pour cinq ans (somme correspondant aux baux des deux gymnases plus deux concierges).

dont l'idée part du constat d'un grand manque, tant sur les espaces sportifs que sur les parcs et les aires de promenades pour « l'air pur et la verdure ». Le parc prévu est un vaste espace polyvalent sur plus de 35 hectares, situé vers le boulevard Jules Janin, sur une plaine en friche entre Châteaucreux et le Marais, appartenant aux Hospices civils (aujourd'hui la Plaine Achille). Sans le détailler, cet exemple met en perspective le développement des sports stéphanois à l'aube du XXème siècle, et en partant des aménagements nous pouvons supposer les forces socio-économiques et politiques derrière ce projet[1]. La vocation sportive est valorisée : le parc est aussi grand que celui de la Tête d'Or prisé des élites lyonnaises, les pistes sont appelées hippodrome et vélodrome (ce vélodrome est d'ailleurs comparé à celui de l'Etivallière et sa trop petite piste, signe d'une possible rivalité entre élites, économiques et/ou politiques). Mais la vocation populaire correspond bien à la volonté des conseillers socialistes, d'abord avec le nom de « jardin du peuple », puis avec son objectif hygiéniste (« purifier l'air enfumé de notre cité » dans un contexte où l'industrie croissante mobilise de grands espaces et représente pour la municipalité socialiste un danger pour le contrôle des espaces urbains). C'est donc un projet de popularisation du sport par le sport-spectacle et l'introduction d'acteurs institutionnels dans le système d'acteurs jusque là en place (dominé par les élites économiques et leurs initiatives privées, aux logiques sociales exclusives). Son ampleur inédite conduit à son abandon, contrairement au second projet.

Ce second projet est celui des bains populaires, beaucoup moins ambigu, confirmant la volonté d'intervention publique dans un souci d'hygiène des masses populaires, de reproduction de la force de travail. Ce dossier, lancé dès 1901, mobilise la vie politique et sportive locale jusqu'en 1913 et l'inauguration des premières réalisations. En effet, sous Ledin, le projet est complexe, associant vocations hygiénique et sportive (bains et piscine), dans une orientation populaire propre au

---

[1] Il repose sur trois grandes réalisations : une grande piste de 1500 mètres sur 400 mètres de diamètre pour les courses hippiques (et automobiles même si la revue souligne des virages trop brusques pour cela), une petite piste pour les courses cyclistes et un palais des expositions servant de salle de spectacles. Autour est prévu tout un aménagement paysager pour les promenades et les loisirs, confirmant l'idée d'un parc populaire : réseau de chemins, jardin zoologique, étangs et îles, bois et pelouses.

socialisme municipal. Il est débattu dès septembre 1901 mais déjà retardé pour des questions financières et de conception du projet : le coût avoisine les 350 000 francs en 1901, soit environ 1 million d'euros actuels[1]. Les débats portent aussi sur les installations et les emplacements, finalement dans une vision de gestionnaire assez précoce[2]. Deux emplacements sont débattus : soit rue Désiré vers le boulevard Voltaire (près d'un quartier ouvrier, en rasant un taudis), soit rue Michelet à proximité du gymnase. Mais certains conseillers de gauche remettent en cause l'approche spatiale par la centralité : ils parlent, dans une logique de service public, de quatre équipements dans les quartiers au lieu d'un bel équipement luxueux en centre-ville, ce à quoi le maire répond par le projet de construire ensuite des chalets dans les quartiers : les débats sont très vifs et longs. Ils se poursuivent en 1902 pour le vote du projet (sur l'utilité de la piscine), puis fin 1903, début 1904 et à nouveau fortement en 1906 à l'approche des élections de juillet : entre les demandes de précisions, les problèmes de terrain et de construction, le projet est plusieurs fois ajourné. Finalement, les socialistes étant divisés, le 9 juin 1906 (quelques jours avant la démission du maire, élu député), le projet n'est pas voté à 18 voix contre 15, il est reporté.

Il est en revanche un projet de la municipalité Ledin tout aussi important mais plus consensuel, plus à même de contenter les socialistes et l'opposition de droite : c'est le vélodrome de la Terrasse combinant prestige et caractère populaire. Vivement souhaité par la puissante UVF et son cercle départemental, il est à l'étude dès 1904 et

---

[1] Si plusieurs socialistes souhaitent une exploitation municipale en direct, le maire propose un partenariat avec un concessionnaire (non précisé) qui achèterait les terrains et exploiterait les bains-douches pendant trente ans avant l'acquisition par la ville. Il propose également, en rappelant la demande sociale des ouvriers, des tarifs modestes de 0,5 à 0,15 centimes et l'acquisition municipale gratuite de tickets (plus la moitié des recettes), prenant modèle sur des villes ouvrières comme Roubaix (et non plus Lyon, la ville modèle pour les élites stéphanoises).

[2] Sur les installations, deux projets d'ingénieurs sont discutés : un local, de M. Cazalet (centré sur des bains-douches), et un parisien, de M. Philippe, préféré par le Maire qui le juge « plus moderne, plus confortable et aussi plus hygiénique, permettant notamment par sa spacieuse piscine, des exercices de natation très précieux ». Ce dernier projet est centré sur une piscine de 20 mètres par 7 mètres, plus des douches et bains en baignoire pour un total de 1400 m^2, soit un « système complet d'hydrothérapie » (DCM du 20/09/1901).

un projet est présenté en conseil municipal début 1905. Le premier problème, débattu dans un ordre logique après le flottement des discussions sur les bains populaires, est d'ordre foncier : il faut échanger des terrains avec l'administration de la guerre dans le quartier Grouchy, ce qui est finalement réalisé (non sans souci avec le stand du Tir stéphanois voisin). La municipalité Plantevin (premier adjoint de Ledin), lui succédant après sa démission, ne peut pas à la fois gérer ce projet de vélodrome et reprendre le dossier de la piscine et des bains (dossier ajourné les 21 février et 27 mars 1908). Sans maturité dans la politique sportive municipale, les hésitations se poursuivent sur le projet de vélodrome, quant au type d'équipement souhaité (simple vélodrome ou équipement complet[1]).

Ces hésitations retardent les réalisations, alors remises en cause par la rupture politique de 1908, puisque à une municipalité socialiste succède une municipalité proche de la droite catholique, conservatrice. En effet, les élections de juin 1908 marquent la victoire de Jean Neyret, un ingénieur des Mines impliqué dans l'opposition depuis 1900. Ce changement a de lourds effets sur la politique sportive lancée par les socialistes. Sur les trois dossiers (vélodrome, bains-douches et gymnases), un virage important est pris dans le sens d'un relatif désengagement : le dossier du vélodrome prend un caractère politique fort et se trouve alors « abandonné » à la puissante Fédération Sportive de la Loire, laissant l'initiative privée impulser ce grand dossier (bail de 18 ans signé en 1909). Quant aux gymnases, aucune décision n'est réellement prise même si le maire lance en 1909 le projet d'un gymnase moderne reposant sur de nouvelles méthodes gymniques, d'influence suédoise[2]. Enfin, le dossier des bains populaires est repris au cours de l'année 1909 mais modifié avec moins d'ambitions, sans grand investissement public malgré les aides nationales lancées par la loi du 15 juin 1907. Nous trouvons là l'émergence d'une tendance lourde dans l'aménagement sportif : des municipalités de gauche prêtes à

[1] Avec tribune circulaire, piste cycliste de 666 mètres et piste pédestre de 500 mètres à l'intérieur, terrain de rugby et portique de gymnastique (AM 10M15).

[2] Avec une salle moins élevée mais plus grande, pour une centaine de personnes (DCM du 12/2/1909). Mais faute de moyens financiers et surtout d'une volonté politique suffisamment forte, rien n'est engagé et seuls les baux des gymnases Michelet et de la Stéphanoise sont renouvelés, respectivement en 1910 et en 1911.

fortement investir pour des installations d'envergure et populaires, et des municipalités de droite plus « frileuses », peut-être moins convaincues de l'utilité sociale du sport (hygiène, loisir-détente).

La municipalité Neyret, au pouvoir jusqu'en 1919 (en dehors d'une interruption par la municipalité de gauche de P. Faure d'août 1909 à décembre 1910), néglige l'orientation sportive sur la natation pour se concentrer sur des bains-douches, moins coûteux et surtout offrant la possibilité d'avoir un établissement par canton en partenariat avec les hospices : la piscine est jugée chère et peu hygiénique[1]. C'est même la municipalité Faure qui finalise ne projet : d'abord piloté par le service municipal d'architecture, il repose sur quatre chalets, un par canton, situés sur quatre terrains de 250 m² (jugés insuffisants). Tandis que la recherche de terrains reprend en 1910, une nouvelle modification du projet est apportée en parallèle, essentielle : sous pression des puissantes sociétés de gymnastique et devant l'augmentation du loyer pour le gymnase Michelet, quatre gymnases sont prévus à côté des quatre bains, selon quatre nouveaux emplacements (dont deux terrains municipaux). C'est le retour au pouvoir de Jean Neyret qui semble expliquer ce virage en faveur de la gymnastique. Entre luttes politiques et difficultés à gérer la mise en place de projets nouveaux, les bains-douches municipaux mobilisent encore presque chaque conseil municipal de 1910 à 1913. Ils sont construits en 1912 sous l'autorité de l'architecte en chef de la ville Jean Roux après d'autres changements d'emplacement[2], et ouvrent le 1er juillet 1913. Finalement, à cause de tous ces rebondissements sur l'orientation socio-sportive depuis 1901, cet aménagement sportif municipal en quatre sites est le plus important

[1] Alors qu'à gauche P. Faure veut « forcer » le passage du projet, valorisant le caractère consensuel de l'objectif social et dénonçant les précédents échecs, le Furan ne permettant pas de bains de rivière et la population stéphanoise augmentant, le projet devient « urgent » (DCM du 26/11/1909).

[2] Signe que l'intervention publique bouscule les intérêts privés, provoquant des rapports de force tendus (AM : 7M26 à 7M28). Ainsi, le bain-douche de la place Carnot est déplacé entre le boulevard Jules Janin et la rue du Treyve, provoquant alors une opposition de P. Faure (qui insiste sur ce site rappelant que la gymnastique a toujours été associée à cette place, que le coût est minime et sans gêne pour les fêtes foraines, que les retards s'accumulent). Neyret explique ce choix par la nécessité de préserver la belle place Carnot sans l'amputer d'une parcelle de 40 mètres par 13 (DCM du 19/5/1911).

d'avant-guerre[1]. Le budget associé au sport augmente de manière conséquente, même si de fait, sans piscine, la pratique sportive est très limitée. Bien sûr, le budget de fonctionnement n'est pas équilibré : l'objectif de service public est primordial et les tarifs sont attractifs[2].

Les municipalités stéphanoises successives interviennent donc en faveur du sport, plutôt en faveur d'un sport pensé en tant que service public (bains et gymnases, subventions aux sociétés patriotiques) mais aussi, de manière plus secondaire (à l'état de projet), en faveur d'un sport pensé comme spectacle sportif, divertissement des masses au service du développement économique (projet de vélodrome et de parc des sports). Cette intervention municipale repose sur le poids de certaines personnalités, maires et adjoints, et montre que le sport tend à devenir un enjeu socio-politique, dans le sens où la construction d'une piscine et de gymnases dans les quartiers ne répond pas de la même logique qu'un soutien aux courses hippiques. A Saint-Etienne, l'équipement sportif public commence, même timidement et pour un seul sport (grâce au consensus sur la gymnastique, sport patriotique), à prendre sa place dans l'aménagement urbain. Cette place reste limitée quant aux hésitations politiques et à l'opposition entre les municipalités Ledin et Neyret, tandis que des sports à forte tendance hygiéniste donc en voie de popularisation comme la natation n'ont pu trouver des aménagements sportif adaptés (échec du projet de piscine lancé par J. Ledin). Surtout, cette action politique locale se place en parallèle d'une impulsion décisive des acteurs privés avec une structuration progressive par de puissantes sociétés et fédérations élitistes (Société des Sports de l'Etivallière, FSL), permettant de parler d'une « Belle Epoque des sports ».

---

[1] Le coût total atteint 337 000 francs (soit plus d'un million d'euros actuels) à cause des acquisitions foncières (plus de 15% du budget) mais aussi à cause de l'achat de matériel sportif et surtout de nombreux travaux supplémentaires (éclairage au gaz non prévu au départ, sous-sols servant de dépôts, planchers dans les salles de gymnastique : DCM des 7/2, 9/5 et 26/12/1913, 29/5/1914).

[2] Notamment pour les enfants des écoles communales. Les dépenses sont importantes, notamment en personnel : la mairie recrute trois personnes par établissement : une femme de service, un gérant-concierge et sa femme, au départ chargée d'un service de blanchissage (rapidement concédé pour un contrat global avec un blanchisseur privé dès octobre 1913).

Cet élan sportif, à l'image du projet privé de parc des sports mené par la FSL à la Terrasse stoppé en 1914, est brisé par la Première Guerre mondiale. En 1914 en France, le nombre d'associations sportives en milliers et le nombre de licenciés en centaines de milliers (répartis surtout entre l'USFSA et la FGSPF, plus l'USGF pour la gymnastique)[1]. La mobilisation de l'été marque avant tout un coût d'arrêt pour le sport et les aménagements sportifs, à l'aube d'une saison sportive prometteuse : « jamais le sport n'avait pris une telle place » (*Mémorial* du 11 juillet 1914). Les quatre années de guerre confirment ce réel effacement des pratiques sportives civiles puisque toute la société laisse tomber en désuétude bon nombre de loisirs, sans qu'il soit pour nous utile de détailler ces aspects généraux. De son côté, l'intervention municipale en faveur du sport s'efface au profit d'autres priorités liées à la guerre, même si elle reste encore marquée par l'inauguration récente des bains-douches/gymnases. Ces quatre nouveaux gymnases permettent de développer la préparation militaire et l'entretien physique des scolaires, tout en réalisant des économies sur la location des gymnases : celle de la salle de la Stéphanoise rue Etienne Dolet est abandonnée le 30 septembre 1914 grâce au transfert dans les nouvelles salles, peut-être aussi à cause de la mobilisation qui freine l'activité gymnique (mais pas les concours et entraînements de tir). D'ailleurs, en 1915, les cours de gymnastique sont supprimés.

En dehors de cette activité sportive liée au contexte politique et à l'opposée d'une logique désintéressée, le sport à Saint-Etienne est très perturbé par la mobilisation générale de 1914 et les premiers mois de combats. Dès août 1914, les journaux ne font plus aucune référence à quelque activité ou manifestation : c'est une véritable mise en sommeil. En rugby par exemple, le Racing-Club Forézien, pourtant puissant, disparaît rapidement. Seuls les clubs recrutant chez les lycéens et les étudiants, trop jeunes pour être mobilisés, peuvent encore pratiquer (souvent en fusionnant). Les championnats du Lyonnais de rugby et de football sont interrompus, au niveau régional comme au

[1] L'USFSA compte 1124 sociétés et 200 000 membres (comme l'USGF), et respectivement 800 et 150 000 à l'UVF. Pour autant, nous rejoignons Pierre Arnaud lorsqu'il affirme en parlant du sport : « avant 1914, il n'est pas assuré que « mouvement » soit un terme opératoire, que l'association soit chargée d'un poids sociétal comparable à celui de 1985 » (Arnaud et Camy, 1986, p.163).

niveau national : l'USFSA remplace les Championnat de France, dès 1915 pour le rugby par une Coupe de l'Espérance[1], et dès 1916 pour le football par diverses épreuves (Coupe des Alliés par l'USFSA, Coupe C. Simon par le CFI, devenue la Coupe de France). En fait, un redémarrage du rugby et du football est initié en 1916 et confirmé en 1917, tant au niveau national que local, favorisé par les permissions et le retour de soldats entraînés dans la guerre des tranchées. Un cas particulier de reprise sportive est celui de la gymnastique puisque le prolongement de la guerre nécessite pour le gouvernement la préparation militaire de nouvelles classes[2].

Malgré cette reprise d'activités, la guerre continue de marquer les esprits et les pratiques sportives : de nombreuses rencontres sportives ont une orientation patriotique marquée, comme au parc de l'Etivallière qui réouvre ses portes en 1917. Cette réouverture ne concerne pas les traditionnelles rencontres élitistes de la Société des Sports mais des kermesses et fêtes à tendance patriotique. Le 14 juillet 1917, un comité de secours de Saint-Etienne aux soldats et prisonniers des régions envahies et de la ville organise une kermesse de bienfaisance avec spectacles sportifs toute la journée (et d'autres animations comme un cirque et un concert)[3]. Dans la même logique, la Société des Sports organise dans le parc, le 14 juin 1918, une fête des Alliés, sportive et artistique, au profit des réfugiés de guerre. Si vers la fin de la guerre, une vie quotidienne et sportive se réorganise lentement, avec de faibles effectifs et sans réelle émulation, tant en région stéphanoise qu'ailleurs, la coupure de la Première Guerre mondiale semble donc forte, dans la vie sportive et surtout dans les politiques d'aménagement sportif en région stéphanoise.

---

[1] Garcia Henri, 1991, *La fabuleuse histoire du rugby*, Nathan, Paris, 389 p.

[2] Le maire ajoute en conseil municipal que de nombreux soldats doivent le salut à cette préparation (DCM du 5/10/1917). Le budget des sports passe alors de 1800 francs en 1915 à 3000 francs en 1916 et 1917. Les quelques cours de gymnastique ont lieu au gymnase Michelet car les salles des bains-douches sont fermées et réquisitionnées pour le logement des Alsaciens-Lorrains, puis des prisonniers affectés et employés par les Houillères (DCM du 16/2/1917).

[3] Cette fête mêle patriotisme et spectacle sportif mondain, incluant divers concours dont les prix sont offerts par la Société des Sports, à la fois sur la piste (100 mètres, 400 mètres haies, 1000 mètres steeple chase et 3000 mètres), et dans une « arène de sports » au centre de la piste pour la boxe, la lutte et les poids (AD : 27J39).

En conclusion, cette première période des années 1870 aux années 1910 est plutôt marquée par la force des projets d'aménagements sportifs, publics et privés (cf. les tâtonnements autour des gymnases municipaux et des vélodromes privés), que par le poids des réalisations, faute de consensus politique et surtout d'une impulsion par des élites économiques faiblement imprégnées de logiques capitalistes (tout au moins limitées au domaine économique, sans grande interférence avec le domaine des sports et des loisirs). Ces projets stéphanois, dont certains interrompus par la guerre (vélodrome et parc des sports à la Terrasse ou aérodrome de Bouthéon), reflètent une dynamique qui renaît en 1919, selon les enjeux essentiels du développement sportif au-delà des logiques de l'entre soi, mais aussi du contrôle des espaces sportifs, que ce soit par des élites économiques (reliant sport, prestige social et activité économique) ou, telle une forte rupture, par des pouvoirs publics en voie d'affirmation et pas seulement dans la grande ville.

Partie 2 : Affirmation du sport dans la société et les politiques publiques, en concurrence avec les acteurs privés (années 1920 – années 1960)

Cette seconde période correspond toujours à une affirmation progressive mais non régulière des sports tant au niveau local que national, tant en nombre de sports que de sportifs ; mais les politiques d'aménagement sportif associées à ce développement ne confèrent pas à l'équipement sportif un caractère vraiment collectif. Nous ne sommes plus dans le sport de « l'entre soi », mais les investissements privés restent nombreux tandis que les politiques publiques, qui s'affirment par impulsion de nombreux élus locaux, parfois en opposition à ces logiques privées, restent limitées dans leur réalisation en région stéphanoise. Dès 1919, cette impulsion politique accompagne le « redémarrage » des pratiques et des réflexions nouvelles sur les aménagements, avant que la période du Front Populaire ne prenne vraiment en compte le rôle des sports dans la société, une prise en compte confirmée lors des années noires du régime de Vichy puis, de manière plus secondaire, dans les années d'après-guerre, posant la question de la politisation du sport. L'articulation entre le local et le global nécessite d'analyser des spécificités locales dans l'organisation du raisonnement, au-delà des ruptures politiques nationales de 1936, 1940 et 1945. Les recompositions du système d'acteurs mis en place avant la guerre, élargissant l'opposition élites / classes populaires à de multiples interventions en interférence avec les domaines économiques et l'action sociale, nécessitent d'analyser de nouvelles logiques de production des territoires sportifs.

1. Dans l'entre-deux-guerres, naissance de véritables politiques sportives : des réalisations locales inscrites dans une relative impulsion nationale

1.1 Des territoires sportifs élargis, toujours marqués par la dichotomie sports élitistes / populaires

Dès la fin de la Première Guerre mondiale en novembre 1918, les activités sportives reprennent lentement, soit parfois en poursuivant les quelques compétitions mises en place à la fin de la guerre, notamment en rugby ou en football, soit en reformant d'anciennes sociétés sportives au retour des soldats et prisonniers, soit surtout en créant de nouveaux clubs, souvent spécialisés et dans des sports inédits. Cette reprise s'exerce dans un contexte social et moral difficile, les clubs et les sociabilités restant marqués par les absences des morts et des blessés, ce qui favorise indirectement une affirmation du sport français sur des bases nouvelles.

1.1.1 Réorganisation fédérale et spectacle sportif au cœur d'une dynamique populaire

Dans une volonté de relancer l'activité sportive de manière plus structurée, le sport français connaît une grande réorganisation fédérale dès 1919, notamment pour la principale des fédérations, celle qui concentrait la plupart des sports modernes (parfois en concurrence avec d'autres fédérations, confessionnelles ou semi-professionnelles) : l'USFSA. Les problèmes de gestion de milliers de sociétés omnisports, combinés à une anticipation de l'affirmation de clubs unisports, provoquent une volonté d'autonomisation de plusieurs sports, à commencer par le football-association jusque-là dominé par le football-rugby et noyé dans la masse des effectifs de l'USFSA : dès avril 1919 est créée la F.F. de Football-Association. L'éclatement de l'USFSA se confirme en 1920 où naissent les fédérations françaises de rugby, de tennis, d'athlétisme, de hockey sur glace, de patinage, puis d'équitation en 1921. Dès lors, ces fédérations peuvent conduire de véritables politiques sportives de développement, spécifiques à leur discipline (selon des effectifs, une visibilité sociale et des moyens différents). Le poids de ces fédérations unisports se précise au cours des années 1920 :

elles incitent les nouveaux sports à s'organiser de cette manière (ainsi se créent les fédérations de tennis de table en 1927 puis de basket-ball en 1932 et de volley-ball en 1936). Ce sont tous les trois des sports anglo-saxons mais plus seulement importés d'Angleterre puisque d'abord puissamment organisés aux Etats-Unis, notamment le basket-ball. L'importation du tennis de table en France date des années 1920, au sein de la F.F. de Lawn-Tennis puis rapidement de manière autonome tant le modèle bourgeois élitiste du tennis ne correspond pas à son caractère populaire, à la multiplication des clubs et des salles de sports dans les centres urbains. Il est d'ailleurs souvent appelé ping-pong, comme à Saint-Etienne : un Ping-Pong Club est recensé dans les années 1930 (participant par exemple en 1934 au Championnat de France parmi les 350 autres clubs français) mais ce sport est surtout pratiqué dans les amicales et les patronages, omnisports. Cette dualité naissante entre un sport-loisir dans ces patronages et un sport compétitif dans les clubs des fédérations unisports, se retrouve même pour les jeux sportifs populaires, dont le puissant sport-boules qui poursuit son processus de sportisation sur l'initiative de la Fédération Bouliste de la Loire (FBL, dont une bonne partie des sociétés adhérentes sont stéphanoises). La tendance d'une affirmation du boulisme face aux vieilles pratiques de sarbacane et de jeu de l'arc se confirme largement dans les années 1920 (ces dernières se limitant à quelques concours fédéraux). Le nombre de sociétés boulistes ne cesse de progresser au sein de la FBL : 24 sociétés se reconstituent dès 1919 (plus 21 nouvelles dès 1920), 60 en 1921 et déjà 427 en 1934. Saint-Etienne est confirmée, à l'image du voisin lyonnais, comme capitale régionale et nationale du sport-boules : la ville accueille les Championnats de France en 1926 sur la place Carnot[1]. La vitalité se retrouve également dans les initiatives des seuls dirigeants boulistes stéphanois : création d'une assurance en 1930 (suite à un accident sur le terrain de la boule des Mineurs de Beaubrun en 1928), formation de

---

[1] Mais sans expérience de l'organisation : la taille de la place Carnot, trop petite pour le nombre de joueurs et la longueur des parties (qui commence à être critiquée), mais aussi un violent orage dans l'après-midi, ne permettent pas de terminer les concours avant la nuit, demandant alors un éclairage à la bougie (AM : 4R10). Pour les autres tournois, dont le Grand Prix de la ville de Saint-Etienne, ils se déroulent sur plusieurs places stéphanoises comme en 1931 : 24 places sont utilisées pour 824 quadrettes et près de 3300 joueurs (Merle, 2001).

groupements de sociétés, à l'échelle des quartiers et même à plus petite échelle avec les deux groupes Nord et Sud. En terme quantitatif, dans toute la ville, un recensement de la fédération stéphanoise des sociétés de joueurs de boules donne pour 1936 plus de 122 sociétés pour 4487 adhérents[1]. En terme qualitatif, préciser ce que pouvait représenter ce sport-loisir dans les sociabilités de quartier et l'affirmation d'une identité populaire «gaga » reviendrait à écrire un livre entier, depuis le fétichisme sportif issu de la figure érotique de la Fanny jusqu'à la rivalité catholique / laïque visible dans les noms-mêmes des sociétés (l'Union Fraternelle de la Nativité s'oppose à la Boule Rouge dans le quartier du Crêt de Roch). Le début des années 1930 constitue bien un apogée pour ces sociétés boulistes ancrées dans la vie de quartier : ainsi, au Crêt de Roch, on ne compte pas moins de quinze sociétés boulistes, dans des espaces laissés libres par l'urbanisation (près des puits de charbon, du chemin de fer, du cimetière, à l'arrière d'un café et des amicales ...). Elles associent concours de boules et autres loisirs : sarbacane, cartes, billard, danse. Ces formes de sociabilité populaire se retrouvent à l'échelle de la région stéphanoise : le sport-boules est bien représentatif d'une identité régionale, pratiqué aussi bien au sein de sociétés spécialisées que dans les patronages et amicales.

En effet, en sport-boules comme dans d'autres sports populaires, les initiatives de fédérations unisports rencontrent un mouvement sportif déjà bien structuré, en particulier à Saint-Etienne où les fédérations omnisports – ayant conquis avant 1914 l'espace social des quartiers – restent puissantes grâce aux patronages laïques et catholiques. Le sport fait toujours l'objet de lutte d'influence entre l'Eglise et l'Etat républicain, telle une guerre des sociétés sportives affinitaires, entretenu par un militantisme sportif et idéologique fort. La nouveauté réside pour l'Etat laïque dans le relais de ce militantisme par le mouvement des amicales laïques qui se structure lui aussi en fédération en 1928 avec l'UFOLEP[2]. Autre nouveauté et signe des

---

[1] Soit une moyenne de 36,8 membres par société, jusqu'à 155 pour les Enfants de la Loire (la doyenne) tandis que quatre autres dépassent 100 adhérents (AM : 4R9).

[2] Tandis que se maintient le contrôle des patronages catholiques par la FGSPF et un relatif contrôle de la gymnastique par l'USGF (fédération qui perd de son influence avec la fin de la guerre et le déclin de la gymnastique comme outil de préparation militaire, même si le Ministère de la Guerre garde dans les années 1920 de fortes

enjeux politico-sportifs, ces amicales et patronages, plus ou moins récents, se tournent vers des sports institutionnalisés et compétitifs, après avoir longtemps privilégié la gymnastique et les sports patriotiques. La rivalité sport laïque/confessionnel prend de l'ampleur au cours des années 1920-1930, même dans de petites communes peu ouvrières comme la Fouillouse[1]. Elle ne fait que se renforcer dans les communes ouvrières de la vallée du Gier et de l'Ondaine, par exemple à Unieux : le patronage laïque de Cote-Quart, pratiquant les boules, le billard, la gymnastique et surtout de plus en plus le basket, entre en concurrence avec l'Arc-En-Ciel d'Unieux, né en 1908 autour de la gymnastique et de la clique, qui se tourne vers le football en 1920 puis plus durablement vers le basket à partir de 1926.

D'ailleurs, si la gymnastique continue de globalement se maintenir, en particulier à Saint-Etienne grâce aux gymnases municipaux des quatre bains-douches, mobilisant des centaines de sportifs, notamment lors des grands concours fédéraux[2], elle se trouve « concurrencée » au sein du mouvement amicaliste par un sport qui devient rapidement populaire puisque facile à pratiquer et ne nécessitant pas de lourds aménagements : le basket. Introduit en 1922 à Saint-Etienne[3], ce sport collectif est pratiqué sur de simples terrains dans les cours intérieures puis sur les places publiques : il devient 'Le' sport des patronages, des amicales et des clubs omnisports dès la fin des années 1920 car il permet de mobiliser le mouvement associatif autour d'un sport d'équipe qui symbolise autant la compétition que la solidarité par l'esprit d'équipe. Il « prend la place » de la gymnastique

---

prérogatives dans l'organisation des sports). La gymnastique continue d'être au service de l'armée mais c'est de plus en plus l'armée qui passe au service du sport (Dumons, Pollet et Berjat, 1987, op. cit.).

[1] Où s'opposent la Feuillantine, société post-scolaire d'éducation physique née en 1907 et transformée en club omnisports laïque, pratiquant le basket et le football, et l'Elan, club omnisports catholique inscrit en FSCF, jouant au basket (sur son terrain rue Sainte-Anne au centre du village) puis au football à partir de 1940.

[2] Saint-Etienne accueille en 1927 la grande fête fédérale du Sud-Est, une des plus grande manifestation gymnique de l'histoire de Saint-Etienne, demandant une lourde organisation, se déroulant place Carnot, mais aussi stade de la Terrasse, place de l'Hôtel de Ville et au parc de Solaure (AD : 4R19).

[3] Pour une histoire détaillée des facteurs locaux de développement du basket, cf. Romeyer Marika, 1996, *Le basket-ball dans la Loire des origines à nos jours*, mémoire de maîtrise d'histoire, Université de Saint-Etienne, 144 p.

dans les luttes sportives et idéologiques entre patronages, rapidement pratiqué par les femmes, et ce dès 1922 comme au Fémina-Sports (non sans briser des préjugés). Le sport féminin dans son ensemble connaît une forte croissance, pris comme enjeu d'un combat pour l'émancipation des femmes, tant au niveau national grâce à quelques figures sportives comme la tenniswoman Suzanne Lenglen ou Alice Milliat (présidente d'une fédération française des sports féminins née en 1916) qu'au niveau local grâce à l'impulsion d'Ennemonde Diard, journaliste qui fonde en 1921 le Club sportif féminin, pratiquant d'abord l'athlétisme et le cross, avant de se tourner vers le basket.

A cette diffusion sexuée du basket s'ajoute une diffusion sociale rapide dès la fin des années 1920 : alors que le premier championnat de la Loire montre un poids important des sociétés omnisports élitistes, le poids des fédérations affinitaires en accentue le caractère populaire, ce qui provoque des tensions sur les modalités de pratiques puisque à un « jeu élitiste » tout en finesse s'oppose un jeu plus brutal. Signe de popularisation réciproque du basket et de certains clubs élitistes, la Société des Sports de l'Etivallière, qui ne prend plus en charge les sports hippiques, développe le basket dès le début des années 1920, sans grand aménagement spécifique[1].

Au-delà d'une restructuration fédérale, entre fédérations unisports et d'autres omnisports, plusieurs éléments montrent des formes de diffusion socio-spatiale du mouvement sportif : l'accroissement des effectifs licenciés bien sûr, lié à la conquête du temps libre (journée de 8 heures depuis la loi d'avril 1919) et au triomphe du mouvement associatif, mais aussi des processus d'identification territoriale (associant ville et club, notamment en football), des processus de démocratisation selon un idéal d'intégration et d'acculturation (pratiques sportives chez les minorités issues de l'immigration, par imitation des classes dominantes, encouragées par le sport-spectacle), etc. Ce développement sportif crée une demande sociale à l'origine d'un enjeu socio-politique sur son contrôle, à l'image du sport d'entreprise. En effet, le sport pénètre plus fortement

---

[1] Limité *a priori* à l'installation de deux panneaux dans un recoin du parc, phénomène que l'on retrouve pour des sociétés sportives en ville, dans les cours des amicales ou sur les places publiques.

qu'avant le monde de l'entreprise, tant du côté des patrons que du côté des employés, des ouvriers : plusieurs chercheurs parlent même de lutte entre sport corporatif et sport ouvrier / travailliste[1]. Dès lors, le patronat, par héritage paternaliste, par vocation sportive, par visée économique et publicitaire ou le plus souvent par volonté de contrôle sur ses ouvriers, encourage la formation de clubs d'entreprise, renforçant ses assises sociales à l'intérieur et à l'extérieur de l'entreprise. A l'opposé, les ouvriers, eux, initient des clubs autonomes construits « à la base », même si dans la réalité il existe une forte influence des partis politiques (influence du PCF à la Fédération Sportive du Travail). Ce « sport rouge » est un sport de classe, pris comme moyen d'ascension sociale, tel un droit au loisir mais aussi un moyen de se démarquer des institutions patronales et bourgeoises. Il existe donc un fort enjeu socio-politique dans le contrôle des corps et du mouvement sportif ouvrier, tel un sport « dans le filet des idéologies »[2]. En outre, au-delà du « sport de l'entre soi », l'intervention du politique dans le monde du sport supplante la simple affirmation d'identité sociale, tant au niveau des clubs et des partis politiques qu'au niveau des Etats. Bref, de nombreux sports populaires sont initiés puis valorisés par un nouveau système d'acteurs.

Sans détailler tous les processus et logiques conduisant à l'affirmation du sport dans la société française de l'entre-deux-guerres, retenons enfin l'un des principaux facteurs : l'extension du sport-spectacle permettant de rapprocher sport et monde économique. Le cyclisme par exemple montre l'acquisition d'une maturité populaire, aussi bien à travers le Tour de France ou les Six jours de Paris au Vélodrome d'hiver que pour les courses concernant Saint-Etienne. On y compte en moyenne une trentaine de courses par an[3] ; le nombre de spectateurs devient très important, souvent proche des 30 000 personnes contre 300 pour les matches de rugby (*l'Année sportive* 1921). En 1922, le comité local UVF comprend 22 sociétés adhérentes

[1] Cf. Augustin J-P. et Sorbets C., 1992, « Les enjeux du sport dans l'entreprise : genèse, état et incertitudes », in *Jeux et sports dans l'histoire Tome 1 associations et politiques*, CTHS, Paris, p.143-154.

[2] Durry, Hubscher et Jeu, 1992, op. cit.

[3] Aulagnier Patrice, 2001, *Le sport cycliste à Saint-Etienne des origines à la veille de la seconde Guerre Mondiale*, mémoire de maîtrise d'histoire, Université de Saint-Etienne, 180 p.

(puis 30 en 1925), soit 445 licenciés, et il organise 14 courses. Cette même année 1922 est créée une nouvelle course plutôt conviviale, organisée par le journal *le Forez sportif* en hommage à Paul de Vivie alors âgé de 70 ans (et pour assurer l'image de marque du cycle stéphanois) : c'est la journée Vélocio. Proches dans l'esprit sportif et l'orientation sociale, la boxe et les sports athlétiques associés (lutte, poids et haltères), attirent le public stéphanois lors des nombreux galas organisés par la presse locale et par les deux principaux clubs[1]. Ces galas populaires se déroulent comme avant 1914 dans les salles de spectacle, à l'Eden Théâtre mais aussi au cinéma du Progrès et au dancing à Bizillon : en effet, manquant de rentabilité financière potentielle et de soutien des élites locales, ces sports ne peuvent s'épanouir dans des lieux spécifiques et occupent les grands lieux culturels de la ville. Les galas ont certes un intérêt sportif et permettent à de futurs champions de s'exprimer (notamment les deux grands champions stéphanois, Jean Gachet en boxe puis Louis Hostin en haltérophilie[2]), mais ils sont aussi et surtout un spectacle, reposant sur des innovations attractives, tels ces combats de lutte féminine en 1923 à l'Eden ou la venue de Georges Carpentier en 1924.

Cette année 1924 illustre, par la boxe à Saint-Etienne mais encore plus par les Jeux Olympiques organisés à Paris, ce processus de popularisation par le sport-spectacle et les grands aménagements sportifs associés. Relancés en Europe en 1920, les JO sont d'abord précédés par les Jeux Interalliés de Paris en 1919, des Jeux qui ont beaucoup fait pour la diffusion de sports anglo-saxons comme le basket ou le football : ils se déroulent dans le nouveau stade Pershing[3]. Puis, après une lutte de candidature témoin d'une forte mobilisation des

---

[1] Le vieil Omnium Sporting Club et le récent Boxing Club Stéphanois (né comme de nombreux clubs stéphanois en 1919, puis reconnu officiellement en novembre 1920 (AD : 27J48). Pour les entraînements, l'Omnium occupe dès 1919 le gymnase municipal du Treyve sur 300 m² (*Mémorial* du 2 juillet 1919).

[2] Le premier est demi-finaliste poids plume à Anvers en 1920 et le second est deux fois champion olympique mi-lourd à Los Angeles en 1932 et à Berlin en 1936. Pour relativiser l'avancée du sport-spectacle, l'accueil du Stéphanois L. Hostin au retour de son premier titre olympique acquis loin de la France se déroule à la gare de Châteaucreux devant le journaliste A. Puillet et le boxeur J. Gachet.

[3] Construit à la hâte par les Américains : Terret Thierry, 2003, *Les Jeux interalliés de 1919 : sport, guerre et relations internationales*, l'Harmattan, Paris, 144 p.

populations sportives, les JO sont organisés en 1924 à Paris, montrant combien les années 1920 diffèrent de la Belle Epoque et des JO de 1900 : des enjeux politiques et sportifs se sont greffés, à l'image du nouveau combat de Pierre de Coubertin en faveur du prestige de la France, mais encore des enjeux d'aménagement[1]. Grâce aux JO mais aussi à tous les autres grands championnats unisports, le sport devient un phénomène de masse, un rassemblement festif et populaire, suivi par les médias, et qui rassemble les foules dans de grands espaces sportifs. L'autre événement sportif majeur devient la Coupe du Monde de football qui incite les pouvoirs publics à construire de grands stades, dont l'architecture doit symboliser la modernité de l'époque[2]. Si le football est autant l'objet d'aménagements sportifs et d'enjeux socio-politiques, c'est qu'il s'affirme dans la société locale et nationale, aux dépends du sport collectif dominant à la Belle Epoque, le rugby.

1.1.2 Symbole d'un nouveau système d'acteurs centré sur la pratique sportive populaire, le passage du rugby au football

Sur le plan quantitatif, l'évolution est très nette dès le début des années 1920 : si la FFFA compte à sa naissance en 1919 environ 400 clubs contre 121 pour le rugby, le total est de 2400 dès 1921 contre 1100 pour le rugby. Cette croissance du football s'accompagne d'une forte diffusion géographique et sociale : la Coupe de France réserve ainsi quelques surprises comme la victoire du Club Athlétique de la Société Générale en 1925 ou la finale du petit club de Valentigney l'année suivante (constitué d'ouvriers de chez Peugeot). Au contraire, la diffusion du rugby est moins étendue, limitée régionalement au Sud-Ouest et aux petites villes, sans grand lien avec la classe ouvrière et les classes moyennes urbaines à cause de son image rurale et élitiste : les années 1920 marquent le développement du « rugby des villages ». Ce passage d'un rugby dominant à un football dominant au début des

---

[1] L'organisation et le suivi populaire des Jeux sont sans comparaison avec 1900 : ainsi, plus de 45 000 personnes assistent à la finale de l'épreuve de football, quelques jours après une grandiose cérémonie d'ouverture, notamment grâce aux efforts réalisés en matière d'accueil des spectateurs.

[2] Les 100 000 places du stade Centenario de Montevideo en Uruguay pour la première Coupe du Monde en 1930 sont une fierté sud-américaine, même si le retentissement de cet événement du football est limité en Europe (Vigarello, 2002).

années 1920 peut s'expliquer par la fin de l'USFSA qui privilégiait le premier, mais plus encore par une assimilation du football à un sport populaire, aux règles simples et lisibles, et par une assimilation du rugby à l'élitisme amateur. Ce passage est net à Saint-Etienne dans les années 1920 : le football, jusque-là moribond et dominé par un rugby ancré dans la jeunesse des classes moyennes et supérieures de la ville, s'affirme dès 1919.

En plus de facteurs généraux touchant la région stéphanoise comme le caractère élitiste du rugby[1], quelques éléments locaux renforcent le passage du rugby au football. La guerre a d'abord fait perdre les forces vives des clubs de rugby : des dizaines de membres des clubs stéphanois sont décédés ou blessés, parfois jusqu'à 60% de l'effectif. Les nombreux clubs de sport qui se créent dès 1919 se tournent plus vers le football que le rugby qui « perd alors du terrain », assimilé aux souvenirs d'avant-guerre. En outre, la guerre a vu l'arrivée en masse à Saint-Etienne[2] d'ouvriers dits « affectés spéciaux » pour travailler dans les usines locales d'armement et même dans les autres usines métallurgiques en amont : venus pour la plupart du Nord de la France et même de l'étranger (Polonais, Espagnols, Italiens), ils pratiquent plus le football pendant leurs loisirs (parfois même aussi les cadres de ces entreprises). Ce phénomène de diffusion est entretenu dans les années 1920-1930 par la poursuite de cette immigration qui trouve dans le sport un moyen d'intégration sociale. Enfin, il faut peut-être voir la force et la volonté du patronat des Houillères et des industriels locaux, sensibles au catholicisme social, aux actions sociales, donc au développement du football d'entreprise, même si cette volonté du patronat n'est pas univoque et fait l'objet de débats[3]. Prenons l'exemple de l'Abeille Sportive Stéphanoise, un des rares

---

[1] « Le rugby reste trop marqué par son origine sociale. Il est évident qu'il représente toujours pour la population laborieuse de la ville [...] l'expression d'une élite qu'elle soit intellectuelle ou économique et que beaucoup de stéphanois hésitent encore à pratiquer un sport où ils vont côtoyer des gens aux mœurs différentes des leurs » (Sigel, 2003, p.58). Cela se traduit également dans le jeu stéphanois, plus porté sur la finesse d'attaque que sur la puissance.

[2] La ville passe de148 656 habitants en 1911 à 167 967 en 1921, peut-être plus de 200 000 en 1918 même si aucun recensement officiel ne vient le confirmer.

[3] Notamment quant à sa formation au lycée de garçons puis à l'Ecole des Mines, qui favorisent plus le rugby (Sigel, 2003, op. cit.).

clubs à pratiquer les deux sports dans les années 1920 : il naît officiellement en juillet 1919, en prolongement du club de l'Ecole professionnelle. Le club joue sur un des anciens terrains de rugby d'avant-guerre, boulevard Jules Janin et dès 1919, le football devient prioritaire. La plupart des clubs pratiquent les deux sports, notamment le puissant Saint-Etienne Sporting Club (SESC) à partir de 1926, installé sur un nouveau terrain à Ratarieux (peut-être à la place du vieux vélodrome des années 1900). Sa section rugby se maintient sans grand enthousiasme en troisième série puis se saborde en 1929 après un échec de fusion avec le grand club stéphanois Stade Forézien Universitaire. Ce dernier reste en fait le seul réel club civil de rugby stable dans les années 1920, maintenant au début la même organisation qu'avant guerre (compétitions à l'hippodrome de Villars, en deuxième série, présidence du consul W. Hunt). Mais en 1927 au départ de ce dernier en Guadeloupe, honoré par un vibrant hommage de ses joueurs après plus de vingt ans de présidence, le lien est cassé avec les élites des courses hippiques de Villars : le SFU est contraint de changer de stade et s'installe dès 1927/28 sur le terrain boulevard Jules Janin, laissé libre un an plus tôt par le SESC. Mais l'absence des anciens dirigeants et du cadre prestigieux de l'hippodrome de Villars limite les ambitions sportives du SFU, donc de tout le rugby stéphanois[1]. Le seul club de rugby régional qui maintient son dynamisme est l'USAF, Union Sportive des Aciéries de Firminy (né en 1916 par « migration » de l'équipe de chez Holtzer à Unieux). A Firminy donc, c'est le rugby qui reste le principal sport collectif élitiste, selon un héritage de la pratique d'avant-guerre chez les cadres issus des grandes entreprises locales (Holtzer et Verdié). L'USAF bénéficie d'une part de l'apport de joueurs stéphanois qui quittent les clubs en perdition dans les années 1920 (Abeille Sportive Stéphanoise et Saint-Etienne Sporting Club), d'autre part du soutien des deux entreprises mères, de Firminy et d'Unieux qui avaient aménagé chacune un terrain avant la guerre, à proximité des usines. A la fin des années 1930, alors que le football

---

[1] Dès 1923, des journalistes évoquent avec nostalgie les « belles heures du rugby jadis à Saint-Etienne » (*l'Année sportive* 1923), contrastant avec l'ascension du rugby roannais : ces spécificités sportives locales s'inscrivent dans la durée puisque aujourd'hui le rugby est plus implanté à Roanne qu'à Saint-Etienne.

prend le dessus sur le rugby régional, l'USAF maintient son dynamisme.

Quant au football, son ascension régionale est irrésistible : lors de la formation du district FFF de la Loire en 1920, six des dix clubs sont stéphanois[1]. Les autres sont d'anciens clubs omnisports venus au football : le SFU (concurrençant progressivement le rugby comme le signalent plusieurs articles du *Mémorial*), l'Athlétic Club Stéphanois et surtout l'Amical Football Club, premier club de football local dès 1906 fondé par un ancien élève du lycée, J-F. Boudet (devenant à la même époque influent dans le monde du cycle et du cyclisme). Comme les anciens clubs de rugby, ces clubs pratiquent l'athlétisme et le cross-country comme sports de base, complémentaires pour l'entraînement, pratiqués sur les pistes entourant plusieurs terrains de football et rugby (hippodromes de Villars, Ratarieux, la Terrasse, etc.). Dans les années 1920, ces clubs de football se renforcent et d'autres naissent dans toute la région stéphanoise, surtout sous l'impulsion des milieux industriels. Ainsi, les entreprises industrielles jouent souvent un rôle décisif comme pour l'Etoile Sportive à la Talaudière en 1924, club lancé et soutenu par la Compagnie des Mines de la Chazotte[2]. C'est surtout le cas dans la vallée du Gier qui, selon un phénomène d'évitement déjà analysé par J-P. Augustin dans le Sud-Ouest, se tourne plus vers le football que le basket et bien sûr le rugby (déjà peu impulsé par les élites économiques locales avant et après la Grande Guerre). Deux clubs se structurent au cours des années 1920 et atteignent un bon niveau amateur régional : l'un est à tendance corporative, l'Athlétic Club Ripagérien à Rive-de-Gier, né vers 1920, soutenu par la grande entreprise locale, la maison Marrel, dont un ingénieur reprend la direction du club à la fin des années 1930 (et projète alors un nouveau stade). L'autre club, plus important et à tendance élitiste au départ, est le COSC, Club Olympique de Saint-Chamond né en 1908, qui se

---

[1] Récents pour moitié : l'Abeille Sportive, l'Union Sportive Stéphanoise née aussi en 1919 et le Sporting Club Forézien né en 1920 (qui fusionne rapidement avec le Club Athlétique du Coquelicot, un club fondé en 1919 par le docteur Martin et des anciens combattants de la guerre 1914-18 revenus d'Angleterre).

[2] Ce soutien s'inscrit dans un esprit du catholicisme social. D'ailleurs, la première équipe est menée par le Père Pallandre ; elle joue d'abord sur un terrain vague, le pré de la Planche situé près de l'Onzon et appartenant à la compagnie minière près de l'Onzon, puis vers le Puits Pointu jusqu'en 1944.

tourne vers le football à partir de 1919 avec les premiers championnats du Lyonnais où il brille rapidement. Le rôle des entreprises industrielles locales est à nouveau décisif puisque le COSC bénéficie d'une émulation sportive avec la création en 1919 des Sports Athlétiques d'Izieux (appelé de 1919 à 1926 Eveil Sportif d'Izieux), un club de niveau modeste fondé par la société de Soie Artificielle Gillet-Thaon. Cette société, née en 1904, contrôle l'espace communal et aménage pour le sport un terrain simple avec vestiaire. L'autre impulsion décisive est celle des ouvriers et des employés eux-mêmes, à travers notamment les sections 'football' dans les patronages à partir de 1920-1924[1]. Le football, qui n'a pas à Saint-Etienne l'héritage élitiste du rugby d'avant-guerre, devient même un produit de la sociabilité ouvrière, ancré progressivement dans les quartiers : ainsi en 1925 naît l'Union Sportive des Cheminots stéphanois, en 1928 le Sporting Club Ouvrier (sur l'initiative du Parti Communiste) mais aussi le club Côte-Chaude Sportif (formé par un groupe de mineurs du quartier), en 1932 le Club Sportif de la Rivière composé uniquement d'ouvriers, etc. Le bilan reste très positif pour le football local dans l'entre-deux-guerres, à l'image de son extension spatiale par croissance du nombre de terrains, bien au-delà des anciens terrains de rugby d'avant-guerre[2]. Le football s'inscrit progressivement dans la ville, dans les pratiques de loisirs populaires, dans des espaces variés que conçoit et gère un système d'acteurs élargi, notamment à la sphère publique.

Mais avant d'analyser cette intervention publique, il reste que malgré de réels processus conduisant à une popularisation et bien

---

[1] De toutes obédiences idéologiques, religieuse, laïque ou corporative (l'Arc-En-Ciel d'Unieux en 1920, le Réveil Chambonnaire en 1921, l'Association Sportive de Villars en 1922, la Feuillantine en 1923). A l'Avant Garde de Saint-François la section se crée en 1920 et compte rapidement 350 membres.

[2] Pour la saison 1923/24, malgré des locations de terrain difficiles, tant par la configuration topographique qu'à cause de problèmes fonciers, les terrains homologués par le district de la Loire sont : Ratarieux pour le Saint-Etienne Sportif Club, l'hippodrome de Villars pour le SFU, Grangeneuve pour l'Avant Garde de Saint-Etienne, boulevard Jules Janin pour l'Olympique Club Forézien, le terrain du Rez à la Rivière pour le Groupe Sportif de l'Ecole Supérieure, quelques nouveaux terrains tels celui de la rue Octave Feuillet pour l'Avenir de Côte-Chaude (société omnisports de quartier née en 1905 et pratiquant le football à partir de 1920), mais aussi les terrains, municipaux, de la Chaléassière pour le Sporting Club Forézien et du Champ de Mars de Méons pour l'Union Sportive Stéphanoise.

souvent une démocratisation des sports, les fortes logiques de distinction sociale maintiennent cet antagonisme entre des sports élitistes pratiqués par la bourgeoisie anglophile et des sports populaires pratiqués par des ouvriers et autres membres des couches populaires. Des sociabilités introverties, proches parfois du corporatisme fermé où le sport devient prétexte à un certain élitisme, sont entretenues par l'esprit des clubs, leur accès contrôlé (souvent implicitement par l'argent, ou par la proximité de quartier qui reproduit la ségrégation socio-spatiale de la ville). La hiérarchie des tâches à l'intérieur des clubs, tant élitistes que populaires, se précise dans les statuts – souvent refondus en 1919 – et dans la spécification des rôles au quotidien, accentuant la coupure entre pratiquants et dirigeants, tel un processus de bureaucratisation.

1.1.3 Aménagements sportifs élitistes et privés en résistance

Un des principaux sports élitistes stéphanois, institué par des pratiques sportives modernes, c'est-à-dire compétitives et organisées dans une logique spatio-temporelle fermée, est le tennis. Dès 1919, la pratique du tennis reprend au sein de la principale société sportive élitiste, la Société des Sports de l'Etivallière, dans le vieux parc privé, en complémente de la pratique ludique et mondaine des villas bourgeoises. Mais si le parc ne connaît pas de modification notable de son usage, la géographie foncière du Nord-Est stéphanois évolue vers une domination des activités industrielles. En effet, la famille de Rochetaillée, retirée du lieu depuis plusieurs années, se désengage de toute activité économique dans la région, donc des concessions minières et des vastes terrains possédés dans l'Est stéphanois. A l'inverse, profitant de l'effort de guerre et du potentiel industriel de la ville, plusieurs entreprises se reconvertissent dans l'économie de guerre, créant des usines locales d'armement faisant travailler en amont les usines métallurgiques qui cherchent à s'étendre. C'est le cas de la Société des forges et ateliers de la Chaléassière, dite Compagnie Leflaive en référence à son directeur Joseph Leflaive : elle acquiert à la fin de la guerre, dans une grande dynamique industrielle locale (extension des ateliers pour la fabrication d'obus), plusieurs terrains autour de l'usine de la Chaléassière, entre le Marais et la Terrasse. Le parc de l'Etivallière est acheté le 30 septembre 1918 à la famille de Rochetaillée dans un vaste ensemble foncier, sans changement de location à la Société des Sports qui, forte de ses puissants membres (toujours présidée par l'avocat A. Jaray), cherche à maintenir cet espace privilégié de pratiques ludiques mondaines[1]. La Société des Sports essaye donc de maintenir ses activités sportives d'avant-guerre mais sans grande visibilité ni goût particulier pour le sport-spectacle (moins de mise en scène des premiers exploits sportifs des élites locales et moins de comptes-rendus dans la presse locale).

Seul le tennis connaît une dynamique sportive après des années de pratique confidentielle : la société crée en 1922 une Coupe du Forez et en assure la promotion, faisant venir pour le prestige le récent champion du monde Henri Cochet. Signe de changement social, le tournoi de tennis s'accompagne d'un championnat de double mixte, laissant plus de place aux femmes, même si la plupart des joueurs font partie des élites économiques (les grands rubaniers et leurs enfants : Brossy, Faure, Epitalon). La Coupe du Forez est renouvelée en juin 1923 et 1924, prenant le statut de compétition régionale avec des sportifs lyonnais et clermontois, accompagnée d'autres tournois témoins de la vitalité sportive de cette jeunesse bourgeoise en quête de performance. En parallèle, ce tennis sportivo-mondain se diffuse vers les petites villes : le tennis-club de Firminy est créé en 1930 par des cadres de la compagnie minière locale (qui lui louent un terrain et y aménagent deux courts). De même, confirmant le poids de la Plaine du Forez pour les sports élitistes, les autres clubs qui se créent au sud du département entre 1925 et 1945 se situent dans la Plaine (fonctionnant comme un « espace réservé », de mise à distance) : Montbrison en 1928, Montrond les Bains en 1937 et Feurs en 1941.

Par contre, en dehors du tennis qui « prend le virage » de la sportisation, les autres sports élitistes d'avant-guerre s'effacent, tant le tir aux pigeons souffrant d'un aspect trop confidentiel que les courses cyclistes sur piste qui n'ont plus leur aspect distinctif. Seules les courses hippiques se maintiennent, mais par une organisation parallèle à la Société des Sports, celle de la société du Rallye Monts Jarez (tenue par la bourgeoisie locale qui organise des manifestations mondaines tels que rallyes, courses hippiques et excursions), mettant en place le

[1] De plus, elle peut continuer à exercer car la Compagnie Leflaive, dynamisée pendant l'effort de guerre, subit le contrecoup d'une économie d'après-guerre fragilisée et ne cherche plus à étendre ses usines.

concours hippique de 1923, en concurrence de celui de Villars. En effet, l'hippodrome de Villars reste au début des années 1920 le lieu de prédilection de la Société hippique de Saint-Etienne[1]. En 1923 donc, la bourgeoisie stéphanoise réagit au dynamisme des sociétés de la Plaine et au recul des courses de Villars par l'organisation d'un concours hippique pour l'Ascension à l'Etivallière, selon une organisation signe de grandes ambitions pour les prestigieux sports hippiques à Saint-Etienne[2]. Mais sans grand succès et peut-être faute d'entente des élites sur l'organisation des sports hippiques (courses et concours), il n'est pas renouvelé en 1924. En fait, peut-être pour se démarquer de la tutelle familiale, les jeunes générations, en tête les frères Epitalon, créent justement en 1924 une Société des courses de Saint-Etienne, amenée à succéder à la Société hippique de Saint-Etienne et à la Société du Rallye Monts Jarez dans l'organisation des courses hippiques[3]. Mais déjà, entre soucis d'organisation et sentiment de nostalgie marquant progressivement la fin d'une époque, ces concours hippiques sont renouvelés dans la difficulté.

Quant aux autres sports élitistes, encore nombreux à conserver leur caractère prestigieux, certains sports à la mode au début du siècle montrent dans les années 1920 une orientation mondaine récurrente, dans une logique de mise en scène d'exploits sportifs ou de simple

---

[1] Toujours présidée par le rubanier Alexandre Colcombet, cette société tente de maintenir l'effervescence d'avant guerre autour des courses, en organisant des tombolas parfois prestigieuses (une automobile est à gagner le 11 juin 1922). Mais cela reste timide, d'autant plus que les courses hippiques sont concurrencées par les celles de la Plaine du Forez et à Saint-Etienne par d'autres spectacles sportifs.

[2] Aidée des dirigeants de la société hippique, présents dans les tribunes (MM. Colcombet, Jaray, Epitalon, Balaÿ, Tezenas du Montcel, Hunt, etc). Ce concours des 26 et 27 mai 1923 est l'une des plus grandes fêtes de l'année d'après le *Mémorial* : plus de 200 engagés (venus même du Nord de la France), buffet dès 11h, cars loués pour le trajet depuis l'Hôtel de Ville, présence d'un orchestre symphonique le premier jour, de musique militaire le second jour. C'est l'occasion de retrouver « l'antique parc de l'Etivallière qui fut, si l'on peut avoir recours à cette expression un peu rafraîchie, le berceau du sport à Saint-Etienne » (*l'Année sportive* 1923), « pittoresque mais un peu vétuste » (*Mémorial* du 27 mai 1923).

[3] Antoine Epitalon préside la société et son frère Michel le comité d'organisation du concours hippique (il était déjà commissaire de course à Villars au début des années 1920). Le premier concours a lieu les 17 et 18 mai 1924, puis les suivants dès 1925 à l'hippodrome de Villars délaissé par la société hippique d'A. Colcombet, tout en modernisant vestiaires, local de secours et local pour la presse.

pratique distinctive[1]. Les loisirs de la bourgeoisie continuent, mais timidement, de se porter sur des pratiques socialement distinctives, marquées par des contraintes matérielles et financières dans l'initiation sportive : les sports automobiles, aéronautiques et les sports d'hiver. Pour ces derniers, les pentes du Pilat constituaient avant 1914 un terrain de jeu privilégié de la part de classes favorisées regroupées en un club des Sports d'Hiver Forézien (SHF). Cette dynamique socialement distinctive se poursuit dans les années 1920, sans popularisation et par maintien du modèle de pratique bourgeois mais l'espace investi est beaucoup plus vaste, en dehors de la région stéphanoise puisque les montagnes locales, massif du Pilat en tête, ne permettent pas un important développement sportif. Les tensions sont nombreuses dans l'affirmation de cette orientation sportive, aussi bien sociales que fédérales[2]. Reconstruit apparemment sur des bases moins élitistes dans les années 1930, les SHF reprennent les divers concours et voient leur effectif augmenter[3]. Ces concours attirent de plus en plus de spectateurs (des milliers), phénomène favorisé par les progrès dans les transports et par une couverture plus large de la presse, insistant tantôt sur le côté loisir, tantôt sur le côté sportif. Des initiatives privées cherchent à profiter de cette dynamique socio-sportive : la famille Masson qui tient l'auberge de la Jasserie (acquise en 1927 au baron de

[1] Ainsi, en 1924 revient la mode du patinage à roulette, non plus à Bizillon et au Grand Skating Forézien, mais au skating-club concurrent, installé en plein air au « Chalet des Sports du Rond-Point » (relancé par la famille Giron).

[2] De 1923 à 1929, le club des SHF est dissout, tandis que le CAF reprend les concours dès 1924 (au Bessat avec ski, luge, saut et éprueves artistiques), tandis qu'en parallèle les sorties d'escalade et d'alpinisme dans les Alpes se multiplient à partir de 1925 (*l'Année Sportive* 1925). Cette section Forez du grand Club Alpin Français est assez dynamique et elle profite du succès des premiers Jeux Olympiques d'Hiver de Chamonix en 1924 pour accueillir à Saint-Etienne des grands congrès : celui des sections Forez, Velay et Vivarais en 1925 puis le congrès national de 1930, année où se détache du CAF une Fédération Française de Ski (FFS), en dissidence sur les logiques sportives. Née en avril 1924, la FFS privilégie la logique sportive à la logique excursionniste dominante jusque là au CAF. Les deux structures parviennent à un accord en 1932 : à la FFS les compétitions sportives et au CAF le ski de montagne et les autres excursions (Achard, 1989).

[3] 150 membres en 1931, 370 en 1933 et environ 500 en 1939 (année où le CAF compte 385 membres, dont une bonne partie pratique le ski puisque la FFS compte environ 300 licenciés en région stéphanoise). Un nouveau tremplin est aménagé au Bessat dès 1929, permettant des sauts de 40 mètres (contre 12 mètres avant).

Rochetaillée) aménage au début des années 1930 un tremplin et surtout un petit téléski, téléski qui compte rapidement près de 1500 montées par jour comme en 1937. C'est un signe de popularisation, si ce n'est d'une timide démocratisation[1]. Enfin, un autre signe de popularisation dans les années 1930 est la pratique des sports d'hiver par de nouveaux acteurs en région stéphanoise : les militaires (à partir de 1931 au sein du 38ème RI qui organise des brevets du skieur militaire pendant une dizaine d'années), mais aussi les civils des clubs de ski dans les petites villes de la région, souvent proches du Pilat (une dizaine de clubs naissant dans les années 1930, à Rive-de-Gier ou Saint-Chamond). Toutefois, la dynamique sportive est assez timide, gardant un caractère élitiste et pas encore vraiment popularisé.

D'autres sports montrent une volonté de nouveauté à travers la popularisation par le sport-spectacle, dans des espaces appropriés pour cela, à l'image des courses automobiles et des meetings aériens qui attirent le plus de spectateurs et la convoitise des masses populaires. Dans le premier cas, l'Automobile Club Forézien, créé par Etienne Mimard en 1901, connaît quelques difficultés à relancer son activité sportive, stabilisé à une soixantaine de membres au début des années 1920 (complété par un nouveau club en 1921, l'Automobile Club du Forez). Ce dernier est plus dynamique et relance l'organisation de la course de côte de Planfoy le 10 juillet 1921, et les années suivantes. Cette course devient très populaire, suivie par des milliers de spectateurs le long d'une route coupée pour l'occasion, tel un grand terrain de sport. L'apogée semble être 1924 et ses 50 000 spectateurs, selon une dynamique impulsée par le nouvel ACF, fort de ses 350 membres, grâce à la fusion début 1924 des deux clubs cités ci-dessus (d'où une mutualisation des efforts). Par la suite, plusieurs difficultés contraignent le développement de ce sport : il reste l'apanage d'une minorité car coûteux dans sa pratique et dans son organisation puisqu'en 1926 les courses n'ont pas lieu faute de financement, sans compter que Saint-Etienne est perçue par ces élites comme une ville

[1] En 1939, Auguste Masson, fils d'Eugène le propriétaire de la Jasserie, devient champion de France de ski de piste devant le chamoniard James Couttet, signe d'un dynamisme sportif, comme pour le saut à ski et même le hockey sur glace (que tentent d'impulser les SHF en 1933 mais sans réussite). La Jasserie devient un des hauts lieux du ski régional, certes à une échelle modeste mais donnant lieu à divers aménagements à l'auberge (dortoir en 1934, électricité en 1938).

« autophobe » (du fait d'une population ouvrière méprisant cet engin de luxe). La course de côte de Planfoy est alors supprimée en 1929.

Dans le cas de l'aéronautique, la pratique sportive est relancée en 1921 également, avec de rapides ambitions de sport-spectacle populaire (plus pour le public que les pilotes). Un Aéro-Club Forézien est créé cette année-là, dominé par l'élite industrielle locale : il organise un meeting au Bois Monzil (dans un grand pré entre la Terrasse et Champirol lieu des exploits de 1911) puis, en septembre 1921 un grand meeting au plateau de la Ronze au-dessus de la plaine de Méons, sur la commune de Saint-Jean-Bonnefonds, un des plus importants de l'entre-deux-guerres localement[1]. Faute de financement et d'organisation, peu de meetings ont lieu ensuite : le site de la Ronze est écarté, trop accidenté et difficile d'accès. C'est donc l'ancien champ de manœuvres militaires de Méons qui accueille, sans grands aménagements, un meeting en mai 1924[2]. Mais comme pour l'automobile, l'enjeu mécanique/industriel et logistique qu'implique un développement de l'aéronautique freine l'orientation sportive du club. De ce fait, décision est prise, semble-t-il conjointement entre les services de la navigation aérienne et les élites locales, de se déplacer à nouveau, comme dans les années 1910, dans la Plaine du Forez, à Bouthéon. Abandonné en 1913, ce champ d'aviation de Bouthéon, vaste, plat et situé à moins de 15 km de la grande ville, est réaménagé entre 1929 et 1931 par l'ACFV (qui a dû mobiliser la souscription des élites locales et l'aide de la municipalité stéphanoise). Appelé désormais aérodrome, il est inauguré par le maire de Saint-Etienne le 20 septembre 1931 devant une grande foule. Accueillant les sorties aériennes des membres du club aéronautique qui crée une école d'aviation dès le mois de mai 1932, il peut également accueillir de grandes manifestations aériennes, tel le Tour de France aérien dès 1932 (pour sa deuxième année d'existence),

---

[1] Raconté par la presse locale et par Ennemonde Diard (journaliste, secrétaire de l'Aéro-Club et grande sportive puisqu'elle réalise pour ce meeting un saut en parachute de 600 mètres), ce meeting du 24 au 26 septembre 1921 se déroule grâce aux aménagements d'un hangar, de plusieurs tribunes dont une « pelouse » (AD : 27J4). Il aurait rassemblé plus de 100 000 spectateurs (avec lâcher de ballons, lancer de prospectus au-dessus de Saint-Etienne, baptêmes, démonstrations d'acrobaties, divers concours, présence de R. Garros et du ministre de l'Air).

[2] Renouvelé en avril 1928, devant 50 000 spectateurs (AD : 27J12 et 27J41). Des difficultés liées au terrain contraignent le renouvellement de ce meeting.

et encore plus après 1933 où un hangar est inauguré lors de grandes fêtes aériennes des 24 et 25 juin, symbole d'une mode aéronautique envahissante[1].

Bref, outre ces sports automobile et aéronautique, un foisonnement sportif touche Saint-Etienne dans l'entre-deux-guerres, encouragé par des comités locaux de chaque fédération sportive et surtout par une presse sportive de plus en plus présente, ce qui crée une demande sociale en aménagements sportifs mais sans vrai lobby sportif uniforme. L'impulsion des politiques d'équipements sportifs change de logiques d'acteurs après 1919 : les projets municipaux s'affirment face à ceux du mouvement sportif élitiste. Le nouveau système d'acteurs local qui se met en place laisse la priorité de l'initiative à des municipalités faisant du sport et des aménagements sportifs un axe de leur politique sociale (liée à leur politique de contrôle foncier sur la ville, face aux grandes entreprises et aux initiatives privées).

1.2 Le poids déterminant des municipalités stéphanoises, face aux initiatives privées ?

1.2.1 Des initiatives municipales fortes à Saint-Etienne : les enjeux socio-politiques autour des pratiques sportives

Le passage d'un système d'acteurs centré sur l'initiative privée à un autre centré sur l'intervention publique (au niveau local, relayée par un soutien national) se fait dès 1919 de manière assez rapide mais pas radicale, faute d'implication d'un patriciat certainement plus préoccupé par le capitalisme industriel que par l'investissement dans le secteur des loisirs (sans gage de réussite financière). Après l'échec d'un projet de vélodrome et parc des sports à la Terrasse à cause de la guerre, la FSL stoppe ses initiatives d'aménagement, peinant à retrouver l'élan d'avant-guerre. Elle se reforme certes début 1919 pour

[1] Ces fêtes aériennes font partie d'un rallye international de tourisme qui permet, par des réceptions organisées à Saint-Etienne et par des excursions annexes (dans les Gorges de la Loire), de lancer la mise en tourisme de la région stéphanoise. Le milieu des années 1930 est marqué par l'essor du tourisme aérien : vol d'avions prototypes en septembre 1933, expositions (comme à l'Hôtel de Ville en 1935), actions en faveur d'un public jeune au moment du Front Populaire (premiers baptêmes d'écoliers en juin 1936, coupes de modèles réduits en août 1936).

faire un bilan des cinq saisons marquées par la guerre, pour préparer l'accueil de nouvelles sociétés et la saison sportive. Mais d'une part le partenariat avec les grands groupes similaires, USFSA et UVF, est de plus en plus tendu, soulevant des débats sur l'autonomisation locale face à de puissantes fédérations (filiation indirecte, la FSL rejetant toute tutelle). D'autre part, il s'agit surtout pour la FSL de militer pour un parc des sports tout en se désengageant de l'initiative, exerçant une sorte de pression sur la municipalité. La FSL, poursuivant un débat interne sur la création d'un stade qualifié de municipal, fait des propositions au maire et aux conseillers municipaux. Toutefois, entre les difficultés d'organisation de la première saison sportive et les débats sur la relance ou non des projets de parc des sports, la FSL se limite à un discours en faveur du sport et disparaît en décembre 1920, comme un possible contrecoup à la disparition de l'USFSA.

Par contre, dès 1919, devançant cet abandon de projet et ce déclin progressif de la FSL, la municipalité Neyret de centre-droit relance le projet de stade municipal (qu'elle avait « concédé » à la FSL en 1910, lors de son installation). De grands moyens sont donnés rapidement : elle crée le 12 février 1919 une commission extra-municipale pour la création d'un stade où se concentrent élites économiques et politiques[1]. Le terrain choisi est celui de la Doa au nord de la ville, après de nombreux débats sur cette localisation (d'autres sites ayant été pensés), qui privilégie nécessairement un quartier donc des intérêts particuliers. Le site du parc des sports de la Terrasse est donc temporairement abandonné, peut-être pour tourner la page mais surtout à cause de l'enclavement entre une colline et la caserne de Grouchy : seul un terrain de football, entouré d'une simple piste d'athlétisme, est progressivement aménagé par la ville à côté du stand

[1] Présidée par l'adjoint René Peuvergne, elle comprend aussi une quinzaine de membres principaux : trois conseillers municipaux, des personnalités influentes du monde du sport (dont W. Hunt), l'ingénieur directeur de la voirie Joseph Abougit, le directeur du service municipal d'architecture, un avocat ancien adjoint, un médecin, un négociant et un fabricant de cycle, pour représenter tous les intérêts autour du sport stéphanois. Elle comprend une quinzaine d'autres membres, issus de la presse locale ainsi que les présidents des sociétés gymniques et sportives (*Mémorial* du 29 mars 1919). Ses travaux n'apportent pas de consensus, d'où la modification de sa composition dès octobre 1919 (restreinte pour limiter la durée et la vigueur des débats).

de tir de la caserne, clos par un mur en 1921. Si la localisation est problématique, le projet-même d'un stade municipal est assez consensuel, perçu comme nécessaire par l'opposition de gauche et par un mouvement sportif de plus en plus pressant et critique[1].

A l'approche des élections municipales de décembre 1919, le sport est pour la première fois au cœur des débats publics. Malgré l'échec de ne pas avoir lancé le projet de stade municipal, la municipalité Neyret peut faire valoir son action en faveur de sports comme la gymnastique : les quatre bains-douches et leur gymnase ont été inaugurés en 1913 et utilisés pendant la guerre malgré des réquisitions de locaux, et bien sûr dès 1919 par les nombreuses sociétés de gymnastique et des clubs omnisports. Au mois de mai 1919, la ville achète enfin le gymnase Michelet, après des années de location au professeur Bourru qui l'a aménagé dans les années 1870 et qui, très âgé en 1919, le vend. Cet achat ne s'accompagne pas d'une remise en état, apparemment secondaire face au projet de stade municipal, plus moderne, très demandé par les sportifs stéphanois.

En décembre 1919, c'est une nouvelle municipalité, de gauche, qui est élue : celle du radical Louis Soulié, allié aux socialistes et qui prend le sport comme objet de politique sociale. D'une part, elle valorise les interventions en faveur de la gymnastique, même si on ne peut parler de véritable politique sportive, notamment pour la gestion des salles. L'augmentation de la fréquentation, donc des recettes[2], permet de limiter le déficit (à environ 25 000 francs par an), et la municipalité assume ce choix financier comme un coût nécessaire à l'hygiène et au bien-être social. Elle fait même construire, en 1926, un cinquième établissement de bain-douche, près des abattoirs, mais sans salle de gymnastique. Quant aux grands projets d'aménagement sportifs, celui du stade municipal en tête, le nouveau maire L. Soulié semble d'abord refuser le projet de J. Neyret, plus par stratégie de rupture politique que par idéologie sportive. En effet, le sport est plus

---

[1] Cette critique est virulente de la part de la journaliste E. Diard qui évoque pour Saint-Etienne « la ville noire, arriérée, où il n'y a pas de pistes, pas de ring, pas de salles d'armes, ni de terrain convenable pour le football » (AD : 27J45).

[2] Grâce à une augmentation de tarifs en juillet 1921. Le socialiste B. Ledin propose par contre au moment du vote que des chefs d'entreprise volontaires achètent des carnets de tickets pour leurs ouvriers, tel un moyen de compléter la politique sociale à moindre frais (DCM du 12/7/1921).

que jamais une priorité de l'intervention municipale, selon un programme social assez clairement établi : l'essentiel repose sur l'extension du patrimoine municipal.

Nous sommes par ailleurs dans une période favorable au niveau national. En effet, les interventions publiques sont encouragées dès la fin de la guerre : fin 1918 est créé un comité national d'éducation physique et sportive et d'hygiène sociale sous la tutelle du ministère de la Guerre et présidé par le député radical-socialiste Henry Paté (devenu sous-secrétaire d'Etat de 1921 à 1924). Les années 1919-1921 sont celles d'une impulsion nationale : création d'une commission « chargée de rechercher les meilleurs moyens de développer le goût et la pratique des sports » en 1920, loi sur l'éducation physique et la préparation militaire en 1921, sans oublier la loi Cornudet qui fixe les dispositions relatives aux terrains de jeux et de sport. Mais cette impulsion n'est pas sans tâtonnement et confusion puisqu'en 1921 un autre député, Gaston Vidal (par ailleurs ancien président de l'USFSA et président du Comité National des Sports), est nommé sous-secrétaire d'Etat de l'enseignement technique et de l'éducation physique sous tutelle du ministère de l'Instruction Publique (qui reste moins influent que celui de la Guerre), inaugurant une période de changements de tutelle jusqu'à 1928, signe d'hésitations politiques.

Quant à l'action municipale en France, la politique sportive stéphanoise s'inscrit dans une dynamique initiée par plusieurs villes dirigées par des municipalités de gauche : celle d'une politique sociale en faveur du sport, proche du socialisme municipal qui souhaite encourager le bien-être et les loisirs des classes populaires[1]. Les exemples de villes sont nombreux en France, notamment dans les régions précocement sportives comme la région bordelaise ou la région lyonnaise. Le maire radical-socialiste de Lyon Edouard Herriot, élu de 1905 à 1957, est attaché à l'institution scolaire, aux thèmes hygiéniques et à l'éducation physique : il intervient donc en faveur du sport de masse, mais aussi en faveur d'installations sportives de grande envergure servant l'image de marque sportive de Lyon. Nous pensons

---

[1] Mais au moins trois courants différents entrent en jeu : les « préparatistes » (militaires revanchards), les « modernistes » (défenseurs du sport moderne anglophile) et les hygiénistes. Cf. Arnaud P. et Terret T. (dir), 1998, *Le sport et ses espaces XIXème-XXème siècles*, CTHS, Paris, 364 p. (chapitres 1 et 2).

ici au stade Gerland témoin des ambiguïtés et des évolutions d'une politique municipale. Même si l'influence de la politique de Herriot n'apparaît pas directement dans le conseil municipal de Saint-Etienne, on ne peut nier son impact sur la politique stéphanoise, sur cette idée que l'élite sportive est issue de la masse, mais également que derrière une réalisation favorable au développement des sports se cache un enjeu de reconnaissance des villes. Une politique sociale des sports n'est pas celle de tous les sports : « Pour autant, ces premières politiques publiques d'équipements sportifs n'interfèrent pas avec la pratique des sports athlétiques, celle du rugby en particulier. C'est même l'inverse. A Lyon, assez curieusement, le premier magistrat de la ville ... ne manifeste pas un intérêt évident ni pour les clubs de sports athlétiques, ni pour le sport de haut niveau. Malgré des débuts prometteurs, le rugby n'y est pas encouragé »[1]. C'est d'ailleurs le même évitement à Saint-Etienne où la municipalité Soulié ne cherche pas à relancer les pratiques fortes d'avant-guerre comme le rugby, mais à développer l'ensemble des pratiques.

L'acquisition de terrains sportifs existants permet à la municipalité Soulié de répondre à la demande sociale plus rapidement que par de nouveaux aménagements. Cette politique, plus foncière que sportive, répond dans le même temps à un souci de planification et de contrôle de l'espace stéphanois, inscrit dans le plan et le projet d'aménagement de l'ingénieur Abougit, préparé dans le cadre de la loi Cornudet de 1919 et présenté en 1924, un plan qui témoigne des réflexions de la municipalité, lancées par la première commission d'étude du plan dénonçant en 1920 un « désordre urbain »[2]. Le projet de la Doa ne semble pas abandonné, inscrit parmi les 39 millions de francs de travaux possibles, mais il n'est jamais réalisé, comme le parc des sports de la Terrasse et comme la plupart des projets de 1924. Ces échecs n'empêchent pas la forte intervention municipale comme politique sociale, à la fois dans le domaine du sport et de la culture. Le domaine sportif est un moyen pour la nouvelle municipalité de s'affirmer face aux acteurs privés, dominants jusqu'alors : Saint-

[1] Callède J-P., 2005, « Terres de rugby, identités locales et politiques municipales » in Chovaux O. et Nuytens W., 2005, *Rugby : un monde à part ? Enigmes et intrigues d'une culture atypique*, Artois Presses Université, p.15-32.

[2] Vant, 1981, op. cit.

Etienne participe d'un mouvement politique général, cherchant à se faire connaître par la politique sportive[1].

Plus concrètement, la politique foncière est engagée par la municipalité Soulié pour acquérir des terrains de sport commence par l'acquisition du stade de la Chaléassière en 1924, près de la Grand'rue en cours d'aménagement. Ce stade de 24 020 m² a une origine privée : il appartient comme l'ensemble des terrains autour (au lieu-dit du Chambonnet, entre le Furan et le boulevard Thiers où se situe l'entrée du stade) à la Société des forges et ateliers de la Chaléassière. Il semble que vers 1920, profitant d'une dynamique industrielle née de la guerre et par préoccupation paternaliste, J. Leflaive aménage en terrain de sport un ancien camp d'Alsaciens-Lorrains venus travailler pendant la guerre : un stade de football-rugby avec piste d'athlétisme autour et des bâtiments reconvertis en vestiaires. Soutenu par l'Etat, la ville acquiert et occupe l'ensemble en 1924.

L'acquisition du parc de l'Etivallière, l'année suivante en 1925, correspond à la même logique (avec emprunt et subvention d'Etat), mais selon une orientation plus prestigieuse pour la ville tant le souvenir des sports élitistes de la Belle Epoque, initiés dans ce parc, est présent. Car la Société des Sports de l'Etivallière, hésitant entre la sportisation de pratiques populaires et son caractère traditionnel élitiste, moins soutenue par le patriciat stéphanois, s'efface progressivement et disparaît au moment de l'achat du parc par la ville (non sans nostalgie). C'est un moyen pour la ville et les hommes de gauche qui la contrôlent d'affirmer non seulement de nouvelles valeurs autour des sports populaires mais encore un pouvoir sur la ville et sur les élites économiques, sans oublier la demande sociale[2]. La vente des terrains est complexe et longue : il y a d'abord le parc de l'Etivallière et ses 48 000 m² clos de murs (pour 750 000 francs, soit un peu plus de 500 000 euros actuels), mais aussi des terrains entre ce parc et le Furan plus au

---

[1] « Il semble que Saint-Etienne trop longtemps figée dans son splendide isolement, ait compris que son intérêt immédiat était de se faire connaître, de se montrer … le sport lui a servi de prétexte » écrit le mensuel *Saint-Etienne et sa région* en 1921.

[2] Les installations sont dès lors utilisables « pour répondre aux désirs de nombreuses sociétés sportives qui n'ont à leur disposition que quelques stades insuffisants et pour permettre les grandes réunions sportives » (AM : 10M12, séance du 28/8/1925 au conseil départemental d'hygiène).

sud, enfin des terrains entre le Furan et le boulevard Thiers encore plus au sud[1]. Mais la ville ne peut pas tout acheter (total de 308 717 m²) et doit déjà longuement négocier pour obtenir la vente du seul parc de l'Etivallière, au sein d'un quartier contrôlé par les grands industriels de la métallurgie. Nous sommes bien dans une volonté de contrôle foncier face au patronat industriel : la ville lance pour le seul parc une déclaration d'utilité publique le 3 avril 1926, appuyée par la récente loi du 25 mars 1925 relative à « l'expropriation pour cause d'utilité publique en vue de l'établissement de terrains sportifs » (puis accordée le 26 octobre 1926).

Quant aux autres terrains, entre Etivallière et Chaléassière (le Chambonnet), les relations tendues entre la ville et Leflaive (qui s'attache à ses terrains malgré une situation économique moins favorable que pendant la guerre) reportent la vente et obligent la ville à engager une location, notamment sous pression du principal club de rugby (le SFU qui ne dispose plus de l'hippodrome depuis le départ de W. Hunt). En 1928, à la liquidation de la société Leflaive, la volonté d'acquisition porte sur tous les terrains (259 000 m²), où la ville projète des aménagements municipaux grandioses (terrains sportifs, usines frigorifiques et d'incinération), auxquels s'ajoutent les projets de décentralisation du ministre de l'Air (usine d'aviation à installer), ce qui débouche sur l'affaire de l'aviation ou de la Chaléassière[2].

Parti de presque rien en 1919 (un simple terrain de sports à la Terrasse, « sans aucun aménagement »), ce patrimoine passe dès la fin des années 1920 à trois stades municipaux :
- le parc de la Terrasse, ses 19 600 m² et son stand de tir à flanc de colline, son terrain de football à côté et en bas sa piste d'athlétisme de 250 mètres accompagnée de quatre terrains de basket
- le stade de la Chaléassière, ses 24 000 m² et son terrain de football entouré d'une piste d'athlétisme de 400 mètres, trois terrains de basket,

---

[1] Respectivement de 113 000 m² (en partie loués à Leflaive par le fermier M. Landy, pour lesquels la ville veut donner 1,3 million de francs) et de 147 000 m² (pour 1,7 million de francs, à proximité du stade de la Chaléassière).

[2] Le Maire L. Soulié oriente la vente en deux temps, d'abord pour 11 francs le m² à une société Astral (pour le revendre 50 francs le m² à la société d'aviation Gnome et Rhône), affaire mise sur la place publique et condamnée par les instances d'Etat et par le conseiller municipal A. Durafour qui obtient la démission de Soulié, élu à sa place quelques semaines plus tard en juillet 1930 (Fournial, 1976, p.286-289).

deux terrains de tennis et un grand gymnase polyvalent ou salle de culture physique (gymnastique, haltérophilie, boxe, escrime)
- enfin, plus élitiste, le parc de l'Etivallière, ses 48 000 m^2 et sa piste hippique de 800 mètres, sa piste cycliste de 500 mètres, six terrains de tennis, trois de basket, un de croquet, quelques jeux de boules (environ une dizaine) et une « piscine-patinoire » de 33 X 15 mètres.

Bref, ces acquisitions relèvent d'enjeux socio-culturels et politiques majeurs : contrôler le développement des sports, répondre à une demande sociale, tel un effet d'imitation de la bourgeoisie (surtout pour l'achat du parc de l'Etivallière).

La municipalité Soulié engage alors une politique sportive assez volontariste d'aménagements. A la vue des terrains disponibles, la municipalité s'organise et crée le 19 novembre 1926 un Comité Municipal des Sports, prolongeant la commission de 1919 mais avec plus d'encadrement municipal et moins d'ouverture au monde sportif : il s'agit de gérer le patrimoine sportif et contrôler son utilisation. Le comité accorde les utilisations après demande écrite de la société ou de la fédération départementale, selon un règlement précis d'attribution et d'usage des terrains proche d'une politique sociale puisque par exemple les écoles sont prioritaires. Ce comité traduit certes une organisation précoce, précédant la mise en place nationale des Offices Municipaux des Sports, mais il ne peut pas être assimilé à un service des sports : l'entretien des stades municipaux est réalisé par le service de voirie et il n'y a pas vraiment d'adjoint au sport (seul le conseiller Pierre Hugonnard est chargé des affaires sportives à partir de 1925[1]).

La politique sportive est celle du maire, c'est-à-dire sous Louis Soulié une intervention municipale en faveur des sports populaires, dans une logique proche du socialisme municipal de J. Ledin au début du siècle. Les premiers aménagements municipaux reposent d'abord sur la remise en état des terrains : remblayer certaines zones (par les scories des usines voisines), refaire le portail et la piste cycliste à l'Etivallière, remplacer la barrière en bois autour du stade de football-athlétisme à la Chaléassière. Par manque de moyens financiers suite

[1] « Les élections municipales de 1925 constituent un jalon important pour dater la mise en œuvre des politiques sportives municipales dont les programmes de réalisation sont engagés de façon quasi simultanée » (Callède, 2000, p.28).

aux acquisitions foncières mais aussi à cause des conflits portant sur l'achat des autres parcelles, les modifications sont limitées sur les installations sportives, ce qui n'est pas le cas pour les pratiques elles-mêmes, différentes d'avant guerre. Le tennis, activité dominante au sein d'une Société des Sports de l'Etivalière qui disparaît dès 1925, continue de se pratiquer par les mêmes élites dans deux sociétés (dont celle de la Digonnière, selon des modalités mondaines assez proches). A l'Etivallière, le tennis devient plus populaire[1]. Autre symbole d'ouverture, les courses pédestres qui se déroulaient autrefois dans le parc clos changent de forme, devenant des cross-country (investissant l'espace public en quittant le parc qui garde le prestige des zones de départ et d'arrivée, accueillant par ailleurs d'autres manifestations sportives qui se multiplient, des challenges de basket et des courses cyclistes). De même, point fort de l'intervention publique, le parc est modifié pour laisser place aux sports populaires, au sport-spectacle : d'un côté il perd deux courts de tennis (passant de six à quatre, signe d'un épanouissement limité en dehors des classes aisées), d'un autre côté il gagne une petite tribune pour la piste cycliste et le terrain de football est agrandi pour la pratique du moto-ball (un sport mêlant de façon spectaculaire la moto et le football, non sans lien avec les industries mécaniques locales). Enfin, la ville organise directement ou met à disposition ses stades pour de grandes journées sportives populaires, dites d'œuvres pour la jeunesse. Nous rejoignons ici la thèse de Jean-Paul Callède qui voit dans ces années 1920 le passage d'un modèle associatif initial que représente le club de l'époque héroïque à un modèle de service sportif municipal en appui sur une politique d'équipement[2].

Dans la dynamique du recensement des équipements sportifs lancé par l'Etat en 1929, qui laisse toujours l'initiative locale en

[1] « On pratique beaucoup le tennis au parc de l'Etivallière. Sur des courts mis à la disposition des sportsmen par la municipalité, des jeunes s'entraînent et se découvrent une vocation ! » (*l'Année sportive* 1928). La mairie organise même les 6-7 octobre 1928 un tournoi municipal populaire ouvert aux non classés, traduisant l'ouverture socio-sportive du parc (qui perd son caractère bourgeois et mondain).

[2] Callède J-P., 2004, « Les associations et l'action sportive locale : une phase achevée de modernisation sociétale ? » in Prouteau L. (dir.), *Les associations entre bénévolat et logique d'entreprise*, PU de Rennes, Rennes, p.125-141.

première ligne[1], la fin du mandat de L. Soulié est porteuse de projets pour les trois stades, parfois dans l'innovation. Ainsi, dès 1929 le maire relance un programme de grands travaux suite à l'abandon des utopies du plan Abougit : à la Chaléassière, la ville veut aménager, à la place du petit terrain de football entouré de sa piste d'athlétisme, un véritable terrain de rugby avec des tribunes et à côté de nouveaux terrains de basket (sport populaire en plein développement dans l'entre-deux-guerres). A la Terrasse, les projets sont un nouveau bâtiment vestiaire-gardiennage, une grande tribune en béton armé. Quant à l'Etivallière, il y est prévu le bétonnage de la piste cycliste, une grande tribune en béton armé, telle une volonté de modernité, mais aussi quatre nouveaux terrains de basket et quatre courts de tennis, sans oublier des vestiaires-douches. Les investissements prévus dépassent un million de francs (près de 500 000 euros actuels), dont plus de la moitié à l'Etivallière.

Mais cela reste à l'état de projet : les années 1930 ouvrent une période différente, marquée par la crise économique et ses restrictions budgétaires mais aussi par un changement politique lors des élections municipales de 1930[2]. Le succès de la liste Durafour occasionne un léger virage dans la politique sportive : certes un travail de fond est mené en commission municipale, mais la visibilité de l'intervention municipale s'efface et les réalisations sont freinées par la primauté des préoccupations économiques avec la crise. De même, au niveau national, l'impulsion donnée par le recensement de 1929 est freinée par la crise économique qui touche la France à partir de 1930 et modifie les priorités gouvernementales. Or l'immaturité des politiques publiques

---

[1] « Les municipalités disposées à tenter un effort quelconque en vue de permettre le développement de l'instruction physique peuvent être assurées de bénéficier, dans la mesure du possible, de ses services » dit la circulaire ministérielle du 6/11/1929 (AD : T2035). Le constat d'insuffisances globales et d'inégalités spatiales fortes (de 14 à 300 cm^2 de terrains de sport par habitant selon les départements, pour une moyenne nationale de 90 cm^2) favorise l'obtention de crédits pour combattre ces inégalités socio-spatiales. A Saint-Etienne, les trois stades stéphanois sont déjà utilisés par 92 sociétés.

[2] Trois hommes s'imposent dans cette campagne et poursuivent des débats autour du sport (notamment dans la presse locale même si les besoins sont moins urgents qu'en 1919) : J. Neyret à droite, A. Durafour (qui s'oriente vers un radicalisme plus à droite, soutenu même par des hommes de droite) et L. Soulié qui se représente dans une coalition fragile (concurrencée par quatre autres listes).

du sport nécessite un « temps long » que les évolutions politiques et socio-économiques ne permettent pas, laissant le sport et ses aménagements souvent au second plan, malgré la valorisation croissante des vertus éducatives et sportives auprès des décideurs politiques[1].

L'exemple du compte-rendu de la commission extra-municipale des sports du 12 août 1931 donne une idée de la richesse des projets stéphanois mais aussi indirectement son incapacité à les mettre en œuvre (à l'époque tout au moins car plusieurs idées seront reprises plus tard). D'abord elle fonctionne comme un organe consultatif de large concertation, signe d'affirmation du sport dans la société locale[2]. Six thèmes sont abordés mais aucun ne concerne de projet d'envergure ni de nouveaux aménagements, si ce n'est la création d'un stade bouliste à la Terrasse : le maire note d'ailleurs une crainte de la population de voir disparaître les jeux de quartier et derrière une manne commerçante. Bref, si l'équipe municipale d'A. Durafour milite pour une véritable politique sportive au dessus des clivages politiques, si elle affirme son objectif de santé et d'hygiène par l'amélioration des stades, elle souligne en revanche les difficultés et les limites financières des projets d'aménagements sportifs (surtout sans augmenter les impôts). Regrettant les faibles moyens financiers et le manque de relais politique au niveau national, le maire ne parle plus de grand programme d'aménagement pour les sports populaires. C'est le même discours que tient son successeur Alfred Vernay, passé de premier adjoint (en fait dès 1925 sous L. Soulié) aux fonctions de Maire en juin 1932 après le décès d'A. Durafour, et ce jusqu'en mai 1935 où arrive une coalition de gauche dirigée par L. Soulié dans la dynamique naissante du Front Populaire.

Le bilan des aménagements sportifs municipaux de 1930 à 1935 est donc assez limité dans ses réalisations, dans un contexte où la pratique sportive se développe régulièrement. Seuls quelques travaux

---

[1] Callède Jean-Paul, 2000, *Les politiques sportives en France, éléments de sociologie historique*, Economica, Paris, 190 p.

[2] Elle affirme « la concertation sur les méthodes de développement du sport dans l'intérêt du sport et de la ville », composée du Maire, de 6 adjoints, 12 conseillers municipaux, 9 présidents de comités départementaux, 11 présidents de clubs, les directeurs de journaux locaux et une dizaine de commerçants de quartier.

ponctuels améliorent les terrains sportifs, à l'Etivallière[1] et à la Chaléassière pour un terrain de football. Au total, l'intervention municipale en faveur du sport et des aménagements sportifs est certes basée sur des acquisitions foncières dans une stratégie de contrôle des espaces sportifs mais sans grandes décisions par la suite. C'est que de nombreux équipements sont encore d'initiatives privées, complétant l'offre des premiers équipements de la Belle Epoque déjà aux mains des élites économiques notamment industrielles. La recomposition des élites locales, marquée par un relatif effacement de l'élite rubanière et minière face au dynamisme des élites du commerce et de secteurs industriels porteurs comme l'industrie du cycle, modifie l'ensemble des initiatives privées (sans négliger l'influence des professions libérales).

1.2.2 Face au poids important des initiatives marchandes : vel d'hiv et stade G.Guichard

Deux exemples stéphanois peuvent être ici mis en valeur, deux grands équipements sportifs amenés à devenir de véritables « temples du sport »[2] : d'un côté le vélodrome d'hiver (vel d'hiv), ouvert rue Denis Papin en 1925 sous influence des industriels du cycle ; de l'autre le stade Geoffroy Guichard, inauguré en 1931 par la famille Guichard (propriétaire du stade et des magasins Casino). Le vel d'hiv est l'une des plus grandes réalisations sportives privées de Saint-Etienne dans les années 1920, dans un contexte où le sport cycliste s'affirme, tant sur route que sur piste selon une tradition régionale. Au début des années 1920, le manque de structure est évident et ce besoin social rencontre la volonté de promotion de l'industrie locale du cycle. En effet, la chambre syndicale du cycle, présidée depuis plus de trente ans par Etienne Mimard, dirigeant de la Manufacture Française d'Armes et de Cycles (seule grande entreprise stéphanoise productrice de cycles), crée

[1] Comme en 1932 et en 1933 pour les concours hippiques de la Société Hippique de Saint-Etienne dirigée par Michel Epitalon avec le soutien des militaires et des rubaniers, mais sans l'enthousiasme du *Mémorial* et d'E. Diard (AD : 27J52). Surtout cela provoque des tensions avec les sportifs (footballeurs, basketteurs et athlètes), donc des débats avec le Maire et la presse (*Les Sports de la Loire* 1928).

[2] La métaphore religieuse met en évidence le rôle social joué par ces hauts lieux du sport-spectacle, selon des modes de fréquentation de plus en plus ritualisés, hiérarchisant les évènements sportifs et leurs représentations sociales.

le 3 avril 1922 une SA du Vélodrome de Saint-Etienne[1]. D'une part cette société anonyme est dirigée par un comité directeur de douze membres, issus du petit patronat du cycle dont Jean-Frédéric Boudet qui est secrétaire, puis président en 1923, de la chambre du cycle, un patronat qui cherche à s'affirmer dans le patriciat local et à faire de la publicité pour le monde du cycle et du cyclisme. D'autre part, le projet de vélodrome dépasse le seul monde du sport et s'inscrit dans une logique de rentabilité économique, de sport-spectacles pour une élite sportive (comme l'Etivallière pouvait l'être pour une élite sociale). Ce projet, qui repose plus sur un souci de popularisation que de démocratisation, fait penser à celui du parc des sports de la Terrasse par la FSL dans les années 1910, mais la chambre du cycle est plus puissante dans les années 1920 et la société anonyme dispose rapidement d'un capital de 1 million de francs, grâce aux industriels du cycle[2]. Le 14 février 1923, toutes les actions sont souscrites, signe d'un engouement des élites économiques locales, permettant d'abord l'achat d'un terrain, au sud de la ville, sur la colline de Tardy[3]. La construction du vélodrome est ensuite réalisée en 1924 et 1925 sous l'autorité de l'architecte local Montuclard (ayant déjà travaillé sur le projet de vélodrome à la Terrasse en 1910). Conçu sur le modèle du vel d'hiv parisien, tel un temple du sport-spectacle avec ses 8500 places, c'est en fait un grand bâtiment sans grande esthétique, formé de gradins superposés pour assurer une distance sociale entre les spectateurs. L'espace central est occupé par trois courts de tennis, rapidement occupés par la société des tennis couverts de Saint-Etienne qui se forme à la suite de la disparition de la société des sports de l'Etivallière en

---

[1] « Dont l'objectif est la construction, l'entretien et l'exploitation d'un établissement de sports et de spectacles comprenant notamment un vélodrome » (Vant André, 1993, *L'industrie du cycle en région stéphanoise*, Lyon d'art et d'histoire, Lyon, 204p.).

[2] Grâce notamment à 60 actions de la chambre syndicale, à celles des champions cyclistes (la famille Faure par exemple) et des autres élites économiques, à travers le tennis puisque la société des sports de l'Etivallière au courant des projets municipaux cherche aussi à maintenir sa pratique et finance le vélodrome en échange de courts couverts au centre de la piste (AM : 10M5).

[3] Un terrain vague d'environ 12 000 m², en pente (nécessitant plus de 12 000 m³ de remblais), à l'angle des rues Denis Papin et Daguerre, proche de la Grand'Rue et ses transports publics et pas trop éloigné du centre-ville pour sa taille. Il est acheté le 27 mars 1923.

1925, permettant d'élargir dans le temps la saison tennistique : le court couvert est déjà signe de prestige.

Mais le sport-roi du vel d'hiv est bien le cyclisme sur piste : les différentes courses organisées sont calées sur le « modèle parisien », spectaculaire, un caractère que l'on retrouve pour les arrivées de grandes courses comme Paris / Saint-Etienne et puis Paris / Nice, les tentatives de record du km et surtout les Six Jours de Saint-Etienne. Cette dernière compétition, ajoutée à la Semaine du Cycle organisée dès octobre 1927 par la chambre syndicale du cycle, peut être perçue comme un moyen de se positionner dans l'espace national des sports comme capitale du cyclisme[1]. La prééminence du sport-spectacle sur les réunions sportives conventionnelles et fédérales entretient la polémique, notamment au sein du conseil municipal sous L. Soulié et entre les deux journaux sportifs locaux[2]. Malgré ce choix sportif, le fonctionnement du vélodrome comme bénéfice publicitaire est loin des ambitions de départ. Sur le plan purement sportif, le vel d'hiv accueille entraînements et compétitions des clubs cyclistes locaux, mais aussi d'autres spectacles, sportifs ou non (tennis, basket, concours bouliste des maîtres-joueurs, rencontres de catch et surtout de boxe dont celle du 20 juin 1925 avec Jean Gachet, cirque, expositions et meetings divers). Mais cela ne comble pas le déficit d'exploitation qui se creuse au début des années 1930. Conséquence de cette diversification d'usages tous azimuts et des difficultés financières, la gestion privée est hésitante et inconstante : quatre directeurs se succèdent dans les cinq premières années et l'entretien des installations est pratiquement nul dès 1930 (pour réaliser des économies). Derrière l'apparente réussite sportive et populaire se cache une gestion difficile de ce premier grand

---

[1] Organisés dès mars 1928 sur le modèle parisien pour la première fois en province, les Six Jours regroupent plus de 145 heures de course en relais par deux, demandant de lourds investissements en temps et en argent (ils sont interrompus de 1931 à 1935, certainement à cause de la crise qui frappe durement les milieux industriels locaux). La Semaine du Cycle est une opération de communication mobilisant de grands moyens (cars depuis la gare de Châteaucreux de 5h30 à 21h30, etc.), concurrençant même la semaine parisienne (AD : 27J28).

[2] Le *Forez sportif* de Boudet soutenant le sport-spectacle semi-professionnel et son opposant, *les Sports de la Loire* de Puillet, restant attaché à la pratique sportive amateur. Le conseil municipal compare cette manifestation à un cirque et à une exhibition commerciale, donc ne la subventionne pas (DCM du 4/4/1928).

équipement sportif privé couvert. Fin 1931, dans un contexte de crise économique, le vélodrome doit fermer à cause d'un lourd déficit d'exploitation et J-F. Boudet accuse l'absence de soutien de la puissance publique[1]. Si le bilan sportif et économique est mitigé, le vel d'hiv répond d'une logique marchande en opposition avec la politique sportive municipale.

Le second grand équipement privé de l'entre-deux-guerres est le stade Geoffroy Guichard, également supporté par des logiques capitalistes et le sport-spectacle, mais de manière nuancée et surtout progressive, d'une politique sociale d'entreprise vers une politique sportive inspirée du modèle anglais : stade moderne, organisation et communication d'entreprise. Le décryptage des logiques de production de ce haut-lieu du sport local ne peut être comprise que par une mise en perspective avec l'histoire du club, au départ l'Association Sportive du Casino (ASC). En effet, la vie de ce club d'entreprise précède la construction du stade d'une bonne dizaine d'années, selon une politique sportive aux ambitions progressives. L'origine de l'ASC est liée à celui qui a donné son nom au stade : Geoffroy Guichard, fondateur de la société des magasins Casino en 1898. C'est ce patron de commerce qui inscrit la création du club sportif corporatif de l'ASC dans sa politique sociale d'entreprise, dans un esprit paternaliste proche des doctrines sociales de l'Eglise catholique (société de secours mutuel dès 1905, union musicale en 1912, élargie en 1919 au groupement amical des employés avec ses sections jardins, arts, jeux de boules). L'ASC est fondée le 29 mars 1920 à partir de ce groupement, sous l'impulsion du secrétaire général de Casino Albert Jacquet, pour donner la possibilité aux employés (du siège social mais aussi des entrepôts et des usines) de pratiquer une activité physique. Ce club corporatif, dont le siège est dans l'entreprise au 19 rue de la Montat, est dirigé successivement au début des années 1920 par deux chefs de service chez Casino : il cherche à offrir des loisirs sains, loin des cafés,

[1] « Quand il n'y avait pas de vélodrome à Saint-Etienne, tout le monde en réclamait un ! Quand il y en eut un, grâce aux efforts d'un groupe de sportifs et d'industriels du cycle qui ont sacrifié leur temps, leur peine et leur belle galette, sans qu'un centime de subvention leur soit alloué par les pouvoirs publics, une fiscalité excessive est venue ruiner la belle organisation, décourager les meilleures bonnes volontés » (*Sports de la Loire* du 17décembre 1931).

et promouvoir le sport (au début athlétisme, cross-country et football-association dès 1921). Sans aucune prétention sportive (face aux clubs plus huppés comme le SFU), dans un souci d'hygiène corporelle et de promotion de l'entreprise (par exemple à travers les couleurs, le vert et le blanc), la famille Guichard fait aménager au départ, sur ses terrains et près du siège social, un terrain de sport très simple au Pont de l'Ane, sans clôture ni main courante, avec une simple baraque pour vestiaire.

L'ASC perd rapidement son identité de club corporatif[1] : les sportifs étrangers à l'entreprise sont vite acceptés et Pierre Guichard veille à cette orientation[2]. L'ASC reste un club omnisports, une vocation qui s'affirme au cours des années 1920 : Pierre Guichard, devenu vice-président, impulse et anime le basket dès 1924, et crée cette même année avec d'autres membres du comité directeur le journal du club *Nos Sports*. Tout en restant vice-président (peut-être pour ne pas donner l'impression de trop dominer l'association), il transforme l'ASC en Association Sportive Stéphanoise (ASS), un nom reconnu officiellement le 17 mai 1927, signe d'une vocation sportive plus large dépassant l'aspect corporatif, dans l'idée de devenir un club phare de la ville[3]. A la manière de l'entreprise-mère, l'ASS crée des sortes de succursales, des sections sportives dans les villes où Casino est présent, tandis qu'en parallèle le nombre d'équipes sportives double, représentant 250 membres en 1928. La plupart de ses membres pratique le football ou le basket (quatre équipes chacun) mais aussi le cross en

---

[1] La récente FFFA interdit dès 1920 l'auto-publicité des équipes corporatives : l'Association Sportive du Casino devient l'Amical Sporting Club, un judicieux changement de nom qui maintient les mêmes initiales.

[2] Sixième fils de Geoffroy Guichard, plus dynamique que son père dans le soutien au sport (pratiquant le basket, le football et le 1500 mètres où il termine second du championnat de France scolaire, un goût des sports acquis lors de ces études à l'école des Roches en Normandie), il rentre comme vendeur au Casino en 1923 puis gravit les échelons, selon la volonté de son père.

[3] Cela apparaît dès le premier numéro de *Nos Sports* : cette « libre gazette » donnant les comptes-rendus des résultats sportifs, se donne pour objectif d'inciter à la cohésion entre les sociétaires et les sections sportives mais aussi de se placer en grand club (AD : PER87). Le journal donne un panorama sportif local dès janvier 1925 (football, cyclisme, gymnastique, tennis, athlétisme, etc). Il propose ensuite régulièrement plusieurs articles de réflexion sur le monde du sport : est-il un spectacle (n°5 en mars 1925) ? Doit-il être amateur ou professionnel (nombreux numéros) ? Selon quelle utilité sociale (n°48 d'octobre 1928) ?

hiver et l'athlétisme en été, tandis qu'une minorité pratique le tennis, dans une nouvelle section affiliée à la FFLT, au caractère élitiste (accord avec le club de la Digonnière). Puis une section 'rugby' est créée en juillet 1929 et prend vite de l'ampleur[1], à tel point qu'elle fusionne en juillet 1931 avec le grand club local, le Stade Forézien Universitaire, formant alors l'ASS-SFU, dans une politique axée sur l'élitisme nouveau témoignage des ambitions sportives de la famille Guichard. Si le projet sportif change d'échelle, ce n'est pas sans poser de débats dans le club (surtout entre footballeurs et rugbymen, les premiers étant plus réticents à ces nouvelles ambitions omnisports). Mais, à l'image de l'expression favorite de Pierre Guichard, « une cause gratuite et utile », le projet sportif reste dans le triptyque « une entreprise, une famille, un club » – la presse parle encore des équipes du Casino – et il est représentatif de l'impulsion donnée au sport français par les industriels, grands commerçants et professions libérales.

Avec l'affirmation des divers sports[2], le terrain du Pont de l'Ane devient vite trop petit et son environnement ne permet pas une extension facile : d'ailleurs, l'ASS joue souvent dans les stades municipaux dont celui de la Chaléassière. Pierre Guichard lance une politique sportive ambitieuse pour le club, devenu président de l'ASS, aidé par son vice-président Henri Point, que symbolise par exemple le lancement du projet d'un hymne de l'ASS (*Nos Sports* n°61). P. Guichard recherche dès 1929 un terrain pour aménager un stade à la mesure de ces ambitions, soutenu par sa famille et l'entreprise Casino qui sont les seules à pouvoir financer un tel investissement. Le 19 mai 1930, Geoffroy Guichard et la société Adosia filiale du Casino achètent

---

[1] Au départ, il s'agit d'un « essai de section » pour un an, en troisième série du Lyonnais, avec environ 40 personnes, issues en majorité du SESC qui vient de se saborder (*Sports de la Loire* du 8 août 1929), sans subvention du comité directeur de l'ASS (*Nos Sports* n°58 d'août 1929). La section joue temporairement sur le vieux terrain de Grangeneuve réaménagé (*Mémorial* du 2 septembre 1931).

[2] En 1929, le basket compte six équipes (dont une réserve, une junior et une minime) et joue sur les terrains du TC de la Digonnière que loue l'ASS (en aménageant deux terrains) ; le football a trois équipes (dont une de jeunes) ; le rugby a une seule équipe, plus les athlètes et les boulistes (notamment à Clermont et Avignon), sans oublier la préparation militaire que l'ASS assure depuis le début de l'année 1929 (trois mois de formation avec un peu d'escrime).

un terrain plat de 38 000 m² juste à l'est du parc de l'Etivallière, en fait des prés marécageux près de l'usine à gaz et ses cheminées polluantes, appartenant à la famille Bernou de Rochetaillée (non vendus à Leflaive en 1918)[1]. Mais comme pour les acquisitions foncières, le club a des ressources très limitées et ne peut financer la construction du stade (dont le nom est choisi dès le départ « en l'honneur du patron »). En mai 1930, Pierre Guichard fonde la Société des Amis du sport avec une souscription publique[2], grâce à laquelle le stade est construit rapidement au cours de l'année 1931, par l'entreprise parisienne Charles Bouhana spécialisée dans les aménagements sportifs (le stade olympique de Colombes construit en 1924 est à son actif), signe d'une volonté de qualité et de prestige. Il s'agit d'un terrain d'honneur avec au centre une pelouse et autour une piste d'athlétisme et une main courante (plus les aires de sauts devant la grande tribune couverte de 800 places avec vestiaires, douches, bureaux, logement du gardien), un terrain annexe pour l'entraînement. Quelques semaines après la fusion avec le SFU, le stade et ses tribunes sont inaugurés le dimanche 13 septembre 1931, en présence de M. Bardel, chef de cabinet du sous-secrétaire à l'éducation physique[3].

Les manifestations de l'inauguration donnent une idée de la place des sports dans le club et dans la ville : match de football en début d'après-midi, puis épreuves d'athlétisme (course pédestre en relais, démonstrations de saut à la perche et de lancers) et enfin le match vedette de rugby suivi d'un banquet et d'un bal. Le stade est donc un stade omnisports, prioritaire pour le rugby grâce à l'influence de H. Point et des anciens dirigeants du SFU, sans cesse valorisé : c'est par cet aménagement très lié à la famille Guichard que le club peut

---

[1] Sa localisation répond à divers facteurs : un quartier déjà « sportif », « possédant le plus grand avenir de Saint-Etienne » (*Nos Sports* n°69), bien accessible (tramway et gare de la Terrasse), nécessitant peu de terrassement.

[2] 600 000 francs sont capitalisés en quelques mois par une centaine de personnes (6000 actions) puis 800 000 francs à l'été 1931, en partie grâce à un consensus et une propagande du monde sportif local : le *Forez sportif* valorise ce stade dès 1929.

[3] La revue de l'ASS *En vert et contre tous*, créée par Henri Point en 1931, publie le chant composé pour la crémaillère : « Si, comme tout bon président, j'ai cherché bien longtemps un stade plus qu'épatant, jamais je n'avais trouvé l'emplacement rêvé, pour pouvoir l'installer j'ai découvert près de la ville un coin tranquille près des tramways le stade est aménagé et pour l'inaugurer, on ouvre les guichets »

affirmer ses ambitions, tout en prenant de l'ampleur[1], comme si le stade symbolisait la réussite d'entreprise[2]. La photo ci-dessous montre le stade au cours d'un match de football.

Photo n°1 : le stade Geoffroy Guichard dans les années 1930

AM : 5Fi 6920 (fonds Leponce)

Une fois le stade inauguré, face à cette dynamique multisports, des choix sportifs s'imposent aux dirigeants. Or le début des années 1930 est, tant au niveau national que local, marqué par un renversement de popularité entre le rugby (traditionnel, élitiste et amateur) et le football, s'affirmant grâce au professionnalisme dès 1932, donc grâce au sport-spectacle et à ses logiques économiques. Attiré par le modèle du football professionnel anglais, P. Guichard choisit alors le football pour ses liens aux logiques économiques. Il crée le 26 juin 1933

---

[1] Début 1932, le club compte 317 membres actifs, 275 honoraires et 41 bienfaiteurs (*Nos Sports* n°87), et jusqu'à 875 membres au total en septembre 1932 (dans une grande effervescence puisque naissent en 1932 trois sections, le croquet et le volley, éphémères, et plus durable, le tennis de table).

[2] Alors que souvent les grands stades résultent d'une réussite sportive. D'autres exemples de politique sportive d'entreprise existent à cette époque, tel J-P. Peugeot qui aide son directeur commercial à fonder en 1929 le Football-Club de Sochaux (qui remporte son premier championnat de France en 1934/35) ou bien la famille Michelin qui développe le rugby à l'AS Montferrand. Ce modèle paternaliste est européen, à l'image d'E. Agnelli qui dirige la Juventus de Turin dès 1923 : cf. Paul Dietschy, 2002, « Le siècle du football », in *L'Histoire*, n°266, p.77-83.

l'Association Sportive de Saint-Etienne (ASSE)[1], seul club local accepté en championnat professionnel deuxième division en septembre 1933, au grand dam du Sporting Club qui dominait sportivement mais sans stade ni puissant soutien derrière lui. Le spectacle sportif qui se développe alors permet de lier rapidement le club de la famille Guichard à la ville et sa culture ouvrière : jusque-là, impulsé par une entreprise d'épicerie favorisant le rugby, les liens étaient très faibles[2]. D'ailleurs, la création de l'ASSE remet en cause la fusion avec le club de rugby SFU : d'anciens membres créent par dissidence le Stadoceste Forézien Universitaire qui tente de développer, en vain, le rugby au cours des années 1930, selon ses « vraies valeurs » (sport amateur).

Le football est désormais porteur pour le club. La stratégie sportive de l'ASSE poursuit les ambitions de 1931 lors de la construction du stade : la famille Guichard recrute des joueurs assez prestigieux pour la seconde division[3]. Plusieurs éléments montrent une volonté de créer un club à l'anglaise : paternalisme, club professionnel avec son stade privé, souci de performance et d'accompagnement des joueurs, popularisation du football par le sport-spectacle, etc. L'ASSE termine à la deuxième place à la fin de sa première saison 1933/34. *Nos Sports* devient un journal de soutien à l'ASSE et Pierre Guichard ne recule devant rien pour impulser ce soutien[4]. En outre, après des tentatives de création autonome, P. Guichard forme sous son autorité un club des supporters en août 1934 : l'amicale des supporters, siégeant

---

[1] Le comité directeur est présidé par Pierre Guichard (qui garde la présidence de l'ASS) avec deux vice-présidents (H. Point, rugbyman, et M. Chavet, ancien président de la section football de l'ASS) et trois commissions : professionnels, amateurs et juniors. Le club compte 139 membres en octobre 1933.

[2] Dans l'ambition de devenir le porte-drapeau de la ville : « l'ASSE se propose de mettre sur pied une excellente équipe de football digne de la réputation de Saint-Etienne … Saint-Etienne ne sera plus uniquement considérée comme la patrie du cycle, mais aussi un grand centre de football » (*Nos Sports* n°113 du 29/6/1933).

[3] Certains dissidents du Sporting Club mais surtout parmi les grands clubs français comme Sète, avec un entraîneur anglais venu du Havre AC, Locke.

[4] Augmentation des tarifs de cotisations (*Nos Sports* n°120), création d'un comité d'honneur avec des industriels locaux (Maurice Valla des Houillères, Camille Bedel et Pierre Cholat de la métallurgie, les rubaniers Johan Colcombet et Louis Giron, etc) et impulsion de valeurs fortes : « ce qu'il y a de plus joli dans le triomphe de nos Verts, c'est le cran dont ils firent preuve … notre team professionnel » (*Nos Sports* n°121 d'octobre 1933).

au café des Colonnes, organise les premiers déplacements avec ses insignes puis crée début 1935 des filiales dans d'autres villes, avec *Nos Sports* qui paraît d'Annonay à Saint-Anthème, d'Yssingeaux à Feurs. Dans le stade G. Guichard, la moyenne des spectateurs progresse alors, comme le montre le tableau ci-dessous :

Tableau n°3 : les spectateurs à G. Guichard 1933-39

Saison sportive	1933/34	1934/35	1935/36	1936/37	1937/38	1938/39
Classement final	2° (sud)	9°	9°	3°	2°	4° (D1)
Moyenne des spectateurs	1 370	1 948	3 768	3 618	5 795	7 771
Record de spectateurs	2 914*	2 973	9 612	9 418	14 096	16 976

* mais seulement 492 spectateurs contre Juvisy — Source : AM 10M6 et 10M7

Le spectacle sportif devient un loisir du dimanche après-midi : pour les classes populaires, il remplace les promenades et les activités autour du cabaret (jeux de boules et parfois bagarres, un défoulement que l'on retrouve dans les premiers incidents entre supporters). Pour les élites, il accompagne d'autres loisirs mondains comme la fréquentation des hippodromes[1]. Si peu d'informations sont disponibles sur le public du stade à l'époque, ne permettant pas de savoir si l'assimilation progressive à la culture ouvrière relève plus du discours médiatique que de la réalité, l'important réside dans l'inscription de l'équipement sportif dans la ville : le stade reflète déjà son organisation sociale et il est un vecteur d'identité, à l'image du premier derby contre Lyon[2].

---

[1] Ainsi, le 17 juin 1934, l'ASSE s'accorde avec les organisateurs du concours hippique de l'Etivallière et décale son match à 17h45 en donnant même un tarif réduit aux spectateurs du concours hippique (5 francs en tribune).

[2] En plus des derbys locaux contre le Club Olympique de Saint-Chamond dès les années 1920, ce derby a lieu le 6 octobre 1935 contre le Lyon Olympique Villeurbanne (une entente du LOU, Lyon Olympique Universitaire passé du rugby au football et de l'AS Villeurbanne pour tenter de former, en vain, un grand club de football face au rugby encore puissant dans la région lyonnaise).

En parallèle de cette affirmation socio-sportive, le stade se transforme, s'agrandit, toujours sous l'impulsion de la famille Guichard puisque le soutien municipal est très limité, signe d'une opposition entre conceptions du sport dans la société locale[1]. D'abord le 5 octobre 1934 est inaugurée une nouvelle « tribune » faisant face à la tribune principale (en fait des gradins construits en l'honneur d'Henri Point, décédé au tout début de l'année). Puis les plans inclinés servant de tribune sont rapidement agrandis en 1936 (expliquant l'augmentation de la moyenne des spectateurs dès 1937/38, avec un record de 16 976 personnes contre le grand Olympique de Marseille). Plusieurs projets, restés dans l'imagination des dirigeants, sont lancés au milieu des années 1930 : grand ensemble vestiaires-douches, troisième terrain pour les minimes et les juniors, etc. Pierre Guichard est fasciné par les grands stades modernes et les projets privés, parisiens ou anglais[2]. Mais ces projets sont abandonnés faute de moyens ; surtout, le cadre reste très industriel et peu valorisé, à l'image de la fumée envahissante des usines métallurgiques toutes proches, ce qui est banal pour la région stéphanoise comme pour de nombreux stades construits en périphérie.

Bénéficiant d'installations modernes et polyvalentes[3], l'ASSE et le club omnisports corporatif ASS accueillent parfois d'autres clubs sur leur stade d'entraînement, non sans intérêt : le Lycée sportif vient s'entraîner les jeudis dès la saison 1934/35, au moment où l'ASSE lance une politique de jeunes et crée une école de football (composée de 80 scolaires des lycées, collèges et écoles supérieurs et professionnelles). Le football éclipse progressivement les autres sports tout comme l'ASSE éclipse l'ASS, ce qui est sensible dans *Nos Sports*. Bref, sans que l'ascension du club dans la vie sportive locale soit

---

[1] En partie à cause de tendances politiques divergentes (les municipalités stéphanoises sont de gauche ou de centre-droit, alors que la famille Guichard est plutôt ancrée à droite : AD 4M377).

[2] Ainsi dans *Nos Sports* (n°169 du 27/7/1934) sont mentionnés deux projets dont un anglais : « Sachez qu'en Angleterre où les terrains sont très vastes et où cependant on refuse du monde pour presque toutes les grandes compétitions, il est question et d'édifier un stade avec … tenez vous bien 500 000 places (sic) ». Cela montre bien tous les fantasmes associés à la construction privée de grands stades.

[3] Au stade G. Guichard (aménagement d'un terrain de volley fin 1934 puis réfection de la piste d'athlétisme début 1935) et en dehors (installation du basket sur des terrains loués avenue Denfert-Rochereau).

fulgurante et régulière, son inscription socio-spatiale est forte en ce milieu des années 1930, indépendamment d'évolutions politiques pourtant majeures et qui donnent du poids aux interventions publiques.

Au total, nous voyons émerger dans ces années 1920-1930 deux modèles d'aménagement sportif : celui d'une municipalité stéphanoise de gauche qui affirme le caractère public et populaire de l'équipement sportif (logique socio-politique, contrôle foncier et projets d'aménagement) et celui des entreprises privées, grandes ou regroupées, qui développent le spectacle sportif dans des équipements sportifs « de promotion » (logique économique).

1.2.3 Sous le Front Populaire, une politique municipale plus structurée : vers un modèle du grand stade populaire

Par rapport aux années 1920, il nous semble important d'insister en premier lieu sur la politique sportive nationale puis sur la politique locale qui de fait suit les orientations nationales, notamment en profitant des premières subventions d'équipement sportif. C'est l'arrivée du Front Populaire en mai 1936, marqué par la politique sportive gouvernementale de Léo Lagrange, qui marque la rupture en terme de décisions politiques, mais les résultats politiques s'inscrivent dans une réflexion socio-politique commencée dès 1934 (création de la FSGT). Le nom seul du ministère, appelé pour la première fois dans la presse « ministère des sports » (notamment dans *l'Auto* où Henri Desgranges, très influent, a encouragé sa naissance), occasionne des débats révélateurs d'enjeux identitaires, principalement entre culture sportive et éducation physique[1]. Le Front Populaire encourage une nouvelle culture sportive, par différentes mesures à destination de la classe ouvrière dont l'équipement sportif dit « de proximité »[2]. Sur ce dernier point, la politique d'aide publique est d'envergure : 253 projets sont financés en 1936 pour un total de 25 millions de francs (soit 15 millions d'euros actuels) et près de 400 en 1937 pour 39 millions de

---

[1] Cf. Lassus Marianne, 2000, « La 'création' du sous-secrétariat d'Etat à l'organisation des loisirs et des sports le 5 juin 1936 : les perceptions de l'identité politique du sport en France dans les années 1930 » in *Sports et identités*, Callède et alii (dir), l'Harmattan, Paris, p. 421-429. Elle insiste sur les tâtonnements dans les compétences et les critiques dans la presse, tout en relativisant la rupture.

[2] Callède, 2000, op. cit.

francs. Ce sont majoritairement des stades, piscines et gymnases, donc des équipements sportifs de base (définis comme tel à l'époque) : il s'agit presque de sacrifier le sport de haute compétition et le sport-spectacle pour un primat du sport-loisir, telle une éducation « de et à la base ».

Certes, le bilan de 1938 est peu glorieux relativement aux ambitions : à cause de contraintes budgétaires, de conservatisme au Sénat mais aussi de critiques sur le rejet des militaires dans le sport et sur l'interventionnisme d'Etat (perceptibles dans plusieurs articles de 1938, notamment dans le *Miroir des Sports*), peu d'équipements sont construits à l'échelle nationale[1]. Néanmoins, l'idée d'une politique sportive publique cohérente a fait son chemin et montré son intérêt, en rupture avec les conceptions de l'équipement sportif privé et avec les logiques de rentabilité dans le sport-spectacle. Dans le prolongement de cet élan, Jean Zay, impulsant à partir d'avril 1938 la politique sportive nationale au sein du ministère de l'Education Nationale sous le gouvernement du radical E. Daladier, poursuit une politique publique du sport assez forte, axée sur le sport scolaire et universitaire (création de l'Office du Sport Scolaire et Universitaire en 1938, puis de l'Union Sportive de l'Enseignement Primaire en 1939). Plus important pour nous, un plan de réorganisation du sport en France est présenté et entre en négociation début 1939, une procédure interrompue en septembre par la déclaration de guerre : sans forcément se substituer à l'initiative privée selon le souhait de J. Zay, ce « premier cadre législatif général définissant une politique publique du sport en France » est une avancée de l'Etat comme institution du social[2]. Ce projet politique rencontre de fortes tendances sociales : développement des loisirs et d'une politique de la jeunesse, modernisme pédagogique (influence des méthodes

---

[1] Entre 1936 et 1938 sont réalisés en France 21 parcs des sports, 33 piscines couvertes, 186 stades et 892 terrains de jeux, essentiellement de football (Bancel et Gayman, 2002). Cf. l'article de L. Lagrange en janvier 1938 dans la revue *Urbanisme* et surtout les écrits de Georges Barthélémy, un député rapporteur au budget de l'éducation physique et des sports et proche de L. Lagrange : Saint-Martin J-P., 1996, « Georges Barthélémy et la réforme administrative de l'éducation physique pendant le Front Populaire », in *STAPS* n°40, p. 55-60.

[2] Callède, 2000, op. cit.

naturelles d'éducation physique, dans une vision hébertiste et hygiénique), prémices d'un sport éducatif[1].

Bref, le sport est pris en compte par la puissance publique, au moins dans les discours. Cela joue à tous les échelons politiques : au niveau local, le relais des municipalités à cette impulsion nationale est parfois fort, sans électoralisme ni « exotisme » des projets mais avec des expériences urbanistiques et des logiques d'intervention plus globales (moins sectorielles), juxtaposant équipements sportifs publics et privés[2]. L'architecture des sports entre dans une certaine maturité : l'équipement sportif est progressivement pensé comme un lieu devant être esthétique mis aussi un référent social et hygiénique[3]. Toutefois, ces innovations politiques et architecturales se limitent aux grandes régions urbaines, région parisienne en tête, notamment pour les piscines municipales qui, peu nombreuses et d'un décor soigné, restent des réalisations de prestige. Les villes de la taille de Saint-Etienne qui investissent dans des équipements lourds sont déjà assez sportives et répondent à une demande sociale[4]. En parallèle, la fin des années 1930 marque une continuité dans l'élargissement social et dans la diffusion spatiale du mouvement sportif, étant entendu que les efforts de 1936 n'ont pas eu d'effet immédiat sur le nombre de licences sportives. Mais plus importants pour nous sont les éventuels impacts de cette politique sportive du Front Populaire sur la région stéphanoise et ses propres stratégies politiques.

A Saint-Etienne, les changements politiques ont lieu avant le mouvement national de 1936, dès les élections municipales de mai 1935 où se forme pour le second tour un front populaire des forces de gauche derrière la liste du radical Louis Soulié, en réaction à la victoire

---

[1] Clément, Defrance et Pociello, 1994, op. cit.

[2] Augustin, 1995, op. cit.

[3] L'expression à la mode en cette fin des années 1930 est « un terrain de sport contre le sanatorium et l'hospice ». Les projets et les réalisations ne manquent pas, plus ou moins aboutis, surtout en région parisienne, à l'image du projet de stade polyvalent de 100 000 places chez Le Corbusier.

[4] A Besançon, le stade municipal répond à trois facteurs locaux : un maire radical soucieux de marquer la ville de son empreinte, une volonté de prestige et la proximité du FC Sochaux club d'entreprise lui faisant de l'ombre : Rouyer-Mougin N., 1998, « Développement des installations sportives et politiques municipales à Besançon 1900-1939 », in *Le sport dans la ville*, l'Harmattan, Paris, p.61-69.

au premier tour de la liste Limousin, un rassemblement de droite hétéroclite[1]. L. Soulié devient maire jusqu'à son décès en septembre 1939, avec comme premier adjoint le communiste Ramier et comme second adjoint le socialiste Ferdinand Faure. Sur l'urbanisme en général et le sport en particulier, la municipalité relance l'idée d'un plan d'aménagement et d'un fort contrôle municipal sur le devenir de la ville. Le plan Hur est présenté publiquement le 4 mai 1938 et il répond aux logiques de zonage : si l'est du centre-ville doit devenir une immense zone verte de la Métare jusqu'à Villeboeuf dont la ville récupère les espaces miniers abandonnés, le nord-est est réservé aux espaces sportifs dans un grand complexe sportif réunissant le parc de l'Etivallière et l'ensemble Chaléassière-Chambonnet (séparés par des jardins ouvriers et le Furan). Peut-être n'est-ce pas un hasard si ce « quartier sportif » jouxte celui du Marais et des industries, témoin d'un rapprochement souhaité entre la classe ouvrière et le monde du sport ; l'autre hypothèse, privilégiée, est celle d'une simple coïncidence des localisations du parc de l'Etivallière et du stade de la Chaléassière (signe d'une incapacité des élites politiques stéphanoises à réfléchir sur un long terme, se tournant par conséquent vers des solutions de fortune).

Bien évidemment, ces projets du plan Hur, ancrés à moyen et long termes, ne voient pas le jour avant la guerre, ce qui n'empêche pas la municipalité Soulié d'intervenir fortement en faveur du sport, sur les stades municipaux. Cette intervention est plus structurée qu'auparavant : un adjoint aux sports est nommé pour la première fois, le docteur Mossé qui, après un temps de réflexion, propose plusieurs programmes d'aménagement entre juillet et décembre 1936, dans la dynamique d'annonces nationales. Ces programmes s'appuient en fait sur les travaux des commissions précédentes, sous L. Soulié à la fin des années 1920 et sous A. Durafour au début des années 1930[2]. Un

---

[1] Fournial, 1976, op. cit.

[2] Puis sous la municipalité A. Vernay et sa commission 'Sports et Stades' qui se réunit au moins treize fois du 24/9/1932 au 18/4/1935 (AM : 6D36) et dont les comptes-rendus montrent l'étendue des projets, des débats. En 1933, elle commande une étude bénévole à l'architecte spécialisé dans les terrains de sport Charles Bouhana qui, après le stade Geoffroy Guichard en 1931, réalise en 1932 la rénovation du Parc des Princes puis en 1937 et 1938 les stades-vélodromes de Marseille et de Dijon. Son étude préconise la démolition de l'existant (mauvaise piste en cendrée à l'Etivallière

premier programme de travaux est centré sur le quartier Grouchy, près du stade municipal : il s'agit surtout d'une piscine (un « complexe nautique » puisqu'elle associe une piscine couverte de 33 X 15 mètres, une piscine en plein air de 50 X 15 mètres et un bassin pour enfant de 12 X 6 mètres « pour séparer le public des athlètes »), au sein d'un parc sportif constitué d'un terrain de football aménagé, de deux terrains ordinaires, d'un terrain de basket et de 17 jeux de boules, bref des sports populaires dans un esprit hygiéniste et d'éducation populaire. Le coût est énorme : 3,17 millions de francs pour la seule piscine (soit 1,8 million d'euros actuels).

La seconde annonce est celle d'un programme d'amélioration des installations sportives, repris de manière plus précise dans un projet d'aménagement des stades municipaux[1]. Le stade de la Chaléassière, après une première intervention d'urgence sur les pelouses, doit effectivement devenir un grand parc des sports, mais sans stade-vélodrome ni même de piste cycliste. La Chaléassière doit être érigé en stade moderne pour les sports populaires, rompant avec la tradition élitiste de l'Etivallière qui garde ses équipements prestigieux comme la piste cycliste. Cette dernière doit être rénovée, tout comme trois terrains de tennis et le terrain central pour le football et le moto-ball. A l'image du terrain principal de la Chaléassière et ses installations annexes, le programme est ambitieux et coûteux : le budget total est de 3 millions de francs (soit 1,75 million d'euros actuels). Mais à la demande municipale de subvention d'Etat répond une aide limitée et tardive, en 1938 : le système d'acteurs publics peine à se mettre en place de manière efficace.

---

et aménagements « légers » à la Chaléassière) et la construction d'un grand stade-vélodrome (piste cycliste de 500 mètres, piste pédestre de 450 mètres, un terrain de football-rugby, deux tribunes et des virages pour 15 000 personnes) plus un bâtiment d'athlétisme et des terrains de football pour l'entraînement. Mais le coût total est de 6,3 millions de francs (soit plus de 3,5 millions d'euros actuels) dont 5 millions pour le seul stade-vélodrome (AM : 10M22), ce qui limite de fait les débats (DCM du 28/2/1935).

[1] Il s'inspire de l'étude Bouhana pour la cohérence des ensembles Etivallière-Chaléassière-Terrasse mais sans la logique du sport-spectacle que craignait L. Soulié : l'articulation entre des projets politiques que les maires proposent lors des campagnes électorales et les études au sein des services municipaux devient constante et essentielle (depuis la simple modification jusqu'à la refonte totale).

Les réalisations sur les stades de l'Etivalière et de la Chaléassière sont donc limitées dans cette période 1936-1939, les relances des projets de parc des sports étant tardives comme à la Chaléassière en février 1939. La pratique sportive en revanche se popularise, à l'image des six sociétés utilisant la Chaléassière, souvent proches de l'idéologie sportive de la municipalité : (des associations de quartier comme l'amicale laïque de la Terrasse, les pompiers, le Sporting-Club Ouvrier en football et l'UFOLEP). A l'Etivallière, seuls les tennis font l'objet de travaux d'amélioration et surtout d'une gestion en régie directe pour favoriser leur ouverture socio-sportive. Mais c'est surtout le football et le moto-ball qui popularisent la fréquentation du parc, grâce à de grands matches régionaux et nationaux[1]. Le cyclisme de vitesse par contre, implanté dans le parc depuis la fin du XIXème siècle, subit la concurrence des courses sur route, plus populaires : les courses sont rares sur la piste, d'autant qu'elle n'a toujours pas été transformée.

C'est en fait le projet de Grouchy avec sa piscine qui mobilise le plus la municipalité et les aides publiques (subvention ministérielle de 1,5 million de francs en février 1937) : le choix se fait donc momentanément aux dépends du projet de grand parc des sports Chaléassière-Etivallière. Ce projet est lourd et complexe, inscrit dans le réaménagement global du quartier[2]. La priorité est donnée à la piscine d'été, selon les recommandations nationales de la Compagnie Générale des Piscines pour le développement de la natation en France : elle répond à une forte demande sociale, elle est moins chère et plus visible. Bref, les travaux sont lancés début 1938, mais ils sont arrêtés au bout de deux ans à peine en juillet 1939 pour diverses complications administratives et financières. En parallèle à ce grand projet, toujours dans une politique sociale hygiéniste menée par l'adjoint aux sports le Dr. Mossé, la ville, soucieuse d'avoir une piscine municipale rapidement, veut acquérir dès 1935 le bassin de Janon appartenant à la

---

[1] Seuls une trentaine de clubs français de moto-ball sont recensés à cette époque. Le moto-ball est regroupé à l'Etivallière après quelques matches à la Chaléassière dans les années 1932-1935 (AM : 6D36) : le parc accueille quelques grands matches comme en 1937 pour le titre de Champion de France.

[2] Sont prévus : au nord un groupe scolaire, au sud la piscine, occasionnant un débat sur la limite éventuelle entre les deux ensembles (AM : 10M31) ; et il faut d'abord démolir une partie de l'ancienne caserne (DCM du 30/6/1937).

commune de Terrenoire. La municipalité Soulié souhaite, grâce au soutien du Conseil Général et des communes aux alentours (Saint-Chamond, Izieux, Saint-Jean-Bonnefonds et la Talaudière, signe d'une petite entente intercommunale précoce), créer une école de natation[1]. En fait, elle n'achète pas le terrain mais loue seulement le bassin à la ville de Terrenoire, pour seulement 1 franc par an mais s'engage à financer les travaux. Ces travaux d'aménagement du bassin pour la natation sont effectués en 1937 : plage artificielle, salle de culture physique, vestiaires. Une société de natation, le Cygne, est créée et dispose de la concession du bassin à partir de l'été 1938, proposant des cours de natation[2]. Bref, la ville de Saint-Etienne suit largement dans sa politique sportive le modèle de l'aménagement sportif public à cette époque, autour du triptyque stade – piscine – gymnase.

Mais cette politique sportive ne se limite pas à ce modèle : le vélodrome d'hiver passe en effet à cette époque d'une gestion privée à une gestion publique, selon une transition progressive dans les années 1930, permettant à la ville de Saint-Etienne de s'approprier le plus prestigieux équipement sportif de l'époque. Ce dossier est épineux pour la municipalité Soulié mais déjà problématique pour la municipalité Vernay qui l'a précédé au début des années 1930 car après une période de gestion privée déficitaire, le vélodrome ferme et la société anonyme du vélodrome est dissoute le 27 décembre 1931. La gestion est alors reprise par la municipalité à cause de l'absence de concessionnaire, pour éviter le démantèlement du bâtiment, suscitant de longs débats en 1932 et 1933 et même un conflit avec J-F. Boudet l'initiateur du vel d'hiv, dans un esprit de vengeance et de règlement de compte entre intérêts privés capitalistes et intervention publique salvatrice. Ces débats, placés à plusieurs niveaux, débouchent sur la proposition

---

[1] DCM du 29/11/1935. Ce bassin de 4 mètres de profondeur, installé sur un terrain de 20 000 m², né dans un contexte industriel, accueille déjà au début des années 1930 quelques manifestations sportives, en plus des parties de pêche : *Nos Sports* du 22 juin 1934 souligne malgré le coût la nécessité de créer une installation.

[2] Dans une logique hygiéniste similaire, la municipalité Soulié reprend le dossier des bains-douches municipaux, notamment pour répondre à l'extension de la ville et offrir un service public le plus complet possible : après dix ans sans nouvel aménagement, un sixième établissement est construit en 1936 dans le quartier de Solaure, au sud de la ville jusque-là délaissé, alors que commence au même moment une politique de rénovation des quatre premiers établissements.

d'achat du vélodrome par la ville. Le vel d'hiv est acheté en février 1934 et, signe des tensions public / privé, la mairie juge les travaux de réaménagement nécessaires après presque dix ans d'entretien minimum dans la gestion privée[1]. Mais les travaux de la municipalité propriétaire ne signifient pas au départ une gestion directe : après examen début 1935 d'une vingtaine de candidatures dont la famille Guichard, c'est M. Bellivier, ancien organisateur des Six Jours cyclistes de Saint-Etienne (et directeur du vélodrome de Casablanca) qui est choisi. La municipalité et le gestionnaire décident d'augmenter les tarifs pour assainir la gestion. Sous la période de Front Populaire, la gestion évolue et le vel d'hiv devient le Palais municipal des sports, une appellation de portée symbolique pour ouvrir le bâtiment aux autres activités sportives et culturelles. La gestion est même reprise en régie directe en 1938 pour contrôler cet usage élargi, provoquant de longs débats en conseil municipal : après avoir autorisé un meeting de M. Thorez en février 1936 puis plusieurs opéras et pièces de théâtre entre 1936 et 1938, une des mesures forte pour appuyer cette rupture politique est le remplacement des coûteux Six Jours, symboles du sport-spectacle renié dans ses excès par le Front Populaire, par une simple course à l'américaine de 24h en 1939. Cette récupération municipale, aussi forte symboliquement que pour l'Etivallière dix ans plus tôt (à propos de l'opposition sports élitistes/populaires), marque l'existence de modèles d'aménagement sportif concurrents, la municipalité étant indirectement satisfaite de l'échec des logiques privées capitalistes au vel d'hiv, fiers de valoriser un patrimoine sportif important.

Dans le recensement national des installations sportives commandé par l'Etat en 1936, la ville dispose de 298 844 m² de terrains sportifs dont environ 160 000 m² sont réellement municipaux et en régie directe. Même s'ils ne sont pas reliés entre eux, les espaces sportifs du Nord-Est stéphanois représentent les deux tiers du total, soit

---

[1] Lors des programmes municipaux d'aménagement sportif de 1936, le vel d'hiv fait l'objet de relativement peu d'attention, faute de moyens : abaissement de la pelouse de 80 cm pour 365 000 francs et rénovation des courts de tennis au centre pour 13 000 francs. En fait, les intentions de modernisation municipale sont freinées par les lenteurs administratives et, malgré les relances du maire L. Soulié comme en octobre 1937, les subventions ne sont débloquées qu'au milieu de l'année 1938 par le nouveau ministre Jean Zay (AM : 10M2).

109 000 m². Les autres installations sont éclatées dans les divers quartiers : terrains de jeux[1], terrains de basket, vel d'hiv et bien sûr les quatre gymnases des bains-douches. Ce recensement de 1936 évoque également les équipements sportifs privés : huit gymnases, trois courts de tennis (certainement ceux la société des tennis de la Digonnière) et le stade Geoffroy Guichard.

Justement, le stade G. Guichard est bien l'équipement sportif privé qui fonctionne dans une dynamique sportive concurrente. En effet, tout comme dans les grandes villes les clubs anciens sont considérés par les maires de gauche comme des clubs bourgeois, l'ASSE n'est pas spécialement bien considérée par la municipalité stéphanoise qui ne bénéficie pas de l'usage du stade. Le stade est un équipement de compétition régulièrement aménagé pour le sport-spectacle de football, sans effort pour le sport de masse, à l'image des récentes tribunes et plans inclinés qui entourent tout le terrain[2]. Ces travaux sont inscrits dans une politique active des Guichard en faveur du spectacle sportif, notamment lors de l'été 1938 où l'ASSE accède en Première division, toujours grâce à l'appel à des fonds privés (souscription aux Amis du sport comme en 1931)[3]. Les bons résultats du club professionnel permettent de remplir assez souvent les 17 000 places du stade et ainsi augmenter le budget du club.

En fait, l'affirmation de l'ASSE dans le champ sportif local repose sur un projet sportif d'envergure, selon un modèle libéral et commercial à l'anglaise qui ne rencontre pas d'écho au sein des

---

[1] Simples ou aménagés (avec vestiaires, clôtures, piste d'athlétisme) d'après le vocabulaire technique en vigueur. Cf. « L'inventaire général des installations sportives pour le département de la Loire » publié en 1937 (AD : T2033).

[2] Le stade comprend alors la tribune d'honneur de 36 X 10 mètres pour 800 personnes avec, juxtaposées, deux tribunes latérales de 32 X 12 mètres (construites en juillet 1936 pour 1200 personnes par l'entreprise locale Thinet sous l'autorité de l'architecte E. Hur) comprenant buvette et vestiaire (*Nos Sports* du 2/7/1936), mais encore une petite tribune secondaire de 60 X 10 mètres et deux plans inclinés tout autour servant de gradins debout pour environ 13 000 personnes (AD : T2033).

[3] Amélioration de l'accès au stade (cinq guichets supplémentaires rue de la Tour, deux nouvelles portes d'entrée pour éviter les embouteillages, nivellement de la pente du plan incliné au sud-est), nouvelle réglementation de circulation devant le stade, matches en lever de rideau entre équipes régionales, organisation de cars spéciaux pour les déplacements, vente de billets pour la première fois à l'avance.

gouvernements du Front Populaire, et inversement. P. Guichard critique souvent les dispositions gouvernementales et fédérales : interdiction d'organisation commerciale liée aux clubs, donc déficit des clubs, déclarations du ministre Jean Zay qui critique les profits du football professionnel, signe d'une profonde divergence d'intérêts et de conception du football. Le projet sportif est en revanche soutenu par les élites membres de la Société des Amis du sport (les rubaniers J. Colcombet et les frères Epitalon, l'entrepreneur de travaux publics Marcel Thinet, etc.)[1].

En cette fin des années 1930, le sport-spectacle de football devient un loisir populaire, dont se vante d'ailleurs la famille Guichard, avec deux conséquences : l'ASSE fait de l'ombre aux autres clubs de football de la ville (dont son ancien rival le SESC), et le rugby local s'efface, que ce soit à l'ASS en octobre 1936 ou dans une dynamique plus générale en cette fin des années 1930[2]. Néanmoins, il paraît exagéré d'assimiler Saint-Etienne à une ville de football car le soutien en dehors de l'ASSE reste faible : les matches de la Coupe de France joués à Geoffroy Guichard sont des demi-échecs comme en janvier 1939 entre Alès et Nancy devant à peine 2000 spectateurs. De plus, le club amateur ASS reste omnisports et utilise le stade : en athlétisme pour la prestigieuse Coupe du Forez et les nombreux autres concours, pour les arrivées et les départs des cross[3].

---

[1] P. Guichard relance plusieurs souscriptions publiques comme le 9 juin 1939 pour la campagne de recrutement du club. Cet éloge de la souscription (pour l'honneur de la ville, la propagation du football mais aussi le commerce local grâce à la foule du stade) a des effets positifs et s'accompagne d'un recrutement important, d'où le surnom en 1938/39 de « club des millionnaires », même si le club garde un esprit local à l'image du joueur Jean Snella : ce fils de mineur polonais arrive au club en 1938 et devient rapidement une des figures de l'ASSE.

[2] « Hélas !Le rugby peu à peu se meurt. Il meurt de lui-même, de sa brutalité, de l'incompréhension de ses arbitres et des dirigeants fédéraux. Il est mort plus vite à l'ASS-SFU parce que l'ambiance de Saint-Etienne lui était défavorable. Adieu Rugby à l'ASS » (*Nos Sports* du 8/10/1936). Le rugby disparaît également cette année-là au Lycée Sportif Stéphanois par l'interdiction du censeur, tandis que la FFR ne compte que 490 sociétés en 1937 contre 891 en 1924 (Sigel, 2003).

[3] Sans oublier le basket avenue Denfer-Rochereau et le ping-pong au siège rue de la Montat (où est aménagée en 1938 une salle de culture physique avec vestiaires-douches pour les membres de l'ASS et de l'ASSE).

Un autre signe que les deux projets sportifs s'opposent, celui du Casino, privé, et celui d'une municipalité Soulié qui privilégie l'ensemble des clubs et sports populaires, est que l'ASS et l'ASSE n'obtiennent aucune subvention municipale malgré leur dynamique sportive, contrairement aux sociétés sportives valorisant le sport de masse, surtout en 1936[1]. Cette opposition entre les logiques publiques et privées d'aménagement sportif est encore plus marquée dans les espaces urbains périphériques où, dans l'entre-deux-guerres, les élites économiques du monde industriel sont souvent en position dominante face à de rares politiques municipales d'équipement sportif.

1.3 Des municipalités timides face à de puissants acteurs privés dans les espaces périphériques

1.3.1 Des tentatives d'aménagement sportif public isolées à la fin des années 1930

Avec peu de moyens et souvent même contrôlées par les élites économiques locales, les municipalités de la région stéphanoise ont peu d'initiatives en matière d'équipement sportif avant les incitations nationales du Front Populaire. En effet, aucun stade municipal n'est aménagé avant 1936 en région stéphanoise, en dehors du stade de la Pouratte construit en 1934 par la municipalité de gauche de P. Faure au Chambon-Feugerolles, devançant comme d'autres municipalités communistes en France l'intervention de municipalités de Front Populaire. Les mandats de P. Faure constituent une rupture par rapport aux mandats précédents où les industriels contrôlaient la mairie, puisque la ville se tourne résolument vers des œuvres populaires,

[1] Dès 1936, le total des subventions aux sociétés locales atteint 119 850 francs et 60 100 francs pour l'organisation de grandes manifestations sportives (dont 50 000 francs pour la course cycliste Paris – Saint-Etienne). Si près de 70 sociétés ou comités sont subventionnés, ceux des sports populaires le sont nettement plus : par exemple 200 ou 300 francs pour des dizaines de sociétés boulistes et 18 000 francs pour la Fédération Bouliste de la Loire (AM : 4R1).

sportives ou non : le stade est installé dans un ancien parc privé acquis par la commune[1].

Le cas de Saint-Chamond permet de comprendre l'impact local de la politique nationale du Front Populaire : la municipalité du jeune maire dynamique élu en 1929 Antoine Pinay se pose en relais de la dynamique sportive populaire suscitée par le principal club omnisports COSC (centré sur un football en pleine ascension). Constatant la désaffection du vélodrome privé du Coin qui entoure le terrain de football, Pinay souhaite acquérir l'équipement pour démolir cette vieille piste cycliste et agrandir la pelouse pour avoir un terrain plus vaste, plus plat, avec des tribunes, bref un stade moderne à l'image de Geoffroy Guichard : la ville de Saint-Chamond achète le stade vélodrome fin 1934, imitant à la fois l'initiative privée des Guichard[2] et l'initiative publique de la grande ville toute proche (puisque Saint-Etienne a acheté dans une logique similaire le parc de l'Etivallière). Au départ, un projet de stade municipal prend de l'ampleur (agrandi autour d'une piscine et de trois courts de tennis), dans l'objectif plus général de créer une ville moderne bien équipée, mais sans réelle volonté politique pour le concrétiser. Finalement, seul le stade de football est réalisé grâce à l'appui du Front Populaire, inauguré en octobre 1937, confirmant que la fin des années 1930 constitue, par son entrain national et local, un tournant dans l'investissement des acteurs publics locaux pour les aménagements sportifs, les élus des petites municipalités imitant les grandes villes.

Outre l'équipement sportif, le Front Populaire suscite surtout une dynamique populaire sur les pratiques sportives elles-mêmes, en particulier celles qui ne dépendent pas d'un équipement sportif particulier, signe que le sport occupe une place croissante dans la société locale. Nous pensons principalement aux sports cyclistes : les courses sur route (organisées par la presse locale mais aussi les commerçants et fabricants de cycle) et surtout le cyclotourisme qui

---

[1] Au départ transformé en un seul terrain de football, puis progressivement agrandi et amélioré après 1936 grâce à des aides d'Etat (piste d'athlétisme, jeux de boules, aire de promenade ombragée grâce à la conservation des vieux arbres, etc).

[2] *Nos Sports* du 27 juillet 1934 et DCM du 22/9/1934. Le COSC qui prend modèle sur le récent club professionnel va même jusqu'à créer pour la saison 1934/35 une amicale des supporters avec au départ 60 adhérents.

connaît une véritable mode de 1936 à 1939 et casse son ancrage idéologique à droite[1].

La période du Front Populaire est de manière globale celle d'une dynamique d'investissement public faisant du sport un enjeu socio-politique. En effet, d'après l'analyse du recensement national des équipements de 1936, quatre ensembles s'individualisent dans le niveau d'équipement en installations sportives, correspondant de manière générale au niveau d'urbanisation et d'industrialisation, donc à la structuration d'une société urbaine et industrielle pratiquant le sport : le contrôle et le bien-être de cette population urbaine et ouvrière sont au cœur des préoccupations des élites locales, entre autres à travers le sport. Ces quatre ensembles sont :

- la vallée de l'Ondaine (Firminy, Unieux, le Chambon-Feugerolles, la Ricamarie, plus Roche-la-Molière autree commune minière), bien équipées (40 équipements contre 45 à Saint-Etienne)
- la partie ouest de la vallée du Gier dans la même logique sociale, ouvrière (Saint-Chamond, plus Terrenoire, Saint-Jean-Bonnefonds et la Talaudière), assez équipée (27 espaces sportifs)
- la « couronne Nord » peu industrialisée (Saint-Genest-Lerpt, Villars, la Fouillouse, Saint-Priest-en-Jarez, l'Etrat, Sorbiers) et peu équipée
- le sud de la Plaine du Forez (Andrézieux, Bouthéon, Saint-Just et Saint-Rambert), avec 15 espaces sportifs pour une faible population.

Ce recensement est surtout le résultat de politiques sportives différenciées selon les espaces et les structures sociales, que ce soit par initiatives associatives et personnelles (mouvement amicaliste ou simplement groupes d'amis et collègues de travail) ou par initiatives des entreprises industrielles locales, puisque les équipements publics sont insignifiants. C'est justement le cas pour les vallées industrielles de l'Ondaine et du Gier où cette lecture quantitative doit se doubler d'un regard plus qualitatif, plus approfondi pour saisir les logiques privées d'aménagement sportif. C'est l'importance des équipements

[1] Activité libre par excellence, elle est pratiquée en individuel mais aussi en groupe au sein de nouveaux clubs : les Cyclos laïcs de Firminy nés en 1936, le Groupe Cyclotouriste Lerptien né en 1937, la section cyclotourisme à l'amicale laïque de Roche-la-Molière née en 1937, l'étoile cyclotouriste de Villars en 1938.

sportifs privés qui explique en partie la faiblesse des impulsions municipales au cours des années 1936-1939[1].

1.3.2 Le poids décisif des compagnies minières et des grandes entreprises industrielles

Parfois, l'intervention des entreprises privées en faveur du sport dans ces espaces périphériques et industriels repose sur un héritage du début du siècle comme chez Holtzer à Unieux où le paternalisme sportif était encore une exception. Car les établissements Holtzer, après avoir impulsé le rugby avant la Grande Guerre, relancent en 1922 un club sportif d'entreprise : le Club Athlétique d'Unieux, avec au départ une section gymnastique et une section clique, puis une section basket en 1927, enfin une section tir (d'où l'aménagement, sur les terrains de l'entreprise, d'un stand de tir en utilisant une butte naturelle). Quant aux compagnies minières, puissantes dans tout l'Ouest stéphanois, leur soutien au développement sportif est rare au cours des années 1920, assez anecdotique[2].

Puis avec l'affirmation des sports dans la société au cours des années 1930 notamment du football, les créations de terrains de sport par les dirigeants des entreprises locales deviennent importantes, répondant en quelque sorte à un besoin social que la puissance publique n'a pas encore couvert à cette époque, devançant la prise de contrôle de la puissance publique sur le mouvement sportif. Ainsi le football, s'il est pratiqué de manière informelle dans la région et même dans des petits bourgs, est surtout développé en cette fin des années 1930 grâce aux compagnies minières qui voient là le moyen de développer et encadrer des loisirs sains de plein air pour les ouvriers. Le football parvient alors à s'étendre dans toute la région stéphanoise et touche la

---

[1] D'autres facteurs existent comme les oppositions politiques au Front Populaire, le manque de moyens financiers et de volonté politique en faveur du sport, les projets avortés ou encore la faible demande sociale (sans structuration des mouvements sportifs locaux pouvant faire pression sur les municipalités).

[2] Comme pour la société bouliste Avenir du Mas à Firminy qui se fait prêter, au milieu des années 1920 par la Compagnie des Mines locale, un terrain aux Cordes où elle aménage deux jeux de boules (réaménagés par des ouvriers-mineurs en 1936, en une semaine de congés). Mais la Compagnie, plus soucieuse de son avenir économique que des sociétés qu'elle soutient, réquisitionne le terrain en 1939.

vallée de l'Ondaine à la fin des années 1930. La compagnie minière de Montrambert aménage à la Ricamarie, dans une volonté contrôler les loisirs des mineurs tout en créant une émulation collective et une reconnaissance envers l'entreprise, deux terrains sommaires dans la zone de Caintin, une des nombreuses vastes zones appartenant à la compagnie. A l'ouest, le stade Saint-Pierre, vers le puits du même nom appartenant à la même compagnie, est utilisé par l'Olympia de Montrambert[1], et plus à l'est en direction de la Béraudière existe le stade Bayon vers le Puits Caintin.

Dans le même temps, la compagnie minière de Roche-Firminy formalise encore plus cette politique paternaliste sur le territoire qu'elle contrôle : en 1935 et 1937 sont inaugurés deux véritables stades, alors que les précédents font plus penser à de simples terrains de football. Le premier est le stade de Beaulieu à Roche-la-Molière, pensé à la suite de la construction des cités ouvrières de Beaulieu, du Pontin et du Taillis (ce sont, surtout à Beaulieu, des cités-jardins qui comportent en plus des logements ouvriers des commerces, une église et deux écoles). La compagnie cherche, par un grand ensemble sportif moderne, à montrer son œuvre sociale et sa puissance vis-à-vis de l'extérieur et de l'intérieur, en répondant aux besoins des mineurs (si possible par de saines distractions). Construit sur un terrain de la compagnie pour un coût important d'environ 450 000 francs – supporté par la seule compagnie – et inauguré le 12 juin 1935, il comprend un terrain de football de grande dimension, entouré d'une piste d'athlétisme avec sautoir et de deux tribunes de 300 places chacune (dont une couverte), deux terrains de basket, un jeu de boules et un court de tennis[2]. L'ensemble est agrandi en 1938 par un second jeu de boules et un second court de tennis (soit au total 30 000 m^2 de surface sportive, clos

---

[1] Un club né en 1931, jouant au départ dans une ancienne carrière puis au pied du crassier Saint-Pierre (qui s'affaisse en 1933 à cause des galeries d'extraction juste en dessous), poussant alors la compagnie à créer un véritable stade.

[2] Le journal de l'ASSE *Nos Sports* annonce cet événement le 29 mai 1935 et reprend les idées hygiénistes mises en avant pour le stade G. Guichard : « dans un cadre austère formé par les installations minières, c'est une oasis charmante où la verte fraîcheur du gazon forme un harmonieux contraste avec les couleurs plus sombres de la piste et des tribunes ». Il souligne aussi l'action généreuse de la compagnie minière, d'autant plus que les manifestations sportives de cette inauguration sont gratuites (d'où les quelques 6000 spectateurs recensés).

par un mur de béton), signe que la compagnie privilégie autant ses mineurs que ses cadres, autant des sports populaires que des sports élitistes. Sont même envisagés, dans l'espace laissé libre autour, une piscine, un fronton de pelote basque et un stand de tir, mais pour investissement jugé trop important et constamment repoussé. La compagnie impulse aussi la création d'un club omnisports, l'Association Sportive des Mines de Roche-la-Molière et Firminy, reconnue officiellement le 6 avril 1936, présidée par le directeur de la compagnie et qui organise plusieurs manifestations sportives. Mais elle autorise aussi l'utilisation du stade par les écoliers et d'autres clubs sportifs rouchons, deux patronages et deux clubs corporatifs impulsés en majorité par les mineurs[1]. Le second stade aménagé par la compagnie minière de Roche-Firminy, plus simple, est le stade du Soleil inauguré en 1937 dans un quartier de Firminy, où évolue le club sportif du Soleil que la compagnie soutient.

Bref, les compagnies minières contrôlent, surtout dans la vallée de l'Ondaine et dans l'Est stéphanois (sauf au Chambon-Feugerolles où la municipalité communiste a devancé cette prise en charge), la majorité des espaces sportifs de plein air, assurant la popularisation d'un sport comme le football, ce qui avait fait défaut au rugby d'avant 1914. La Seconde Guerre mondiale constitue après le Front Populaire une autre rupture dans les logiques de production des espaces sportifs en région stéphanoise, à Saint-Etienne mais aussi dans ces communes modestes où certains maires participent à la dynamique suscitée par les efforts du commissaire aux sports Borotra au sein du régime de Vichy.

---

[1] L'Espérance (société de gymnastique catholique, élargie à l'athlétisme et au basket au cours des années 1930), les Bleuets (un patronage catholique lui aussi contrôlé par la compagnie minière, tourné sur la gymnastique masculine, grâce à sa salle de gymnastique de 160 m² appartenant à la compagnie), le Club Sportif Union (92 membres en 1938, une majorité de Polonais de la cité de Beaulieu) et le Club Olympique de Roche-la-Molière qui se forme en réaction à ce club identitaire (80 membres en 1938, majoritairement français). Cf. G. Noiriel et S. Beaud, 1990, « L'immigration dans le football », in *Vingtième siècle*, n°26.

2. Dans les années 1940-1950, les avatars d'une intervention conjointe des acteurs publics et privés

2.1 Les années 1940-1944 : des projets d'aménagements sportifs entre rupture idéologique, continuité interventionniste et difficultés matérielles

2.1.1 Une nouvelle dynamique locale, inscrite dans les projets du régime de Vichy ...

L'étude des ruptures et continuités dans la politique sportive stéphanoise, dans les modes d'aménagement sportif et leur justification sociale, nécessite une mise en contexte national particulière autour du régime de Vichy et de sa conception du sport : comme ailleurs en France, la réelle rupture socio-politique date de 1940 et non pas au début de la guerre en 1939 puisque le régime de Vichy écarte la municipalité stéphanoise du pouvoir tout en modifiant l'idéologie et la place données au sport dans la société. L'historiographie traditionnelle de cette période 1940-1944 évoque peu le sport, souvent perçu comme une parenthèse joyeuse donc indécente. Néanmoins, plusieurs études récentes sur le sport français et les politiques sportives mises en chantier sont venues apporter un éclairage intéressant et original qui permet de mettre en perspective le cas stéphanois. La rupture avec les périodes précédentes et notamment celle du Front Populaire, discutable et discutée, montre autant un côté noir qu'un âge d'or des politiques sportives publiques : « même si les horizons politiques et sociaux assignés aux mesures prises en 1940 et 1941 diffèrent radicalement des buts poursuivis par Jean Zay et Léo Lagrange avant guerre, leurs programmes respectifs demeurent si étonnamment voisins qu'on peut parler de prolongement, voire de véritable filiation »[1]. L'intervention du régime de Vichy en faveur du sport prouve la volonté de passer du domaine privé à un encadrement associatif et étatique, rappelant parfois des objectifs du Front Populaire[2].

---

[1] Gay-Lescot Jean-Louis, 1991, *Sport et éducation sous Vichy (1940-1944)*, Lyon, PU de Lyon, 253 p.

[2] Education physique et sportive pédagogique, développement de la pratique sportive de masse (notamment en plein air selon la méthode hébertiste), refus des logiques du

Mais derrière ces objectifs généraux se cachent un détournement et une utilisation du sport au service de la propagande de Vichy. Le sport est bien inscrit dans la Révolution Nationale, à l'image de la Charte des Sports du 20 décembre 1940, la première loi d'organisation sportive[1]. Si le sport était pris comme un droit en 1936, il devient un devoir : pour l'encadrer, Pétain met en place le 7 août 1940 un Commissariat Général à l'Education Générale et aux Sports (CGEGS), dirigé par l'ancien tennisman maréchaliste Jean Borotra jusqu'en avril 1942. Accompagné d'un Secrétariat Général à la Jeunesse, le CGEGS est composé de trois directions : éducation générale et initiation sportive à l'école, sports et activités de plein air, équipement sportif[2]. Sans détailler la doctrine, retenons ces axes forts :

- renforcement d'une administration formée et organisée (inspecteurs d'éducation générale et des sports, moniteurs d'éducation physique)
- restriction de la liberté d'association et condamnation du professionnalisme (dissolution de la ligue de rugby à XIII en 1941)
- réaménagements des horaires du sport scolaire (instructions de 1941)
- création d'un hebdomadaire officiel, d'un centre national d'éducation général et des sports (accompagné de centres régionaux, ancêtres des CREPS actuels) et d'un brevet sportif national en remplacement du brevet sportif populaire.

Mais l'effort principal porte sur les équipements sportifs : Borotra, rendant parfois hommage à L. Lagrange sur ce thème, veut instaurer un maillage serré de « terrains de jeux », surtout des terrains de sports de plein air associant athlétisme, gymnastique et sports collectifs[3]. Cette politique d'équipement sportif montre une volonté de planification, organisée sur le sport scolaire et encadrée par la loi « relative au recensement, à la protection et à l'utilisation de locaux et terrains de sport, des bassins de natation et des piscines » du 26 mai

---

sport-spectacle professionnel et volonté d'assurer l'équipement sportif de base du territoire français. Cf. Arnaud P. (dir), 2002, *Le sport et les Français pendant l'Occupation 1940-1944*, Paris, l'Harmattan, deux tomes : 379 p. et 280 p.

[1] Les termes forts (discipline, race, courage), se retrouvent dans le serment de l'athlète : « Je promets sur l'honneur de pratiquer le sport avec désintéressement, discipline et loyauté pour devenir meilleur et mieux servir ma patrie ».

[2] Hélewaert, 2002, op. cit.

[3] Bancel Nicolas et Gayman Jean-Marc, 2002, *Du guerrier à l'athlète, éléments d'histoire des pratiques corporelles*, PUF, Paris, 385 p.

1941[1]. La loi prescrit d'abord un inventaire national et permet de lancer environ 6500 projets (avec une aide financière pouvant aller jusqu'à 80% des dépenses, contrôlée par un accord préfectoral). Toutefois, dès le départ, les réalisations sont loin d'être à la hauteur des ambitions, pour diverses raisons matérielles : difficultés liées à la guerre (matières premières, financement et suivi des chantiers, etc), hiatus entre la propagande sportive du régime et les possibilités d'intervention publique, sans oublier le rôle de borotra lui-même[2]. On ne peut pas parler d'action publique classique, d'autant plus que le premier décret de la Charte des Sports ne paraît qu'en novembre 1941, un an après la loi[3].

Mais de quelles manières ces discours et projets ont-ils été accueillis sur le terrain ? Avec quelle fidélité ou quels écarts la municipalité stéphanoise s'inscrit-elle dans la voie tracée par le CGEGS ? en fonction de quels critères et quelles contraintes ? sur de nouveaux programmes d'aménagement sportif ? quid des acteurs sportifs privés ? Plusieurs recherches ont montré toute l'ambiguïté d'une articulation local/global dans cette période troublée[4] : l'exemple stéphanois le confirme. A Saint-Etienne, le conseil municipal est sous influence du gouvernement de Vichy après la nomination successive de deux conseils municipaux en octobre 1940 et mars 1942, avec le même maire, l'entrepreneur de travaux publics Amédée Guyot. Le discours de Vichy trouve donc un écho local, sinon favorable tout au moins sensible à l'effort de redressement national. La société stéphanoise devient très encadrée, à l'image des nombreuses interdictions de

---

[1] Promulguée après posé le constat d'un retard français en la matière : en 1940, la France possède 50 piscines et 5000 stades (dont plus de 1000 réalisés sous le Front Populaire), soit à peine 1 m² de surface sportive par habitant, contre 5 m² pour l'Allemagne grâce à ses 28 000 stades et 240 piscines (Hélewaert, 2002).

[2] Qui fait débat aujourd'hui, plus ou moins médiateur entre l'Etat français et le mouvement sportif : cf. Gay-Lescot J-L., 1992, « Léo Lagrange et Jean Borotra, convergences et divergences de deux politiques sportives 1936-1942 », in *Jeux et sports dans l'histoire, Tome 1 associations et politiques*, CTHS, Paris, p.241-253.

[3] Sur les 6500 projets français, seuls 484 sont en cours de financement et de réalisation au 1er janvier 1942, malgré un budget dépassant le milliard de francs pour 1942 (Gay-Lescot, 1991). A la fin de l'année 1942, Borotra fait lui-même un bilan mitigé avec 1,25 m² de surface sportive par habitant (Callède, 2000).

[4] Arnaud, 2002, op. cit.

manifestations sportives, ne permettant pas au sport stéphanois de réellement s'épanouir[1]. Pourtant, au début de la guerre, dans la dynamique d'une saison sportive 1939/40 encourageante[2], les activités sportives se poursuivent en région stéphanoise : « les évènements n'auront arrêté le sport que quelques semaines seulement après les perturbations apportées dans les différents clubs par la mobilisation générale » (*Mémorial* du 4 décembre 1939). Même le prestigieux vélodrome d'hiver, réquisitionné dès l'été 1940 pour accueillir les réfugiés français de la débâcle, retrouve sa vocation sportive dès janvier 1941 pour le basket et le cyclisme[3]. Au-delà du cas du vel d'hiv, la pratique sportive se maintient, voire se développe dans les premières années du régime de Vichy, au sein de quelques clubs importants : le cyclisme continue d'être le sport-roi, alors que la boxe est pratiquée dans quelques salles d'entraînement (et à la bourse du travail pour les galas du club Saint-Etienne Sports), tout comme le basket et les boules dans les patronages (ainsi que sur la place Carnot pour le grand concours de Pâques organisé par le comité départemental bouliste de la Loire). Dans les patronages catholiques, soutenus par le régime dans son idéologie d'encadrement social et moral, la pratique se recentre sur les activités de base, gymnastique et basket. Parfois, l'explication du maintient de certains sports est plus anecdotique : en rugby, l'effacement du SFU est compensé par l'arrivée de soldats du Sud-Ouest appartenant au 5ème RI venu à Saint-Etienne en 1940 après la dissolution du 38ème RI. Cette dynamique locale ne fait que reproduire une tendance nationale : la pratique sportive, interrompue en grande

---

[1] Luirard Monique, 1980, *La région stéphanoise dans la guerre et la paix (1936-1951)*, CEF, Saint-Etienne, 1024 p.

[2] A l'image des résultats de l'ASSE (où deux joueurs sont sélectionnés en équipe de France dont le jeune Snella) et des deux grandes courses cyclistes : Paris / Nice et Paris / Saint-Etienne devant des dizaines de milliers de spectateurs.

[3] La réouverture sportive concerne les deux sports-phares (*Nos Sports* du 23/3/1941) : d'abord le basket (challenge du comité de la Loire en janvier 1941) puis le cyclisme sur piste à partir du 23 mars, début d'un enchaînement de plusieurs courses fédérales. Le vel d'hiv accueille en outre des manifestations sportives et des congrès pilotés par le régime de Vichy (arrivée du circuit de France remplaçant le Tour, congrès régional de la Jeunesse Ouvrière Chrétienne en 1942).

partie au cours de l'année 1940, s'affirme en France en 1941 et 1942, tant à l'école que dans les associations qui peuvent se maintenir[1].

Cette dynamique sportive locale et nationale profite d'un élan en faveur des aménagements sportifs dans un relais naissant entre niveaux local et national. La politique stéphanoise consiste en une modernisation des installations existantes, mais surtout en une réflexion sur de nouveaux terrains de sport, privilégiant le sport scolaire, donc des localisations plus centrales dans la ville. Sur le premier volet, les équipements sportifs municipaux bénéficient de travaux réguliers : la tendance est à une rationalisation autoritaire de l'intervention publique, dans une approche gestionnaire nouvelle. Outre cet entretien du patrimoine sportif, la ville lance dès 1941, après réflexion fin 1940 et sous la pression du CGEGS qui demande des terrains de sports scolaires, une modernisation des stades de la Chaléassière, de la Terrasse et de l'Etivallière[2]. Un nouveau programme d'aménagement des stades municipaux est même voté en conseil municipal mais pour des réalisations limitées, tenant plus d'un entretien régulier que d'une véritable modernisation. La priorité réside plus dans les nouveaux aménagements sportifs, plus à même de correspondre à l'idéologie sportive nationale centrée sur un sport scolaire et fédéral très encadré. L'année 1940 est à Saint-Etienne marquée par une réflexion sur des projets d'aménagements sportifs en concordance avec les nouvelles directives du régime, à la fois du CGEGS et du Secrétariat d'Etat à l'Instruction Publique et à la Jeunesse. C'est justement ce dernier qui soutient deux types de projets : d'abord des petits terrains de sport dans les quartiers, près des écoles ; mais les problèmes fonciers ne permettent que des locations de terrains provisoires[3].

---

[1] Seuls le cyclisme, la gymnastique et la natation, sports individuels contraints par des installations couvertes, associés à la Troisième République donc écartés du « renouveau sportif », régressent, passant respectivement de 26 000 à 10 700, de 150 000 à 100 000, et de 15 938 à 12 134 licenciés, alors que le football atteint les 277 832 licenciés en 1943 (Gay-Lescot, 1991) : 50% d'augmentation depuis 1939.

[2] Notamment la piste à l'Etivallière: « Le parc de l'Etivallière, cadre merveilleux, possède la seule piste cycliste en plein air, mais hélas cette piste était devenue aussi mauvaise que celle d'un chemin vicinal » (*Nos Sports* du 21/11/1940).

[3] Rues V. Duchamp et E. Muller, vers l'école de Grangeneuve, à Valbenoîte. Après une enquête demandée par le CGEGS, dix terrains sont envisagés dans la ville.

Le second projet, lancé au printemps 1941, est celui d'un nouveau parc des sports, le parc de Villeboeuf. : signe qu'il est piloté par l'Etat, les principales réflexions ne se déroulent plus en conseil municipal mais à l'Inspection Départementale de l'Education Physique. Un programme d'aménagement sportif est présenté dès novembre 1940 par le colonel Barde délégué du commissaire Borotra et par l'Inspecteur de la Loire M. Creyssol : il est centré sur un parc municipal des sports au jardin des Plantes, sur la colline de Villeboeuf (friche minière acquise en 1937). Sa situation près du centre-ville avec ses nombreuses écoles (dont les deux plus prestigieuses, école professionnelle et lycée) est l'argument principal pour cette création et répond au souhait de développer l'éducation physique et sportive scolaire. Le projet semble privilégier, au lieu d'un éclatement des terrains de sports dans les quartiers et près des différentes écoles de la ville, une logique forte de centralité autant sur le plan géographique que sportif : ce projet prend le contre-pied du grand projet du Front Populaire sur l'ensemble Etivallière-Chaléassière (cf. le schéma page suivante). Ce projet est immense et amélioré en plusieurs tranches dont une première pour la préparation des terrains et une seconde pour le parc des sports lui-même[1] : son coût est énorme mais supporté en majorité par l'Etat. L'envergure du projet symbolise l'effort politique de redressement national par le sport, et aussi une volonté de se démarquer du Front Populaire (tout en restant dans le sport de masse).

Mais ce grand projet de Villeboeuf accumule problèmes et retards dès les premières années, d'abord pour les subventions puis sur le terrain : d'un côté les démolitions pour préparer les terrains commencent rapidement au printemps 1941 mais d'un autre côté les soucis fonciers persistent[2]. Les travaux de terrassements, auxquels s'ajoutent des problèmes sur les réseaux, sont énormes et sont retardés malgré de nombreuses entreprises locales engagées.

---

[1] La première repose sur d'importants travaux de terrassements et de consolidations du sol et du sous-sol marqués par l'exploitation minière, la seconde sur huit plateaux d'évolution pour le sport scolaire (prioritaire), six terrains de basket, trois de volley et un grand gymnase avec vestiaire pour 480 personnes.

[2] Début 1942 la ville échange des terrains avec l'Etat : elle donne des parcelles de 4600 m² situées cours Gustave Nadaud et reçoit plusieurs parcelles de 10 400 m² situés entre l'ancienne école des Mines et les anciens puits de Villeboeuf, puis elle fait construire un mur de clôture (DCM du 24/3/1942).

Schéma n°1 : les enjeux liés à l'aménagement du parc des sports de Villeboeuf (1941-1944)

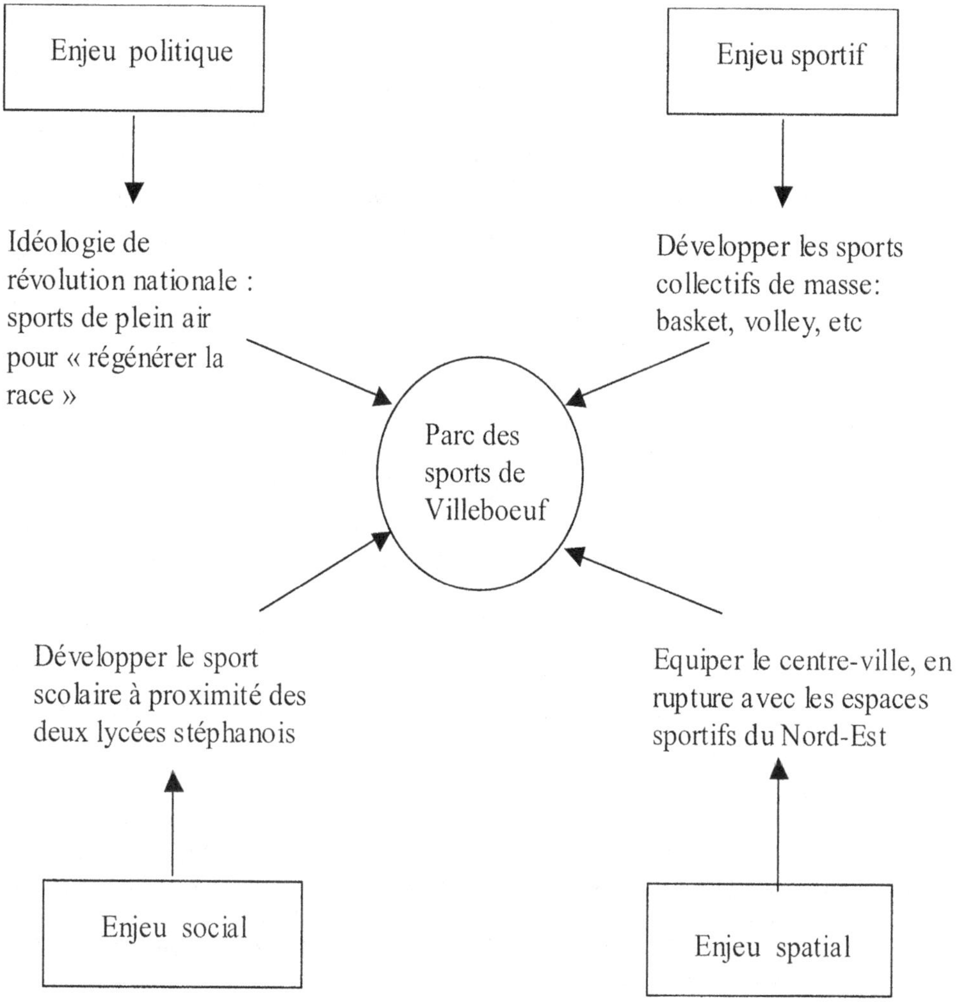

Merle, 2007

C'est l'un des faits marquants de cette période de guerre : malgré les ambitions de départ, les réalisations sont minimes, surtout au cours des années 1942-1944, exception faite de la Talaudière où M.

Thinet joue un grand rôle[1]. En effet, dans cet encouragement à la création de stades, piscines et terrains de sports par le régime de Vichy, une commune périphérique en profite pour construire la première véritable piscine extérieure du département (même si la commune de Saint-Etienne vote sa décision dès le Front Populaire) : c'est la Talaudière où l'entrepreneur de travaux publics Marcel Thinet joue un rôle décisif. Pour comprendre cette exception, il faut remettre en contexte cette décision avec d'une part l'essor important du sport talaudiérois et d'autre part une tradition d'intervention municipale avant le Front Populaire, rare pour être notée. En juin 1941, c'est A. Patria, président de l'Etendard et proche de la droite catholique, devient le nouveau maire, nommé par le préfet dans un esprit très proche du régime de Vichy. Dès les premiers conseils municipaux, un vaste projet de terrain de sport scolaire au coût d'un million de francs est voté, pris en charge par Marcel Thinet second adjoint : proche de la droite catholique traditionnelle mais aussi de la famille Guichard, son entrée en politique marque une étape importante dans la politique d'aménagement sportif pour cette commune de l'Ouest stéphanois[2]. Le terrain souhaité pour le stade est celui de M. et Mme Milliarède, de riches propriétaires lyonnais, acheté après déclaration d'utilité publique, tandis que l'Etat s'engage à verser une subvention de près d'un million de francs pour un coût total de 1,389 million de francs (soit 320 000 euros actuels). Nous sommes donc en présence d'un projet très étatique, qui trouve en région stéphanoise un relais politique local dans la municipalité talaudiéroise, à travers le maire et surtout son adjoint M. Thinet. Les premiers travaux du stade commencent dès

[1] D'autres communes ont envisagé de créer des terrains de sport scolaire, mais sans réalisation comme à Villars, tandis qu'à Rive-de-Gier, le stade des Etaings, utilisé par l'Athlétic Club Ripagérien, bénéficie d'une modernisation grâce à l'entreprise locale des frères Marrel et grâce aux subventions du CGEGS, même si les réalisations sont inférieures au projet de départ : piste d'athlétisme et sautoirs, terrain de basket, etc (*Nos Sports* du 5 mars 1942).

[2] Le stade est justifié par l'importance de cette banlieue « composée essentiellement d'une population ouvrière employée pour la plupart aux Mines de la Chazotte ... qui n'a pas de terrain de sports à proposer aux scolaires » mais aussi par les directives nationales : « un terrain scolaire d'éducation physique et sportive tel qu'il est prévu par les lois des 5 août et 23 novembre 1940 » déclare le maire à la suite de la visite, quatre jours plus tôt, du délégué général du CGEGS (DCM du 28/6/1941). Les scolaires sont 1200 au total.

1942, d'abord pour simplement transformer le pré en terrain de sports[1]. La suite est plus complexe, liée au tournant de 1942.

2.1.2 ... mais des réalisations limitées, liées au tournant politique national de 1942

Sur un plan national d'abord (puisque l'Etat reste l'acteur central dans ces années de guerre), la rupture administrative joue un rôle non négligeable dans les difficultés d'aménagement sportif, dès la prise de pouvoir de P. Laval en avril 1942. Ce dernier nomme, à son arrivée au pouvoir, un nouveau commissaire : le lieutenant-colonel Joseph Pascot, qui privilégie une orientation militaire autoritariste (restreignant encore le faible pouvoir du mouvement sportif). Mais malgré une tentative de relance des opérations d'équipements sportifs en novembre 1942, l'avancement des projets est très lent[2]. A cause de nombreux soucis (absences de matériaux, lourdeurs administratives et interdictions allemandes de construction après novembre 1943), les équipements sportifs construits sous le commissariat Pascot sont très peu nombreux. Le CGEGS perd toute crédibilité aux yeux d'une partie de l'administration des sports et de tous ceux qui se font une idée noble de l'éducation sportive, condamnant les mesures antisémites (déportation du nageur Nakache en 1943). Même la pratique sportive, encouragée jusqu'alors, se trouve contrainte par des mesures générales (Service du Travail Obligatoire) et par une réglementation spécifique.

---

[1] Une première inauguration a lieu en octobre 1942, celle du terrain scolaire et du terrain de football, et *Nos Sports* du 18 octobre 1942 vante la réalisation en reprenant la formule du CGEGS : « construire un stade, c'est démolir un hôpital ».

[2] Le responsable de la direction des équipements sportifs écrit dans le bulletin mensuel du CGEGS de septembre 1942 : « Je ne me fais guère d'illusion sur les difficultés qui se présenteront. Dans les circonstances pénibles que traverse la France, il faut s'adapter, faire appel à l'ingéniosité et à la bonne volonté de tous. Il faut surtout arriver à des solutions pratiques, à des réalisations concrètes, dans la mesure où nos moyens le permettront » (in Arnaud, 2002). « Au 1er juillet 1943, sur 9459 aménagements sommaires (ou provisoires) dont les projets avaient été retenus, 5196 demeurent à l'état de projet, 1739 sont à peine commencés, 859 sont à moitié réalisés, 759 sont en voie d'achèvement et 906 sont considérés comme terminés » : cf. Gay-Lescot, 1992, « La masse ou l'élite ? Etude comparée des politiques d'équipement sportif sous le front populaire et sous Vichy » in *Spirales*, n°5, pp.49-60 (numéro sur les politiques sportives municipales).

A Saint-Etienne, les pénuries alimentaires, le manque de matériel et d'équipements sportifs, les difficultés de transport à cause de l'Occupation, font retomber le sport « dans l'ombre », loin des préoccupations de la vie quotidienne. De manière générale, les années de guerre sont difficiles pour les sociétés sportives locales, surtout dans les espaces périphériques où elles ont souvent des effectifs inférieurs à celles de Saint-Etienne, devenant plus vulnérables. Même les plus importantes, celles qui bénéficient d'un soutien des compagnies minières et des autres entreprises industrielles, souffrent des réquisitions d'ordre militaire puis économique[1]. L'exemple du Club Olympique de Roche-la-Molière est assez significatif : monté en première série du Championnat de la Loire (c'est-à-dire la seconde division régionale) dès sa première saison 1938/39, puis en première division dès le début de la guerre, le club maintient son activité dans les années 1939-1942, puis les compétitions et les entraînements sont fortement restreints de 1942 à 1945, surtout à cause de l'Occupation. Parallèlement à ces difficultés de clubs, les sportifs locaux assistent à une prise en main du sport stéphanois par le régime (création de la Jeunesse Sportive Stéphanoise en mai 1943).

Sur le plan des équipements, l'occupation effective de la ville par les Allemands à partir de fin 1942 change la vision des aménagements, dans un contexte de difficultés matérielles et administratives accrues. Pour le parc des sports de Villeboeuf, l'avancement des travaux semble limité au cours des années 1943-1944, la ville ayant dû se détourner d'un tel projet après l'occupation des Allemands, le non-versement des subventions et les difficultés d'approvisionnement et de travail pour les entreprises locales. De même, dans le quartier sportif du nord-est, les troupes d'occupation s'installent dans les stades de la Terrasse et de la Chaléassière. Elles construisent des baraquements sur les terrains de sports de la Chaléassière, surtout sur les terrains récents du Chambonnet pour faire un camp de prisonniers : cette réquisition des terrains de sports modifie la politique d'équipements sportifs. Cette modification va dans deux directions : d'un côté la ville cherche à acquérir des parcelles jouxtant

[1] Notamment dans le cadre d'une activité minière très encadrée : le football est remis en sommeil au FC Firminy à partir de 1943 avec l'obligation de travailler dans les mines même le dimanche (*Nos Sports* du 6 mai 1943).

la Chaléassière[1] ; d'un autre côté, elle repense l'aménagement du parc de l'Etivallière, disponible et qui doit laisser une place au rugby, comme à son origine[2]. Mais apparemment très peu de travaux sont réalisés, d'abord à cause de difficultés financières et matérielles. Saint-Etienne ne dispose donc pas d'une piste cycliste moderne en plein air : seul le vel d'hiv est là pour répondre à la demande, au moins jusqu'en mai 1944 où le bâtiment est durement touché par le bombardement allié du 26 mai 1944[3].

Enfin, les mêmes hésitations et retards qu'à l'Etivallière ou Villeboeuf concernent les projets lancés avant la guerre, telle la piscine en plein air de Grouchy. Après la lenteur des travaux entre 1939 et 1942, une rumeur de démolition par l'autorité militaire est même lancée en 1942 ; mais avec la confirmation d'une subvention d'Etat en 1944 les travaux se poursuivent (limités à cause du manque de matériaux et du système de vidange). La piscine fonctionne au printemps 1944, sans achèvement des vestiaires ni ouverture au public. Un autre souci pour la natation stéphanoise est le fonctionnement du bassin de Janon dont la transformation assez récente en bassin de natation (vers 1935) ne donne pas satisfaction et la baignade est même interdite en 1942[4]. Ce phénomène est récurrent en France depuis l'entre-deux-guerres : le pays est en retard sur son équipement en piscines et le rattrapage, en cours depuis le Front Populaire, est lent. Le retard stéphanois est tel que l'Etat acquiert au printemps 1942 la piscine privée Souchon, minuscule et inconfortable, surnommée le « crachoir » en référence à son orientation hygiéniste. Des travaux sont

---

[1] Fin 1942 est voté un projet d'extension de la Chaléassière vers l'usine à gaz avec un terrain scolaire puis la ville demande au préfet une procédure d'enquête publique, aboutissant à sa réquisition en 1944 (AM : 10M22).

[2] La ville prévoit en 1943 de détruire la mauvaise piste cycliste pour la remplacer par une piste neuve de 500 mètres en ciment avec un centre une piste pédestre et un terrain de rugby, tel un véritable stade d'athlétisme, de cyclisme et de rugby.

[3] Tel un spectacle de désolation (AM : 10M5), une vision renforcée en janvier 1945 par l'arrivée de la neige. Ce bombardement de 1944 provoque à Saint-Etienne plus de 1000 morts, 2000 blessés et 15 000 sinistrés (Luirard, 1980).

[4] Bref, comme l'écrit *Nos Sports* en 1942 : « Mille regrets on ne nagera pas à Saint-Etienne cet été ». Le journal, qui agit comme propagande du sport, ajoute le témoignage d'un commerçant sportif (M. Jeanniard ancien président du Swimming Club parisien replié sur Saint-Etienne) qui se trouve « étonné que la natation soit dans notre grande ville noire le 36ème dessous » (*Nos Sports* du 4/6/1942).

alors nécessaires et l'ouverture n'a lieu qu'en mai 1943, gérée par un nouveau club, les Tritons stéphanois. Mais le 16 juillet 1944, les Championnats de la Loire de natation organisés par les Tritons sont contraints, à cause de nouveaux travaux, de migrer à la piscine privée du casino de Montrond-les-bains inaugurée en 1937. *Nos Sports* titre ce jour-là : « Pauvre natation stéphanoise ».

C'est dans ce contexte difficile pour la natation et les autres sports nautiques que le CGEGS du colonel Pascot lance le projet d'un bassin aménagé au Pertuiset, sur les Bords de Loire. Outre l'insuffisance de l'offre à l'échelle de la région stéphanoise, c'est la présence d'un vieux club sportif, la Vigie-Mouette, et l'ancienneté de la fréquentation des Stéphanois qui expliquent cet aménagement public d'envergure dans ce lieu. L'aménagement du bassin est lancé au début de 1944 par le CGEGS (qui s'engage sur une subvention de 70%) et par la ville de Saint-Etienne en partenariat avec les communes proches de la Loire, en fait les communes ouvrières de l'Ouest stéphanois dans une logique hygiéniste. Ces communes créent une association intercommunale pour la réalisation et la gestion de l'équipement[1] ; mais dans un contexte politique si mouvementé à l'été 1944, les travaux sont repoussés, réalisés en 1946.

Finalement, une seule piscine est achevée en région stéphanoise, celle de la Talaudière, commune où l'entrepreneur et adjoint M. Thinet continue d'impulser l'aménagement sportif, non sans difficultés. Surtout, confirmant la volonté de « régénérer la population par le sport », le projet est modifié en 1943 par l'ajout d'une piscine, fruit de l'investissement de M. Thinet qui, en tant qu'entrepreneur de travaux publics, porte plus le projet que le maire. Ce projet de piscine provoque la souscription d'autres marchés et une hausse des coûts, mais aussi un changement d'architectes (MM. Ferraz et Seignol, choisis par le CGEGS qui « pilote par le haut »). Après un dernier

---

[1] Saint-Etienne, Firminy, Unieux, Saint-Paul-en-Cornillon, Caloire, mais aussi Le Chambon-Feugerolles, La Ricamarie et Roche-la-Molière. Le syndicat intercommunal – le premier SIVU créé dans le domaine sportif – se forme en mai 1944 pour une durée de cinq ans : il prévoit que la ville de Saint-Etienne finance la moitié des sommes à investir, autant pour la réalisation que pour la gestion, confirmant que le projet est avant tout stéphanois. Dès 1949, le syndicat est dissout : les communes ouvrières entre Saint-Etienne et la Loire ne veulent a priori plus financer un équipement de prestige peu utilisé par les classes populaires.

emprunt de 140 000 francs, le bassin de natation est rapidement terminé et ouvert au public le 6 août 1944[1]. Le stade-piscine talaudiérois est l'un des rares ensembles sportifs importants construits en région stéphanoise sous le régime de Vichy, grâce à la volonté de M. Thinet et malgré un financement lourd pour les deux partenaires publics. La Talaudière bénéficie, par l'appui d'un élu-entrepreneur dynamique, d'un équipement rare dont même Saint-Etienne peut être « jalouse » car sa piscine de Grouchy n'est pas achevée avant 1946. La fin des années 1940 s'ouvre à la Talaudière sur une dynamique sportive que ne remet pas en cause la nouvelle équipe municipale où M. Thinet, malgré son soutien à la politique sportive de Vichy, reste conseiller municipal (en tant que pilote du projet de stade-piscine qu'il s'agit d'achever). La continuité d'acteurs locaux peut donc parfois effacer des ruptures nationales fortes.

Au total, le bilan de cette politique sportive publique, guidée par un Etat fort et une municipalité soumise, est difficile à mesurer et fait encore l'objet de controverses selon deux thèses principales : Vichy comme une parenthèse ou Vichy dans la continuité (étape d'un long processus d'intervention étatique dans le sport). Les deux thèses se complètent en fait selon les dimensions du sport : la première thèse concerne plus la dimension sociale (à l'image d'un associationnisme sportif neutralisé), la seconde la dimension politique : modernisation administrative avec investissement dans les compétences techniques et obsession normative des aménagements[2]. Saint-Etienne reproduit bien ce schéma binaire avec un mouvement sportif réorganisé au profit des scolaires et des classes moyennes/populaires, et une dynamique d'aménagement assez forte, tout au moins dans les projets puisque les difficultés liées à l'Occupation limitent les réalisations effectives après 1942. La municipalité, relayant l'interventionnisme de Vichy, n'a jamais autant géré de dossiers d'équipements sportifs en même temps, déjà construits (vel d'hiv, parcs des sports de l'Etivallière et de la Chaléassière), en construction (piscine Grouchy) ou projetés (parc des sports de Villeboeuf). Bref, la Seconde Guerre mondiale reste une

[1] Le dernier numéro de *Nos Sports* le 10 août 1944 parle d'une « merveilleuse réussite » grâce au promoteur-réalisateur M. Thinet. Quant au terrain de football, il est alors utilisé par l'Etoile Sportive, sans les vestiaires encore en construction.
[2] Callède, 2000, op. cit.

période ambivalente pour les politiques publiques d'aménagement sportif : avancée de plusieurs projets plus ou moins en commun avec les périodes précédentes (les années 1920 sous L. Soulié, les années 1930 sous les municipalités de centre-droit et le Front Populaire) mais difficultés pour les travaux publics (approvisionnement, bombardement, préoccupation mineure face aux nécessités de la ville quotidienne). Le système d'acteurs public reste, placé sur un moyen terme, plutôt hésitant et sans grande cohérence puisque les ruptures politiques engendrent une succession de projets sans que les projets précédents ne soient achevés (parc de l'Etivallière délaissé au profit de Villeboeuf nouveau parc des sports plus central).

Mais les modifications de pratique et conception du sport ne concernent pas que les acteurs publics : les acteurs privés continuent de jouer un rôle non négligeable, même s'il n'est en rien comparable avec le début du siècle. Parmi les principaux « animateurs » du sport pratiqué dans les espaces privés, la famille Guichard continue de faire du stade G. Guichard l'un des lieux incontournables du sport stéphanois : plutôt ancrée politiquement à droite, elle soutient le régime de Vichy et son idéologie de Révolution Nationale depuis le début[1], mais dans une évolution reprenant la rupture politique de 1942. Après avoir encensé la dynamique sportive proposée par Borotra (surtout après la Charte des Sports de décembre 1940), notamment la politique d'éducation physique scolaire et la priorité donnée aux terrains de sports scolaires[2], l'arrivée du colonel Pascot force P. Guichard à prendre ses distances avec la politique sportive et l'idéologie du régime : c'est la fin d'une « ère de la confiance » et le début d'une « ère

---

[1] Ainsi *Nos Sports*, arrêté en septembre 1939, reprend le 19 septembre 1940 au début du régime avec cet éditorial : « Modestement, il fera tous ses efforts pour aider à la tâche de reconstruction nationale que poursuit le gouvernement ... Nos Sports soutiendra tous ceux qui, dans le domaine du sport et de l'éducation physique et morale de la jeunesse, voudront participer à l'œuvre commune ».

[2] Le stade G. Guichard est mis à disposition des scolaires les jeudis après-midi (*Nos Sports* du 3/10/1940) puis accueille des fêtes omnisports où sont diffusés les discours de Pétain comme ce 1er mai 1941. Seul le professionnalisme pose un cas de conscience à P. Guichard puisque ses ambitions et sa conception du football s'opposent à la vision éducative et moralisatrice du sport prônée par le régime.

de la défiance »[1]. La politique du sport de masse à la gloire du régime paraît de plus en plus incompatible avec une politique élitiste et une grande équipe professionnelle qu'il est de plus en plus difficile d'encourager, tant financièrement du côté des dirigeants que sportivement du côté des passionnés de football (mise entre parenthèse de l'amicale des supporters, affluences inférieures à 5000 spectateurs). P. Guichard démissionne en janvier 1943 après 19 ans d'efforts et 16 ans de présidence effective, remplacé par Paul Laval, ancien président du SESC et depuis longtemps au comité directeur de l'ASSE. Annoncée dès l'été 1942, la remise en cause du professionnalisme devient officielle en juin 1943, malgré la colère du club et des négociations (Pascot veut un amateurisme intégral et, ultra-nationaliste, n'apprécie pas le chauvinisme local). Les Stéphanois ont un sentiment de rejet, « éternels » seconds derrière Lyon (seul accepté en Championnat de France semi-professionnel avec ses 16 équipes). La politique du club s'en trouve modifiée : l'ASSE est inscrite en championnat amateur, sans grandes recettes, ce qui contraint à demander d'une part une première subvention à la ville et d'autre part un minimum fixe pour la mise à disposition du stade qui fonctionne comme un « stade municipal ». Sans forcément parler de mise sous tutelle, il reste que le dynamisme des années 1940-41 est réellement stoppé, au-delà du seul football : les ambitieux projets sportifs des autres sections sont remis en cause[2].

---

[1] Charroin Pascal, 2002, « De Borotra à Pascot ou le professionnalisme sous contrôle : le cas de l'ASSE », in P. Arnaud (dir), *Le sport et les Français pendant l'Occupation 1940-1944*, Paris, l'Harmattan, p.215-227.

[2] En 1940-41, l'ASS fait preuve d'un relatif dynamisme dans les autres sports, notamment sous l'impulsion du basketteur et tennisman Jean Galmiche : projet de section hockey sur gazon en décembre 1940 (démonstrations au stade), création effective d'un Tennis-Club de Saint-Etienne à l'été 1941 (regroupant la section tennis de l'ASS, le TC de la Digonnière et la société des Tennis couverts). C'est en athlétisme que les projets de l'ASS sont les plus forts, dans une dynamique nationale : en décembre 1941 est créé le Club Athlétique de Saint-Etienne par fusion de l'ASS-athlétisme avec le Club Athlétique du Coquelicot présidé par Léon Nautin. Quant au basket, toujours pratiqué sur le terrain avenue Denfert-Rochereau, l'ASS envisage de construire une salle couverte (des matches de basket se déroulent au vel d'hiv, comme ce match du 19 janvier 1941 contre l'AS Montferrand de la famille Michelin). Enfin, l'ASS projète une salle de jeux (ping-pong et baby-foot), à côté de la salle de culture physique, au siège rue de la Montat.

En dehors de cette grande structure du sport privé qu'est l'ASSE, les politiques sportives des entreprises stéphanoises sont rares ou d'ampleur limitée. Le souci de vitalité économique est primordial et la politique sociale passe souvent au second plan. Les Houillères de Saint-Etienne, jusque-là peu actives dans leur politique sociale, lancent des projets d'aménagement sportif, notamment de piscine dans une visée hygiénique évidente. Influencé par la réussite des Guichard, le grand patronat industriel s'investit dans le sport : un projet de stade moderne avec piscine semble lancé début 1941 d'après *Nos Sports*, mais début 1944, seule une piscine est en construction, celle des Basses Villes près de la centrale du puits Couriot (ce qui permet de la chauffer un minimum, en été). Une plus petite entreprise, mais tout aussi dynamique en faveur du sport, est celle d'Emile Mercier le fabricant de cycles, cherchant à développer le tennis et le basket[1].

Bref, à la Libération, le sport stéphanois, s'il n'est pas moribond, évolue dans un cadre bien particulier, sans grande autonomie ni vitalité sportive, que ce soit sur les terrains publics ou les terrains privés. Des aménagements et des projets d'aménagements sportifs sont en cours, souvent pour de grandes ambitions mais selon des réalisations limitées, quand ce n'est pas le patrimoine sportif municipal qui est lui-même touché comme en mai 1944 par le bombardement. La Libération de la ville et de la majorité du territoire national en août 1944 fixe d'autres priorités aux acteurs en place (le sport occupant une place secondaire, toujours ambiguë).

2.2 Les années 1945-1960 : les hésitations prolongées

2.2.1 D'une renaissance des sports à une reconstruction des équipements sportifs publics

S'il paraît difficile de réellement comparer les deux guerres et les années 1919 et 1945, on ne peut s'empêcher de s'interroger sur la

[1] En 1941, E. Mercier achète à la veuve Brossy les courts de tennis privés de la villa Brossy, construits au début du siècle vers le Rond-Point (Cretin, 1998), tandis qu'il crée la même année un club d'entreprise, l'Amicale Sportive du Rond-Point, et aménage un terrain rue E. Clermont à 50 mètres du Rond-Point, inauguré par un match de gala ASS-CAC. Dès mai 1943, il loue trois courts au TC de Saint-Etienne qui est saturé dans ses deux courts à la Digonnière.

rupture dans le monde du sport et de l'aménagement urbain en 1945, comme nous l'avons vu pour la Première Guerre mondiale. Sans détailler une mise en contexte socio-politique par ailleurs déjà étudiée[1], retenons le renouvellement des acteurs locaux en région stéphanoise, avec un poids des interventions publiques mais dans une orientation moins autoritaire. En effet, d'un côté la politique sportive du Gouvernement Provisoire de la République française confirme la tutelle de l'Etat, notamment par l'ordonnance du 28 août 1945. Mais d'un autre côté, elle privilégie le retour à un « sport démocratique », fondé sur la liberté d'association et l'impulsion par une nouvelle direction générale de l'éducation physique. D'abord une circulaire, datée du 22 décembre 1944, préconise en reprenant une idée de Léo Lagrange (décédé au combat en 1940), sous influence de sa veuve, la création d'offices municipaux de l'éducation physique et des sports (souvent appelés OMS) pour représenter les mouvements sportifs locaux. Même si cette circulaire est peu suivie dans les faits, l'idée de mettre en place un dialogue avec le mouvement sportif avance, d'autant plus que le nombre d'interlocuteurs particuliers (les clubs) progresse et complique la tâche des élus.

A Saint-Etienne, ce souci d'écoute semble assez fort dans la nouvelle municipalité. Car dès le 26 août 1944, le conseil municipal est modifié aux trois-quarts et le maire Amédée Guyot, proche de Vichy, est remplacé par le docteur Henri Muller, qui porte un discours sans grande orientation politique, à l'image du large rassemblement dans le gouvernement provisoire. La municipalité Muller, officiellement élue en 1945, répond favorablement aux initiatives nationales par une refonte de l'organisation du sport local, alors que dès novembre 1945 le conseil municipal se prononce publiquement en faveur d'un Ministère des sports et des loisirs, scolaire et post-scolaire. En 1946 sont créées deux instances complémentaires : un OMS avec 217 associations stéphanoises et un embryon de SMS (Service Municipal des Sports). Le premier est en fait un organe local de l'UDFS (Union Départementale des Fédérations Sportives, née dans les années 1930), dirigé d'ailleurs par le même homme, André Fiéloux qui est au comité directeur de l'ASSE, donc influent au niveau des grands clubs. Pour le second, le SMS, un directeur des installations sportives municipales est nommé le

[1] Luirard, 1980, op. cit.

1er juin 1946 : c'est André Chabot, l'ancien régisseur des stades depuis 1926, qui gère un service en voie de rationalisation, travaillant en relation directe avec les services techniques municipaux qui ont la charge des principaux travaux[1]. Il faut peut-être voir ici l'influence du docteur Henri Muller, un maire attaché aux valeurs du Front Populaire et de l'effort de rénovation des années 1944-1946, en faveur d'un sport plus « sain » et géré démocratiquement.

Le renouveau des acteurs locaux touche d'autres rouages importants dans l'impulsion du sport en région stéphanoise : la presse stéphanoise est réorganisée à la Libération. Sur les trois quotidiens locaux paraissant après novembre 1942, deux disparaissent sans grande controverse, *le Mémorial* et *la Loire républicaine*, tandis que *la Tribune* ne disparaît que temporairement, jusque vers 1950, après de nombreuses hésitations vis-à-vis des nouveaux journaux[2]. Quant aux journaux sportifs spécialisés, *Nos Sports*, qui seul paraissait durant la guerre, n'est jamais remplacé après le dernier numéro daté du 10 août 1944, puisque dans le même temps, Pierre Guichard, peut-être trop impliqué dans la politique sportive et sociale de Vichy, se met en retrait au sein de l'ASSE. Le club a d'ailleurs un redémarrage plutôt difficile en 1944/45 mais dès la saison suivante, le public redevient plus régulier et surtout les résultats encouragent cet engouement : en 1945/46, l'ASSE échoue à un point du titre de Champion de France, après avoir été longtemps en tête. Le club se restructure, toujours pour rationaliser son fonctionnement[3] ; et dès 1945 une petite subvention est obtenue de

---

[1] Des employés stéphanois participent au stage du centre national d'équipement sportif, placé sous l'influence de l'architecte spécialisé Charles Bouhana qui publie en 1946 l'ouvrage référence de l'époque « Terrains de sport » où il met en avant les aspects techniques, son pragmatisme d'entrepreneur, son intuition empirique.

[2] En 1951, *la Tribune* fusionne avec deux des quatre journaux nés en 1944, *la Dépêche* et *l'Espoir* : *le Patriote* gardant son orientation propre (politiquement à gauche), tout comme *le Cri du peuple* (Luirard, 1980). Cette même année, le journaliste Antoine Puillet de *la Tribune* fonde, dans un esprit de conciliation, de solidarité et de renouveau, l'amicale des journalistes sportifs publiant « l'Annuaire officiel des sports de la Loire et de la Haute-Loire » dès 1951 (AM : 7C50).

[3] Un poste de secrétaire général est créé, le siège social du club s'installe en 1946 en centre-ville, rue Saint-Jean, quittant le giron de l'entreprise Casino (sans oublier la dissolution du CASE en athlétisme). Signe d'une évolution faisant passer au premier plan les acteurs publics, au second plan les acteurs privés, la famille Guichard n'est plus autant impliquée dans la gestion du club.

la ville, grâce à un argumentaire sur le rôle du club dans la ville, sur l'offre d'un spectacle de plein air sain, enfin sur une activité commerciale faisant une promotion régionale.

Dans le système d'acteurs mis en place à Saint-Etienne après la guerre, le mouvement sportif joue un rôle croissant, celui d'une demande sociale souvent décisive dans les projets d'aménagements sportifs, même si tous les sports ne sont pas sur un pied d'égalité. Le football par exemple est confirmé comme sport-roi dans la ville : la restructuration hésitante de l'ASSE est « compensée » par la bonne santé du football amateur stéphanois : de nombreux clubs se créent en cette fin des années 1940, parfois même dès 1945 comme le futur grand club amateur local l'Olympique de Saint-Etienne. L'initiative privée, surtout des élites, joue un rôle essentiel. En effet, ce club amateur construit à l'initiative de l'entrepreneur local Roger Rocher est un bon exemple, à un autre niveau que l'ASS des années 1920, de l'implication des élites économiques locales, notamment le patronat de l'industrie et du commerce, dans la création de clubs sportifs, selon une logique proche du paternalisme (assurer tout à la fois des conditions de vie dans l'entreprise agréables pour ses employés, et la promotion de cette entreprise). Roger Rocher est la figure d'un petit patronat industriel en pleine ascension sociale, surtout dans un secteur comme les travaux publics, favorisé par le contexte socio-économique de la Reconstruction. L'influence professionnelle et sportive de son père Gaston est d'abord décisive (ancien mécanicien, pratiquant et dirigeant sportifs). Roger, dont le frère Jean est président du Boxing Club du Soleil, passe sa jeunesse dans ce quartier du Soleil (basketteur à l'AL de Grangeneuve). Travaillant dans les mines de 1936 à 1946 où il reprend l'entreprise de son père (malade), la transformant en une Société Forézienne des Travaux Publics (SFTP), il fonde dès 1945 un club corporatif : l'Association Sportive des Petites Mines, qu'il préside et engage en FSGT (en aménageant rapidement une plate-forme au pied d'un crassier). En patron progressiste, politiquement centriste et attaché à une culture d'entreprise « moderne », ouverte et centrée sur les valeurs de travail et de soif de victoire, il veut limiter l'aspect corporatif et voir son club s'émanciper. Il encourage alors en 1947 la fusion avec un club de quartier, le Football Club franco-espagnol fondé en juin 1937 par des travailleurs espagnols immigrés, installés dans les campements de Méons[1]. Ce club s'appelle Olympique de Saint-Etienne (OSE), recrutant dans le quartier (Méons, Eparre, Soleil). Roger Rocher veut un stade à la hauteur de ses ambitions : il achète un terrain aux Houillères, dégradé par le bombardement de mai 1944, rue Jean Huss près du crassier de Méons. Grâce à son entreprise, il terrasse le terrain pour un stade de football complet aménagé en moins de deux ans. Ces travaux sont réalisés par la SFTP et surtout par les jeunes du quartier, amis ou parents des joueurs (environ 100 à 150 personnes tous les jeudis et dimanches) : le stade devient l'équipement collectif du quartier, même si son caractère privé est total. L'inauguration, le 11 septembre 1949, voit la victoire sur les jeunes de l'ASSE 7 à 0, et la reconnaissance du pouvoir politique local : Rocher reçoit de l'adjoint aux sports Pierre Louis la médaille de l'encouragement aux sports. Le stade est un symbole de réalisation sportive par des fonds privés dans un quartier pauvre, la réussite du club l'est encore plus (avec cet esprit corporatif où chaque match est une fête de quartier, notamment contre les autres équipes stéphanoises).

Au-delà de cet exemple liant sport et activité économique, sport et ascension sociale (pour le patron et ses employés-joueurs d'origine espagnole), c'est tout le football stéphanois qui se développe en cette fin des années 1940. Les clubs de football s'implantent dans les quartiers de la ville : en 1951, Saint-Etienne compte 19 clubs et le football supplante définitivement le rugby[2]. Le football touche toutes les orientations et idéologies sportives, ce que confirme la diversité des clubs : certains sont de vieux clubs omnisports, d'obédience catholique comme la Jeanne d'Arc de Saint-Ennemond ou la Sainte-Barbe du

---

[1] Ce club, appelé au départ Espana Football Club est fondé par deux frères, les Balboa (Manuel a joué à l'ASS dans les années 1920). Il est installé sur un terrain de la plaine du champ de Mars appartenant aux Houillères qui emploient de nombreux Espagnols (depuis la Première Guerre mondiale, amenant une véritable colonie dans la « cité de Méons », que le club de football permet de souder). En 1946, il devient le football club franco-espagnol et compte moins d'étrangers, selon une idéologie d'intégration. Sa montée en Première division de la Loire nécessite une main courante au terrain, ce qui accélère la fusion avec l'AS de R. Rocher.

[2] Christian Sigel analyse les problèmes du rugby local : réglementation compliquée et mouvante (guerre fédérale avec l'aventure treiziste), difficile recrutement (malgré une petite « filière catalane ») et surtout absence d'essaimage en dehors du SFU qui ne joue qu'en 3ème ou 4ème division (Sigel, 2003, op. cit.).

Soleil, d'autres corporatifs (club sportif du personnel d'Etat, ASPTT, Union Sportive des Cheminots, etc), sans oublier le vivier scolaire (Lycée Sportif Stéphanois et, sur le même modèle, le Groupe Sportif de l'Ecole Nationale Professionnelle ou GSENP).

De manière plus générale, sans lister tous les autres sports présents dans la ville, retenons simplement, en se basant sur les chiffres de l'annuaire du sport ligérien 1951, que ces années d'après-guerre combinent le poids encore fort de sports traditionnels et le poids naissant de sports récents, sans connaître le grand boom des sports de masse des années 1960. L'opposition des sports élitistes / populaires perd progressivement de son sens : plusieurs sports élitistes sont en voie de popularisation, sur lesquels la classe dirigeante n'a plus le 'monopole', par exemple le tennis pratiqué par les scolaires au GSENP et en pratique libre à l'Etivallière (alors que se maintient le club élitiste du TC de Saint-Etienne, avec ses courts à Fauriel et à la Digonnière). Pour le dire vite, le sport, progressivement investi par les acteurs publics dans une logique de politique sociale, attire moins les élites locales qui s'orientent vers d'autres pratiques distinctives comme le tourisme, hors de la ville. De plus, les sports récents, apparus puis s'affirmant au cours des années 1930 et 1940, ont presque tous un caractère populaire, se détournant du modèle de diffusion sociale procédant d'une imitation sociale des classes moyennes et populaires, prenant de l'ampleur au sein des clubs omnisports ou de nouveaux clubs spécialisés, notamment le basket[1]. Les autres sports populaires, plus anciens, gardent leur orientation populaire en se développant : aussi bien le tir et la gymnastique que la sarbacane, le sport-boules (plus de 3000 licenciés), le jeu de l'arc, voire les sports athlétiques d'intérieur[2]. Sans être un enjeu électoral majeur, ce mouvement sportif populaire exerce une pression sur la municipalité.

---

[1] Qui compte 3500 licenciés environ dans la Loire en 1951 (dont 19 clubs pratiquant à Saint-Etienne, en partie des amicales laïques). Citons le tennis de table (huit clubs stéphanois), le volley, le judo (Judo Club stéphanois), mais encore le motocyclisme et le sport hybride le moto-ball (limité en 1951 au seul Moto-Ball Sporting Forézien, regroupement des anciens clubs des années 1930).

[2] La boxe (à Saint-Etienne Sports, le grand club des années 1940, mais aussi dans les amicales laïques comme à Terrenoire ou Chapelon), la lutte et les poids et haltères, notamment au vieil Omnium Sporting Club.

La municipalité Muller, où l'adjoint aux sports est le dirigeant sportif Pierre Louis, a comme priorité la remise en état de la ville, de ses équipements collectifs : la guerre a détruit, modifié l'usage ou empêché l'achèvement de plusieurs grands équipements sportifs municipaux. Et leur (re)mise en service mobilise les budgets et les hommes durant cette fin des années 1940, la puissance publique jouant un rôle essentiel dans cette période. C'est le cas du vel d'hiv : en effet, il a été largement touché par le bombardement du 26 mai 1944 et nombreux sont les Stéphanois (sportifs, industriels, simples habitants), à vouloir sa réhabilitation rapide. C'est le monument du sport local de l'époque, plus que le stade Geoffroy Guichard qui ne fait pas partie du patrimoine public et n'accueille pas autant de manifestations sportives diverses et populaires. Dès l'automne 1944 se crée un comité d'encouragement aux sports cyclistes et olympiques, association soutenue par la Chambre Syndicale du cycle qui avait construit l'équipement en 1925 (dirigée par MM. Chabot, régisseur des établissements sportifs de la ville, et Rey, un puissant industriel). L'objectif principal est de remettre en état la piste pour gérer l'organisation des réunions sportives, dans un consensus mêlant intérêts politiques et intérêts économiques. Les travaux sont la priorité de ce comité pendant environ cinq ans, tant leur ampleur est importante (au regard d'une priorité municipale donnée aux reconstructions immobilières). Grâce à une souscription publique et à des subventions nationales, différents travaux de gros œuvre sont réalisés de 1946 à 1949 pour un montant avoisinant les 3 millions de francs (plus de 300 000 euros actuels). Après quelques réunions dès l'automne 1948[1], la réouverture officielle a lieu en août 1949 et dès septembre 1950, Saint-Etienne accueille à nouveau les Six Jours cyclistes, avant que d'autres travaux ne viennent confirmer cette vocation de sport-spectacle (abaissement de la pelouse et création de 60 loges pour la dixième édition).

D'autres installations sportives municipales ont souffert de la guerre, surtout de l'occupation allemande puisque les terrains de la Chaléassière et de la Terrasse ont été réquisitionnés à partir de 1942. Le

---

[1] Pour la FSGT, l'USGL et les comités boulistes (comité bouliste catholique et de la FBL, avec les premiers concours au centre de la piste les 26 et 27 février 1949 à la suite du traditionnel concours des maîtres joueurs).

camp des prisonniers de guerre construit entre le stade de la Chaléassière et les terrains à peine aménagés du Chambonnet est encore occupé par des prisonniers allemands en 1946. La réfection de la piste et des vestiaires du stade de la Chaléassière a lieu en 1947 : l'utilisation de ce stade reprend alors de manière intensive, notamment par le grand club d'athlétisme local, le Club Athlétique du Coquelicot, qui organise le championnat d'athlétisme de la Loire en 1947 et pousse la municipalité à nommer le stade « Léon Nautin » en souvenir de ce président du Coquelicot (ancien résistant). Puis la ville récupère à l'armée en 1949 les terrains du camp de prisonniers, situés au Chambonnet à proximité du stade de la Chaléassière : elle y aménage rapidement dans les baraques une salle de boxe et d'haltères ; enfin elle remet en état les deux terrains de football juste à côté. En outre, dans cette difficile remise en service et en projet des espaces sportifs municipaux, le parc de l'Etivallière voisin fait l'objet de rapides remises en état puis d'améliorations répondant aux décisions de 1942 (courts de tennis, nouveaux vestiaires), tandis qu'à Méons, dans ce quartier au cadre paysager dégradé, quatre terrains de football sont aménagés en 1948, complétés par une baraque-vestiaire en 1949.

Quant au stade de la Terrasse, un des plus anciens de la ville avec sa piste pédestre servant surtout aux scolaires mais occupé par les Allemands de 1942 à 1944, les dégâts causés nécessitent des travaux pour refaire le terrain et les vestiaires[1]. L'utilisation par de nombreux scolaires et par divers centres de formation professionnelle permet à la ville d'obtenir des subventions, surtout de la Direction Départementale de Jeunesse et des Sports (représentant l'Etat) : 243 000 francs en 1948 (soit environ 7000 euros actuels). Cette somme inclut l'utilisation scolaire du récent stade nautique de Grouchy, tout proche.

Cette piscine municipale de Grouchy, lancée sous le Front Populaire, est achevée sous la municipalité Muller, après une décision de février 1945 encouragée par d'importantes subventions du ministère de l'Education Nationale (qui a la tutelle des sports), non sans problèmes[2]. Dès février 1946, alors que la piscine d'été n'est toujours

---

[1] Mais le stade de la Terrasse est à nouveau dégradé en 1947 par l'occupation de l'armée venue réprimer les débordements dus aux grèves ouvrières (AM : 10M15).

[2] Car plusieurs lots, attribués en 1937, doivent subir une adjudication, sans oublier que les eaux doivent être épurées après les premiers essais de 1944, avant que les

pas achevée, le conseil municipal débat sur la suite du grand projet d'aménagement sportif du Front Populaire (comprenant une piscine couverte), mais les priorités ne sont plus les mêmes et la reconstruction de la cité stéphanoise passe au premier plan, notamment les écoles comme le soulignent plusieurs conseillers municipaux. P. Louis fait reporter le projet de piscine d'hiver, soulignant la priorité donnée aux équipements scolaires, et ce malgré une forte demande sociale pour nager toute l'année. La piscine d'été est inaugurée le 20 juin 1946 dans l'urgence pour l'été, sans avoir réalisé les abords. Signe de l'impatience dans la population locale, elle a un succès immédiat, au-delà des prévisions. Il s'agit donc bien d'un équipement qui a pu « traverser », non sans difficultés, trois périodes bien distinctes avec leurs orientations sportives et politiques particulières, montrant le caractère incontournable et presque apolitique d'une piscine dans une grande ville. Mais le coût, énorme aussi bien en investissement qu'en fonctionnement, marque la municipalité et ses services techniques pour longtemps, limitant alors le nombre et l'avancement des projets puisque la piscine d'hiver de Grouchy n'est relancée qu'à la fin des années 1960 (sans oublier l'échec du bassin de Janon, toujours interdit à la baignade).

Pour pallier le report de la piscine couverte, la ville négocie la gestion de la piscine Souchon avec son récent propriétaire, l'Etat. Cette prise en main est bien présentée comme une solution d'attente à un projet municipal au long terme, même si l'Etat reste propriétaire. La ville, qui doit entretenir le bâtiment, est fortement subventionnée pour le remettre en état, sans aucune logique de rentabilité mais plutôt de politique sociale, pour accueillir du public. En 1947 et 1948, la ville reçoit respectivement 0,4 et 0,6 millions de francs pour divers travaux qui tiennent plus du « toilettage » : la piscine reste toute petite (18 mètres de long pour 5 mètres de large) mais sans coûter trop cher et permettant de « gérer » la demande de natation en hiver. Un dernier élément conduit certainement la ville à mener une réelle politique de

---

travaux de second œuvre ne prennent le relais au printemps 1946. C'est à nouveau l'entreprise Thinet qui gère l'essentiel des travaux, avec des surcoûts énormes par rapport au projet de départ en 1936 : l'aménagement global avec piscines d'été et d'hiver et terrains de jeux prévoyait une dépense de 3,85 millions de francs, ajustée en juillet 1945 à 46,3 millions de francs, soit un doublement du montant en tenant compte de l'augmentation du franc (DCM du 10/7/1945).

natation : c'est l'initiative des grandes entreprises stéphanoises, la MAS et les Houillères, d'aménager leur propre piscine à la Libération, voire dès la fin de la guerre pour les Houillères qui inaugurent en août 1944 leur bassin aux Basses Villes, à proximité du Puits Couriot. La MAS construit peu après, sur ses terrains à la Manufacture, un bassin de 22 mètres par 6 mètres avec plongeoirs, inauguré en juin 1945 : elle inscrit cette piscine dans une véritable politique sportive d'entreprise qui peut apparaître comme une concurrence vis-à-vis de la ville qui tarde parfois à prendre en charge le mouvement sportif. En 1945, sur ses terrains militaires près du stade Geoffroy Guichard, la MAS aménage un stade d'athlétisme avec terrain de football, tout en constituant un club, le club sportif du personnel d'Etat, ouvert en fait à tous (tout comme le stade est à disposition des scolaires le jeudi) dans un volonté de rayonnement social. Toutefois, ces initiatives restent ponctuelles et limitées par rapport aux interventions municipales.

En même temps que la ville reprend en main des stades comme la Chaléassière et achève d'autres équipements comme la piscine Grouchy, elle se préoccupe d'autres projets en cours de réalisation, lancés non pas sous le Front Populaire mais sous Vichy, à savoir le parc des sports de Villeboeuf. La municipalité Muller semble hésiter à reprendre un dossier marqué de l'empreinte de Vichy et largement interrompu depuis 1942[1]. Les travaux de terrassement, freinés par les problèmes de sous-sol minier, sont achevés à l'été 1947 mais sans aucun aménagement sur les plates-formes. Signe de rupture avec la politique sportive de Vichy, le projet est révisé en 1947 à la demande de la ville, toujours piloté par le même architecte E. Hur[2].

Ce nouveau projet à Villeboeuf est alors pris en main par la nouvelle municipalité élue en octobre 1947 : au docteur Muller succède Alexandre de Fraissinette, un avocat de 45 ans qui mène une liste de droite autour des idées du RPF, le parti gaulliste fondé cette année-là. Le nouveau maire, surnommé « le Baron », n'est pas fervent défenseur du sport et son adjoint aux sports Pierre Louis, bien que dirigeant

[1] Seuls 6,84 millions de francs de travaux ont été réalisés fin 1944, soit la moitié des dépenses prévues (dont seulement 850 000 francs pour l'année 1944).

[2] Plus de 12,4 millions de travaux sont réalisés entre 1948 et 1950 contre 3 millions entre 1945 et 1947 : aménagement des plateaux, des accès et plantations, et des vestiaires achevés début 1950. Le parc des sports accueille alors les scolaires de la ville, à commencer par ceux des deux grands lycées voisins.

sportif reconnu et en poste depuis la Libération, n'est pas un acteur politique suffisamment puissant et influent dans la municipalité stéphanoise. Finalement une seule nouvelle installation sportive municipale est aménagée en cette fin des années 1940, confirmant le virage des sports populaires pris au Front Populaire : c'est un stade bouliste, à l'Etivallière (même si celui-ci n'est pas tout à fait au sein du parc, implanté sur un terrain vague annexe, servant de dépendances à l'ancienne résidence des barons de Rochetaillée). Demandé depuis le début des années 1930 par la puissante Fédération Bouliste de la Loire et son président Lucien Avias (qui vient d'être nommé vice-président de la Fédération Bouliste Nationale), son aménagement répond à la pression d'un mouvement sportif bouliste qui renaît sans peine à la fin des années 1940[1]. La municipalité Fraissinette lance début 1949 la construction de 32 jeux de boules extérieurs, inaugurés à l'été 1949 pour le traditionnel et populaire concours du 14 juillet. La municipalité met en valeur ce nouvel équipement en organisant dès l'été 1950 le Championnat de France de sports-boules juste après la réalisation d'une clôture en béton armé avec un portail presque monumental. Ce qui devient vite un « temple réservé à ce sport essentiellement masculin »[2] est aussi un espace public qui permet de mieux contrôler les grands concours et de libérer les places publiques, tout en affirmant une identité sportive plus visible et plus prestigieuse que les jeux dans les cafés et les amicales boulistes[3]. A l'éclatement – voire l'anarchie pour certains élus de droite – des jeux de quartiers qui accueillent surtout une pratique de loisir s'ajoute une centralité sportive reposant sur la compétition populaire. Cette réalisation poursuit, en parallèle d'une sportisation du sport-boules, le processus de normalisation des espaces sportifs, complétant un patrimoine sportif qui s'étoffe. En cette fin de

[1] Merle, 2001, op. cit.

[2] Mandon, 1976, op. cit., p.153.

[3] « Pour éviter les nombreuses installations provisoires de jeux auxquelles il est procédé chaque année sur les places publiques dont l'état du sol est défectueux, l'aménagement du stade bouliste a été envisagé dans la partie sud-ouest du parc de l'Etivallière » écrit le maire dans le compte-rendu du conseil municipal en février 1949, selon des arguments relayés par la presse : « Saint-Etienne est avec Lyon le berceau du sport-boules. Mais depuis plus de cinquante ans, les boulistes stéphanois n'avaient pour exercer leur sport favori que des cours de cafés ou le désastreux terrain de la place Carnot » (*la Dépêche* du 8 juillet 1949).

Reconstruction, la ville de Saint-Etienne a modernisé ses équipements sportifs selon la typologie suivante :
- des équipements anciens remis en état : vel d'hiv, parcs des sports de la Chaléassière, de Méons et de la Terrasse
- des équipements en voie de réalisation depuis 1936 : piscine Grouchy
- des équipements lancés sous Vichy : parc des sports de Villeboeuf
- des équipements nouveaux, poursuivant la logique de normalisation sportive : stade bouliste.

Ce patrimoine sportif permet entre autres à la ville d'obtenir en 1950 le titre de « ville la plus sportive de France »[1] : il récompense environ vingt-cinq ans d'efforts municipaux, relayés par des gouvernements de plus en plus intéressés à la question sportive (même si c'est pour des raisons différentes nous l'avons vu), globalement en faveur du sport populaire depuis l'achat symbolique du parc de l'Etivallière en 1925 jusqu'à l'aménagement d'un grand stade bouliste en 1949. L'obtention du titre de « ville la plus sportive de France » fait d'abord, quoique timidement, l'objet d'une récupération politique de la part de la municipalité, en lien avec toute une valorisation voire une exagération par la presse locale. C'est que le patrimoine sportif stéphanois se base en fait sur des installations assez nombreuses et anciennes, héritées des efforts de l'entre-deux-guerres (parfois auparavant[2]), donc finalement peu grâce aux efforts de la municipalité Fraissinette. Celle-ci s'approprie des réalisations anciennes, tel le stade nautique de Grouchy qui vient d'être achevé mais largement construit avant et pendant la guerre : en fait, la municipalité Fraissinette vient de faire construire, seule (sans subvention étatique), une tribune de 1500 places pour encourager le sport-spectacle et pas seulement le service public de natation. Elle évoque en public le projet de piscine d'hiver, même si celui-ci est en réalité ajourné. L'effet d'annonce concerne enfin des travaux en cours par anticipation : citons les aménagements

---

[1] Ce titre est décerné chaque année depuis 1938 par le journal sportif *l'Auto* puis son remplaçant *l'Equipe* à partir de 1945, sur divers critères (nombre et type d'équipements sportifs, caractéristiques techniques, nombre de licenciés, etc).

[2] Citons les quatre salles de gymnastique des bains-douches, le parc de l'Etivallière et son annexe le stade bouliste L. Avias, le stade de la Chaléassière, le stade de la Terrasse, le stade scolaire de Villeboeuf, le stade populaire de Méons (seulement quatre terrains de football à peine aménagés), le vélodrome d'hiver, le stade nautique municipal et la piscine Souchon (propriété d'Etat).

de la Terrasse et surtout de Villeboeuf[1]. Quant au vel d'hiv, vanté comme étant le seul de province et confirmé comme palais municipal des sports, son amélioration est comptée « en millions » et concerne un terrain de basket, mais aussi un ring de boxe, un terrain de hockey et un projet de piste de patinage à roulette en dur. Cet effet d'annonce est accentué par l'absence de toute mention du comité d'encouragement, financé en majorité par le secteur privé (industriels du cycle).

Bref, ce titre est l'occasion pour la municipalité de vanter ses efforts, en priorité les équipements, mais aussi d'autres versants de sa politique sportive et une rationalisation de la gestion municipale[2]. En effet, la municipalité intervient en faveur de manifestations sportives de masse et de sport-spectacle (subvention et/ou organisation), par des aides croissantes aux clubs et fédérations[3], en entretenant des équipements non municipaux (par exemple le tremplin de saut à ski au Bessat et le bassin de Janon à Terrenoire), en mettant à disposition des professeurs et moniteurs d'éducation physique aux écoles publiques (14 hommes et 11 femmes). Quelques autres éléments ponctuels expliquent ce titre de « ville la plus sportive de France »[4]. Au total, cette récompense de 1950 semble plus reposer sur un effort progressif de reconstruction et de valorisation du patrimoine que sur une soudaine et réelle implication politique dans le domaine du sport. Cet écart entre les discours et la réalité de la politique sportive municipalité engendre des critiques qui se font entendre sur les aménagements sportifs et sur

---

[1] *La Dépêche*, qui lance une série d'éloges les 9 et 10 février 1950, parle de deux immenses plates-formes et de quatre terrains de basket puis bientôt des pistes d'athlétisme, un parcours de cross et un bâtiment vestiaire prévu pour le printemps. A la Terrasse, en cours d'agrandissement, le journaliste parlant de huit terrains.

[2] P. Louis affirme que « l'organisation sportive, on peut le dire sans fausse modestie, est à la hauteur de l'organisation industrielle » (in « Saint-Etienne centre de tourisme et d'affaires », 1951, p.153 : cf. le chapitre consacré au sport).

[3] La ville donne des subventions au mouvement sportif à travers l'OMS, pour un total de 450 000 francs en 1949, soit 100 000 de plus qu'en 1948. De plus, « la fête du 14 juillet est l'occasion de libéralités substantielles qui vont aux boulistes, aux cyclistes, aux athlètes, aux nageurs, aux gymnastes, aux clubs féminins d'éducation physique et de danses rythmiques » (*la Dépêche* du 10 février 1950).

[4] De bons résultats au brevet sportif populaire (près de 80% de réussite : 20 526 candidats reçus en 1948), la journée Vélocio en l'honneur du cyclotouriste local, la réception de sportifs étrangers, etc. Bref, « la ville de Saint-Etienne s'honore de l'effort réalisé depuis la Libération » (*la Dépêche* du 10 février 1950).

les subventions, notamment de la part du journal de gauche *le Patriote*. Pour les aménagements, le journal met en avant la nécessité d'un grand parc des sports à Saint-Etienne, en reprenant le projet du Front Populaire. Quant aux subventions, le débat porte en conseil municipal sur les rapports entre sport amateur et sport professionnel, selon un soutien privilégié aux nombreux clubs amateurs ou à l'ASSE (qui fait pression sur les élus). Selon nous, cette question des subventions à l'ASSE révèle aussi le passage d'une concurrence au rapprochement des initiatives privées et publiques.

2.2.2 Opposition et complémentarité des initiatives publiques/ privées

La question des politiques sportives de haut niveau, entre initiative privée et relais de la puissance publique, est centrale à Saint-Etienne dans les années 1950. C'est en 1950 que le club de la famille Guichard connaît de graves difficultés financières dans un contexte sportif plutôt tendu (faibles résultats, lourd déficit) et qui rejaillit sur la fréquentation du stade G. Guichard[1]. Les subventions restent rares et limitées, que ce soit par le Conseil Général, par la Chambre de Commerce ou par la municipalité stéphanoise. L'ASSE demande donc dans l'urgence, à l'aube d'une nouvelle saison sportive (risquant de liquider son équipe professionnelle au cours de l'été 1950), une aide massive de la part de la ville : une subvention et une avance remboursable. Nous sommes donc, après une phase d'ignorance réciproque voire de concurrence dans le projet sportif, dans une phase de rapprochement des intérêts privés et publics. Deux séances de conseil municipal sont nécessaires pour assurer les débats sur ce soutien financier, principalement entre les élus communistes et ceux de la majorité. La discussion dure plusieurs heures, argumentée par la majorité (nombreuses subventions en France, importance du club dans la ville au niveau sportif mais aussi commercial) et par leurs opposants (dépense énorme, sans garanties financières et sportives, nécessaire aide supplémentaire au sport amateur). Les communistes gardent en mémoire l'origine privée du club et l'opposition, dans l'entre-deux-

---

[1] Stable autour de 7500 personnes de 1945 à 1949, pas plus qu'en 1938 et 1939 : seuls les équipes prestigieuses attirent plus de 10 000 personnes : 14 686 contre l'OM le 3 octobre 1948, 18 464 contre Lille le 19 décembre 1948 (nouveau record).

guerres, entre le modèle sportif économique des Guichard et le modèle sportif politique des municipalités Soulié. La première séance aboutit à l'échec du vote d'une subvention[1] : la presse locale est mobilisée par le sujet et les articles se succèdent entre les deux conseils municipaux[2]. Finalement, le conseil vote une importante subvention de 3 millions de francs et une avance de 7 millions de francs (sans l'accord des communistes), permettant au club d'assurer une assez bonne saison sportive (7ème du championnat). Mais la ville « a mis la main dans un engrenage » et inauguré une ère de déraison financière car le club demande à nouveau une forte subvention en 1951, obtenant encore 3 millions de francs (en demandant le double) après des débats houleux, et en 1952, non plus pour combler le déficit mais acheter des joueurs, ce qui provoque d'autres tensions en conseil municipal (subvention transformée en prêt).

Ces aides sont certainement une preuve de reconnaissance de la ville aux politiques sportives d'initiative privée et au football : l'ASSE, seul club professionnel de la région, et G. Guichard, seul grand stade de 20 000 places environ, sont devenus des vitrines de la ville. D'ailleurs, la municipalité assume ces aides et leur côté para-sportif[3]. La distinction pratique sportive / sport spectacle est alors forte et sans ambiguïté ou presque, ce qui permet, malgré l'opposition des communistes, d'augmenter la subvention à l'ASSE (4 millions de francs en 1955), sans que ne soit le cas pour l'OMS (subvention stabilisée à environ 1 million de francs).

Justement, en parallèle à ce soutien de la puissance publique, le club développe la logique de sport-spectacle et modifie sa politique

---

[1] 17 voix pour et 18 contre : 12 communistes et 6 conseillers issus de la majorité, accusés quelques jours plus tard de « tuer l'ASSE », de vendre le club aux Lyonnais, à l'époque où se constitue l'Olympique lyonnais (DCM du 7/7/1950).

[2] Dans *le Patriote*, les communistes et la FSGT proposent un « plan de sauvetage » autour d'un prêt de 10 millions de francs avec garantie de vente du stade à la ville (qui en a besoin pour améliorer son patrimoine) et avec augmentation des subventions pour les 30 000 autres licenciés sportifs de la ville. Dans *l'Espoir* et *la Dépêche*, les supporters critiquent le désintéressement de la municipalité et valorisent l'ASSE comme émanation de tous les petits clubs locaux.

[3] Interrogé par la presse en 1955, l'adjoint M. Durafour déclare : « nous avons été unanimes à accepter l'effort qui nous était demandé en faveur de l'ASSE. Ce n'est pas en faveur du sport disons-le nettement, mais en faveur du spectacle que les uns et les autres nous estimons utiles à la restauration de la ville » (AM : 9 Fi 953).

sportive, dès 1950 pour éviter le même déficit et rationaliser la gestion du club. Il se « professionnalise » : un poste de secrétaire du club est créé, occupé dès 1950 par le cadre de chez Casino Charles Paret, signe d'une filiation constante entre dirigeant économique et dirigeant sportif comme le souhaite les Guichard. D'ailleurs, Pierre Guichard revient à la présidence du club après six ans de relatif retrait et fait modifier les statuts à la mesure des nouvelles ambitions ancrées sur la durée[1]. P. Guichard met fin à la politique de recrutement prestigieuse : il nomme au poste d'entraîneur, après avoir fortement insisté, l'ancien joueur Jean Snella, symbole du club par son ascension sociale et sportive (fils de mineur devenu membre de l'équipe de France) et engage avec lui un recrutement plus local et centré sur la jeunesse, donc en se plaçant la patience du moyen terme[2].

La politique porte ses fruits : les résultats progressent d'année en année, avec un jeu porté sur l'attaque : plusieurs matches mobilisent le public et la ville, à commencer par les derbys contre Lyon. Ces derbys qui cristallisent la rivalité entre les deux villes, déjà mise en avant dans le monde économique, ont surtout un effet dynamisant pour le football-spectacle[3]. En dehors de ces matches phares, l'engouement du public reste limité et dépend des résultats de l'équipe, mais aussi de la météorologie puisque janvier est très souvent le mois des plus faibles affluences. Le tableau ci-dessous confirme ce lien entre affluence et résultats, jusqu'au premier titre national en 1957.

---

[1] Le siège du club s'installe place de l'Hôtel de Ville, quittant le siège de Casino pour une place plus visible et prestigieuse, se démarquant définitivement d'une image de club d'entreprise soutenu par plusieurs mécènes.

[2] Les dirigeants sont rapidement aidés par un ancien joueur devenu représentant en maroquinerie, Pierre Garonnaire, qui commence à recruter, au hasard de ses déplacements dans les clubs amateurs, des jeunes doués qu'il fait venir à l'ASSE. Cette formation de jeunes à la place de vedettes recrutées à prix d'or est autant un choix qu'une nécessité en 1950, accentuant le caractère populaire du club.

[3] Le premier derby a lieu le 28 novembre 1954 pour la première saison de l'Olympique Lyonnais en D1, après une attente de plusieurs années (Lyon n'avait pas de club professionnel avant la guerre). Il occasionne le record d'affluence de la saison avec pour la première fois plus de 20 000 spectateurs (puis 25 000 la saison suivante). C'est lors de ces matches que la presse parle pour la première fois de derbys sensationnels, d'un spectacle présent autant sur le terrain que dans les tribunes : chorale (1000 membres à l'amicale des supporters), fanions et pétards, dans une « ambiance atomique » pour cette « kermesse du football » (AM : 4R6).

Tableau n°4 : les liens affluence / résultats dans les années 1950 : l'ASSE à G. Guichard

Saison	1951/52	1952/53	1953/54	1954/55	1955/56	1956/57
Classement	9°	11°	5°	7°	4°	1°
Affluence moyenne	9806	9508	9844	10 574	10 893	16 801
Affluence record	18 646	15 697	22 478	24 089	25 435	31 968

Source : ASSE

Cette saison 1956/57 constitue un tournant sportif mais aussi politico-sportif, récompensant le système d'acteurs mis en place en 1950 (dirigeants / élus stéphanois) : les victoires sont nombreuses à domicile et le public stéphanois ne cesse de se renforcer. Le premier match de la saison à Geoffroy Guichard voit la victoire sur Marseille 6 à 3 devant 8963 spectateurs et déjà plus de 14 000 personnes fêtent la première place dès la fin du mois de septembre, avant le record de 30 968 spectateurs contre le grand Reims en février 1957. La saison 1956/57 confirme par ailleurs une évolution plus globale du football professionnel à Saint-Etienne et en France.

Le spectacle sportif à Geoffroy Guichard devient un loisir du dimanche après-midi, remplaçant la traditionnelle promenade ou excursion, notamment pour les élites locales en tribune d'honneur, et pour les classes moyennes et populaires dans les gradins derrière les cages (même si aucune enquête précise ne permet de le justifier de manière sûre). Le club a bien compris les retombées possibles grâce à ce loisir, donc ses logiques marchandes (vente d'espaces publicitaires au stade, inscriptions sur les maillots, gadgets). Ce phénomène touche l'ASSE mais aussi l'ensemble du football français et international : les compétitions se multiplient (la Coupe Drago de 1953 à 1964 pour les clubs de D1 éliminés de la Coupe de France, que l'ASSE remporte deux fois en 1955 et 1958, et la Coupe d'Europe en 1956), les stades se remplissent (la finale de la Coupe de France 1950 est jouée devant plus de 62 000 personnes dans un stade de Colombes comble) et acquièrent une dimension monumentale.

A Saint-Etienne, le titre de champion et les 30 000 spectateurs atteints en 1957 encouragent la modification du stade : celle-ci est profonde et massive. La famille Guichard souhaite moderniser l'installation et donner la priorité au football[1] : le stade perd sa piste d'athlétisme et ses sautoirs, il change de forme et devient strictement rectangulaire. Les tribunes accompagnent ce changement et les gradins circulaires Nord et Sud sont repositionnés en rectangle (toujours à découvert), tel un schéma pris sur le modèle anglais qui continue d'inspirer Pierre Guichard et le nouveau président P. Faurand (mais il n'est encore question de parler d'un stade à l'anglaise). Le stade est légèrement agrandi, tant le terrain au centre que les tribunes dont la capacité est portée à 32 000 places. Pour cela, une société civile immobilière est créée le 17 mai 1957 par Faurand et Guichard : la société immobilière du stade G. Guichard[2]. En fait, cette société fait suite à un échec des pourparlers entre les dirigeants du club et la municipalité sur les conditions de transaction, principalement par refus du maire d'engager de tels frais pour le sport (qui plus est le sport-spectacle). Toutefois, les travaux sont dirigés par l'architecte de la ville E. Hur et réalisés par l'entreprise de Roger Rocher la SFTP, premier signe de rapprochement entre Rocher et l'ASSE même si c'est plus comme chef d'entreprise de travaux publics que dirigeant sportif. Rocher imagine avec le club une solution économique pour les gradins Nord et Sud : il amène d'importants remblais.

Rocher rentre alors au comité directeur du club ; il est nommé vice-président de la commission sportive en 1959 par le président Guichard qui vient de reprendre son poste et modifie la politique sportive, suscitant des tensions comme pour le départ de Snella ou de Mekloufi[3]. Puis Rocher est nommé président de cette commission sportive et vice-président du club fin 1960 : Pierre Guichard prépare son successeur à la tâche de président qu'il lui confie non sans difficultés en avril 1961 : Rocher sent qu'il doit limiter son travail de patron d'entreprise, mais surtout cette présidence de l'ASSE confirme son ascension sociale, tout comme elle rapproche le club des couches

---

[1] Jusqu'en 1957, le stade continue de recevoir des fêtes gymniques avec des centaines de sportifs et, grâce à sa piste autour du terrain, le départ d'une étape du Tour de France en 1956 avec l'animation de la caravane.

[2] Avec un capital de 90 millions de francs dont 60 sont apportés par la famille Guichard et sa société Adosia, et le reste par une souscription publique.

[3] Mekloufi est appelé par le FLN qui monte une équipe de football algérienne : cf. Lanfranchi Pierre, 1994, « Mekloufi, un footballeur français dans la guerre d'Algérie », in *Actes de la recherche en sciences sociales*, n°103, p.70-74.

populaires stéphanoises. Rocher reste président de l'Olympique de Saint-Etienne (élu meilleur patron sportif de France en 1957) et tente de rapprocher la logique sportive des deux clubs selon une complémentarité relativement planifiée : dès 1962, Rocher dissout la section senior à l'Olympique et oriente le club sur une politique de formation de jeunes, tel un « vivier » pour l'ASSE. Mais tous ces changements au club depuis le titre de champion en 1957 déstabilisent l'équipe professionnelle dont les résultats s'effondrent (descente en seconde division), perdant en popularité (affluence moyenne inférieure à 10 000 personnes dès 1958/59). Les finances s'en ressentent et de nouvelles subventions importantes sont demandées au début des années 1960 : la ville, qui n'a pas modifié sa politique sportive, double sa subvention au budget primitif en 1961. Cela provoque des tensions avec le football amateur local soutenu par les dirigeants économiques[1]. Ainsi, autour du club s'est constitué un système d'acteurs centré sur le football professionnel, combinant initiative privée et soutien de la puissance publique, faisant du stade un haut-lieu du sport-spectacle à Saint-Etienne.

Cette politique sportive du haut niveau n'est pas le seul exemple de rapprochement entre interventions des acteurs publics et privés. Dans les communes minières de la périphérie stéphanoise, plusieurs politiques sportives municipales sont élaborées en combinaison ou en simple complémentarité des politiques d'entreprise.

A la Talaudière, où l'adjoint et entrepreneur de travaux publics Marcel Thinet a impulsé une politique d'équipement sportifs forte pendant les années de guerre, bénéficiant de l'impulsion nationale du régime de Vichy, la politique sportive municipale est précocement structurée avec l'aide des Houillères qui contrôlent une partie de la vie locale (dont plusieurs clubs, de football et de basket). Grâce au succès de la piscine extérieure, équipement phare inauguré en 1944, tant sur un plan général au sein du nouveau stade que sur un plan sportif dans

[1] Lors d'une réunion à la mairie avec A. de Fraissinette, des représentants du club et des milieux économiques, le directeur de la verrerie Hémain de Rive-de-Gier refuse son aide à l'ASSE, invoquant des difficultés à faire vivre son club, l'Athlétic Club Ripagérien, dont il est le président, parlant même d'un stade désert à cause des passionnés allant à Geoffroy Guichard (AM : 4R6).

une volonté d'ouverture et de service public[1], M. Thinet peut poursuivre ses ambitions politiques, au-delà des ruptures politiciennes : il est élu maire sur une liste indépendante le 31 octobre 1947. Il organise alors l'achèvement personnalisé du stade avec dès 1947 les annexes (toilettes, plantations, bancs, clôture) – en partie grâce à la participation de prisonniers de guerre allemands – et surtout un centre d'hygiène sociale, médico-sportif, dans une logique synthétisant les approches idéologiques du sport (Front Populaire, Vichy et Libération). Le conseil municipal donne alors son nom au stade municipal (DCM du 4/5/1949). Mais le nouveau maire ne souhaite pas arrêter là les efforts sur « son » stade : il encourage une amélioration constante, poussée par un succès dans la fréquentation de la piscine et des salles intérieures, confirmé dans les années 1940-1950. La piscine reçoit parfois plus de 1000 personnes par jour, venues pour beaucoup des communes autour et de Saint-Chamond, exerçant donc une polarisation dans tout l'Est stéphanois. Cette amélioration des installations ne se réalise pas selon une programmation définie mais selon les opportunités : par exemple des tennis sont envisagés près de l'entrée principale du stade, témoin d'un effort de popularisation du sport et des loisirs, tant par la ville que par les Houillères qui subventionnent la construction[2]. Une maison des boules servant de siège social et de buvette est construite en 1949, trois ans après la création d'une association sportive bouliste qui utilise les jeux de boules aménagés dans le stade municipal. Enfin, cette même année, après un voyage du maire M. Thinet aux Etats-Unis en 1948, un terrain de basket moderne avec revêtement spécial et gradins remplace les deux anciens terrains simplement aménagés en 1943 : l'influence du sport-spectacle à l'américaine touche même les petites communes (selon la personnalité des maires), même s'il s'agit ici surtout d'encourager l'ensemble du sport de masse. Cet aménagement global du parc des sports fait aussi

---

[1] Un club des nageurs est créé début 1945, comprenant de nombreux mineurs et ouvriers, aidé par la ville. Il compte 414 membres dès la fin de l'année ses membres bénéficient de tarifs réduits comme d'autres publics. D'autres tarifs sont accordés aux apprentis des Houillères de la Chazotte, et même une gratuité pour les scolaires talaudiérois accompagnés.

[2] Le partenariat entre la commune et les HBL s'oriente également sur des ensemble HBM. Pour le tennis, après acquisition d'un terrain privé par la ville (DCM du 17/4/1948), un seul court est aménagé vers les HBM Clémenceau.

partie d'une stratégie du maire pour former un grand club de basket local, en plus du football avec l'Etoile Sportive[1].

L'action politique du maire M. Thinet s'oriente vers une véritable politique sportive où se mêlent équipements, manifestations et clubs sportifs. Ainsi, M. Thinet impulse la création du grand club de basket en 1949, le Club Sportif Talaudière issu de la fusion des sections basket du Sou des Ecoles, de l'Etendard et de l'Etoile Sportive, non sans difficultés : la première société est laïque, la seconde confessionnelle, la troisième contrôlée par les Houillères (le directeur des Mines de la Chazotte André Mazoyer est président du club dans les années 1950). L'enjeu territorial et sportif se situe pour Thinet au-delà des clivages idéologiques, aidé en cela par les nouvelles générations et ces jeunes basketteurs doivent affronter pour cette fusion le refus de leurs dirigeants, plus âgés et attachés aux valeurs traditionnelles. Le contrôle du maire sur le mouvement sportif local est prépondérant : il devient président de ce club de basket en 1950, au moment de l'aménagement du nouveau terrain, tandis qu'il est aussi président d'honneur de l'Etoile Sportive et donne son avis sur les joueurs à recruter (en embauchant dans son entreprise de bons amateurs qu'il fait jouer au club), parfois en opposition avec le président Mazoyer qui privilégie ses joueurs-mineurs. Le basket et le football, encouragés par de fortes subventions, attirent alors régulièrement 400 à 500 spectateurs au stade M. Thinet, et même parfois plus de 1000 (jusqu'à 1500 pour le football).

M. Thinet est alors surnommé le « Père » de la commune. Il est plébiscité pour un second mandat et, après un refus à cause de son entreprise de travaux publics, il est réélu en 1953, poursuivant sa politique sportive dynamique, la structurant à l'image de la grande ville voisine et selon les impulsions nationales. Son entreprise est régulièrement impliquée dans les travaux sur la commune, comme pour le Sou des Ecoles Laïques qui non seulement bénéficie de la location annuelle gratuite de la salle du bâtiment 'piscine' mais encore de

[1] Club qui vient de se mettre au basket et connaît un développement sportif important, grâce à l'aide de dirigeants bénévoles mais aussi des Houillères (pour les maillots, les déplacements) : « les déplacements sont mémorables, effectués dans la camionnette des Mines ou le taxi de Jo Mouton dans lequel on s'entasse à huit ou dix… » (*le Lien* de janvier 2001, p.27).

travaux pour une nouvelle salle entre 1953 et 1957, réalisés par l'entreprise Thinet. Bref, grâce à son conseil municipal, à son entreprise, aux Houillères et aux clubs, M. Thinet est parvenu à faire de la Talaudière une commune sportive à partir des réalisations de 1944-46, agissant au centre d'un système d'acteurs (à la fois chef d'entreprise et premier magistrat), indépendamment des ruptures politiques. La commune dispose en 1960 d'un ensemble sportif de huit hectares, permettant de pratiquer une dizaine de sports.

Néanmoins, cet exemple de la Talaudière, reposant sur des particularités locales (un maire-entrepreneur dynamique, agissant en partenariat avec la compagnie minière, des équipements construits à une période de forte intervention étatique), ne doit pas sur-représenter l'essor du mouvement sportif en région stéphanoise : le système global d'acteurs est loin d'être aussi organisé. Dans l'entre-deux-guerres, cette organisation reposait sur une opposition des politiques privées – dominantes – et publiques, surtout dans la vallée de l'Ondaine où des municipalités du Front Populaire agissaient face aux politiques paternalistes des compagnies minières[1]. La fin des années 1940 marque un redémarrage assez dynamique du sport dans la vallée de l'Ondaine, selon une légère restructuration par des logiques d'acteurs différentes. Les municipalités de gauche, surtout celle de Pétrus Faure au Chambon-Feugerolles et celle de Germain Civet à la Ricamarie, poursuivent l'effort entrepris au moment du Front Populaire mais de manière timide, plus préoccupées par les enjeux socio-économiques de la Reconstruction. En effet, dans les petites et moyennes communes, la politique sportive dépend beaucoup de la personnalité du maire et de son bord politique[2]. Dans une idéologie sportive proche du Front Populaire, où il s'agit d'affirmer la puissance publique et la politique sociale face au contrôle social des grandes entreprises, les majorités de gauche, communistes ou socialistes, investissent plus dans le domaine du sport que les autres, croyant plus aux valeurs sociales positives du

---

[1] Ailleurs, sans cette opposition, l'intervention publique reste assez limitée dans les années 1950 : la plupart des communes de la région stéphanoise se contentent, jusqu'aux années 1960, de donner de timides subventions aux sociétés sportives.

[2] Non pas de la taille de la commune : à Saint-Chamond, Antoine Pinay, maire depuis 1929, n'impulse pas de véritable politique sportive.

sport, voire aux possibilités d'émancipation sociale. Ces communes rouges de l'Ondaine sont celles qui interviennent le plus en faveur du sport en essayant, au-delà de la simple subvention, de structurer le mouvement sportif local, si ce n'est de construire des équipements sportifs publics. L'exemple de la Ricamarie est assez significatif : dirigée de 1947 à 1953 par l'ouvrier verrier Germain Civet, un communiste intéressé par le sport (président de la Joyeuse Pédale ricamandoise dès 1951), la municipalité a pour priorité la construction d'un gymnase municipal : il est inauguré dès 1948. A la fin de son mandat, début 1953, Civet crée un OMS : l'Office Municipal des Sports et des Loisirs. Mais pour la nouvelle municipalité de gauche de P-M. Tyr (où les communistes sont minoritaires et, contrairement à la précédente, acceptent l'ingérence des Houillères dans la gestion municipale), cet OMS et l'ensemble de la politique sportive ne constituent plus une priorité. L'OMS met en avant au cours des années 1950 des difficultés : saturation du gymnase municipal (trop exigu, trop polyvalent, entretien défectueux), faibles subventions, tandis que les Houillères ne subventionnent plus que les associations qui leur sont proches (comme le FC Olympique de Montrambert). La municipalité tergiverse et au début des années 1960, le constat est celui d'un retard d'équipement pour une ville qui compte plus de 11 000 habitants : un seul gymnase public, un seul stade appartenant aux Houillères (qui le prêtent peu), des associations pauvres en installations (à l'image de l'amicale laïque). Bref, la complémentarité entre initiatives privées et publiques quant au développement des sports est toute relative, bien spécifique selon les configurations locales : dans ces années 1950, c'est surtout le déficit d'investissement public local en faveur du sport qui ressort, dont la principale raison réside dans la structuration des mouvements sportifs par les initiatives privées.

2.2.3 Le poids décisif des initiatives privées ...

Cette structuration des mouvements sportifs locaux repose avant tout sur la dynamique associative, des clubs et surtout des patronages et amicales qui encadrent les activités dans les divers quartiers de la ville, à Saint-Etienne en particulier. Les années 1950 sont celles d'un apogée de la vie sportive des quartiers autour de la rivalité des mouvements laïque et confessionnel. Il s'agit d'abord d'un phénomène général pour plusieurs activités de la vie en société, dans de nombreuses villes françaises, surtout industrielles et peuplées. Mais à Saint-Etienne, où le particularisme culturel autour de l'imagerie stéphanoise est fort (ville renfermée, capitale du travail et du cœur où les loisirs sont plus perçus comme une détente conviviale qu'une soif de performance sportive), la ville est encore marquée par la dichotomie sociale patronat / ouvriers. Les mélanges au sein des sociétés sportives sont rares, limités à quelques sports comme le football (qui passe du modèle du sportsman, bénéficiant de temps et d'argent, à celui du sportif des classes moyennes). A l'échelle des quartiers, le café, siège de nombreux clubs, continue de concentrer les expressions identitaires, telle une vraie « récréation » avec ses jeux de cartes, de boules, de sarbacane, de billard : au nombre d'environ 1300 dans les années 1950 à Saint-Etienne, les cafés occupent une place importante dans la presse locale, renforçant des micro-identités[1]. D'ailleurs, la vie micro-locale reste très influencée par la prédominance d'appareils idéologiques organisés sur un mode ancien et diverses activités rythment la vie quotidienne, au-delà du sport qui n'est « qu'une partie dans un tout », un loisir parmi d'autres : chorale, musique, théâtre, cercle d'étude, cinéma, sorties, etc.[2]. Sans réelle politique d'équipements des quartiers jusqu'à présent, sportifs ou autres, cette vie sportive n'est pas très visible, confinée dans de petits espaces contrôlés par les associations (selon la propriété foncière).

La polarisation sociale et identitaire est très forte même si elle a pu être exagérée dans la production d'un mythe sur l'imagerie locale stéphanoise : l'exemple du patronage de l'Avant-Garde dans le quartier de Saint-François confirme cette mobilisation de la vie sociale du quartier pour la population aux affinités catholiques[3]. Cette polarisation se retrouve lors des challenges boulistes entre amicales, au sein de

---

[1] Au-delà de l'approche monographique, une synthèse sur cette structuration des quartiers par la vie sportive (entre l'amicale laïque et le patronage catholique) est difficile tant la diversité des micro-identités est forte (Vant, 1981).

[2] Ion Jacques, 1972, *Les équipements socio-culturels et la ville*, CRESAL, Saint-Etienne, 212 p.

[3] Les années 1950 sont un apogée pour l'association, notamment en gymnastique sous l'autorité du moniteur général Marcel Duchamp, mais aussi dans des sections récentes (athlétisme et surtout basket, de plus en plus féminins) et de nouvelles sections : en 1951 tennis de table puis redémarrage du football. Cf. *L'Avant-Garde fête ses cent ans 1902 – 2002, 2002*, sans éd., 216 p.

l'UFOLEP ou non, alors que l'ensemble du mouvement bouliste représente 3500 licenciés dans les deux groupements stéphanois pour 130 sociétés en 1956 (*Miroir des sports* du 17/9/1956). Le sport-boules reste le sport le plus pratiqué dans les quartiers stéphanois et des communes ouvrières aux alentours, bien plus que la sarbacane qui s'efface progressivement à partir des années 1950 (y compris dans des communes ouvrières comme la Ricamarie), résistant même au développement national d'un sport proche : la pétanque. Malgré un contexte industriel favorable à la diffusion locale de la pétanque[1], Saint-Etienne reste à l'écart de sa diffusion nationale : la simplicité du jeu et des règles, permettant des jeux d'argent, mais surtout la simplicité du terrain (beaucoup moins réglementé et équipé qu'en boule lyonnaise), permet une diffusion assez rapide de la pétanque, devenant un sport populaire touchant tous les types d'espaces géographiques[2]. En région stéphanoise, le milieu rural est plus touché que l'agglomération stéphanoise qui reste marquée par le poids du sport-boules par rapport aux traditions ouvrières.

De manière plus précise sur cette structuration de la vie locale par le sport, tous les quartiers stéphanois ne sont pas touchés de la même manière : les vieux quartiers réactivés par une assez forte croissance économique et industrielle en région stéphanoise, gardant une population ouvrière, ne peuvent être comparés aux nouveaux quartiers, principalement des grands ensembles. Dans ces quartiers récents, la priorité donnée au logement met le loisir et ses équipements au second plan[3], dans une conception moderne dans le sens où l'architecture des bâtiments et les espaces aérés de circulation et de

---

[1] C'est à Saint-Bonnet-le-Château que naissent deux des plus grandes entreprises de fabrication de boules, JB et Obut. Cette petite ville industrielle du Forez connaît une innovation industrielle porteuse pour la cité et la région dès les années 1920. En 1955, c'est la Boule Obut qui développe son activité dans une logique commerciale affirmée, accompagnant le développement de la pétanque autour du versant sportif (par exemple présence de stands lors des concours).

[2] Après être née dans les années 1910 en Provence et s'être développée comme jeu régional dans l'entre-deux-guerres, la pétanque commence sa diffusion géographique à l'échelle nationale sous une impulsion fédérale forte (fédération née en 1945, émancipée de la FF de Boules). Elle passe de 10 000 licenciés en 1946 à 57 300 en 1953 et 128 200 en 1963 (Merle, 2001, op. cit.).

[3] Tomas F., Blanc J-N. et Bonilla M., 2003, *Les grands ensembles, une histoire qui continue*, PU de Saint-Etienne, Saint-Etienne, 261 p.

stationnement tiennent une grande place face aux espaces traditionnels de sociabilité de proximité, café et/ou jeu de boule. Seuls les jeux et sports d'enfants peuvent exprimer une sociabilité entretenue dans les terrains vagues, les terrains aménagés étant très rares dans le Sud-Est stéphanois jusqu'aux années 1960. De plus, la crise économique qui touche la région stéphanoise au milieu des années 1950 rétrécit le poids des activités sportives des quartiers, accélère la transition vers des sports modernes, organisés sur un modèle fédéral compétitif (principalement les sports collectifs comme le football, secondairement le basket ou le volley, voire en plus le judo ou le tennis de table). Cela s'accompagne d'une transition sociale, pour simplifier des ouvriers vers les employés et les autres catégories qui renforcent les effectifs, par exemple à l'Amicale Laïque de Solaure ou à Tardy. Les quartiers ouvriers anciens perdent leurs activités traditionnelles et deviennent progressivement des espaces résidentiels, sans compter que l'occupation très dense de l'espace ne permet pas une évolution facile vers l'accueil de sports comme le football ou l'athlétisme[1]. Cette migration en périphérie confirme ce qu'avaient initié les élites stéphanoises au début du siècle : la fuite de la ville dense pour pratiquer les sports dans des espaces jugés sains. Elle préfigure le vaste développement des stades et terrains de sports dans les périphéries, lié à la péri-urbanisation.

Dans les espaces urbains périphériques aussi les années 1950 constituent une période d'apogée des sports populaires développés dans des clubs ouvriers, des patronages, des amicales, au sein des quartiers et des centres-bourgs. Il est intéressant de noter le renforcement de la répartition spatiale des sports dans ces communes : d'un côté le sport des amicales ancré dans les centres-villes et dans certains quartiers (avec des terrains de basket, jeux de boules, éventuellement salles de gymnastique, qui prennent une place limitée en superficie, confinés dans les noyaux urbains) ; d'un autre côté le sport des grandes entreprises dans les périphéries industrielles et minières (grands terrains

---

[1] Ainsi, les patronages qui souhaitent s'étendre après la guerre sont souvent contraints à le faire en périphérie, tel le puissant patronage Saint-Joseph qui acquiert en 1946 le parc de Longiron pour développer des « activités saines » dans un cadre sain (piscine en 1947, un premier terrain de football en 1948 puis un second en 1960, faisant concurrence à la société de gymnastique Saint-Joseph).

de football et de rugby). La plupart du temps, cet apogée est issu d'une affirmation des sections « traditionnelles » (basket, boules, football et gymnastique), sans oublier la création de sections sportives nouvelles : plusieurs exemples pourraient être cités, reproduisant le modèle d'un encadrement des loisirs sportifs populaires par ces puissantes associations. Sur les nouveaux sports qui touchent de petites et moyennes communes après avoir « conquis » dans les années 1930 la grande ville de Saint-Etienne, la diffusion du tennis de table suit cette diffusion centrifuge, pratiqué dans plusieurs patronages catholiques qui privilégient ce sport peu violent[1]. Au-delà du sport des patronages et amicales, il se forme des clubs spécialisés dans de nouveaux sports qui, marqués par l'esprit de compétition, se diffusent rapidement dans ces années 1950 la société locale comme dans la société française, notamment le judo[2].

Au-delà des initiatives associatives, parfois d'envergure comme pour les puissants patronages à l'image de Saint-Joseph, la diversité des acteurs privés produit plusieurs installations sportives privées : écoles, dirigeants des grandes entreprises et les autres élites économiques dans un cadre privé (à l'image du tennis, limité au Tennis-Club du Rond-Point). Pour les écoles, seuls les grands lycées et les écoles supérieures lancent et/ou entretiennent des aménagements sportifs, souvent en lien avec la ville, tel le stade d'athlétisme de l'Ecole Nationale Professionnelle à Villeboeuf, ou alors de manière plus limitée (terrain de basket de l'Ecole des Mines par exemple). L'investissement des entreprises industrielles locales est d'une toute autre ampleur notamment dans les espaces urbains périphériques, imitant les deux

---

[1] Comme l'a été le football dans l'entre-deux-guerres par rapport à un rugby plus violent : le tennis de table se pratique à l'Etendard de la Talaudière à partir de 1951 et à l'Arc-en-Ciel d'Unieux à partir de 1955, souvent sans salle spécifique (sur la scène des salles de théâtre comme à Unieux où l'abbé Fournel a relancé les activités depuis la fin des années 1940, autour du basket, du football, du théâtre).

[2] Un judo-club se forme à Firminy en 1952, installé provisoirement dans une salle prêtée par le patronage catholique Audacieuse du Mas, sans tatami (remplacé par de la sciure sous une bâche verte), puis installé en 1954 dans une salle mise à disposition par la ville dans un ancien bureau des Houillères : ces clubs spécialisés aux conditions matérielles précaires ont donc besoins des acteurs privés traditionnels, patronages et entreprises, pour leurs premiers terrains de sport.

principales entreprises stéphanoises, la MAS et les Houillères qui ont leur piscine depuis les années 1940.

Dans les années 1950, le système d'acteurs est renouvelé et complexifié, faisant encore plus du sport un enjeu politique pour le contrôle de l'espace local, des équipements et des mouvements sportifs locaux. D'un côté, les puissantes Houillères (HBL), nationalisées en 1946 (comptant alors plus de 25 000 travailleurs dont 15 000 mineurs de fond, rationalisant autant leur production que leur politique sociale), continuent de donner une impulsion décisive, mais sans grand partenariat avec les municipalités et dans une logique de plus en plus déterritorialisée. Rare témoin du rapprochement dans le sport des différentes compagnies minières locales sous l'autorité nationale, le club sportif du Soleil à Firminy est transformé en un Athlétic Club de l'Ondaine, toujours centré sur l'athlétisme et le football, jouant au stade du Soleil. Souvent même, ce monde industriel des Mines n'offre pas que des avantages au mouvement sportif, par exemple pour la société bouliste Avenir du Mas à Firminy qui certes retrouve un terrain grâce aux Houillères dès 1945 et connaît un nouvel essor (plus de 300 membres en 1954), mais qui, lorsque le quartier est déclaré zone industrielle, se trouve reléguée sur un terrain en location grâce à la ville au lieu-dit la Barge, au pied d'un ancien crassier peu accessible. De manière générale, les patrons des Houillères s'opposent bien souvent à une pratique sportive et au spectacle sportif en dehors de leur cadre : dès 1945, les nouveaux dirigeants suppriment le stade de Bayon aménagé à Caintin dans les années 1930, souhaitant récupérer les terrains pour augmenter la production dans l'effort de reconstruction nationale. Plus symbolique, pour le passage du Tour de France dans la région en 1956, le directeur des Houillères refuse, malgré la pression sociale, d'accorder une journée de congé pour laisser ses ouvriers assister au passage de L. Bobet et de R. Rivière.

Mais en parallèle, les Houillères comme la plupart des grandes entreprises locales ont dans les années 1950 leur centre d'activités physiques, les CAPE, institués en même temps que les comités d'entreprise et placés sous contrôle de l'inspection départementale de la jeunesse et des sports (le sport est inclus dans leurs œuvres sociales attribuées en 1945). On trouve ces centres aux HBL et à la MAS (proposant en loisir le football, la natation et le ski), mais encore aux établissements Schneider, aux Ateliers de Construction Mécanique du Marais, à la SCEMM, aux PTT, et au Casino où le centre fonctionne comme à la MAS en complément du club omnisports ASS[1]. La seule évolution notable des années 1950 concerne la multiplication des rencontres sportives inter-centres, coupes et challenges divers. En fait, comme de manière plus générale, au modèle paternaliste d'un loisir sportif utile (contrôle des ouvriers et loisirs sains dans les entreprises industrielles, valorisation de l'entreprise chez Casino) se surimpose un modèle du sport associatif et corporatif que l'on retrouve dans le tourisme social : dans les années 1950 se développent en France et à Saint-Etienne les ASPTT, les clubs du Gaz-Elec, les clubs de cheminots, etc. Toutefois, l'existence de ces centres semble limitée aux grandes entreprises locales, sans processus de diffusion aux petites et moyennes entreprises à cause du nombre d'employés trop limité et de finances privées insuffisantes.

Quant aux PME justement, nouvel acteur décisif qui s'affirme dans un contexte de croissance économique (ayant toujours pour effet de reculer l'investissement des municipalités), leur poids réside dans la popularisation des sports, football en tête. Ainsi, au Chambon-Feugerolles, c'est l'entreprise Dervaux, petite entreprise métallurgique en plein boom économique, qui aide à la constitution d'un club de football, le Groupe Sportif Dervaux, dès 1948, à partir d'un groupe d'ouvriers amis (faisant pression sur le directeur de l'entreprise qui devient quelques années plus tard le président du club). Ce club corporatif joue sur un terrain privé à Gaffard puis, dès 1950, au stade municipal de la Pouratte après négociation avec la mairie : contrairement aux compagnies minières, les petites entreprises industrielles cherchent un partenariat avec les pouvoirs publics, signe d'un affaiblissement de l'opposition secteur public / secteur privé pour le contrôle des loisirs. A Unieux, des travailleurs et militants communistes des Aciéries de Firminy (usines qui s'étendent au-delà de la commune-mère), se regroupent en 1947 pour créer le SCAF, Sport Corporatif Appelou de Firminy, affilié en FSGT, bénéficiant du dynamisme de l'entreprise et de l'aide de la municipalité de gauche de

[1] Cela montre une évolution de la politique patronale du sport chez les Guichard : après un fonctionnement traditionnel en club corporatif, l'entreprise fait implicitement un choix sportif assez clair : d'un côté la logique sportive, professionnelle avec le football et l'ASSE, d'un autre côté la logique hygiénique et d'entretien physique des employés à travers ce CAPE, et au milieu le club omnisports « plus classique » (basket surtout, natation, cross).

Charles Crouzet (maire de 1945 à 1977). A Firminy est créée dans une logique similaire l'AS Faure, en 1964, par des salariés de l'entreprise de construction mécanique du même nom, soutenus par le comité d'entreprise et pratiquant également le football en FSGT. Le football connaît donc sa grande vague de popularisation, contrairement au rugby confiné dans quelques clubs plus fermés et dépourvu de dynamique sportive compétitive[1]. En fait, au-delà du seul football, des clubs d'ouvriers se créent en dehors du cadre des entreprises (telle l'Etoile cycliste ouyvrière de Firminy en 1949), notamment lorsque le sport ne dépend pas d'un équipement (que souvent seule une entreprise ou une collectivité peut offrir). Cela traduit l'affirmation des ouvriers comme groupe social et acteur du sport.

De manière plus générale, le mouvement sportif stéphanois et régional s'affirme au cours des années 1950 : une lecture quantitative des annuaires officiels des sports de la Loire de 1951 à 1961 permet de saisir cette évolution, ici résumée à une comparaison 1951-1961 pour Saint-Etienne. Les sports collectifs populaires, plus que les sports individuels qui peinent à s'affirmer[2], progressent dans leurs effectifs et occupent intensément les espaces sportifs de la ville, privés et publics : le basket stéphanois passe de 19 à 25 clubs, pratiqué dans tous les stades municipaux (Villeboeuf, Chaléassière, Grouchy) mais encore plus dans les amicales laïques, alors que le football passe également de 19 à 25 clubs, utilisant de nouveaux espaces (Méons et Chaléassière en tête). Les autres sports traditionnels s'affirment plus timidement dans la ville (seul le sport-boules progresse à l'échelle locale et départementale, passant de 412 à 454 sociétés dans la Loire, atteignant son apogée), contrairement aux sports collectifs récemment implantés : le volley passe de 0 à 3 clubs avec création du district en 1961, le handball de 0 à 6 clubs (district créé en 1960), alors que le rugby à XV stagne au Stade Forézien Universitaire (voire disparaît entre 1957 et 1961), surtout à cause de la concurrence du rugby à XIII venu de Roanne. A l'échelle de la région stéphanoise, c'est le football qui

[1] Dans une logique assez proche, à Villars, le football renaît dès 1945, non pas en FFF mais en FSGT grâce à un club ouvrier soutenu par les Mines de Villars, l'Association Sportive des Mineurs de Villars.

[2] Que ce soit la lutte ou la natation manquant d'installations sportives (« parents pauvres » des sports stéphanois), mais aussi l'athlétisme (même si le CAC reste un club important grâce à la présidence du docteur Henri Lux de 1950 à 1957).

s'affirme le plus comme sport populaire, au recrutement social « le plus large » dans la région stéphanoise. D'un côté, le nombre de clubs affiliés au district de la Loire dans l'agglomération stéphanoise augmente fortement : d'une dizaine avant la guerre, il passe à 34 en 1951 et à 58 en 1961. D'un autre côté, ces clubs comptent une majorité d'ouvriers (mineurs, métallurgistes, etc) et d'employés, grâce à un accès facile à ce sport, sans grands moyens matériels nécessaires. Le football est le sport qui connaît la diffusion socio-spatiale la plus importante, dans presque toutes les communes, devenant constitutif de l'identité locale (même si des regroupements se forment rapidement comme à Andrézieux au nord de Saint-Etienne). L'exemple d'un club amateur qui s'affirme dans le champ sportif local est celui de l'ASF, Association Sportive Forézienne, créé en 1946 par quelques amis d'Andrézieux et de Saint-Just, soutenus par les futurs dirigeants, le président le docteur Lacoste et le secrétaire Roger Baudras. L'ASF utilise un ancien terrain appelé stade de la Gare, situé près de la gare du village et utilisé par une section locale de l'USPLM dans les années 1930, terrain auquel le club ajoute un bâtiment-vestiaire avec buvette en 1957 (chauffé en 1958), période où le club compte une cinquantaine de licenciés. Le club atteint rapidement un bon niveau amateur, sous la gestion dynamique du docteur Lacoste qui non seulement finance une clôture en 1959, mais surtout lance une politique de communication autour du club et du football : sont ainsi organisés un match contre l'Olympique Lyonnais en 1960, puis un tournoi nocturne en 1964 après installation de l'éclairage (alors que le stade G. Guichard n'est même pas encore équipé).

Le cas du docteur Lacoste est éclairant à plus d'un titre sur ce poids des initiatives privées pour encourager le développement sportif, y compris sur une permanence depuis les débuts du sport moderne en région stéphanoise : le sport-spectacle à travers la mise en scène des élites locales, que ce soient par les courses cyclistes au départ, automobiles ensuite comme dans les années 1940-1950. Après la guerre, au sein du puissant Automobile Club du Forez se crée une association sportive (AS de l'ACF), réaffirmant une orientation sportive abandonnée dans les années 1920. Cette association est gérée par des industriels locaux (dont Bedel et Grousset qui devient président) qui voient dans les courses automobiles le moyen d'affirmer leur position sociale dominante. Comme le docteur Lacoste est un passionné d'automobile, il lance l'organisation dès 1946 de la première grande course sur circuit en région stéphanoise, exemple unique de grand sport-spectacle automobile, à Andrézieux, ce qui relève d'une stratégie d'ex-territorialisation dans le sens où ce sport s'implante au gré des volontés individuelles, sans attache locale très forte, dans des espaces non spécifiques (routes en général à peine aménagées)[1]. Nous avons donc là un exemple unique de circuit sportif éphémère, de grande envergure pour le sport-spectacle, mettant en avant de grosses machines pilotées par des élites sportives et économiques, dans une complémentarité entre la grande ville Saint-Etienne et la Plaine du Forez, « terrain de jeu » des élites locales. Mais le succès est mitigé, moins du point de vue sportif (courses intéressantes, accidents bénins, bon relais médiatique) qu'organisationnel. L'échec est financier[2], ce qui rebute les industriels locaux et l'ACF qui ne souhaitent pas renouveler rapidement cette expérience étonnante.

Suscitant à la fois nostalgie et espoir de renouveau dans les années 1950, ce type de course est renouvelé progressivement, au départ avec la course de côte automobile de Planfoy, renouvelée après sa notoriété régionale perdue dans les années 1930. De 1953 à 1958, organisées par l'AS de l'ACF, six courses mobilisent le public stéphanois, sans effervescence au départ, puis avec des succès relatifs, des accidents et une mise en avant du sport-spectacle (gradins, expositions des voitures en parc fermé à Bellevue, etc). L'AS de l'ACF

---

[1] Cette course automobile de 1946 confirme que la Plaine du Forez et les espaces périphériques restent un « terrain de jeu » pour les élites locales. Elle est une aventure sportive et financière mouvementée, gérée par les mécènes de l'ACF (certainement « le plus puissant club sportif » de la région) et d'autres industriels locaux, sans oublier l'impulsion donnée par l'Association Départementale des Déportés du Travail (à une époque où ce type d'association est influente). Avec un budget de 3 millions de francs, ils montent une course « ex nihilo », sur un parcours spécialement aménagé et appelé circuit du Forez, entre les gares de Saint-Just et d'Andrézieux (soit 4,757 km avec un retour par les bords de Loire). L'ACF organise tout : revêtement neuf (100 tonnes de goudron), abords, accès et sécurité (en achetant plusieurs tonnes de paille aux paysans locaux), communication (invitation de 200 reporters, publicité, trains spéciaux, annonces médiatiques de voitures allant à 190 km/h, entrée des voitures de course à Saint-Etienne trois jours avant et exposition place de l'Hôtel de Ville). Mais surtout les places sont payantes, à la fois sur le bord de la route et en tribune (5000 places construites spécialement).

[2] Seulement 37 145 entrées payantes contre 70 000 prévues, mais plus de 60 000 spectateurs réels avec la « resquille » incontrôlable sur les 4,5 km de parcours.

imagine alors en 1955 une course plus spectaculaire sur circuit, aidée par le docteur Lacoste qui a entre temps organisé un salon automobile de quatre jours place de la mairie à Andrézieux en 1952. Le succès des courses de côte de Planfoy en 1953 et 1954 pousse donc l'ACF à tenter de nouvelles courses sur circuit : c'est le projet des 4 heures du Forez, pour lequel plusieurs tracés sont envisagés. C'est finalement le tracé Saint-Etienne – Saint-Chamond qui est choisi, grâce à l'aménagement en cours d'une voie rapide (RN 88), en partenariat avec la FFSA et les services Ponts et Chaussées qui, séduits par ce projet, accélèrent les travaux. Les courses ont lieu le 8 mai 1955, mais sans grande effervescence : à cause des doutes de la presse locale (surtout la presse conservatrice, déçue de voir la traditionnelle course de côte de Planfoy annulée), de l'absence d'industrie automobile dynamisante comme à Clermont-Ferrand et d'une homologation internationale (malgré une bonne sécurité grâce à des talus élevés et malgré les possibilités d'agrandissement à court terme avec les travaux de la voie rapide). D'ailleurs, la course n'est renouvelée qu'en 1957, après une annulation en 1956 (souci de calendrier) et de grandes difficultés d'organisation :

- aménagement du circuit : problèmes des deux épingles au bout des lignes droites, souci de revêtement malgré la livraison de l'autoroute à l'automne 1956, principalement à cause du gel
- risque financier (en fonction d'un succès populaire non garanti)
- concurrence d'autres courses (succès du rallye Lyon-Charbonnières)
- météorologie défavorable les deux années, remettant en cause le succès populaire (comme pour de nombreux spectacles sportifs en plein air) et l'intérêt sportif de la course (pluie et accidents).

L'ACF hésite alors entre course de côte et circuit de vitesse, entre une tradition automobile sportivement peu passionnante et la modernité, attirante mais risquée et surtout déficitaire : les bonnes volontés (et les mécènes) s'effacent. L'ACF abandonne à nouveau la compétition sportive, provoquant déjà une relative nostalgie de ces aventures sportives en région stéphanoise. De même, pour l'aéronautique, le redémarrage poussif des meetings en mai 1947 puis la relance de l'ACFV en 1952, devenant l'aéroclub de Saint-Etienne sous la présidence d'Antoine Guichard (petit-fils de Geoffroy), ne permettent pas d'assurer une grande vitalité sportive. L'aventure aéronautique se déplace comme pour la route sur le versant utilitaire, tel un moyen de transport de masse dans une logique commerciale. Ce déclin relatif de la pratique sportive des élites stéphanoises comme mise en spectacle et mise en avant de la réussite économique (dont l'automobile et l'avion sont le symbole) est en fait un phénomène global : la pratique sportive élitiste diminue, au moins relativement face aux autres pratiques sportives plus populaires, en intensité et en visibilité. Peut-être faut-il y voir un rapport avec le déclin de certaines activités industrielles dans la région (déclin qui recentre les politiques d'entreprises sur le monde du travail et non plus celui des loisirs), peut-être aussi un simple recentrage sur d'autres intérêts, un manque de caractère distinctif pour de nombreuses pratiques sportives (rugby, cyclisme), un repli identitaire notamment chez « l'aristocratie rubanière »[1], etc. Des changements sociaux, telle la montée des classes moyennes, et l'éclatement de ce patronat stéphanois jouent un rôle non négligeable, certainement enfin aussi la transformation du système de régulation des conflits sociaux avec un rôle prépondérant de l'Etat.

Plus concrètement sur ces initiatives des élites stéphanoises, les courses hippiques ne sont pas renouvelées en région stéphanoise après 1945 : l'hippodrome de Villars nécessite une modernisation coûteuse et il est surtout remis en cause par des problèmes fonciers (location rendue impossible par réquisition des propriétaires dont les autorités militaires projetant d'y édifier une caserne de gardes mobiles, projet repoussé à cause du sous-sol, instable). Seule la Plaine du Forez continue d'accueillir des courses, dans une perspective mondaine qui tente de se renouveler, mais aussi dans une perspective sportive croissante : courses de niveau national à Feurs accueillant par exemple près de 15 000 personnes en septembre 1951, accueil du PMU aux courses de juin à Sant-Galmier, etc. Plusieurs sports élitistes cessent d'être l'apanage de ces élites économiques, sans pour autant connaître une véritable démocratisation. C'est le cas des sports d'hiver qui connaissent une mutation importante en région stéphanoise après 1945 (principalement l'effacement des pratiques socialement distinctives) mais qui ne trouvent pas de logique compétitive et de dynamique sociale suffisante pour se développer. Bobsleigh, saut à ski, patinage et autres sports reposent sur un effet de nouveauté dans l'entre-deux-guerres et sur des équipements lourds financièrement, ce qui les pousse à disparaître dans les années 1950 au profit de sports plus populaires et

---

[1] Reynaud Brigitte, 1991, *L'industrie rubanière dans la région stéphanoise (1895-1975)*, CEF, Saint-Etienne, 432 p.

plus simples à développer. Le club des Sports d'Hiver Forézien n'organise plus les grands concours qui attiraient la bourgeoisie stéphanoise. Seul le ski se développe en connaissant des mutations, à commencer par l'impulsion des classes moyennes (fondation du club Bessat Sports d'Hiver en 1947 par des enseignants, développement du ski scolaire avec R. Bargeton dans les années 1950), mais sans grand dynamisme. De manière générale, l'hiver dans le Pilat garde une image populaire de froid, de danger, tandis que les sports d'hiver conservent leur image de sports bourgeois « snobs », d'hommes « hors normes »[1]. Enfin, le nombre de licenciés et de clubs de ski dans la Loire augmente régulièrement, mais pour une pratique qui quitte le territoire local et émigre dans d'autres montagnes : les Monts du Forez (premiers aménagements à Chalmazel et vers Saint-Anthème dans les années 1950) et beaucoup plus le Dauphiné. De 1945 à 1960, le nombre de clubs ligériens au comité FFS passe de 23 à 37 et le nombre de licenciés d'environ 1200 à 3200 : la popularisation du ski alpin est lancée mais elle ne bénéficie pas à la moyenne montagne locale.

Cette « hésitation » entre conservation d'un caractère élitiste et popularisation concerne également le tennis : son développement reste limité spatialement à Saint-Etienne et même dans la Plaine du Forez qui bénéficie d'une seule véritable création, le TC de Saint-Galmier en 1946, affilié à la Fédération Française de Lawn Tennis en 1950, peu de temps après le TC de Feurs ou le TC de Montbrison, pourtant nés dans les années 1930, signe que le tennis en région stéphanoise reste plus une pratique de loisir chez les élites qu'une réelle pratique compétitive. D'ailleurs, le tennis n'est pas pratiqué dans une réelle logique de club sportif : d'une part c'est l'aménagement de courts qui crée le club ; d'autre part un club ne recherche pas toujours la compétition et l'affiliation fédérale : le TC de Firminy quitte la FFLT en 1948 et le TC de Feurs, affilié en 1941, la quitte l'année suivante[2]. L'absence d'une quelconque forme de soutien de la puissance publique ne favorise pas non plus la diffusion socio-spatiale du tennis.

Ainsi, de puissants acteurs privés, clubs et entreprises, aident au développement des sports, des clubs autant que des terrains ; et cette

---

[1] Achard, 1989, op. cit.

[2] Mallet Patrice, 1990, *L'évolution du tennis dans la région stéphanoise (1945-1990)*, mémoire de maîtrise d'histoire, Université de Saint-Etienne, 153 p.

dynamique du sport associatif et du sport d'entreprise, à mettre en relation avec une dynamique économique assez positive en région stéphanoise, ne s'accompagne pas d'une grande politique sportive publique, à commencer par la politique municipale à Saint-Etienne sous A. de Fraissinette dans les années 1950. Nous faisons même l'hypothèse que la richesse et le dynamisme du système d'acteurs privés constituent un facteur de non-intervention municipale, confirmant que, dans un puissant héritage des débuts du sport en région stéphanoise comme en France, les acteurs publics restent globalement en retrait jusqu'au début des années 1960 dans le développement des sports.

2.2.4 ... face à des politiques sportives publiques limitées aux niveaux local et national

Il s'agit d'abord pour la municipalité stéphanoise d'un manque de relais politique au niveau national, dans un décalage entre discours et réalité. Il ne s'agit pas de détailler la politique sportive d'Etat sous la IVème République mais de comprendre comment et pourquoi l'impulsion d'une politique sportive publique reste timide, en France, donc en particulier au niveau départemental à travers la politique des services déconcentrés Jeunesse et Sports. L'acteur essentiel est la direction de la jeunesse et des sports au ministère de l'Education Nationale, dirigée par Gaston Roux de 1946 à 1958 (alors que 22 gouvernements se succèdent), signe de stabilité mais aussi que le sport n'est certainement pas une priorité des hommes politiques d'Etat. Les premières années de la IVème République montrent la volonté d'une intervention politique structurée, d'une politique d'équipement sportif. Ainsi, dans le « Traité de construction sportive et de plein air » publié par le Comité National des Sports en août 1947 sous l'influence de l'architecte-paysagiste Charles Bouhana et du conseiller technique Robert Joffret (à destination des municipalités et des architectes maîtres d'œuvre), les efforts à fournir sont détaillés et doivent guider la conception technique des installations, telle une aide à la décision. Plusieurs éléments de rationalisation apparaissent : composition d'un parc des sports (taille des installations, choix des sols sportifs avec indications tarifaires, gestion de la circulation, conduite des travaux, etc), schéma fonctionnel des installations (piscine ou bassin d'aviron par exemple) et surtout les premières règles d'urbanisme sportif[1]. L'ambition de rationaliser l'aménagement sportif semble sans précédent mais le traité suggère par ailleurs la faiblesse des crédits pour les subventions (sauf pour la reconstruction des installations endommagées ou détruites par la guerre). De ce fait, l'action de l'Etat en matière d'équipement sportif et de politique sportive globale est assez vite limitée : de nombreux chercheurs ont parlé d'un « sport à la traîne »[2]. Grâce à l'héritage du Front Populaire, le sport est pris comme un service public contrôlé par l'Etat (surtout sur le versant médical avec des contrôles obligatoires et une incitation à l'éducation physique en plein air), mais sans réelle reconnaissance effective. Ainsi, au cours des années 1950, seule la commission Le Gorgeu se penche sur ce problème et confirme en 1951 l'insuffisance des équipements. Ses résultats ne sont pas réellement pris en compte : le pouvoir financier et de décision appartient au seul gouvernement qui ne fait pas de l'équipement sportif une priorité, a fortiori au sein de projets d'urbanisation encore peu élaborés. Pourtant, les pressions du mouvement sportif et des enseignants d'EPS se renforcent (école normale supérieure d'EPS en 1945, revue EPS en 1950). La seule véritable initiative ministérielle jusqu'au changement politique majeur de 1958 concerne la normalisation des gymnases en 1955, en trois catégories A, B et C selon la taille. En outre, l'effort de la direction Jeunesse et Sports porte de manière générale plus sur les mouvements de jeunesse et la culture populaire que le sport fédéral (maisons de jeunes et de la culture en 1947). Or la croissance démographique crée

---

[1] Le traité stipule quelques indications quantitatives : un plateau d'évolution pour 400 enfants, si possible à moins de 500 mètres d'une école, une piste d'athlétisme pour 30 000 habitants, un terrain de football/rugby pour 8000 habitants, un terrain de basket/volley pour 3000 habitants, une piscine pour 25 000 habitants, 100 m² de gymnase pour 2000 habitants et pour les autres sports environ 4 m² d'aménagement sportif par habitant. Cet urbanisme sportif théorique suggère également une zone d'influence d'un équipement sportif d'environ 1500 mètres.

[2] T. Terret montre comment la politique publique des sports en France a été hésitante, telle une transition entre la période hygiéniste (pendant l'entre-deux-guerres et Vichy) et la période sportive (les années 1960), entre des valeurs éducatives et un prestige national : Terret T., 2002, « La santé par le sport : les redéfinitions de l'éducation physique 1945-1960 », in Nourrisson, *A votre santé ! Education et santé sous la IVème République*, PUSE, Saint-Etienne, 212 p.

une forte demande sociale chez cette jeunesse plus urbaine qui prend ses distances avec les institutions traditionnelles[1]. Le décalage croissant entre la demande et l'offre de sports s'explique aussi par des éléments généraux comme l'instabilité gouvernementale ou les priorités données à l'économie et à l'habitat, des éléments dans le domaine du sport comme l'éclectisme des courants sur l'organisation des pratiques et des espaces sportifs, la préoccupation sur d'autres espaces comme les colonies françaises, etc[2]. Bref, après les premières tentatives de rationaliser l'aménagement sportif (de la normalisation des gymnases aux règles d'urbanisme sportif), les investissements publics restent limités au niveau national, accentuant le décalage entre les discours politiques et la réalité sociale et accentuant le décalage entre l'offre et la demande de sports.

Au niveau départemental, les services Jeunesse et Sports ne peuvent que relayer cet insuffisant soutien à la pratique et à l'équipement sportif. Bien sûr, les possibilités d'aides sont mises en avant par les services de la Loire, en partenariat avec l'UDFSL (Union Départementale des Fédérations Sportives de la Loire), composée de 23 comités ou districts. Les services Jeunesse et Sports privilégient non pas l'équipement sportif mais l'éducation physique scolaire et de la jeunesse ouvrière : ils organisent les brevets sportifs populaires, les fêtes de la jeunesse, divers challenges et coupes, à la fois entre écoles et entre les centres d'activités physiques d'entreprises. En utilisant comme source l'annuaire officiel des sports de la Loire édité par l'UDFSL de 1951 à 1963, nous déterminons trois périodes dans l'aménagement sportif soutenu par la puissance publique (partenariat Etat / Préfecture), soulignant l'exception stéphanoise :
- de 1945 à 1950 où les services départementaux subventionnent la construction d'équipements sportifs assez nombreux et à hauteur de 50

---

[1] Hélewaert, 2002, op. cit.

[2] Le cas des piscines et de la natation permet d'évoquer des raisons plus conjoncturelles et plus spécifiques : déstabilisation structurelle liée à une sportisation qui remet en cause des aspects conviviaux et intimistes, manque d'équipements à une époque où la pratique en rivière régresse (à cause de la pollution et faute de progrès sportifs), etc. Le nombre de licenciés de natation reste stabilisé à 30 000 de 1946 à 1959 : Terret T., 1995, « Une approche quantitative de l'évolution des formes de sociabilité en natation sportive », in Augustin et Callède, *Sports, relations sociales et actions collectives*, MSHA, Talence, p.157-163.

à 80%, dans une logique de reconstruction qui précède les grands projets d'urbanisation en région stéphanoise
- de 1950 à 1955 où les services se concentrent plus sur l'amélioration de l'existant, le soutien à la création se limitant au sport scolaire, par exemple pour le stade de Villeboeuf à Saint-Etienne
- de 1955 au début des années 1960 où l'aide à l'équipement sportif se réduit considérablement pour devenir nulle ou presque dès 1956, faute de crédits suffisants signale l'annuaire de 1957.

Au niveau local, ce même décalage entre des discours valorisant le sport et une réalité d'intervention timide existe : en façade au sein de la municipalité stéphanoise, le sport est largement pris en compte[1] ; les équipements sportifs sont assez régulièrement annoncés comme prioritaires dans l'aménagement des quartiers stéphanois, tant pour l'amélioration du cadre de vie dans les vieux quartiers que pour l'équipement des nouveaux quartiers. Mais les réalisations sont limitées, faute d'un volontarisme suffisant : sur le premier point, le poids des structures privées limite l'intervention publique à une participation dans la modernisation d'équipements, notamment dans les amicales laïques. Sur le second point, les grands ensembles du Sud-Est stéphanois sont peu considérés en dehors de l'habitat : ainsi, Beaulieu puis la Marandière ne bénéficient d'aucun équipement sportif au départ, malgré la mise en avant de constructions modernes (seulement un terrain de football évoqué en 1960). En fait, la ville prend surtout en charge les grands équipements sportifs qui nécessitent un important investissement et une maîtrise d'ouvrage structurée, telle une répartition implicite entre des équipements modestes privés et les grands parcs des sports publics (Etivallière, Méons, Villeboeuf).

Néanmoins, cette prise en charge est timide et hésitante, à l'image d'un maire peu enclin à fortement développer les sports dans sa ville. A l'approche des élections municipales de 1953, les critiques apparues au moment du titre de « ville la plus sportive de France » se renouvellent, toujours sur l'envergure de la politique municipale des

[1] André Fiéloux le président de l'OMS écrit : « Le gouvernement doit se pencher sur ce grand problème et chaque municipalité a le devoir de faire les aménagements sportifs nécessaires pour permettre à la population de se livrer à la pratique de son sport », anticipant l'impulsion réelle d'une dizaine d'années (in *Saint-Etienne centre de tourisme et d'affaires, guide officiel de la région stéphanoise*, sans éd., 1951, 160 p.).

sports, principalement chez les tenants d'une forte intervention publique prenant pour modèle le Front Populaire. L'opposition de gauche, à travers quelques débats en conseil municipal (lors des votes de subvention ou de l'avancée de dossiers comme Villeboeuf ou Grouchy) et surtout à travers la presse (*le Patriote*), met en avant la nécessaire construction d'un grand parc des sports, idée datant du socialisme municipal de J. Ledin du début du siècle. Dans son édition du 13 février 1951, un an après le titre décerné par *l'Equipe* et valorisé par la municipalité et par *la Dépêche*, *le Patriote* demande ce parc des sports autour de la Chaléassière et l'Etivallière. Photos à l'appui, il prend le contre-exemple tout proche du stade Geoffroy Guichard, le seul stade moderne de la ville, privé. Les deux photos en page suivante permettent de se rendre compte de ces nuances entre les deux espaces sportifs en attente de modernisation.

Mais, sans être pris comme enjeu prioritaire, peut-être pour s'opposer symboliquement à la municipalité de Front Populaire, plus certainement par contrainte financière et selon d'autres priorités dans la politique sociale, le parc de l'Etivallière ne fait pendant une bonne dizaine d'années l'objet d'aucun véritable aménagement sportif et la vieille piste cycliste en cendrée, dégradée et sous-utilisée depuis les années 1930, est finalement détruite par les services techniques municipaux en 1956 (sans grand émoi de la population locale tant elle ne représente plus une quelconque gloire sportive stéphanoise). A Méons, la disponibilité foncière pour la ville (accentuée avec les Houillères qui remblaient la dépression au milieu des années 1950) et la vaste étendue plane, déjà occupée par quelques terrains de football peu confortables (boue et des mauvaises herbes) engendrent plus de projets au cours des années 1950. Un projet de parc des sports à Méons est mis en avant à la fin de l'année 1955, après quelques mois d'attentisme et de débats dans la presse[1].

---

[1] L'adjoint aux sports Pierre Louis s'explique alors dans un article du *Progrès* le 9 avril 1955 : constatant un accroissement du nombre de sportifs et une dégradation du patrimoine sportif de la ville (phénomène excusé par les efforts consentis sur l'habitat), il souhaite relancer la construction de terrains de sport dans les quartiers (notamment dans les quartiers Sud dont les terrains se concentrent uniquement à Solaure) et rendre le stade Geoffroy Guichard municipal.

Photo n°2 : le parc municipal de l'Etivallière vers 1950

Source : AM 7 Fi 12

Photo n°3 : le stade G. Guichard lors d'un match vers 1950

Source : AM 7 Fi 14

Outre ces débats, des dissensions internes, notamment entre le maire – favorable à un grand stade à Villeboeuf – et son adjoint aux sports (préférant Méons et l'Etivallière), retardent les décisions et les réalisations. Le projet de Méons s'inscrit dans une préoccupation autant urbanistique que sportive : rationalisation des terrains de sport mais aussi de l'habitat (résorption de l'habitat précaire). Le maire et son adjoint optent finalement pour un ensemble sportif dédié aux sports collectifs de masse, football et basket en priorité : cela montre le passage progressif de sports-spectacles anciens et initiés par les élites économiques avant 1914 (hippisme, aéronautique) à des sports de pratique populaire, sans logiques sociales distinctives ou presque. Sans monter de dossiers précis (dépendant de partenaires extérieurs), la ville fait installer huit terrains de football et six terrains de basket à la toute fin des années 1950. Ils sont en service au début de l'année 1959, tandis que se terminent les constructions des vestiaires et d'une clôture (*le Progrès* du 5 avril 1959), des constructions achevées en 1961 par l'installation du chauffage central dans les vestiaires. A ces efforts d'aménagement correspondent ceux des structures politiques de gestion à commencer par le SMS où un quatrième poste de concierge est créé au pour gérer l'utilisation des terrains (DCM du 13/3/1961). Toutefois, à l'image d'un service encore peu structuré, on ne parle pas de véritable parc des sports à Méons. Cette absence de projets d'aménagements sportifs planifiés s'inscrit dans une évolution politique globale pour la ville qui ne privilégie plus l'urbanisme planifié.

De ce fait, la ville ne semble pas vouloir gérer simultanément la construction de deux parcs des sports, tant l'aménagement de la colline de Villeboeuf pose des problèmes techniques, financiers et sportifs. En effet, le retard pris par les premiers travaux, de terrassement et de gros œuvre pour les bâtiments-vestiaires, fait augmenter le devis, ce qui contribue à de nouveaux retards, voire à des modifications de projet. Pour affirmer la vocation scolaire et parascolaire du lieu, un nouveau projet vient se greffer en 1951 : le centre des mouvements de jeunesse, sur le terrain de l'ancienne école des Mines en bordure du stade. Mais les équipements sportifs de plein air sont encore dans ces années 1950 la priorité des décideurs politiques. Les plateaux d'évolution avec portiques, nom donné aux ensembles sportifs prévus pour le sport scolaire, sont réalisés au milieu des années 1950 : on parle alors de stade de Villeboeuf ou Joanny Pourtier (du nom d'un grand dirigeant sportif local, président des districts de la Loire de football et de cyclisme). Mais ce stade n'est pas utilisé l'hiver : en conséquence, les travaux restant à réaliser sont modifiés et s'orientent en 1957 vers une salle couverte au nord des vestiaires, sur un plateau supérieur. Le projet est une salle pour l'EPS, le volley, le tennis ou encore le basket (dont l'accueil en intérieur ne se fait qu'au vel d'hiv, de manière non spécifique). Les nouvelles discussions avec le ministère débouchent en 1957 sur un projet définitif de salle uniquement dédiée à l'EPS, signe que le poids du sport scolaire est très fort au sein d'une direction des sports contrôlée par le ministère de l'Education Nationale : Saint-Etienne reproduit donc bien les tendances nationales (sans grandes ambitions sur l'équipement collectif).

Ce projet s'accompagne d'une nouvelle réalisation sportive, toujours sous la direction de l'architecte Hur : la piscine d'hiver de Villeboeuf, seul grand équipement jugé prioritaire par la municipalité Fraissinette. Cela s'explique par l'abandon du projet déjà ancien de piscine couverte à Grouchy, l'intervention municipale pour la natation se concentrant sur la piscine d'été (réfection des plages dès 1955 malgré le déficit d'exploitation). Dans le même temps, la piscine Souchon appartenant à l'Etat mais gérée par la ville est améliorée fin 1952 et surtout en 1957 (réfection de la toiture). La réalisation d'une piscine couverte est d'autant plus nécessaire que les deux seules piscines publiques stéphanoises sont saturées, d'autant plus elles n'ouvrent que de manière complémentaire, Grouchy l'été et Souchon d'octobre à mai. Leur fréquentation est très différente : Grouchy est la piscine pour le public, tandis que Souchon accueille surtout des scolaires. La « délocalisation » de cette piscine d'hiver de Grouchy à Villeboeuf tient pour la mairie à l'accessibilité meilleure du centre-ville et surtout à la présence de nombreuses écoles à proximité, dans un quartier peuplé et en croissance démographique. L'équipement prévu au sud-est du parc des sports est modeste, avec confort mais sans luxe, correspondant à cette demande scolaire, mais dont la réalisation est repoussée après augmentation des devis. Ainsi, plusieurs projets concernent simultanément le parc des sports de Villeboeuf, sans oublier l'ouverture du camping municipal de Chantegrillet pour compléter l'offre et affirmer la nouvelle vocation loisir de la colline. Des soucis financiers et âprement négociés sur les choix sportifs à Villeboeuf (entre des incitations « par le haut », de l'Etat, et les initiatives « par le bas », sous pression du mouvement sportif local, surtout pour la piscine couverte) mobilisent les forces d'un service municipal des sports encore peu structuré. La réalisation de la piscine est repoussée, la priorité étant donnée à la salle d'EPS qui est achevée en 1962. Entre un devis revu à la hausse et la pression du principal club de natation les Tritons stéphanois (poussant par exemple à porter la profondeur à 3,80 mètres pour la plongée), la piscine est construite entre 1962 et 1964, inaugurée le 31 janvier 1965, après plusieurs retards. Mais en dehors de cet achèvement prioritaire pour la municipalité Fraissinette (après les engagements pris au début des années 1950), peu de grands ensembles sportifs sont réalisés au début des années 1960. L'aménagement planifié de parcs municipaux des sports est loin d'être lancé et encore moins achevé, de la non-intervention à l'Etivallière au timide avancement des projets à Méons et Villeboeuf. Les contradictions politico-sportives témoignent d'une période transitoire dans l'aménagement sportif, des espaces privés devenus publics à tendance 'sport-spectacle' vers des espaces collectifs dans une logique de service public.

Il est justement un équipement-phare de cette période des années 1920 aux années 1960 qui traduit la puissance puis l'effacement d'un modèle d'aménagement sportif : c'est le vélodrome d'hiver, un équipement privé devenu public, mais toujours dédié au sport-spectacle et à une culture sportive cycliste qui connaît son apogée au début des années 1950. Cette culture est encore liée dans les discours au statut de capitale du cycle, mais reposant sur une industrie locale du cycle en pleine transformation (fin des ateliers). Le sport cycliste s'impose dans la culture locale autant que le football, tant pour les courses de vitesse ou de demi-fond au vel d'hiv que pour les courses sur route (dont celles par étape : Paris / Saint-Etienne, relayée par Paris / Nice à partir de 1952). Mais bien sûr, c'est le Tour de France, déjà très populaire, qui permet de valoriser cette image de ville du sport cycliste : en 1953, Saint-Etienne accueille le Tour de France, selon une importance géo-symbolique à deux échelles. A l'échelle nationale, le Tour retrouve les villes du centre du pays après une période de construction d'un espace national hexagonal, notamment la cité industrielle stéphanoise qui saisit l'occasion de se mettre en avant, de montrer sa modernité[1]. La

---

[1] A l'échelle locale, c'est l'occasion pour le quartier nord-est de retrouver l'arrivée d'une grande course cycliste après les grandes réussites de l'Etivallière dans l'entre-deux-guerres, grâce à la piste du stade G. Guichard jusqu'à sa suppression en 1956.

ville est d'autant plus mobilisée qu'en plus du champion national Louison Bobet s'affirme à l'échelle nationale puis mondiale un grand champion local, Roger Rivière (recordman de la distance en une heure). Outre ces manifestations sportives populaires mais ponctuelles, le vel d'hiv bénéficie d'une utilisation intensive et variée : sa dénomination de palais municipal des sports est reconduite et il faudrait rajouter palais des spectacles car il reçoit Holiday On Ice, des expositions diverses, des meetings politiques, même une corrida. La polyvalence sportive est totale, confirmant l'importance de cet unique grand équipement sportif couvert, depuis les manifestations de masse comme les fêtes de la jeunesse jusqu'aux spectacles de catch[1] en passant par les concours de boules (intermédiaires entre pratique et spectacles sportifs).

Sans entrer dans les détails de cette vie sportive riche et qui attire régulièrement entre 5000 et 10 000 spectateurs, retenons le poids évident des courses et salons cyclistes. Ce poids est tel qu'en 1953 la ville crée une école de cyclisme pour les scolaires, permettant d'utiliser le bâtiment en dehors des compétitions ; mais le vélodrome est avant tout dédié au sport-spectacle (concours de vitesse, matches avec des champions, exhibitions, records du tour, etc). Malgré cette utilisation intensive et l'augmentation des tarifs de location et de fréquentation pour les cyclistes en 1954 et 1957, le déficit se creuse et l'entretien du bâtiment pose de plus en plus de problèmes. Des travaux sont menés régulièrement (réfection de la piste, gradins démontables), mais cela n'empêche pas la dégradation du vélodrome : le 24 mai 1959, un orage remet en cause l'étanchéité de la verrière et inonde la piste (sans oublier les défauts de construction). Dès lors, pendant plus d'un an et demi s'engagent des discussions sur son devenir, parmi la municipalité, le service des sports, les sportifs stéphanois, dans la presse locale et les cafés, etc. La municipalité commande plusieurs rapports techniques de

---

Le lieu d'arrivée est débattu en conseil municipal et les quartiers Nord sont choisis puisque les quartiers Sud ont la journée Vélocio (et les Championnats de France 1952 (DCM du 8/12/1952). Cf. Bourgier Jean-Paul, 2002, *Cours Fauriel, lieu mythique du Tour de France à Saint-Etienne*, Bussy, Feurs, 280 p.

[1] Fonctionnant comme les courses cyclistes sur le modèle parisien du divertissement transgressif entretenant une confusion du vrai et du factice, réceptacle de syncrétismes de rites populaires, voire un spectacle hypertrophié comme l'a bien montré le sociologue Christophe Lamoureux.

remise en ordre : la réhabilitation étant nécessairement importante (autour de 300 à 400 millions d'anciens francs, soit au moins 3,8 millions d'euros actuels), le sort du vel d'hiv semble réglé au début de 1961 et la municipalité réfléchit à l'évolution du site et à un nouveau vélodrome (mais timidement à cause du déficit d'exploitation). Cette disparition occasionne des débats houleux en conseil municipal : la vente et la démolition sont votées de justesse[1]. L'émotion est vive dans la ville et la région, d'autant qu'à Paris le vel d'hiv est lui aussi détruit pour laisser place à un nouveau Parc de Princes inauguré en 1965 : les cyclistes ont le sentiment d'avoir été sacrifiés. La solution de remplacement proposée par la municipalité Fraissinette est en effet un grand ensemble sportif à la Plaine Achille, mentionné dès le conseil municipal de mars 1961, pour accueillir toutes les disciplines sportives du vélodrome sauf le cyclisme (boxe, boules, basket, gymnastique, tir, etc). Une page du sport stéphanois se tourne, en même temps qu'une page économique puisque le déclin de l'industrie du cycle s'accélère ; mais elle continue de faire couler beaucoup d'encre.

La ville se tourne désormais vers de grands ensembles sportifs polyvalents, une tendance émergente avec le parc des sports de Méons. Mais surtout ceux-ci sont produits par de nouveaux systèmes d'acteurs laissant plus de rôle aux acteurs publics et à une conception assez stricte du sport (compétitif et encadré par des clubs fédéraux). Les productions d'équipements sportifs reposent sur de véritables politiques sportives et leur financement est largement pris en charge par l'Etat, en partenariat avec le mouvement sportif, produisant un modèle français d'intervention en faveur du sport. Dans ce modèle, contrairement aux deux premières parties où les acteurs privés ont joué un rôle majeur (notamment les élites locales et en réaction les classes populaires), l'acteur prépondérant est l'Etat, agissant en partenariat avec les municipalités selon des relais locaux combinant élus, techniciens et mouvement sportif. Dans ce relais local / national, le choix des localisations d'équipements (centralité / proximité) devient primordial pour répondre à une demande sociale.

[1] L'OMS diffuse un vœu sur sa réfection avec aide ministérielle « en raison du caractère d'utilité publique et d'intérêt national », et un collectif récemment constitué autour du mouvement cycliste, les Amis du vélodrome, une pétition.

Partie 3 : L'équipement sportif au cœur d'un service public du sport (années 1960 – années 1990)

Il s'agit dans cette troisième partie d'analyser d'une part comment, à partir d'évolutions sociales globales et locales, ont évolué les premiers territoires sportifs produits par les logiques privées et les logiques publiques des années précédentes, selon quels modes d'appropriation des sportifs et grâce à quels acteurs ; d'autre part comment ont été produits de nouveaux espaces sportifs à leur tour appropriés, dans une nouvelle conception du sport reposant sur un renforcement du processus de sportisation de la société. Cette sportisation s'accompagne d'un mouvement d'unification des conceptions du sport, dans une société française de plus en plus portée sur les loisirs et la consommation de masse dans un cadre de vie urbain. La montée en puissance des classes moyennes, marquant l'affaiblissement d'une opposition classes aisées / populaires, suit cet esprit d'unification des logiques socio-sportives, même dans la région industrielle stéphanoise. Le sport devient un phénomène social total (dans le sens des travaux de M. Mauss), prenant plus de place dans les médias, dans les pratiques au quotidien, notamment par le spectacle sportif, selon des enjeux économiques et politiques nouveaux.

Cette tendance lourde s'accompagne d'un renversement dans la principale logique de production des espaces sportifs, à savoir que c'est l'offre qui souvent détermine la demande de sports et non l'inverse comme pendant des années où les acteurs, surtout publics, agissaient sous la pression sociale (se limitant souvent à l'état de projet comme à Saint-Etienne). Cette offre est pensée de manière nouvelle : les années 1960 apportent un changement de paradigme, à savoir que l'équipement sportif devient un équipement public, collectif, produit pour une demande sociale de masse, selon des logiques d'aménagement rationalisées, normalisées, presque « industrielles ».

L'homogénéité de cette période d'une trentaine d'années est discutable si l'on ne retient que ce mode de production très étatique. En effet, dès les années 1970 des évolutions se font sentir, limitant le poids de l'Etat, tandis que dès les années 1980 les acteurs publics se multiplient, créent des partenariats plus ou moins institutionnalisés et fonctionnels, sans oublier que les acteurs privés se renouvellent et continuent de jouer un rôle important pour les aménagements sportifs, selon des logiques de plus en plus commerciales. L'emboîtement des acteurs et des échelles d'intervention est donc prépondérant derrière l'image d'une logique uniforme de production de l'équipement sportif public, signe que le sport est plus que jamais un enjeu social et politique. L'articulation local / global garde toute sa pertinence : le cas stéphanois nécessite une mise en contexte et des allers-retours entre évolutions locales et évolutions globales (tant sur le versant socio-politique que celui des pratiques sportives).

1. Une impulsion nationale décisive dans l'extension des espaces sportifs (années 1960-1970)

1.1 L'interprétation d'une politique nationale : les ambitions sportives précoces de la municipalité Durafour

1.1.1 La doctrine étatique du sport : le poids de l'équipement collectif

La rupture d'une nouvelle dimension collective donnée au sport et à l'équipement sportif est bien liée directement au rôle de l'Etat tant sur un plan idéologique qu'organisationnel, institué au tout début des années 1960. Dès 1958 dans la mise en place de la Vème République se crée un nouveau ministère des sports, dénommé Haut Commissariat aux Sports et dirigé par Maurice Herzog, sportif au prestige national après sa conquête de l'Annapurna en 1950 (premier sommet de 8000 mètres atteint par un homme), mais aussi attaché de cabinet ministériel dès 1954. Le sport français est réorganisé dans ses structures et ses idées. Mais c'est le début des années 1960 qui marque le début d'un changement de politique sportive : c'est la notion même de politique sportive qui prend tout son sens, loin des conceptions libérales jusque-là dominantes. De ce fait, l'Etat s'engage dans l'objectif prioritaire d'asseoir sa force politique, notamment en matière d'aménagement et de planification : le IVème Plan marque l'avènement de ces idées globalisantes et volontaristes, incluant une politique d'équipement sportif. Cette dernière ne peut se concevoir sans connaître l'idéologie sportive qui la sous-tend, telle une nouvelle doctrine du sport[1]. Elle repose autant sur le sport d'élite que le sport de masse et le sport scolaire : dans l'esprit d'Herzog, les deux premiers sont liés (et bien sûr le second et le troisième) ; le modèle pyramidal est sous-jacent[2]. De ce

---

[1] Expression donnant d'ailleurs lieu à une publication en 1965 après trois ans de travaux dans la commission de la doctrine instaurée par Herzog : « Essai de doctrine du sport », HCS et Premier Ministre, 120 p. Cet ouvrage traduit l'effort de réflexion pour développer la culture sportive, certains parlant d'un raz-de-marée de l'idéologie sportive (Attali M. et Saint-Martin J., 2004, *L'éducation physique de 1945 à nos jours : les étapes d'une démocratisation*, Colin, Paris, 327 p.).

[2] Le sport de masse est « au service de l'homme », un loisir pour tous aux multiples fonctions, reposant sur des associations à préoccupation éducative (et l'école, l'entreprise, l'armée, les collectivités territoriales), tandis que le sport de haute

fait, ces idées prolongent le processus de sportisation de la société entamé depuis plusieurs décennies, le replacent sur un long terme, ce qui est très net pour un sport comme la gymnastique (ou même l'athlétisme) qui perd sa vocation strictement éducative et de sport de base et acquiert une logique sportive compétitive. Dans une période où le modernisme tient une place croissante, un certain nombre de valeurs perdent ou gagnent du terrain : l'entretien physique et les méthodes naturelles d'éducation physique sont contestées par une approche sportive au sens strict, plus normative (fédération, compétition, préparation technique, conception rationalisée des équipements). Justement, ce dernier point constitue la priorité dès le tout début des années 1960, après de rapides constats sur le retard d'équipement : elle permet d'asseoir toute la politique sportive nationale, notamment pour le sport scolaire qui pouvait susciter des réticences. L'équipement sportif devient dans les discours puis dans la réalité un équipement public qui rend service et répond à une demande sociale, qui est autant à la base d'une pratique sportive que soutien du plus haut niveau.

Concrètement, la première loi programme d'équipement sportif et socio-éducatif est votée à une large majorité au parlement le 28 juillet 1961, intégrée au IVème Plan (1962-1965)[1]. L'Etat est là pour assurer et garantir une pratique sportive de masse, anticipant (et favorisant) le grand développement du nombre de licenciés sportifs (de 2,5 millions en 1958 à 7,5 millions en 1975). Cette loi « introduit une nouvelle variable dans la politique d'aménagement du territoire et

---

compétition est « au service de la société » et du sport, selon d'autres fonctions (spectacle, renforcement d'identité, promotion du sport malgré les dangers : dopage, argent) nécessitant une réglementation. Cf. l'étude de la construction d'un espace public du sport d'élite sous tutelle dans : Fleuriel Sébastien, 1997, *Sport de haut niveau ou sport d'élite ? La raison culturelle contre la raison économique : sociologie des stratégies de contrôle d'Etat de l'élite sportive*, Thèse de doctorat de sociologie, Université de Nantes, 368 p.

[1] Si cette loi de programmation relance de vieux projets d'aménagements sportifs tel le stade de 100 000 places en région parisienne, elle apporte surtout un encadrement des projets et des subventions importantes aux équipements de base pour un total de 575 millions de francs (plus de 700 millions d'euros actuels). Sont prévus 2245 stades ou terrains de sport, 1000 gymnases couverts et 700 installations nautiques dont 250 piscines, financés par la puissance publique même si l'article 2 de la loi prévoit le soutien aux organisations privées agréées.

ouvre officiellement l'ère des politiques sportives municipales »[1]. « Les planificateurs français, en insistant sur la notion d'équipements collectifs, souhaitent mettre en valeur la nécessité de répondre à des besoins divers qui ne sont pas satisfaits, dans notre pays, par le marché »[2]. Avec un bilan éloquent, la première loi programme est un succès qui dynamise les efforts et permet de voter une seconde loi programme pour les années 1966-1970, intégrée au Vème Plan[3]. Quelques corrections sont apportées puisque la première loi ne prenait pas en compte l'équipement scolaire et universitaire ni les communes rurales de moins de 1000 habitants. L'Etat participe à hauteur de 1,05 milliard de francs (1 milliard d'euros actuels), pour des milliers d'équipements : 2850 stades et terrains, 1480 gymnases et 700 piscines, sans oublier des bases de plein air et de loisir et le rapprochement avec le sport scolaire : les équipements sportifs scolaires sont gérés par le SEJS à partir de 1963 pour aboutir à la constitution d'un seul réseau d'équipement sportif communal. Surtout, une première grille d'implantation des équipements sportifs (équipements scolaires inclus) est proposée lors du Vème Plan, publiée dans la circulaire du SEJS du 16 avril 1964, traduite dans le tableau en page suivante. Plus qu'une action coercitive, il s'agit d'incitations financières, d'impulsions venant de l'Etat, dans une logique très fonctionnaliste. Le lien avec l'aménagement du territoire, expression qui entre en force dans la vie politique et scientifique française, est assez évident : la loi programme de 1961 s'accompagne de grilles d'équipements normalisés, en se calant sur les premières grilles élaborées dès 1958 par le ministère de la Construction (favorisant les équipements urbains).

---

[1] Attali M. et Saint-Martin J., 2004, op. cit.

[2] Augustin, 1995, op. cit.

[3] Dans ses *Eléments de réflexion en vue de la définition des principes du deuxième plan d'équipement sportif et socio-éducatif*, le SEJS indique que « l'enthousiasme soulevé auprès des collectivités publiques ou privées par la loi du 28 juillet 1961, l'intensité de l'effort financier entrepris par les collectivités, ont entraîné une prise de conscience de l'importance du problème des équipements intéressant la jeunesse et les sports … La rapidité avec laquelle furent consommés les crédits au fur et à mesure de leur déblocage est la plus éclatante des démonstrations de cet enthousiasme » (in Dumazedier, 1967, *Espace et loisir dans la société française d'hier et de demain*, CRU, Paris, T2, 251 p.).

Tableau n°5 : la grille d'équipement sportif de 1964 d'après la circulaire du SEJS

Population (hab)	Terrains de sports*	Piscines couvertes*	Piscine plein air*	Surface gymnases*	Nombre de gymnases	Surface terrains (ha)
100 000	5,2	0,017	0,02	0,3	22	52
50 000	5,8	0,018	0,03	0,3	12	29
20 000	6	0,02	0,05	0,4	6	8,5
10 000	6	0,02	0,06	0,4	4	6
5 000	10	0,03	0,10	0,4	2	3,5
2 000	11	/	0,12	0,4	1	2,2
1 000	11	/	/	0,5	/	1,1

* en m^2/hab Source : Dumazedier, 1967

Sont précisées pour chaque niveau d'agglomération (soit cinq échelons de l'espace résidentiel) la nature et l'importance des équipements à prévoir[1]. En fait, ces programmes d'équipements sportifs reposent sur de nouvelles conceptions techniques révélatrices de l'idéologie sportive normatrice soutenue par l'Etat, par ses fonctionnaires du ministère et des services déconcentrés (formant une technostructure). Le développement quantitatif des équipements passe par une standardisation de la conception et de la construction, une pensée unique en terme d'aménagements sportifs : c'est l'effacement d'une diversité d'aménagements, de pensée architecturale foisonnante et du poids relatif des projets privés. La conception de la culture sportive se retrouve assez réduite, dans le cadre fédéral et compétitif : c'est l'idée qu'un équipement de compétition est fait pour tous les usages, masse et élite[2]. Toute une typologie des installations sportives se trouve réglementée : terrain de grands jeux (football, rugby), terrain de petits jeux (basket, volley, voire tennis ...), base de plein air, etc. Surtout, à ces nouveaux types d'équipements correspondent des

[1] Une autre manière de normaliser est la grille résidentielle qui prévoit une piscine de 25 mètres pour 3000 logements, une piscine de 50 mètres pour 20 000 logements (in *Environnement et équipements urbains*, 1971, Centre de recherche en urbanisme, Paris, 195 p.).

[2] Vigneau, 1998, op. cit.

appellations symboliques de la normalisation et de la polyvalence sportive. Au complexe sportif couvert s'ajoute la notion de parc des sports, appelé de plus en plus complexe sportif (voire plaine de jeux et plaine des sports pour les plus grands ensembles, suggérant alors l'idée de terrains immenses à perte de vue, tandis que le parc est plus un lieu fermé). Cette nuance de vocabulaire concerne directement la ville de Saint-Etienne où le parc de l'Etivallière clos de mur devient un vaste complexe sportif regroupant les ensembles sportifs voisins, même si l'Etivallière est surtout une ré-interprétation locale de ce schéma fonctionnaliste. C'est aussi que la municipalité stéphanoise se pose en relais parfois innovant de la politique nationale d'équipement.

1.1.2 Une équipe municipale, des ambitions et des projets de grands aménagements sportifs

Au niveau local, outre une marque de l'idéologie nationale développée autour du sport, le contexte industriel et urbanistique stéphanois évolue en faveur d'une intervention publique. La municipalité stéphanoise se positionne comme relais de l'Etat, sollicité par des clubs de plus en plus nombreux qui souhaitent bénéficier d'installations nationales (n'étant plus à même d'entretenir leur patrimoine). Nous rejoignons là J-P. Callède lorsqu'il parle de système sportif local marqué par une coopération municipalité / clubs : la municipalité fournit deux ressources principales, l'équipement sportif et les subventions, tandis que le club s'engage à favoriser la diffusion du modèle sportif (apprentissage et compétition) avec son encadrement bénévole[1].

Le changement d'acteurs municipaux favorise ce passage et cette prise en charge volontariste du sport local : c'est l'affirmation de Michel Durafour, fils de l'ancien maire Antoine Durafour, d'abord au sein de la municipalité A. de Fraissinette élue depuis 1947 (qui ne fait pas du sport une priorité politique locale nous l'avons vu) puis à la tête de la ville de Saint-Etienne. A partir des élections de 1959, après des tensions dans les années 1950 entre les deux hommes, à l'image des

---

[1] Callède Jean-Paul, 2004, « Les associations et l'action sportive locale : une phase achevée de modernisation sociétale ? » in Prouteau L. (dir.), *Les associations entre bénévolat et logique d'entreprise*, PU de Rennes, p.125-141.

tensions entre gaullistes et centristes, M. Durafour revenu au poste de premier adjoint impulse une réflexion sur les grands aménagements sportifs, dans la dynamique issue de la loi-programme de 1961. Au décès d'A. de Fraissinette en décembre 1964, Michel Durafour est élu maire à 45 ans, dans la logique politique (sans grand rival tant la gauche peine à s'affirmer dans la France gaullienne et à Saint-Etienne). Une nouvelle équipe s'installe, avec de grandes ambitions pour la ville et tout un discours autour des expressions de contre-image, modernisation, niveau d'équipements : le sport se trouve placé au cœur des actions municipales pour plusieurs années (peut-être même pouvons nous parler de projet sportif local : montrer la réussite de la ville à tous les niveaux sportifs, clubs, manifestations, grands équipements, du football au sport des handicapés). M. Durafour, en qualité de jeune « maire-entrepreneur », se place en relais local d'une dynamique nationale d'équipements sportifs et de légitimation d'une action publique pour le sport.

Pour comprendre cette action municipale en faveur du sport, il faut la mettre en perspective avec la dynamique sportive et urbanistique régionale, donc pas seulement avec l'impulsion nationale. Nous pensons surtout à la concurrence de la métropole grenobloise (développement économique et spatial rapide, niveau d'équipement sportif et prestige régional fort, surtout grâce aux jeux Olympiques de 1968). La ville de Saint-Etienne pâtit indirectement de cette réussite et doit, d'après son maire M. Durafour, lancer une politique de contre-image, développer un marketing urbain. Jusque là, l'image de Saint-Etienne était celle de la ville noire, industrieuse, au rayonnement limité, comme une réalité imposée aux dirigeants mais parfois aussi comme un mythe (arsenal du pays, ville-désordre, ville oubliée derrière Lyon) et le sport permet d'illustrer ce rayonnement limité. Plusieurs grands équipements stéphanois, notamment les deux plus grands (stade Geoffroy Guichard et vel d'hiv), ne sont pas utilisables par la population locale : le premier est privé (réservé à l'ASSE ou presque) et le second est détruit en 1961. M. Durafour entend renverser cette image de réussites manquées et/ou passées, notamment en plaçant le sport et la culture aux premiers rangs. Dans une logique très différente de la municipalité grenobloise, qui ne constitue en rien un modèle politique, le sport se retrouve intégré à de nouveaux modes de communication sur la promotion de la ville (bulletin et office d'accueil municipaux). Outre cette stratégie d'image (pilotage par l'offre), c'est la demande sociale qui pousse cet engagement municipal : jeunesse importante qui aspire à des loisirs, croissance démographique (maximum au recensement de 1968 avec 222 500 habitants), etc[1].

Bref, la nouvelle équipe municipale se doit d'entamer une politique de grands aménagements sportifs. M. Durafour est accompagné d'autres intervenants majeurs constituant un système d'acteurs publics cohérent et relais des impulsions nationales : l'adjoint aux sports est Robert Llech, directement concerné par le sport scolaire et civil puisque instituteur et directeur d'école primaire à Saint-Etienne mais aussi maître-nageur et président-fondateur du district de la Loire des Maîtres-Nageurs Sauveteurs. Ce dirigeant sportif et scolaire âgé de 47 ans est choisi par M. Durafour dans une logique moins politique que sportive, au-delà des divisions droite-gauche (au moins en apparence et dans les discours pour tenter de rassembler les Stéphanois derrière son projet sportif)[2]. Cette faible orientation politique apparente dans le sport n'empêche pas la critique envers l'opposition et même vis-à-vis de l'équipe précédente, appuyée par les journalistes de l'époque qui n'hésitent pas à accuser l'ancien maire et son adjoint aux sports P. Louis[3]. R. Llech est aidé par le dynamisme du service municipal des sports, à commencer par le directeur des établissements sportifs municipaux G. Puillet (également secrétaire du district de la Loire de football), aidé de l'ingénieur principal G-H. Rivière. Nous avons donc une « technostructure » locale, qui concentre son attention sur le patrimoine sportif communal.

La ville doit se doter d'installations dignes d'une grande ville, en finir avec le « bricolage » des années précédentes, les hésitations sur

---

[1] La communication avec les habitants a pour objectif de favoriser l'adhésion au projet politique : les équipements sportifs sont utilisés selon une symbolisation de l'espace, tels des « icônes du changement » : Gay Benoît, 2001, *Evolution de l'image de Saint-Etienne dans le discours municipal*, mémoire de maîtrise de géographie, Université de Saint-Etienne, 150 p.

[2] Plus comme gestionnaire et animateur de la vie sportive qu'homme politique : peut-être faut-il y voir aussi une volonté de Durafour de garder le contrôle sur les grands dossiers à gérer avec les instances supérieures.

[3] Plusieurs articles, évoquant le sous-équipement local et la nécessité de rattraper un retard, parlent de M. Louis comme d'un brave homme mais peu gestionnaire (empilement des dossiers), peu dynamique, alors que d'autres critiques sont plus acerbes (« un Llech vaut 10 Louis »).

des ensembles sportifs comme l'Etivallière, Méons ou Villeboeuf. De nouveaux équipements modernes doivent être créés pour servir les ambitions de la ville, même s'ils sont aussi simplement la réponse à une demande sociale. Même si les projets d'équipements se concentrent dans le Nord-Est stéphanois, telle une réponse indirecte aux efforts de planification lancés dans les années 1920 et 1930, il paraît exagéré de parler d'une planification globale, d'une pensée visant l'aménagement sportif global à échelle de la ville. Les projets imaginés au début des années 1960 et modifiés jusqu'à leur réalisation effective se placent en fait dans un héritage des politiques précédentes, parfois dès le Front Populaire (projet d'un ensemble sportif autour de l'Etivallière) et l'opportunité foncière joue un rôle important (le Nord-Est stéphanois est riche en espaces plats et disponibles). En outre, la politique urbaine stéphanoise est méfiante vis-à-vis de la planification en général : l'aménagement urbain est perçu comme une organisation de différentes fonctions, ici sportives, et non comme un tout. La transformation des anciens grands espaces sportifs peu aménagés de Méons, de l'Etivallière (en dehors du vieux parc) et de la Plaine Achille, montre autant une logique d'opportunités liées aux incitations financières d'Etat qu'une production d'espace conçue de manière très rationnelle : ces grands complexes sportifs modernes sont censés affirmer une centralité sportive, donc une centralité métropolitaine.

Une première phase semble se dégager, étendue du début à la fin des années 1960 : celle des grands projets, de leur conception à leur redéfinition. L'objectif est, dans la mouvance nationale, de faire des espaces sportifs polyvalents pour le sport de masse, tant le sport de compétition que le sport scolaire (selon la volonté de R. Llech), mais en incluant des installations pour le haut niveau, des équipements phares pour la ville (selon la volonté de M. Durafour) : il s'agit surtout d'assurer le développement sportif en liant sport de masse et sport d'élite. Les espaces pensés pour accompagner cette sportisation de la société locale se concentrent dans le Nord-Est stéphanois, confirmé comme quartier des loisirs sportifs, appuyant l'idée d'une logique fonctionnaliste et d'une pensée moderne.

Le principal projet est celui de l'Etivallière, parc et terrains connexes. La situation du parc et ses alentours au début des années 1960 montre un « palimpseste sportif », perçu comme un désordre notamment par l'opposition et la presse de gauche qui multiplient les critiques nous l'avons vu depuis le début des années 1950. Le projet de rapprochement de l'ensemble sportif hétérogène Etivallière-Nautin-Chambonnet semble émerger concrètement et sérieusement chez les élus et dans la presse locale après les élections de 1959, sous l'influence du nouveau premier adjoint M. Durafour. Plus précisément, le projet d'un grand parc sportif est mis au jour à la rentrée de l'Office Municipal des Sports en septembre 1960 : il s'agit d'une opération d'aménagement sportif et urbain placée au cœur du fonctionnalisme qui privilégie les complexes sportifs, et inscrite dans une politique d'image qui valorise la modernité des équipements. Elle est constamment valorisée par la presse locale qui joue souvent le relais du « maire-entrepreneur ». Le projet de parc des sports est dans l'esprit des élus une opération urbanistique qui reprend les idées du Plan Hur en 1938 : la mairie veut profiter des équipements existants et des réserves foncières de cette zone entre la Terrasse et le Marais pour avoir un grand ensemble sportif, tout en valorisant l'aspect paysager et hygiéniste grâce à la couverture du Furan, rivière dépréciée et déjà couverte en centre-ville. Elle veut enfin profiter de la construction au début des années 1960 d'un boulevard autoroutier de ceinture urbaine.

Si la localisation et son intérêt urbanistique sont rapidement précisés, la municipalité semble en revanche hésiter sur les aménagements sportifs, dans un débat autant sociétal que sportif, sur la place des terrains de compétition (pour le haut niveau) et des terrains d'entraînement (servant de compétition pour le sport de masse). Les choix sont longs et difficiles pour un service municipal des sports jeune et peu expérimenté, d'où l'intervention de spécialistes professionnels, urbanistes et architectes des espaces couverts et en plein air : les deux architectes choisis symbolisent bien le relais local/national[1]. S'engagent alors des négociations sur le devenir du parc des sports, dans un partenariat progressif Etat / municipalité. Les projets d'aménagement, ouverts sur 22 à 25 hectares, permettent d'envisager de nombreux

---

[1] Le choix se fait par connaissance et c'est d'abord Robert Joffret qui est choisi en 1964, ingénieur, professeur d'urbanisme et paysagiste, mais aussi et surtout conseiller technique du Comité National des Sports (ancêtre du CNOSF formé par la fusion avec le Comité Olympique Français). C'est quelques mois plus tard l'architecte Raymond Martin qui est choisi pour les bâtiments (DCM du 20/12/1965), un personnage bien connu des élus stéphanois puisque déjà impliqué dans plusieurs grands projets de la ville, proche du nouveau maire M. Durafour.

équipements et de nombreuses combinaisons selon le choix de disciplines et de niveaux sportifs. Ils se succèdent de 1963 à 1974 selon un fractionnement en plusieurs tranches remaniées, parfois pour de très grands équipements, souvent dédiés au sport-spectacle selon le modèle du stade omnisports (en complémentarité du stade G. Guichard). Le grand équipement est censé témoigner d'une affirmation du pouvoir municipal, d'une montée en force de l'équipement sportif public, autant comme un service rendu au public à travers le sport de masse qu'une réalisation servant l'intérêt de la collectivité (en redorant son image, en offrant un loisir).

Ainsi, la grande installation du parc des sports de l'Etivallière est le stade d'athlétisme, complémentaire du stade de football voisin G. Guichard (qui fait figure de modèle avec ses tribunes et la réussite sportive du club résident l'ASSE). La municipalité veut réaliser ce grand équipement pour l'athlétisme afin d'affirmer une centralité sportive synonyme de visibilité des sports et des réalisations modernes. Ainsi, l'architecte M. Joffret propose en 1964 sur la volonté du Maire trois projets de stade d'athlétisme (selon la capacité et l'esthétique voulues), avant de se préoccuper de l'ensemble :

- un stade rectangulaire de 13 500 places en deux tribunes
- un autre rectangulaire de 40 000 places dont 16 000 couvertes
- enfin un stade circulaire de 40 000 places dont 8000 couvertes.

Dès le départ, seul le premier cas est envisagé, adapté aux financements de la ville : l'Etivallière est pensé comme un complexe polyvalent, associant sports de masse et de haut niveau. Quant aux autres installations justement, elles sont définies après les élections de 1965, lors du conseil municipal du 20/12/1965, dans un très ambitieux programme en six tranches sur 17,6 ha pour 31 millions de francs (33 millions d'euros actuels), dont la première tranche pour le stade d'athlétisme avec tribune pour 4,4 millions de francs. Sont prévus une grande piscine couverte, des tennis couverts, une large piste cycliste, bref surtout des grands équipements coûteux[1], que la mairie revoit à la

[1] Sans oublier un second terrain d'athlétisme (d'entraînement), un stade de football et rugby avec deux tribunes de 4000 et 3000 places, 10 courts de tennis couverts et 10 en plein air, plus une grande salle omnisports (basket, volley, boulodrome, etc) et une piste cycliste en plein air, sans oublier une grande salle omnisports (basket, volley, boulodrome, etc). La piscine est repoussée à plus tard.

baisse par pression du budget et des clubs qui demandent plus de terrains accessibles. Ces hésitations retardent les réalisations : seul un terrassement est réalisé au milieu des années 1960[1].

L'exception réside dans la construction d'un boulodrome en limite du parc, près du stade Avias en plein air (inauguré en 1949), pour des raisons spécifiques liées au « statut » du sport-boules dans la ville, un sport de sociabilité ouvrière servant depuis longtemps de base électorale, surtout lorsque des jeux de boules couverts ont été presque promis suite à la démolition du vel d'hiv en 1961 (occupé régulièrement par les boulistes, notamment durant l'hiver). A l'approche des élections de 1965, ces jeux prennent un caractère urgent, sous la pression de boulistes qui par leur nombre restent une force dans l'approche politique des sports à Saint-Etienne. Annoncée dans la campagne électorale, la réalisation du boulodrome permet de populariser l'installation de la municipalité Durafour : sa construction au stade Avias a lieu dès l'été 1965. La « mise en ordre » du sport-boules local se poursuit après le boulodrome extérieur, tel un sport qui se modernise et cesse d'être assimilé à la seule sociabilité de quartiers.

Cette idée de mise en ordre est reprise à Méons où le sport sert l'aménagement urbain. De nombreux travaux y ont été réalisés à la fin des années 1950 pour le sport de masse, au premier rang desquels le football qui bénéficie de six nouveaux terrains et d'un bâtiment vestiaire. Ces travaux sont facilités par la configuration de cette vaste plaine comblée par les Houillères et peu occupée (ou alors par des « bidonvilles » – surnom donné aux quartiers d'habitat spontané occupés par des immigrés espagnols – qu'il s'agit de résorber). De vastes espaces plats sont disponibles mais dont l'aménagement ne repose pas sur une planification ni une réflexion paysagère et architecturale : le parc des sports est censé répondre à une demande de sport de masse. Dès la fin de l'année 1961, dans la dynamique nationale des aménagements sportifs, un projet d'aménagement et d'agrandissement est pensé chez les élus et techniciens : il traduit la volonté de démocratiser un maximum de sports, compétitifs et de loisir,

[1] La presse régionale n'épargne pas la municipalité pour ce retard : le *Dauphiné libéré* du 9/8/1967 note le faible avancement du dossier, pourtant si désiré, « dans la brume » depuis six ans et proche d'une « utopie sportive ».

tout en valorisant le prestige d'un grand complexe sportif. Mais le coût du projet et surtout la « concurrence » du projet à l'Etivallière retardent les réalisations, telle une mise en parenthèse.

La volonté de structurer l'espace sportif local en grands ensembles aménagés passe dès cette époque par un troisième grand pôle sportif, en cours de réflexion dès 1961 dans le nord-est de la ville, à la suite de la disparition du vel d'hiv cette année-là : c'est le centre omnisports de la Plaine Achille. Certes là encore le site est choisi par opportunité foncière, pour combler un vide dans l'urbanisation après l'exploitation minière (acquis aux Houillères en 1952, au nord de la parcelle récemment affectée à la foire) ; mais il permet surtout d'affirmer une centralité sportive avec tous les équipements du Nord-Est, dans une logique fonctionnaliste symbole de modernité. L'engagement municipal porte sur un ensemble omnisports de 12 000 m² (symboliquement plus que les 11 000 m² du vel d'hiv), reposant sur trois bâtiments au coût très élevé (6,3 millions de francs soit 7,5 millions d'euros actuels). D'ailleurs, ce coût freine l'avancement d'un projet qui semble être plus fondé sur un effet d'annonce au moment des débats sur le vel d'hiv que sur un aménagement réaliste dans le mandat électoral. Après cette période très calme suivant l'effet d'annonce en 1961, où la priorité est donnée aux grands ensembles de plein air (Etivallière et Méons), le projet est relancé avec le Vème Plan et la seconde loi-programme, grâce donc à l'impulsion nationale : en 1964, M. Herzog fait une visite à Saint-Etienne et discute du projet, assurant l'effort d'équipement sportif et « d'affirmation nationale », tandis que le projet est précisé début 1965 sous la direction technique de l'architecte parisien Pierre Dufau, reconnu et prestigieux (lauréat du Prix de Rome).

Ce nouvel avant-projet de centre omnisports comprend deux tranches : d'abord un palais des sports puis une grande salle des sports avec un bâtiment annexe (vestiaire, atelier, logement du gardien), donc un ensemble polyvalent, entre sport de masse et sport-spectacle de haut niveau. L'architecture circulaire et résolument moderne traduit les grandes ambitions de la municipalité Durafour : la priorité est donnée au sport-spectacle alors que dans le premier avant-projet de 1961, la première tranche était la salle omnisports (ce qui n'est pas sans déplaire aux nostalgiques du vel d'hiv qui recevait les grands spectacles sportifs, tandis que les boulistes ont été contentés par leur bâtiment couvert de l'Etivallière). Nous avons bien un équipement sportif d'échelle métropolitaine qui doit permettre à la ville et à toute la région stéphanoise de rayonner[1], d'autant plus qu'il est renforcé en 1968 dans l'optique de réaliser un pôle de loisir, reposant sur des initiatives privées (restaurant le Flore) et publiques (piscine couverte olympique). A nouveau, le changement d'image et le rayonnement de Saint-Etienne sont sous-jacents : plusieurs interviews du maire parlent des équipements sportifs comme facteurs de mieux-être (en reprenant la tradition hygiéniste du sport, mais surtout comme élément du cadre de vie). De nombreux articles de presse soulignent cette force symbolique de l'aménagement sportif, entre sport de haut niveau et sport-spectacle[2]. Le sport-spectacle et la création de clubs sportifs sont en fait au cœur d'un partenariat entre la municipalité et l'administrateur du Palais des Sports de Paris, M. Michaelis, qui a déjà monté des projets identiques à Nice et Grenoble. Bref, ce ne sont pas les ambitions et les projets qui manquent, mais la question financière devient préoccupante en cette fin des années 1960 : l'opposition commence à se faire entendre, principalement pour la piscine olympique, demandant des équipements de base pour le sport de masse. Lors de l'annonce du projet précis de piscine, un débat s'engage suite aux montants proposés (plus de 10 millions de francs) : ce coût énorme et la difficulté d'obtenir des subventions (à la fin de la seconde loi-programme 1965-69) retardent la mise en route des travaux, voire modifient les réalisations. Un second temps s'engage pour ces trois grands projets d'aménagements sportifs du Nord-Est stéphanois (auxquels il faut ajouter les transformations d'un petit ensemble sportif à Grouchy).

---

[1] Le coût est donc énorme, environ 10 millions d'euros actuels, mais largement supporté par l'Etat : 565 000 francs prévus dans le IVème Plan, 1 million de francs dans le Vème Plan et 2 millions de francs grâce au statut de Métropole d'Equilibre avec Lyon (AM : 10M44 à 10M49), soit 4,5 millions de francs pour la ville.

[2] Cf. l'interview de M. Durafour dans *la Dépêche* du 23 octobre 1967 ou le grand article « la Plaine Achille change de visage » dans *le Dauphiné libéré* du 27 mai 1969 qui parle de la force symbolique d'un quartier renouvelé pour toute la ville : du terrain vague mal goudronné attendant chaque année l'automne pour la Foire et le cirque, la ville fait un « pôle d'attraction » dédié aux sports et aux loisirs. L'architecte Dufau propose même pour le Palais des Sports un dôme en aluminium de 25 mètres de haut venu de Los Angeles (AM : 10M24). De « simples débats techniques » (taille des équipements, délais envisagés, sports praticables, etc.) ou apparaissant comme tels, révèlent donc des choix socio-politiques majeurs.

1.1.4 La production de grands espaces sportifs dans le Nord-Est stéphanois : les ambitions confirmées

Ce second temps, de production des complexes sportifs et grands équipements modernes, étendu dans les années 1967-1977, confirme le poids des ambitions de la municipalité Durafour), même si le contexte diffère, notamment sur le plan socio-économique avec les difficultés de la crise. La priorité est donnée aux trois complexes sportifs, en plein air et couvert (Etivallière, Méons, Plaine Achille), présentés ici non pas dans la stricte continuité chronologique mais selon la cohérence des dossiers et leur signification socio-politique.

- L'Etivallière, vieux parc des sports érigé en complexe moderne

C'est un dossier éminemment politique puisqu'il associe ambitions du haut niveau, du complexe sportif moderne et de grande taille, suscitant retards administratifs, augmentation des coûts, refonte du programme. Sur le premier point, le stade d'athlétisme est confirmé comme grand équipement d'ornement au sein du complexe, évoluant entre opportunités techniques, exigences fédérales et ambitions municipales[1]. A l'achèvement des principaux aménagements en 1972, le stade d'athlétisme est homologué en classe internationale (piste huit couloirs en revêtement tout temps, plateaux de sauts et lancers, éclairage, tribune de 2700 places couvrant les installations annexes, vestiaires et salle de presse), bref selon les récentes « exigences » du sport-spectacle (télévisuel)[2]. L'intention est donc claire : au-delà des

---

[1] La municipalité se plaît à dire grâce au relais de la presse : « réalisation audacieuse que celle de ce parc des sports de l'Etivallière qui permettra à Saint-Etienne de devenir une ville d'ouverture, pouvant accueillir des associations sportives de tous les coins de France et pourquoi pas, d'autres pays du monde » (*la Tribune le Progrès* du 28/1/1971), « après le football avec Geoffroy Guichard, le basket au Palais des sports, les boules à Avias (prochainement agrandi), l'athlétisme stéphanois possède aujourd'hui son propre temple à l'Etivallière ... adieu, bonne vieille piste en cendrée » (*la Tribune le Progrès* du 20/1/1973).

[2] Ce qui est valorisé lors de l'inauguration le 22 septembre 1973 avec un grand meeting d'athlétisme symbolique où le maire met en avant la réussite du projet, son intérêt, son unicité, et toutes les formes de coopération autour (élus, techniciens, architectes, athlètes, dirigeants sportifs locaux et fédéraux), selon un cérémonial de l'avènement de l'équipement public (majorettes, invités politiques et du mouvement sportif), où l'acte inaugural marque la fin d'un engagement politique et le début d'une

efforts faits pour le sport et la pratique sportive, le complexe sportif de l'Etivallière est un moyen de se distinguer des autres villes, de valoriser une modernité fonctionnaliste : après avoir suivi le modèle des parcs sportifs mondains de la Belle Epoque et de l'Angleterre victorienne, l'Etivallière devient à son tour un modèle, celui des complexes sportifs modernes polyvalents, mis en avant dans la presse spécialisée[1].

Sur le second point, celui de l'équipement moderne pour « faire du neuf » sans référence au patrimoine, la création du grand complexe sportif fonctionnel rencontre l'enjeu patrimonial d'une préservation de l'esprit et de l'aménagement paysager du parc, entretenu depuis près d'un siècle. La modernisation affirme une vocation sportive unique du lieu, effaçant les autres activités (promenades, jueux d'enfants). Un des symboles de ce parc est bien sûr l'Orangerie de l'ancien château des barons de Rochetaillée, l'un des derniers bâtiments du XVIIIème siècle à Saint-Etienne, détruit après débats[2] : cet exemple traduit au moins les tensions liées à une modernisation volontariste des élus.

Sur le dernier point, celui du grand complexe qui concentre les équipements du sport de masse, l'enjeu politique est plus fort et moins consensuel que l'intérêt du haut niveau pour l'image de marque de la ville : c'est toute la place de l'équipement sportif dans la ville qui est discutée, en particulier lors des élections municipales de 1971 où le parc se retrouve au cœur des débats sur le sport. Face à la liste de la majorité municipale, appelée d'ailleurs symboliquement « Saint-Etienne Métropole » et qui fait valoir son bilan positif (politique sportive cohérente, développant tous les équipements et surtout de qualité) se rejoignent deux listes sur la localisation des équipements sportifs en fonction des dispositions sociales : une liste d'union de la gauche qui développe l'idée d'équipement des quartiers Sud de la ville,

---

valeur d'usage : cf. l'article de J-D. Chaussier en 1995 « Pouvoirs locaux en représentations », in Augustin J-P. et Callède J-P., *Sports, relations sociales et actions collectives*, MSHA, Talence, p.347-363.

[1] Cf. notamment les deux articles dans la revue *l'Architecture française* n°331-332 de mars-avril 1970 et n°357-358 de mai-juin 1972.

[2] Un jeune architecte, J-F. Boudet, découvrant le parc au cours d'une enquête urbanistique, souhaite conserver le bâtiment en le transférant sur un autre terrain, pour préserver une mémoire de la ville (même s'il ne remet pas en cause l'aménagement du complexe sportif), voire le transformer en centre d'études pour l'art des XVIIème et XVIIIème siècles en Forez, projet qui ne verra jamais le jour.

et la liste du gaulliste Lucien Neuwirth mettant en avant un « contrat de six ans pour le progrès » avec une place importante des sports, posant la question « un quartier pour le sport ou le sport dans les quartiers ? » et y répondant par la nécessité d'équipements sportifs de quartier (95% des installations municipales étant concentrées dans le Nord-Est de la ville). A la conception traditionnelle du sport comme simple pratique de loisir de proximité et à cette conception gaullienne de l'équipement sportif comme équipement collectif rendant un service public (chez Neuwirth) s'oppose la conception presque utilitariste du sport pour la municipalité Durafour : le complexe sportif moderne s'inscrit dans une stratégie de marketing urbain. Dans ce jeu politique local à trois listes, c'est finalement la liste Durafour qui l'emporte au second tour (assez facilement grâce au maintien des deux autres listes) et la même équipe est confirmée. Le maire entend poursuivre sa politique de modernisation de la ville par le sport : un premier mandat pour faire de grands espaces sportifs, un second pour moderniser le patrimoine et affirmer la logique du haut niveau.

Justement, dans la suite des aménagements du complexe sportif, le grand parc des sports de l'Etivallière ne bénéficie pas de l'évolution souhaitée au départ. Certes, en ce début des années 1970, la première tranche a été réalisée, sur 40% de la surface totale prévue ; et une seconde tranche est prévue dans le cadre du VIème Plan, dans la partie Ouest avec 8 courts de tennis couverts et 13 en plein air, une grande maison des sports (votée au conseil municipal en mai 1974). Finalement, celle-ci n'est pas menée jusqu'au bout et seuls les équipements les moins coûteux sont réalisés, essentiellement les tennis en plein air : pour simplifier, la logique des équipements de qualité et de haut niveau a cédé la place à des aménagements plus modestes et privilégiant le sport de masse autant que les économies financières. Le nouveau contexte socio-économique avec la crise nationale et encore plus locale, conduit à des restrictions dans les projets (patinoire et tennis couverts). La troisième tranche elle-même, pourtant centrée sur des installations sportives de base (terrains de football, de basket, de handball et de volley) est compromise.

Malgré ce revirement après 1973, le parc des sports de l'Etivallière représente bien, par rapport au paysage sportif désordonné (avec superposition des traces de chaque période d'aménagement), la stratégie municipale de normalisation et de mise en ordre pour une nouvelle image de marque de modernité. Son ouverture au mouvement sportif local permet à celui-ci de s'affirmer, accompagnant la grande dynamique sportive nationale et locale (binôme sportisation / démocratisation qui permet de parler de sport de masse, en particulier pour le football). Si la pratique footbalistique est timide à l'Etivallière dans les années 1960, la situation est bien différente au milieu des années 1970 : la seule étude de la fréquentation du complexe sportif de l'Etivallière pour l'année 1974 montre une explosion du nombre de rencontres sportives. La fréquentation globale annuelle est de 80 000 utilisateurs, mais cette fréquentation n'est pas la même, en termes quantitatif et qualitatif, selon les disciplines sportives et leurs logiques socio-sportives : le football est le sport populaire, dans une logique de pratique compétitive de masse, de plus grande envergure que pour le rugby[1]. Dans une logique de pratique plus axée sur le loisir mais pas encore populaire, le tennis tient une place particulière : environ 16 000 personnes ont été accueillies (pour quatre courts en service en 1974), puis 32 500 en 1978 (pour neuf courts). Enfin, dans la logique nationale de priorité au sport scolaire, sont organisées les compétitions du sport scolaire (2100 élèves accueillis sur 7 journées) et les épreuves de tous les examens sportifs scolaires de la ville (3000 personnes accueillies en 12 journées pour le Bac, le BEPC, le CAP et le BEP) : le prestige de l'examen est associé à celui du lieu. Dans une situation presque opposée d'ambitions pour le haut niveau, plus proche de l'esprit compétition et de la vocation de l'équipement, l'athlétisme est pratiqué au stade Henri Lux pour plusieurs compétitions et meetings de divers niveaux sportifs. Dès cette saison 1974/75, le stade reçoit 20 compétitions officielles (du local à l'interrégional). Le second parc sportif aménagé à l'époque montre une conception complémentaire et un impact similaire sur les sports collectifs de masse.

- Méons, complexe sportif pour les sports collectifs de masse

Nous pouvons parler d'un partage des rôles : si l'Etivallière apparaît comme un espace sportif de prestige en partie réservé au haut niveau, aux pratiques distinctives et institutionnalisées (examens), Méons est dédié au seul sport de masse, populaire et quotidien. D'ailleurs, plus qu'à l'Etivallière, les réalisations restent globalement conformes au plan prévu, grâce à un projet plus simple et tourné sur le

[1] 686 matches officiels en football contre 34 en rugby (AM : 5815W27).

sport de masse : l'aménagement global du parc des sports n'est pas contraint par des plans-masses d'architectes validés par de lourds dossiers de subvention étatique ; il est plus souple et évolutif selon l'extension foncière en cours. Mais le nombre de terrains réalisés est en dessous des ambitions de 1965, sans réalisation de prestige : les coûts sont éloignés des opérations de l'Etivallière[1]. Nous avons à Méons une plaine des sports populaire, pour le sport de masse (scolaires et clubs), en priorité au football avec ses huit terrains en partie éclairés et son grand bâtiment-vestiaire. La fréquentation est encore plus importante qu'à l'Etivallière : dès 1974, le parc accueille 93 000 personnes dont 48 000 scolaires environ (pour les heures d'EPS surtout) et 1414 matches officiels de football. Néanmoins, il est un équipement sportif particulier au sein du parc, plus élitiste : les courts de tennis dont quatre sont gérés par une association sportive, Saint-Etienne Tennis Parc (héritée du prestigieux club des tennis Mercier au Rond-Point)[2]. Il semble que la ville soit complaisante avec ce club de notables locaux en « réservant » une partie du complexe sportif moderne à un club de tennis privé (qui abandonne alors son projet de créer des courts à Villars), selon un système de gestion déléguée. Mais en dehors de ces courts de tennis assurant un relatif prestige social au complexe sportif, Méons devient avant tout un quartier du football puisqu'en plus des nombreux terrains du parc des sports, la ville aménage un grand terrain à proximité, au lieu-dit Reveux, dans un autre partenariat avec l'initiative privée. Il s'agit du remplacement du stade Rocher, privé et construit rue Jean Huss au milieu des années 1940 par

---

[1] Les aménagements entre 1964 et 1974 ont coûté 2,3 millions de francs pour 25 hectares à Méons, contre 10,9 millions de francs pour 19 hectares à l'Etivallière.

[2] « Ce transfert sportif des 'Champs-Elysées' stéphanois au 'Nanterre' local s'est traduit par une scission interne au club : les membres des plus vieilles familles du textile ou de la métallurgie préférant rejoindre Saint-Galmier, ses résidences secondaires, ses eaux, son casino, ses tennis … » (Vant, 1975, *Les grands ensembles du sud-est de Saint-Etienne : essai de géographie sociale*, CIEREC, Saint-Etienne, p.59). Cette migration vers la Plaine du Forez ne rencontre pas la politique d'attractivité des cadres et chefs d'entreprise voulue par le Maire de Saint-Etienne. Les courts du Rond-Point, qui ont longtemps attiré la bourgeoisie stéphanoise depuis les premiers terrains de la villa Brossy, sont vendus en novembre 1974 à une société immobilière appelée Tennis du Rond-Point, qui construit alors de grands immeubles, mais qui vend ses terrains en 1978, abandonnant son projet de résidence avec tennis privés.

l'entreprise de R. Rocher la SFTP[1]. Le partenariat avec le club de R. Rocher, l'Olympique de Saint-Etienne, passe par une convention signée en 1972 qui normalise les rapports entre « sport public » et « sport privé ». D'une part, il s'agit pour la municipalité de conserver une mémoire des lieux sportifs et des identités attachées à ces lieux (une réalisation privée dans un quartier pauvre et laborieux, à l'origine d'une belle réussite sportive), d'où l'effort pour conserver le stade dans le quartier de Méons. D'autre part, cet exemple montre bien le renforcement du pouvoir municipal en matière de politique d'aménagement sportif puisque, même si des conventions prévoient des délégations de gestion, c'est la ville qui a l'initiative et le contrôle, dans un jeu d'acteurs privilégiant l'équipement collectif.

- la Plaine Achille, centre omnisports prestigieux, pour le haut niveau

Si le complexe de Méons est le complémentaire de l'Etivallière (entre le sport de masse et de haut niveau), celui de la Plaine Achille est son complémentaire sur le type d'équipement, couvert par rapport au plein air, associant sports de masse et de haut niveau. Le centre omnisports est d'abord composé de deux grands bâtiments couverts, palais des sports et salle omnisports d'entraînement, dont la réalisation s'accélère à la fin des années 1960 : ils sont livrés, avec le bâtiment vestiaire reliant les deux, en 1970. D'un côté, la salle omnisports dédiée à l'entraînement et au sport de masse trouve rapidement une utilisation sportive classique (écoles et clubs), mais d'un autre côté, le palais des sports accueille peu de grandes compétitions sportives, sauf en basket mais quelques saisons seulement (problème d'ambiance). Il devient progressivement un palais des spectacles, accueillant des concerts et diverses manifestations comme Holiday on Ice, dans l'objectif à peine avoué de rentabiliser un minimum l'équipement. Nous sommes donc bien loin de l'idée originelle en 1961 de remplacer le Palais municipal des Sports, développant l'idée nouvelle, exprimée dès 1968, d'avoir un pôle de loisirs[2]. La réalisation de la piscine

---

[1] Condamné par la création du boulevard industriel qui doit ceinturer une partie de la ville, le déménagement du stade est pris en charge par la ville, selon un rapport de force où l'influence de R. Rocher est déterminante (président de l'ASSE).

[2] Idée confirmée par quelques projets privés dont celui d'un bowling, sur l'initiative de l'ancien président du tir de l'observatoire, Hubert de la Celle, joueur au bowling de Lyon et licencié à la FFSQ (Fédération Française des Sports de Quilles), prenant

olympique confirme l'objectif du sport de haut niveau, tout en assurant une vocation ludique du site : la taille et la complexité de l'équipement posent des problèmes de réalisation et d'acceptation d'un tel investissement. Le montant d'investissement du seul bâtiment piscine atteint 18,5 millions de francs contre une prévision de 6 millions de francs en 1968, ce qui suscite d'importants débats en conseil municipal, notamment à l'approche des élections municipales de 1977. La piscine est presque terminée en 1976, des parkings sont aménagés, marquant la fin d'un cycle de grands aménagements sportifs sous les mandats Durafour. Cette politique de grands équipements modernes – « à la mode » comme les piscines – privilégie vraiment les quartiers Nord-Est en confirmant la vocation sportive de plusieurs vieux ensembles sportifs : après l'Etivallière, Méons, voire la Plaine Achille, c'est l'espace sportif Grouchy qui se trouve renforcé.

- Grouchy, ensemble sportif complètant l'offre publique de sports

Comme à la Plaine Achille, c'est une piscine couverte qui complète la première piscine municipale d'été, un équipement moderne constitutif de l'attraction des grandes villes. Plus simple de conception, elle doit répondre à un usage de loisir tout en complétant l'offre pour les scolaires puisqu'en 1968 la ville ne compte que deux piscines : Souchon, petit piscine pour quelques écoles primaires, et Villeboeuf, plus récente mais posant des problèmes de fonctionnement et en priorité réservée aux scolaires et aux clubs[1]. Les deux piscines mitoyennes sont pensées de manière complémentaire pour constituer un ensemble nautique moderne : même pour cette piscine d'usage simple, la municipalité montre des ambitions et réfléchit à plusieurs projets après de multiples visites de piscines. Mais cette piscine Grouchy, achevée vers 1970, est avant tout une piscine pour le public, un équipement collectif pour l'offre de natation, reprenant le premier projet municipal du Front Populaire, sans la visée compétitive de la Plaine Achille : dans les aménagements, l'accent est mis sur la fonction loisir et détente, avec une architecture ouverte en baies vitrées, une

---

l'exemple de villes moyennes ayant déjà leur bowling (Roanne, Annecy, Clermont-Ferrand, Valence) : cf. *Hebdo sports* n°6 de 1973.

[1] Dans l'attente de ce projet de piscine couverte, la municipalité Durafour fait installer un système de chauffage d'eau à la piscine d'été de Grouchy.

grande pelouse entre les deux piscines (pour 500 personnes), deux terrains de volley, un bar. Enfin, la vocation sportive de ce quartier de Grouchy, remontant au début du siècle avec les premiers projets municipaux d'équipements sportifs, est renforcée au début des années 1970 par la construction d'un stand de tir moderne de 1970 à 1975[1].

En conséquence, l'équipement sportif municipal du Nord-Est stéphanois, déjà important depuis les premières années de constitution d'un patrimoine sportif local dans les années 1920, se trouve renforcé à travers ces complexes sportifs (dont les deux principaux occupent les deux tiers de la surface sportive totale). Au-delà du bilan quantitatif au milieu des années 1970, après dix ans d'efforts suivant les premiers projets lancés au début des années 1960, c'est la modernisation d'ordre qualitatif qui est valorisée, selon des installations modernes et plus fonctionnelles.

1.1.4 Une politique axée sur la municipalisation du sport

Le dossier d'équipement sportif le plus révélateur de ce processus de municipalisation, associant installation prestigieuse et soutien au club, est celui du stade G. Guichard associé à la vie du club de football professionnel ASSE (qui participe de la construction d'une image positive pour la ville). Il confirme le poids de la modernité fonctionnaliste associé aux équipements sportifs du Nord-Est stéphanois puisque le stade jouxte le complexe sportif de l'Etivallière et appuie l'idée d'une construction d'un quartier des sports. En effet, le stade G. Guichard, pleinement associé à l'ASSE, est acquis pour une modernisation fonctionnelle. L'achat du stade par la ville est souhaité par M. Durafour depuis plusieurs années mais ne se réalise qu'à son arrivée à la mairie, après plusieurs hésitations des deux parties dans les années 1950, la ville et la famille Guichard propriétaire[2]. Pour le club, le contexte financier (entretien coûteux), organisationnel (projet ambitieux du président Rocher) et sportif (second titre national en

[1] Ce dernier répond aux nécessités de la normalisation du tir sportif avec un équipement à vocation compétitive pour l'association des sociétés de tir de la Loire.

[2] Avec d'un côté le long refus d'A. de Fraissinette, d'un autre côté la volonté de poursuivre une aventure privée. D'ailleurs, dans un article concernant la vente du stade, le quotidien *la Tribune le Progrès* du 24 avril 1965 signale que les initiatives privées sont dépassées pour des aménagements sportifs d'une telle importance.

1964) permet d'enclencher ce virage dans l'aménagement sportif public : dans les années 1960-1970 se construit un système d'acteurs centré sur l'affirmation du football professionnel, faisant du stade un grand équipement moderne et vitrine pour Saint-Etienne.

Après d'âpres négociations sur le prix avec la famille Guichard, la ville achète le stade en novembre 1965[1]. Elle s'engage à louer le stade à l'ASSE selon un bail avantageux de 30 ans pour un franc symbolique par an et surtout à réaliser plusieurs travaux, à commencer par l'éclairage et l'amélioration des tribunes. Les travaux sur l'éclairage sont réalisés dès 1965, dans l'esprit des aménagements sportifs du Nord-Est, comme une opération de prestige grâce à un nouveau procédé (de grands pylônes qui accentuent l'effet de repère visuel dans la ville et permettent un grand spectacle sportif en soirée). Quant aux tribunes, elles sont largement améliorées entre 1968 et 1970 : les gradins Nord et Sud, ou tribunes populaires, sont couverts pour le confort des spectateurs, tandis que la vieille tribune Henri Point est refaite en totalité (par l'architecte R. Martin comme à l'Etivallière, inaugurée lors d'un match européen en 1968). Renforçant sa fonctionnalité et sa dimension sport-spectacle, le stade passe à 39 570 places au total (dont 10 970 assises), un des plus grands de province. La photo en page suivante montre le stade vers 1970, avec ses trois nouvelles tribunes et au fond la tribune d'honneur, dans un environnement en voie de normalisation (l'Etivallière est à l'arrière-plan). Bref, à travers cet exemple du stade G. Guichard modernisé par initiative municipale, c'est toute la structuration de la politique sportive municipale qui apparaît, autour du triptyque « grands équipements-clubs-manifestations ». De manière précoce en France à cause d'enjeux socio-culturels et politiques majeurs autour d'un renouvellement d'image, dans une région stéphanoise où l'activité économique dominante, industrielle, peine à maintenir son image de modernité, la municipalité stéphanoise développe une stratégie d'image de marque par le sport : soutien aux grands clubs et à de grandes manifestations participent d'une ambition métropolitaine.

[1] Pour 1,514 million de francs, la vente comprend terrain d'honneur, tribunes avec vestiaires et buvettes, terrain d'entraînement et aire à peine aménagée à proximité.

Photo n°4 : le stade Geoffroy Guichard vers 1970

Source : ASSE

En effet, la politique d'aménagement sportif est inscrite dans une politique sportive plus structurée et volontariste, notamment dans le soutien aux grands clubs qui assurent une image de dynamisme et de modernité. L'étude même limitée des subventions municipales des années 1960-1970 montre des choix assez clairs : c'est le sport-spectacle et de haut niveau qui est privilégié avec l'ASSE qui accapare de plus en plus le budget des subventions (cf le tableau en page suivante). L'évolution est flagrante et traduit bien la recherche d'une image de marque par les grands clubs, principalement sur le rapport entre la subvention de l'ASSE, seul club professionnel local, et celle de l'Office Municipal des Sports (qui distribue ensuite son total aux diverses associations de la ville). La devise de l'OMS est d'ailleurs à cette époque « sport pour toutes et tous, et le haut niveau pour chacun ». Le rythme de progression n'est pas le même, confirmant que depuis les années 1960 l'enjeu principal autour de l'ASSE est passé du simple divertissement à une vitrine de la ville (avec apport financier par la taxe sur les spectacles).

Tableau n°6 : les subventions sportives stéphanoises (1960-75)

	Subvention OMS*	Subvention ASSE*	Rapport ASSE/OMS	Total (T) subventions	Rapport ASSE/T
1960	25 000	10 000	0,5	/	/
1970	65 000	215 000	3,3	431 200	0,5
1975	75 000	440 000	5,9	885 560	0,5

* votées au budget primitif (en francs) Source : AM 9C1

Si le doublement du montant total en cinq ans ne bénéficie pas à l'OMS et aux petits clubs, c'est que la politique de subvention traduit une volonté de soutenir l'ensemble du sport de haut niveau. Celui-ci est largement pris en charge par la municipalité qui construit autour d'elle un système d'acteurs sportifs privilégié : en effet, elle impulse la création du CASE (Club Athlétique de Saint-Etienne). Ce club, déjà formé de manière éphémère pendant la Seconde Guerre mondiale (en réunissant pour l'athlétisme et le basket l'ASS et le Coquelicot), se reforme en 1967 grâce aux deux même clubs et disciplines[1].

Le contrôle de certains clubs sportifs, que ce soit sur le sport de masse ou le sport de haut niveau jugé plus stratégique, s'exerce de manière directe et indirecte : directe à travers l'impulsion totale de la création dès 1967 de l'ASMSE (Association Sportive Municipale de Saint-Etienne, pour le seul personnel municipal au départ), indirecte à travers la prise en charge du développement du CASE, principal club omnisports autour des sports collectifs (hors football). Dès sa création à la fin des années 1960, le CASE est immédiatement soutenu par la ville, directement par une forte subvention et indirectement par la mise à disposition des réalisations modernes de l'Etivallière et de la Plaine Achille. Plus précisément, les grands équipements inaugurés au début des années 1970 (stade H. Lux et pour l'athlétisme et Palais des sports

[1] Un autre rapport de force existe entre les deux clubs puisque l'ASS-basket, qui n'est plus dirigée par la famille Guichard (ayant donc définitivement privilégié le football) se rapproche du Coquelicot, un club qui monte en Nationale 1, présidé par Paul Moulin aidé de l'ancien président Henri Lux (ancien basketteur, médecin, âgé de 47 ans en 1967, président du club en 1951). Ce dernier devient président du CASE dès 1967 puis président de l'Union Départementale des Fédérations Sportives (de 1968 à 1973 où il décède, reconnu par tous les sportifs et par la municipalité qui donne son nom au nouveau stade d'athlétisme à l'Etivallière).

pour le basket) sont « ambitieusement » investis par le CASE : l'équipe première en basket devient même semi-professionnelle en 1972, recrutant deux joueurs américains. La subvention du CASE est déjà de 60 000 francs en 1970 (proche de celle de l'OMS) et atteint 150 000 francs en 1975, certes avec d'autres sports que l'athlétisme et le basket. En effet, dans sa stratégie de développer le sport de haut niveau, la ville encourage la création d'autres sections, en priorité dans les sports collectifs : après la création d'une section volley en 1970 puis handball en 1971 sur l'initiative de plusieurs professeurs d'EPS, c'est en 1975 que le CASE se structure véritablement avec six sections : basket, athlétisme, volley, handball, escrime et rugby (par absorption du Stade Forézien). Mais seul le basket est semi-professionnel ; les autres sections tentent de s'affirmer pour acquérir ce statut, non sans problèmes internes et tensions sociales, notamment dans la section athlétisme où les athlètes et dirigeants restent proches de l'idéal amateur (reformation du Coquelicot en 1979 autour d'une pratique de masse et d'une politique de jeunes). Au-delà de ces tensions socio-sportives et idéologiques, le CASE reste l'exemple du grand club municipalisé, formé à partir de clubs privés qui s'effacent, confirmant le renversement du système d'acteurs du sport stéphanois.

La thèse d'une municipalisation de la vie sportive locale ne se limite pas à ce contrôle des clubs importants : la modernisation et la gestion des équipements sportifs universitaires permettent de la confirmer. En effet, tandis que la jeune université stéphanoise est en pleine croissance début des années 1970 et s'implique dans le sport (Saint-Etienne Université Club dès 1963), la question d'équipements adaptés se fait sentir au début des années 1970. Auparavant très limités et gérés par le rectorat, ces équipements doivent être modernisés et complétés, ce que le rectorat ne peut assumer, même avec l'aide de la Direction Régionale de la Jeunesse et des Sports qui propose alors la maîtrise d'ouvrage à la ville, en 1973 : nous sommes à cette époque dans les débuts d'un passage du pilotage étatique avec relais municipal à un pilotage municipal avec aides étatiques. Le programme comprend plusieurs installations pour un total de 6 millions de francs (4,2 millions d'euros actuels) dont la moitié pris en charge par l'Etat. Les nouvelles installations modernes, fonctionnelles et prestigieuses concernent surtout le tennis selon une mode nationale (plus terrain de football et gymnase) : les six courts de tennis Léon Jouhaux, entre la faculté de sciences et l'IUT, sont mis en service en mai 1975. Elles permettent aux nombreux étudiants qui arrivent à l'université d'exercer plusieurs sports, à la fois au sein du Saint-Etienne Université Club et comme sports-loisirs gérés par le service universitaire des Sports. Mais cette opération de municipalisation des équipements reste une exception et c'est surtout sur le partenariat ville / clubs que cette prise de contrôle du pouvoir politique est sensible.

Dans ce système d'acteurs où les grands clubs relaient la politique sportive ambitieuse de la municipalité, grâce à de fortes subventions, les élus stéphanois structurent la politique sportive municipale centrée sur l'image de marque de la ville en utilisant un versant plutôt nouveau : l'organisation de grandes manifestations sportives de niveau national ou international pour faire vivre les grands équipements. Comme toute stratégie de marketing urbain passe par un choix de « créneaux », la ville fait d'abord le pari de développer le sport des handicapés physiques, choix politique très rare en France à l'époque. Cet axe sportif, symbole de la ville ouverte et moderne mais aussi support d'une action sociale, date du début des années 1960 avec le soutien à la création d'un club sportif des handicapés physiques en 1963 emmené par M. Naime, suivi deux ans après de l'organisation des jeux européens des handicapés physiques. Le succès rencontré suscite l'organisation en 1970 puis en 1975 des jeux mondiaux, permettant de mettre en valeur les nouveaux équipements municipaux : cérémonie d'ouverture au stade Geoffroy Guichard, athlétisme et tir à l'arc à l'Etivallière, escrime et haltérophilie à la Plaine Achille, natation à la piscine Grouchy, tir à la carabine au stand de tir de Grouchy, tennis de table au gymnase Métare Sud-Est, basket à la salle Jean Gachet, etc. Le coût n'est pas anodin pour la ville mais pour des retombées médiatiques de plus en plus importantes : ce pari porté sur le sport adapté est un moyen de positionner à l'échelle internationale tout en affirmant une vocation sportive humaniste, d'autant plus que ces manifestations trouvent des relais dans la pratique sportive au quotidien (pas seulement chez les sportifs handicapés).

Toutefois, compte-tenu des grands aménagements sportifs dans le Nord-Est stéphanois, de l'accueil de grandes manifestations sportives et d'une impulsion de plusieurs grands clubs, peut-on pour autant parler d'une stratégie globale autour du sport et de son rôle dans l'image de marque de la ville ? Certes, nombreux sont les éléments prouvant une volonté d'affirmer le prestige de Saint-Etienne (palais des sports, piscine olympique, grand stade d'athlétisme, organisation de compétitions internationales) ; mais cela ne correspond à aucune programmation ni réflexion globale : le triptyque « grands équipements-clubs-manifestations » n'est qu'implicite. En revanche, si la politique sportive n'est pas totalement planifiée, il reste une volonté de contrôle municipal du mouvement sportif, par un appui direct sur les clubs et la gestion de divers équipements (stade G. Guichard et installations universitaires). Cette volonté de contrôle des mouvements sportifs se retrouve en région stéphanoise où les municipalités se posent en relais entre cette demande sociale émergente (en fonction des dynamiques socio-spatiales dans l'agglomération) et la politique nationale d'équipements sportifs qui pilote l'essentiel de l'offre.

1.2 L'équipement sportif communal ou la diffusion locale d'un processus global

1.2.1 Une exception locale : le sport dans les ambitions urbanistiques

Cette logique fonctionnaliste de l'aménagement sportif identifée pour les espaces sportifs du Nord-Est stéphanois est encore plus forte un pôle périphérique, à Firminy. Elle repose sur un système d'acteurs publics original où le maire, Eugène Claudius-Petit (élu en 1953 autour d'une coalition centre-droit), joue un rôle central, anticipant l'effort national d'équipement des années 1960 : le sport est placé de manière précoce au cœur des préoccupations urbanistiques. Ce maire « parachuté » au début des années 1950 a une personnalité forte (il est ministre de la Reconstruction de 1948 à 1952) : il veut lancer une grande politique de modernisation pour cette ville d'environ 21 000 habitants, partant du constat d'échec de la ville industrielle « désordonnée », souhaitant en fait appliquer au niveau local ce qu'il n'a pas réussi à imposer au plus haut niveau de l'Etat, c'est-à-dire un état d'esprit moderne où les architectes-urbanistes jouent un rôle majeur, d'innovation et d'expérimentation. Partant du constat d'un équipement public faible[1], il lance dès 1953 un plan directeur

[1] Peu d'écoles et de collèges, un vieil hôpital, de nombreux logements insalubres, près de 5000 licenciés sportifs et aucun équipement sportif public « digne de ce nom » (« devancé » par les grandes entreprises locales).

d'urbanisme, basé sur un zonage systématique, qui prévoit un nouveau quartier, Firminy Vert, et quatre îlots réaménagés. Le nouveau quartier de Firminy Vert bénéficie, assez symboliquement, du premier gymnase municipal en 1960 : sa charpente métallique est récupérée d'une ancienne usine désaffectée, signe d'une volonté de « faire du neuf » dans une ville marquée par une tradition industrielle ancienne. Malgré cela, la politique d'urbanisme et d'équipement public provoque de violentes polémiques dans la population et même au sein du conseil municipal (ce qui n'empêche pas Claudius-Petit d'être réélu en 1959 et 1965 et de poursuivre sa politique volontariste).

En effet, il lance au début des années 1960 un grand plan d'aménagement avec Le Corbusier pour compléter l'opération de Firminy Vert, et générer un développement global de la ville, en fonction de besoins qui ont évolué depuis le premier plan directeur de 1954. Tous les deux imaginent un nouveau quartier avec unité d'habitation et équipements socio-culturels et sportifs (maison de la culture, stade et piscine), témoin d'une période où l'équipement sportif devient public dans le sens où il répond à un besoin social qu'il faut satisfaire de manière rationnelle, selon les fonctions de la ville définies par Le Corbusier lui-même. Prévoyant une augmentation de population de 35 000 habitants en 1975 et 45 000 en 1985 (en réalité 24 000 en 1982), plusieurs grandes réalisations sportives sont prévues, dont le complexe sportif principal du site Le Corbusier (stade avec piste d'athlétisme et gradins, terrain d'entraînement, piscine). Le complexe sportif est pensé de manière très organisée et complémentaire des équipements culturels (la maison de la culture et de la jeunesse, associée à un théâtre en plein air, est prévue au cœur du site, entre le stade de compétition et le terrain d'entraînement)[1]. Deux trilogies guident l'aménagement urbain inspiré de la Charte d'Athènes où sont mises en avant quatre grandes fonctions (habiter, travailler, circuler et se récréer dans les heures libres) : 'soleil-espace-verdure' et 'travail-sport-culture'. Entre 1961 et 1965, les travaux se concentrent sur l'unité d'habitation (UH), et au décès de l'architecte le 27 août 1965, les travaux du stade ne sont pas commencés même si le vote a eu lieu

---

[1] Merle Stéphane, 2008, « Le stade municipal de Firminy : la dimension sportive de la ville fonctionnaliste à l'écart du processus de patrimonialisation », in Guillot X. (dir.), *Firminy, le Corbusier en héritage*, PU de Saint-Etienne, p.41-52.

(DCM du 26/6/1964). Les 414 logements de la première UH sont livrés en 1967, les travaux de la seconde UH sont interrompus en 1969 : l'utopie corbuséenne ne peut aboutir, notamment faute de financement.

Grâce à l'architecte André Wogenscky, un des disciples de Le Corbusier, les travaux sont relancés par la municipalité et le stade est presque achevé en décembre 1968 : seule la tribune couverte de 3400 places prévue dans le plan de juin 1963 n'est pas réalisée pour des raisons techniques et budgétaires. L'inauguration a lieu début 1971, alors que la piscine est à peine commencée (premiers travaux en juillet 1969) : le projet d'A. Wogenscky a été voté en conseil municipal en février 1969, pour plus de 3 millions de francs (près de 3 millions d'euros actuels), confirmant l'endettement de la ville. Même les ministères de la Culture et de la Jeunesse et des Sports ont hésité à assurer le financement de tels travaux. Cette piscine est achevée au sein du complexe sportif, mais sans avoir d'élément innovant ni prestigieux comme le stade (inachevé pour ses tribunes)[1]. C'est que la piscine est en général un équipement de base qui se banalise dans les périphéries urbaines.

1.2.2 Le sport de masse par l'équipement sportif de base

Les années 1970 sont celles où s'enclenche, après le long épisode d'urbanisation suite à l'exode rural national, un processus de périurbanisation à l'échelle des villes françaises : dans les liens qui se tissent entre sport et urbanisation, de nombreux équipements sportifs sont produits par une impulsion étatique générant des espaces sportifs normés et relativement communs, dans de nombreuses communes.

Quelques éléments théoriques nous sont nécessaires comme sur les processus de diffusion spatio-temporelle des espaces sportifs. Si l'on s'attache aux pratiques sportives de masse, dont les clubs de football sont l'exemple type, se dessine une logique quantitative dans le sens où la création de club répond surtout à la croissance démographique et au processus d'urbanisation, sans obstacles majeurs (d'autant plus que le terrain de football constitue bien l'équipement

---

[1] Un bassin de 25 X 15 mètres avec fosse à plongeon incorporée de 3,80 mètres de profondeur, tremplin de 5 mètres, bassin d'apprentissage 12,5 X 8 mètres, solarium, gradins (DCM du 16/6/1966).

sportif de base des communes). Mais les principaux travaux dans ce domaine[1], ont montré toute une complexité dans les processus de diffusion des associations et des équipements sportifs : ils apportent un éclairage sur les facteurs de développement des sports en milieu périurbain où les stratégies d'acteurs, tel un échange de service entre municipalités et associations sportives, conduisent à une différenciation socio-spatiale des communes avec un décalage dans le domaine sportif[2]. Si les apports des modèles d'attractions gravitaires expliquent en partie la répartition spatiale des équipements (normes et grilles d'équipements mises en place dans les années 1960-1970 au niveau du MJS), le poids du cadre de vie et des différenciations sociales est prépondérant. Ainsi, le principal apport permettant de cadrer notre étude est celui des socio-géographes bordelais Augustin et Callède. Les logiques de distinction sociale dans les périphéries où les classes moyennes dominent ne sont pas aussi fortes que dans la ville centre. De manière générale, les logiques centrifuges de la périurbanisation permettent une territorialisation de nouveaux espaces périphériques : l'équipement sportif permettrait de structurer l'espace local, entre polarisation spatiale et signalisation symbolique[3]. J-P. Augustin propose une schématisation de ces processus (en page suivante).

Au-delà de ce schéma presque théorique, la structuration de pôles sportifs périphériques participe d'une identité locale en voie d'affirmation et de reconnaissance pour laquelle différents facteurs de différenciation entrent en compte : urbanisation, démographie, aménagement urbain, réserves foncières, etc.

---

[1] Noé Nadine, 1995, *Contribution à l'analyse socio-historique des politiques sportives municipales : émergence, transformations et différenciation, le cas du Val d'Yerres en région parisienne 1965-1995*, thèse, Université de Paris XI, 968 p.

[2] D'autres travaux prennent plus en compte les logiques politiques et le rôle central des impulsions municipales en terme d'aménagements sportifs, notamment sous la direction de Pierre Chifflet à Grenoble (M. Falcoz et P. Bouchet).

[3] « La structure des clubs est différente selon les cadres de vie : les grands clubs omnisports sont surtout implantés dans les milieux aisés alors que les petits clubs de quartier sont majoritaires dans les secteurs populaires. [...] Dans les secteurs populaires, la pratique de l'espace est limitée à un périmètre plus réduit, et les habitants s'inscrivent dans les petits clubs qui sont identifiés aux quartiers. Dans les secteurs résidentiels, l'investissement de l'espace est plus important et les clubs ont un rayonnement qui dépasse largement le quartier » (Augustin, 1995, p.99).

Schéma n°2 : schéma théorique centres / périphéries sportives

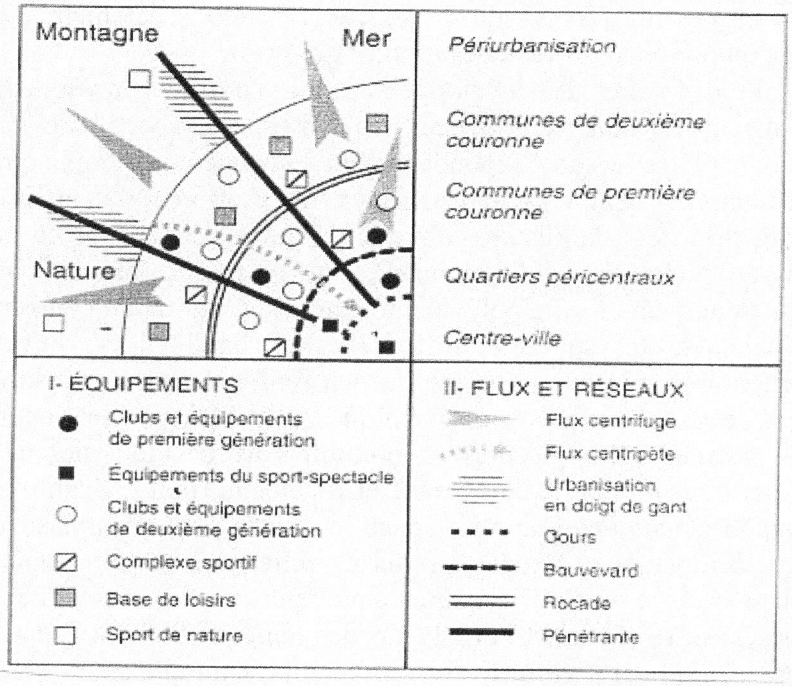

Source : Augustin, 1995, p.104

Il semble donc difficile de généraliser ces processus de diffusion sportive dans les périphéries d'agglomération comme le souligne J-P. Callède[1]. Il s'agit pour nous, certes, de garder l'apport de ces recherches qui suggèrent que la diffusion socio-spatiale des équipements sportifs de base enclenche un processus de banalisation de la vie sportive locale, mais aussi d'affirmer combien dans le cas stéphanois les modèles ne rendent pas compte de toutes les logiques de production d'espaces sportifs. Se démarquant de certaines analyses privilégiant le poids des logiques politiques par rapport aux logiques sociales, nous souhaitons insister sur les particularités stéphanoises, dans une articulation local / global qui donne toute sa place aux

---

[1] Callède J-P., 1988, « Le processus de développement des équipements sportifs et culturels », in *Revue économique du sud-ouest*, n°1, p.41-66.

évolutions de la société locale. Mais dans ces années 1960-1970, entre ce qui relève du suivi de logiques générales d'aménagement sportif public et ce qui répond de processus presque strictement locaux, publics ou privés, c'est le premier point qui prime.

Pour assurer le développement du sport de masse et sous l'impulsion de l'Etat, de nouveaux types d'espaces sportifs deviennent à la mode. Outre le stade, répondant d'un aménagement simple ou alors inclus dans un complexe sportif, deux installations sont au premier rang des priorités : la piscine couverte qui remplace de plus en plus le bassin en plein air, et le gymnase, passant de la simple salle de gymnastique à une forme polyvalente autour des sports de compétition, principalement les sports collectifs (basket, handball et volley). La construction de piscines et gymnases est renforcée, plus industrialisée grâce à de nouveaux procédés techniques, notamment pour l'opération '1000 piscines' (des piscines économiques avec cinq types agréés), mais aussi sur un plan administratif et financiers (tout est calibré). Sur le plan urbanistique, l'aboutissement de cette pensée étatisée est la grille d'équipements de 1974, révisant celles des années 1960 mais toujours centrée sur les équipements sportifs de base[1]. Pour les gymnases, le terme utilisé dès la fin des années 1960 est le COSEC, COmplexe Sportif Evolutif Couvert, comprenant plusieurs salles de taille différente selon les diverses fonctionnalités : c'est l'exemple même d'espace sportif fonctionnel et normalisé. Les sports collectifs, jusque-là développés sur des terrains extérieurs sommairement aménagés, aux effectifs limités en dehors du basket (bien implanté en France dès l'entre-deux-guerres), peuvent progresser sans gêne, quittant les terrains sommaires des interstices urbains et des places (par exemple à Saint-Etienne le terrain de l'ASS avenue Denfer-Rochereau et les places Carnot ou Jacquard) mais aussi les salles des amicales laïques et des patronages, pour se retrouver dans ces salles standardisées municipales. Celles-ci sont utilisées par de nouveaux clubs sportifs spécialisés mais aussi par les scolaires puisque la

---

[1] Elle peut être présentée en centrant sur les types de sports selon les logiques de proximité : un terrain de basket par unité de voisinage (800 à 1200 logements), un terrain de football par quartier (2500 à 4000 logements) et au moins une piscine et un grand gymnase par ville (cf. Lacaze Jean-Paul, 1979, *Introduction à la planification urbaine*, Le Moniteur, Paris, 302 p.). Entre temps, une troisième loi-programme est votée en 1971 pour la période 1971-1975 intégrée au VIème Plan.

localisation privilégiée est celle d'une proximité avec les établissements scolaires. Il s'agit bien d'une accélération du processus de sportisation commencé dès l'apparition des sports modernes : d'un côté la gymnastique passe d'une image d'activité physique de base patriotique à une image de sport compétitif et fédéral, à l'image des transformations que connaissent les deux principales sociétés stéphanoises, la Stéphanoise (affiliation à la FFG en 1972 et entraînements planifiés) et l'Indépendante (construction du grand gymnase Duchamp en 1967[1]). D'un autre côté le basket, jusque-là limité par le nombre de salles disponibles et les difficultés de jouer en extérieur (météorologie, conflits d'usages sur les places publiques, disparition de terrains après des opérations immobilières) se structure dans les gymnases municipaux. Seules de grandes manifestations sportives de masse se déroulent à l'extérieur, telle la fête du mini-basket initiée en 1969 à l'Etivallière[2].

Concrètement, dans les années 1960, la plupart des communes de la périphérie stéphanoise s'équipent en terrain de football et en gymnases, d'abord Firminy dès 1960 puis dans des plus petites communes comme Sorbiers ou Saint-Genest-Lerpt. Très souvent, seul cet équipement sportif de base est lancé, sans grandes réalisations coûteuses car les possibilités de financements communaux sont limitées et la grande ville concentre les subventions pour les grands équipements dans les années 1960-1970. Les premières lois-programmes d'équipement sportif permettent de lancer l'équipement public des communes de la couronne stéphanoise en pleine croissance démographique[3]. De nombreux gymnases de type COSEC sont construits dans les années 1970, souvent associés à des établissements scolaires (par exemple pour les collèges de la Talaudière en 1974, de Firminy en 1973 et 1976, pour les écoles du bourg de Saint-Priest-en-

---

[1] Le discours du maire lors de son inauguration à l'automne 1967 (après diverses exhibitions) et les utilisations sportives par la suite montrent une volonté d'accueillir en fait tous les sports : gymnastique en priorité, judo, tennis de table, escrime et boxe, devenant la salle Jean Gachet en mai 1969 (AM : 10M24).

[2] Par le nouveau président du comité départemental Pierre Maisonnial, structurée par l'ancien professeur d'EPS devenu conseiller technique Marcel Tissot à partir de 1973 (338 jeunes participent en 1969, 418 en 1973, plus de 2000 en 1977).

[3] Passant de 140 574 habitants en 1954 à 175 101 en 1975 (source : INSEE).

Jarez en 1975). Ces gymnases permettent à des sports collectifs, comme le basket déjà bien développé en plein air et surtout le handball ou le volley, de prendre un essor sans précédent : le nombre de clubs ligériens en volley passe de 19 en 1971 à 29 en 1976 et 32 en 1978. L'élan est similaire avec la construction des piscines, souvent municipales, dans les années 1970 : leur construction semble répondre à une logique de hiérarchie urbaine, depuis les premières piscines du milieu des années 1960 à Saint-Chamond et Firminy, jusqu'à celles plus récentes des petites communes comme Le Chambon-Feugerolles (associée à la Ricamarie en 1970), Grand-Croix, Sorbiers en 1976.

Justement, au-delà d'une lecture quantitative de ces logiques de production d'équipement sportif de base, deux piscines illustrent dans le détail la diffusion puis la relative banalisation des piscines : celle en plein air de Saint-Chamond construite dans les années 1960 et celle de Sorbiers, plus récente, couverte et de type industrialisée (dans une commune de la première couronne). A Saint-Chamond, c'est la municipalité Pinay qui lance le projet de piscine municipale, puisque la vallée du Gier n'a pas de piscine publique[1]. Jusqu'aux années 1960, les équipements privés sont les plus importants, faute d'un réel service public des sports, à l'image de la natation accueillie à la piscine privée d'été de l'institut Sainte-Marie qui attire quelques centaines de baigneurs chaque été : la prise en charge des aménagements sportifs par une municipalité active dans l'objectif de construire une ville moderne modifie ce rapport de force. Dans ce cadre socio-politique, le lancement de la piscine publique a lieu en 1961, non sans hésitations sur le type d'équipement et sa conception : les débats sont importants entre le maire Pinay et le ministère des Sports, dans le cadre de la loi de programmation du 28 juillet 1961. C'est donc bien cette loi qui suscite le projet local, préconisant le développement des piscines dans les villes moyennes et petites, mais pas n'importe quelles piscines : la loi préconise des piscines de plein air chauffées mais de taille moyenne pour les scolaires et seules les villes de plus de 50 000 habitants

[1] Après une tentative de la municipalité MRP Boyer des années 1945-47, appuyée dans un premier temps par Pinay mais finalement repoussée après des critiques sur sa localisation près de l'hôpital, tel « un véritable défi aux malades et aux impotents » (Gay, 1992), signe de sa vocation hygiénique (et non pas sportive).

doivent avoir une piscine couverte[1]. Or un premier projet voté en conseil municipal prévoit une grande piscine à Saint-Chamond, moyen de s'affirmer face au voisin stéphanois : la ville veut un grand bassin de 50 mètres avec plongeoir et gradins[2]. Le projet définitif est voté fin 1964 avec un bassin de 50 mètres, une pataugeoire, un bâtiment sur deux niveaux, et des aires de volley et ping-pong, bénéficiant d'une subvention de 50% (négociée après augmentation du coût). Inauguré le 2 juillet 1966, le centre nautique du Coin connaît un succès rapide, en fonction d'une utilisation – précisée dans un règlement intérieur spécifique élaboré par la municipalité – insistant sur trois objectifs : enseigner la natation scolaire, développer la vie associative, être un lieu de rencontre et de loisirs. Gérée en régie directe grâce à douze employés, son fonctionnement est déficitaire comme pour toutes les piscines, malgré une fréquentation croissante[3]. Aucun grand événement sportif n'est organisé : la piscine est là pour répondre à un besoin du public, scolaires et habitants de Saint-Chamond, tel un usage social « réservé » à la population modeste locale : aucun aménagement spécifique n'est apporté dans les années 1960-1970.

Construite plus tard dans la dynamique de l'opération nationale '1000 piscines', la piscine de Sorbiers est celle qui traduit bien la diffusion de ces piscines couvertes standardisées dans l'agglomération, inaugurée dans cette commune de 5500 habitants en 1976. Située dans la couronne nord-est de la ville, Sorbiers perd dans les années 1960 son

---

[1] Ou une grande piscine de plein air chauffée : Saint-Etienne est prise en modèle avec l'arrivée du chauffage au gaz à Grouchy en 1951, permettant d'élargir la période d'ouverture d'avril à octobre (170 jours dont environ 75 au sein du calendrier scolaire). La France ne compte que 476 piscines dont 38 couvertes en 1961, et la loi prévoit d'en réaliser 200 sur le programme 1961-65 (55 couvertes dans les grandes villes) : cf. *Des piscines et des hommes*, 1962, MJS, 22 p.

[2] Une lettre au maire de l'Inspecteur Jeunesse et Sports, confirmée par M. Herzog lui-même, avertit en mai 1962 du refus de classement dans le plan quinquennal, faute d'approbation technique : le coût du bassin doit être inférieur à 1 million de francs dans les communes de 20 à 50 000 habitants. Des négociations s'engagent entre les deux hommes et, signe du poids de l'Etat dans ces années 1960, la mairie de Saint-Chamond est contrainte de voter un second projet plus limité en 1963, de 997 000 francs en réduisant le bassin et les aménagements extérieurs dont les gradins, telle une vocation scolaire et non pas de sport-spectacle.

[3] Environ 28 500 entrées en 1966 contre 46 500 en 1973 (été chaud), mais seulement 30 772 en 1972 à cause du temps frais (AMSC : 7W3 et 12W77).

caractère rural – passant de 2638 habitants en 1962 à 5464 en 1975 – et attire les classes moyennes supérieures de l'agglomération. Le maire, Félicien Chabrol, solidement ancré dans la vie politique locale (conseiller municipal dès 1944 et maire depuis 1959) mais aussi dans la vie sportive locale (vice-président du patronage l'Arc-en-ciel, chargé des activités physiques et sportives avec 280 adhérents en 1971), s'inscrit dans une politique sociale assez volontaire, craignant que la commune devienne une « banlieue-dortoir » (*Bulletin Municipal* de 1976). Après avoir privilégié la reconversion des mineurs en créant avec les communes voisines une zone industrielle en 1961, il s'attache à l'équipement collectif de sa commune, écoles et installations sportives. Celles-ci se concentrent par opportunité foncière dans la zone du Valjoly, une vaste zone plate (phénomène rare sur le territoire communal), non constructible car située au bord de l'Onzon. Un complexe sportif se forme progressivement : au départ un simple terrain de football, puis des vestiaires, un gymnase, un second terrain de football, enfin la piscine. En effet, le maire souhaite élargir l'offre sportive, répondre à la demande locale puisque les Sorbérans fréquentaient la piscine municipale découverte de la Talaudière, tout en bénéficiant des avantages de l'opération '1000 piscines'. Le modèle choisi, Tournesol, est le principal modèle de piscine transformable (une architecture en coupole – de 35 mètres de diamètre – à toiture coulissante permettant une piscine semi-ouverte). Environ 250 piscines Tournesol sont construites en France dans les années 1970, sans monumentalité et à l'identique. Il faut certainement y voir autant un moyen de rendre un service public de natation en profitant d'une production en série à moindre coût qu'un enjeu de pouvoir local notamment face à la Talaudière (commune voisine dirigée M. Thinet qui avait lancé la construction d'une piscine municipale dès 1944).

Si dans l'Est stéphanois la piscine est un enjeu socio-politique marquant la différenciation communale, il arrive que plusieurs communes s'entendent pour aménager ensemble une piscine et ainsi rendre un service public local de natation (une commune seule pouvant difficilement prendre en charge une piscine, même industrialisée). C'est le cas de la piscine intercommunale de l'Ondaine, construite et gérée par les municipalités de la Ricamarie et du Chambon-Feugerolles. Cette dernière est tenue par Pétrus Faure, un ancien mineur proche des communistes dans les années 1920, proche du centre-gauche dans les années 1960 et qui entend, autour de sa devise

« agit, bâtir, servir », mener une politique sociale dans laquelle le sport tient une grande place. A l'origine de ce projet peu commun de piscine existe un rapprochement politique des deux maires de gauche[1]. Mais surtout, face à une municipalité appelouse de centre-droit qui construit de grands équipements publics dont une piscine municipale, les deux villes s'associent en 1965, à la demande de P. Faure, pour construire leur piscine et développer le service public de natation, pour une population totale dépassant les 32 000 personnes. Juste après les élections, le 25 avril 1965, est mis en place un syndicat intercommunal pour la construction et la gestion d'une piscine couverte. C'est une initiative originale, même si l'intercommunalité est limitée à deux communes, dans une région stéphanoise marquée par un localisme fort (rares rapprochements entre communes). Les travaux démarrent en 1968 sur un terrain municipal du Chambon-Feugerolles près du collège et du gymnase municipal, en direction de la Ricamarie ; et elle est inaugurée par les deux maires juste à la fin du mandat fin 1970. Il s'agit d'une piscine complète assez classique censée rendre un service public de natation pour les deux communes, permettant surtout l'enseignement gratuit à tous les élèves des deux communes, et indirectement l'affirmation d'un pouvoir politique local face aux pouvoirs locaux voisins et face aux entreprises industrielles. Cette « chère piscine » comme la surnomment les habitants de la vallée suscite interrogation et désapprobation quant aux coûts d'investissement (3,25 millions de francs, soit 3,3 millions d'euros actuels) puis de fonctionnement. Mais progressivement, son inscription dans le champ sportif local renforce l'identité sportive, d'autant plus qu'au-delà du sport scolaire et du sport-loisir, la piscine valorise l'activité compétitive grâce au club nautique de l'Ondaine, né en 1970, qui obtient rapidement de bons résultats (en natation classique mais surtout en plongeon et natation synchronisée, développés grâce à un bassin suffisamment profond).

Dans les années 1970, outre la généralisation des gymnases et

[1] Dès le début des années 1960, à une époque où les basketteurs ricamandois ne peuvent plus utiliser les places publiques dévolues à l'automobile, la municipalité du Chambon-Feugerolles prête son gymnase de Pontcharra jusqu'à la construction du premier gymnase municipal de la Ricamarie en 1968. Les deux maires se rapprochent aussi dans la lutte contre la fermeture des Houillères.

des piscines, la principale nouveauté réside dans l'aménagement de nombreux courts de tennis municipaux : ce dernier équipement sportif de base accompagne toute une mode sportive dans la société locale et nationale, reposant sur une pratique gratifiante, autant ludique que compétitive, assez peu contraignante (par rapport aux sports d'équipe). Après des années 1950-1960 difficiles avec une baisse du nombre de clubs et de licenciés (aussi bien en région stéphanoise que dans tout le pays), le grand bond en avant commence à la fin des années 1960 en France (au début des années 1970 à Saint-Etienne avec les courts de Méons et de l'Etivallière), puis en périphérie. Dans une période de libéralisation des mœurs sportives, le tennis bénéficie de facteurs généraux de croissance de la pratique sportive : temps libre, meilleur niveau de vie et surtout des facteurs plus sociologiques comme l'affirmation des classes moyennes qui s'identifient aux classes dirigeantes par ce sport-là, sans oublier, à l'échelle des clubs, la concurrence entre des clubs élitistes et d'autres plus populaires, plus ou moins tournés vers la compétition, les jeunes, les femmes, etc.[1]. Ce boom socio-sportif est renforcé par des facteurs spécifiques : aménagement de courts en dur qui permettent plus facilement la pratique hivernale (sans oublier des plages horaires dans les gymnases), sportisation de la pratique (plus de compétition et d'engagement physique, donc loin de l'image de loisir bourgeois), etc. Le nombre de clubs ligériens progresse en moyenne de 11,1% par an de 1966 à 1977, alors qu'à la même époque, un comité de la Loire de tennis est créé en 1973, faisant la promotion de l'activité fédérale, au sein de la récente FFT qui a remplacé la FFLT, passage symbolique du lawn-tennis au tennis (le seul TC de Saint-Chamond passe ainsi de 238 à 402 licenciés entre 1976 et 1978). La majorité de ces clubs sont des créations municipales après l'aménagement des courts : dans les communes périphériques, ce sont en moyenne deux courts qui sont aménagés par commune entre 1975 et 1983. Sur les 18 communes étudiées, qui représentent 176 953 habitants en 1982, 44 courts ont été recensés en 1983 contre seulement 8 en 1975 (alors que Saint-Etienne passe de 30 à 44 courts). Le tableau en page suivante montre le rattrapage, et même le dépassement selon les ratios, de la part des communes périphériques, témoin que le court de tennis est intégré comme élément du service

[1] Waser Anne-Marie, 1995, *Sociologie du tennis*, l'Harmattan, Paris, 250 p.

public des activités sportives et élément du cadre de vie.

Tableau n°7 : les tennis de la région stéphanoise 1975-82

Courts de tennis	1965	1975	1982
Nb. de courts à Saint-Etienne	9	30	44
Nb. de courts en périphérie	/	8	44
Ratio par hab. à Saint-Etienne	1/25 000	1/7500	1/5000
Ratio par habitant en périphérie	/	1/22 000	1/4000

Source : Bulletins municipaux et Annuaires officiels de l'UDFS 1971 et 1976

Le court de tennis est l'exemple même de banalisation de l'équipement sportif et c'est bien lui qui suscite le projet sportif et l'adhésion d'une part de la population locale, d'où la forte progression du nombre de clubs et de licenciés.

Depuis les premières lois-programmes suscitant l'aménagement sportif de base dans les années 1960, gymnase et terrains de football, jusqu'aux orientations particulières des années 1970, sur les piscines puis les courts de tennis (opérations '1000 piscines' puis '5000 courts de tennis'), la région stéphanoise suit ces évolutions de manière assez uniforme, en lien avec le souci d'équité spatiale de ces programmes d'Etat. Nous retrouvons là un processus « d'imitation politique » où les moyennes communes suivent l'investissement des plus grandes, suivies alors par les plus petites. Sur un plan plus sociologique, à une banalisation de l'équipement correspond une démocratisation des pratiques sportives, qui peut être schématisée à une diffusion socio-spatiale des sports fédéraux, collectifs et individuels comme la natation ou le tennis. Cet équipement sportif de base des villes par diffusion dans les périphéries repose certes sur un type d'aménagement sportif (les terrains de sport, piscines, gymnases et courts de tennis), mais la diffusion de ces équipements-types dans les espaces urbains ne revêt pas la même signification dans les petites ou moyennes communes périphériques et dans la grande ville où se développe un débat sur la centralité et la nécessité de proximité des espaces sportifs avec les habitants.

A Saint-Etienne donc, cet équipement sportif de la ville, notamment à travers les gymnases, revêt un enjeu particulier et occasionne un débat quant aux localisations intra-urbaines : face aux complexes sportifs du Nord-Est stéphanois qui exercent par leur

concentration et leur centralité une forte polarisation de la vie sportive, les gymnases municipaux sont aménagés avec ambiguïté par une municipalité Durafour qui développe un discours sur la complémentarité des équipements, centraux dans le Nord-Est et de proximité dans les quartiers (en privilégiant un certain type de sports et d'équipements). Pour simplifier, la jeunesse des classes moyennes et supérieures est plus encouragée dans sa pratique sportive à travers les piscines et des courts de tennis que les classes populaires et les seniors à travers les jeux de boules. Parmi les équipements de quartier, les gymnases ne sont qu'une réponse locale à un développement national relativement encadré. Après le gymnase rue V. Duchamp en 1967, qui est plus qu'une salle de quartier (grande taille et nombreux sports accueillis), la municipalité pilote la construction d'autres gymnases dans divers quartiers de la ville : neuf au total entre 1965 et 1975, selon un processus très normalisé et « étatisé ». La plupart de ces gymnases sont pensés en fonction des installations scolaires et installés à l'intérieur des établissements, servant plus aux cours d'EPS qu'aux associations de quartiers. Ce sont :
- d'abord de petits gymnases (à Beaulieu près de l'amicale laïque)
- puis des « gymnases scolaires » de taille moyenne, dans ou près de plusieurs collèges et lycées de la ville (collèges de la Terrasse et de Terrenoire, lycée du Mont, décidés entre 1968 et 1971)
- enfin, suivant la mode nationale et l'incitation financière des COSEC à partir de 1972, la ville accélère le rythme des réalisations pendant trois ans, toujours en lien avec les besoins scolaires et universitaires : gymnases du Bardot, du Puits de la Loire et du Puits Thibaud, et surtout de Montreynaud et de la Métare Nord-Est et Sud-Est.

Dans une logique fonctionnaliste, l'adjoint aux sports R. Llech évoque une double logique de dispersion et spécialisation des gymnases stéphanois (pour les sports collectifs au Sud-Est, pour la gymnastique à l'Ouest, rues V. Duchamp et E. Dolet). Outre des réalisations municipales modestes dans tous les quartiers, demandés par les clubs, amicales et écoles de quartier, aménagés régulièrement à peu de frais et sous le seul pilotage des services techniques municipaux[1],

---

[1] Souvent d'ailleurs pour les sports de plein air, football et athlétisme en tête. Ces petits terrains de sports polyvalents sont ceux du Guizay en 1967, rue de Terrenoire en 1968, à Solaure en 1969, au Bardot près du collège (DCM du 15/6/1970).

les quartiers Sud-Est – quartiers récents de grands ensembles aménagés depuis les années 1950 pour les classes moyennes mais sans grande réflexion sur les équipements collectifs – sont favorisés par d'autres opérations plus importantes. La municipalité entame donc un « rattrapage » dans l'équipement public de ces quartiers, Beaulieu et Métare, avant tout pour rendre un service à la population mais aussi pour conforter l'image de modernité associée à ces quartiers neufs. Ces opérations dépassent le système d'acteurs simplifié des quartiers anciens (club-ville) et montrent des préoccupations plus ambitieuses et planifiées. Avec le conseil de l'agence d'urbanisme locale qui cherche à planifier le développement et l'équipement des quartiers stéphanois[1], les équipements sportifs sont pensés en fonction des groupes de logement programmés (Montchovet en 1965, Métare Sud-Est en 1968 et Métare Nord-Est en 1972). Ainsi, lors de l'opération d'urbanisme Beaulieu IV (Montchovet), la disparition programmée du seul terrain de football du quartier suscite dès 1967 une décision municipale d'aménagement sportif sur deux hectares (deux terrains de football). Cet équipement des quartiers Sud-Est accompagne la naissance de la « culture jeune » et de nouveaux modes d'encadrement, centres sociaux et autres clubs de jeunes. A la Métare par exemple se crée à cette époque, sans attendre les équipements municipaux et selon des incitations nationales, le Foyer des Jeunes et d'Education Populaire (FJEP) où l'on trouve des adolescents indifférents aux querelles idéologiques des amicales, patronages et autres sociétés des quartiers anciens (ou échappant aux encadrements traditionnels). Cette jeunesse pratique divers sports-loisirs, plus ou moins encadrés (au départ rarement dans une logique sportive fédérale) : danse, basket, ping-pong, lutte, gymnastique volontaire[2]. Cela permet de renforcer la structuration du quartier, par une proximité autant spatiale que sociale (la Métare étant surtout le quartier des classes moyennes).

---

[1] Faisant d'abord le constat d'un sous-équipement dans ces quartiers par rapport à la ville : « dans le domaine sportif, les équipements de quartier sont évidemment loin des normes, mais dans l'ensemble l'équipement est bon ; certains d'entre eux appellent une coopération intercommunale. Les insuffisances se font surtout sentir dans le Sud de Saint-Etienne » (in *Saint-Etienne vers l'avenir, livre blanc de la région stéphanoise*, EPURES, 1971, 136 p.).

[2] Ion Jacques, 1972, *Les équipements socio-culturels et la ville*, CRESAL, Saint-Etienne, 212 p.

Dans son second mandat, la municipalité Durafour s'attache à construire quelques équipements sportifs importants dans ces quartiers modernes, pour assurer la modernisation du cadre de vie stéphanois, notamment grâce à une piscine couverte. La construction de la piscine de la Marandinière en 1974 révèle une volonté de rééquilibrage spatial après la construction en 1968 de la piscine couverte de Grouchy au nord de la ville : cette piscine « industrialisée » (de type Albatros 1250) est construite sur un terrain municipal selon des modalités standards. Elle est inaugurée à l'automne 1974 et complète l'offre pour le public stéphanois, puisque les piscines de Villeboeuf et Souchon restent réservées aux scolaires et aux clubs. Dès lors, la fréquentation du public mais surtout les effectifs de clubs grossissent, à l'image de la natation française (triplement des licenciés de 1960 à 1980). Ainsi à Saint-Etienne, l'équipement de base des quartiers, du gymnase à la piscine, permet d'assurer un service public des sports, tout en valorisant une image de modernité si chère à la municipalité Durafour. Ce modèle concerne également les périphéries urbaines.

1.2.3 La diffusion d'un modèle : le complexe sportif

Reprenant ce qui constitue un modèle d'aménagement sportif fonctionnaliste diffusé au niveau national selon une logique centrifuge dans la hiérarchie urbaine, les municipalités de la région stéphanoise s'approprient l'idée du complexe sportif. Parmi elles, Saint-Chamond est le principal pôle périphérique, une commune dirigée par le maire de centre-droit Antoine Pinay, élu depuis 1929 et facilement réélu dans les années 1960-1970 (avec plus de 70% des voix au premier tour en 1965 et 1971), bénéficiant d'une aura importante grâce aux nombreux postes de Ministre occupés dans les années 1950. Si le sport n'a jamais constitué pour ce maire une priorité lors de ses premiers mandats, les années 1960-1970 marquent une évolution certaine dans la politique sportive saint-chamonaise avec l'affirmation plus globale d'ambitions urbanistiques (logements dégradés, enclavement comme toute la vallée du Gier, reliée par autoroute à Givors seulement à la fin des années 1970). Le « style Pinay », consistant en une gestion urbaine très technique et rationalisée[1], vise en même temps une modernité où

[1] Gay, 1992, op. cit.

l'équipement urbain occupe une place importante. Après la constitution du Grand Saint-Chamond en 1964, regroupant quatre communes autour de Saint-Chamond dont la population passe alors de 18 000 à 37 000 habitants environ, l'échec d'un projet de fusion de communes autour d'une Grande Vallée du Gier à la fin des années 1960 conduit Pinay à privilégier l'équipement de Saint-Chamond. Bien sûr, la priorité reste le logement et l'activité économique avec création de plusieurs zones industrielles à un moment où l'industrie locale perd de son autonomie ; mais la municipalité Pinay élargit son champ d'action en finançant plusieurs équipements collectifs assurant les services publics d'une ville moyenne : le complexe sportif apparaît comme l'outil d'une modernisation de la vie urbaine.

Ainsi, le stade du Coin ou A. Pauze (aménagé dans les années 1930 par la première municipalité Pinay) est modernisé au cours des années 1960-1970, tel un complexe sportif de plein air sur le modèle stéphanois de l'Etivallière. Le stade de football et ses annexes sont ainsi progressivement agrandis et modernisés grâce aux subventions d'Etat[1]. En 1978, le complexe sportif se compose de trois terrains de football (dont le principal avec sa piste d'athlétisme de 400 mètres), un de handball, un de basket, un de volley et de six courts de tennis en plein air. Les nouvelles réalisations s'accompagnent de la création de clubs sportifs spécialisés et à vocation plutôt compétitive : le tennis club en 1973 (au départ sur deux courts, puis sur six), le volley club en 1974 (parti de 16 adhérents, passant déjà à 77 membres en 1977). Parfois même, ces clubs acquièrent la gestion des installations, moyen pour la municipalité de ne pas alourdir ses compétences sportives et son budget de fonctionnement (aucun service municipal des sports n'existe) : le tennis-club gère les courts municipaux dès 1973 (DCM du 14/12/1973). Tous ces clubs sont bien sûr pilotés par la société locale, c'est-à-dire qu'émergent au sein des classes moyennes (employés, professions intermédiaires, professions intellectuelles) une jeunesse avide de pratiques sportives compétitives mais surtout un ensemble de dirigeants sportifs qui peuvent alors s'affirmer sur la scène locale. Ces

[1] D'abord par une première tranche grâce aux subventions du Vème Plan à la fin des années 1960, puis par une seconde tranche grâce aux subventions du VIIème Plan au milieu des années 1970 avec courts de tennis municipaux et un grand stade A. Pauze avec piste de 400 mètres en revêtement tout temps (DCM du 23/7/1976).

frémissements de la société locale, à Saint-Chamond surtout où l'opposition classique ouvriers / cadres est dépassée par une relative homogénéisation des modes de vie, conséquence de la croissance des Trente Glorieuses, sont souvent masqués dans les discours par le poids du volontarisme politique : dans la dialectique aménageurs / aménagés, élus ou techniciens / sportifs, ce sont les premiers qui sont dominants dans le système d'acteurs. Sans nier les dynamiques sociales sous-jacentes, il reste qu'au départ la mécanique technicienne et politico-institutionnelle fait fit des conflits et des contradictions sur l'aménagement : les clubs sont créés à partir de l'équipement et ne pèsent pas ou très peu encore sur la décision politique. A Saint-Chamond, avec le complexe du Coin, c'est bien une centralité sportive qui se renforce dans ces années 1960-1970, basée sur les projets largement financés par les programmes d'équipements nationaux mais surtout conçus par la municipalité Pinay dans une stratégie urbaine reposant sur des quartiers modernes et une logique fonctionnaliste.

C'est en fait une tendance globale puisque le partenariat entre Etat et municipalités place le complexe sportif au cœur des liens entre sport et urbanisation. Ainsi, la structuration progressive des mouvements sportifs locaux passe bien souvent par l'aménagement de complexes sportifs dans un cadre communal. Cette structuration est forte dans les communes jeunes et sportives du Nord et de l'Est stéphanois qui accueillent les classes moyennes et supérieures : le complexe sportif y assure par sa centralité une attractivité pour toute la population communale (Saint-Genest-Lerpt, Villars, Saint-Priest-en-Jarez, la Fouillouse, l'Etrat, la Talaudière et Sorbiers). Signe que le sport devient un levier de l'urbanisation, cette attractivité repose sur la création de clubs sportifs parfois para-municipaux, largement dépendants de ces nouvelles installations municipales. Nous parlons, avec réserves toutefois dans le sens où le poids des configurations socio-économiques locales engendre des ré-interprétations locales, d'un modèle d'aménagement sportif, si ce n'est national, au moins local (avec le complexe de Méons). La logique de diffusion nationale s'exprime au niveau local de manière centrifuge, des grandes villes vers les petites communes périphériques en forte croissance qui ont dans les années 1960 un mouvement sportif en général peu étoffé.

Seule une commune fait exception par l'intervention précoce du maire-entrepreneur Marcel Thinet en faveur du sport : c'est la Talaudière qui complète un équipement municipal déjà conséquent depuis les années 1940 en affirmant une centralité sportive autour de la piscine et du stade. Marcel Thinet, réélu de 1971 à 1977 dans un contexte socio-économique difficile (fermeture des Mines de la Chazotte en 1968), relance l'investissement sportif en assurant un plus grand contrôle foncier (acquisition des terrains autour du stade et du collège avec construction d'un gymnase en 1974). Mais, signe d'un changement d'acteurs dans le cadre d'une banalisation de la configuration socio-politique de cette commune périphérique, c'est justement le principal du collège, Pierre Damon, qui succède en mars 1977 à Thinet dans une municipalité d'union de la gauche[1]. Il favorise alors une ouverture du gymnase aux associations communales, dont plusieurs se créent à l'image du club de volley dès 1978, tandis qu'il modernise et agrandit le stade de football (par un second terrain utilisé conjointement par les clubs et le collège) et augmente la subvention de l'Etoile Sportive Football, le principal club de football jusque-là largement soutenu par les Houillères. Le stade M. Thinet est aussi agrandi plus à l'ouest, de l'autre côté de la piscine avec un petit terrain de football et un de basket. A cette orientation sportive fédérale, compétitive mais aussi scolaire, s'ajoute une orientation plus sport-loisir et sports populaires : la maison des boulistes est construite face au gymnase en 1981, et un club de tennis est créé en 1982 avec un court supplémentaire (après les deux premiers construits par la municipalité Thinet en 1977), une création de club nécessaire pour obtenir les subventions fédérales. Des débats s'instaurent sur cette municipalisation du sport associée au contrôle du complexe sportif[2]. Signe que les modes sportives sont essentielles comme celle du tennis, un quatrième court, terminé à l'été 1984, permet de développer le club (de 120 membres en 1982 à 260 en 1984 et 300 en 1987) tout en gardant un court pour la population communale (et le gymnase pour la pratique hivernale). Quant aux installations plus anciennes, datant des années 1940, sans l'influence de l'ancien maire qui se retire de la vie

[1] Mais élu de justesse, P. Damon place comme adjoint deux membres de la liste Thinet, dont M. Rascle comme adjoint aux sports, ce qui provoque plusieurs désaccords, notamment sur les disciplines les plus aidées.

[2] Lors de sa réélection en 1983, P. Damon crée une commission extra-municipale des sports (assurant une dimension participative) qui répond à l'inquiétude des élus communistes qui voyaient dans la gestion des tennis par le club une première perte d'autorité de la municipalité sur les équipements sportifs.

publique (M. Thinet meurt en août 1989), elles sont réhabilitées au milieu des années 1980, plus par nécessité que par volonté politique (chaque municipalité imprimer sa marque sur la commune).

En dehors de cette configuration locale bien particulière, les autres systèmes d'acteurs locaux, plus banals avec des élus sans envergure supra-locale et un mouvement sportif traditionnel (quelques anciens patronages et amicales, relayés dans les années 1970 par des clubs spécialisés à vocation compétitive et/ou sport-loisir), produisent un espace sportif type : le complexe sportif central, mêlant installations de plein air et installations couvertes. Ainsi, la plupart des autres communes de la première couronne Nord, sans le même antécédent d'aménagement sportif que la Talaudière, ne se concentrent que sur ces complexes sportifs, dans un partenariat croissant ville / clubs : Villars, Saint-Genest-Lerpt, Saint-Priest-en-Jarez. Il s'agit autant d'enjeux politiques que sociaux, c'est-à-dire pour les municipalités d'affirmer leur développement grâce aux équipements collectifs polyvalents, pour les classes moyennes souvent installées dans ces périphéries. Rares sont les choix d'aménagement ouvertement et même implicitement prévus pour répondre à la demande ou attirer les classes favorisées, *a fortiori* les classes populaires.

Par exemple à Villars, dont l'histoire économique se rapproche de celle de la Talaudière avec une activité minière perdurant jusqu'aux années 1960 (fermeture des mines en 1964), la ville aménage son complexe sportif au moment où la ville passe, de manière plus brutale et volontariste, de la petite ville minière à la moyenne ville de banlieue, du bourg à la commune plus éclatée avec ses premiers lotissements et surtout ses ensembles HLM. En 1975, Villars compte 6827 habitants contre 3720 en 1968, donc presque un doublement alors que la croissance moyenne depuis 1946 était de 7% entre deux recensements. Avec une seule salle polyvalente, saturée, il semble temps de donner à la commune un équipement sportif à la hauteur de cette demande sociale, celle des classes moyennes et des jeunes ménages. L'année 1975 est bien un tournant dans l'aménagement urbain de la commune puisque sont lancés conjointement les projets de centre social, maison de retraite et des écoles, assurant le virage de la « modernisation » (BM n°4 de 1974). Au sud du bourg, dans un vaste talweg encore délaissé par l'urbanisation, le maire L. Bernichon lance le complexe sportif, reposant d'abord sur la construction du gymnase en 1974, un COSEC classique, puis à son décès en mars 1975 ce sont les deux maires successeurs qui lancent les grands travaux : F. Bost imagine l'agencement général du complexe sportif avec gymnase et terrain de football, mais c'est surtout le docteur Hubert Pouquet, élu en 1977 dans une orientation politique de centre-droit, qui contrôle les réalisations successives. En 1977 et 1978, de grands remblais permettent de préparer deux autres plates-formes pour un second terrain de football et une extension future. Il s'agit en 1979 de poursuivre le terrassement pour des courts de tennis (un court et un mur d'entraînement) et un bâtiment vestiaire/logement du gardien, tout en achevant le premier terrain de football (pelouse, éclairage et arrosage). Les travaux sont rapides et ces équipements sont en partie mis en service fin 1979 et début 1980, permettant aux Villardaires de pratiquer le tennis gratuitement (tout en laissant de nombreuses plages horaires dont le mercredi après-midi pour l'école de tennis du nouveau club, le TC de Villars). Une troisième et une quatrième tranches sont lancées immédiatement avec plusieurs autres terrains dont deux courts de tennis[1]. Bref, en moins de quatre ans est aménagé un grand complexe sportif municipal associant les deux grands types de pratique : celle des clubs et celle plus libre des sportifs non licenciés, cohabitant à l'image du tennis (les deux nouveaux courts de tennis sont laissés gratuitement à la disposition des habitants de la commune tandis que le club dispose des trois autres courts et du mur d'entraînement). Nous sommes dans un partenariat ville / club, dans une communauté d'intérêt où la notion de service public est centrale.

Dans les années 1980, la relance de l'aménagement du complexe sportif tente d'ailleurs de se positionner entre sport-loisir et sport compétitif : la municipalité Pouquet penche d'abord sur le premier versant puisque la demande sportive fédérale est satisfaite et en voie d'être complétée par une demande sport-loisir, d'où l'aménagement d'un mini-golf. Pourtant, la demande du mouvement sportif (sur de nouveaux sports comme le judo) est telle que les réalisations de fin de mandat se portent sur des équipements sportifs pour des clubs : en 1987 est construit l'ensemble DOJO-tennis couvert

[1] Comprenant respectivement un second terrain de football stabilisé, deux terrains de basket, deux nouveaux courts de tennis et la voirie pour près de 4 millions de francs (DCM du 8/11/1979), puis deux autres courts de tennis et un terrain de basket, plus la voirie pour 2,756 millions de francs (DCM du 7/11/1980).

après un nouveau terrassement sur un ancien terril à l'extrémité est du complexe sportif, au pied de la colline de la Feuilletière. Le TC Villars dépasse alors les 400 adhérents en 1989 et lance une politique sportive assez large pour attirer les classes moyennes et supérieures de la couronne Nord (centrée sur la formation, l'animation, l'entraînement-perfectionnement). Cette pratique sportive des classes moyennes (en basket, football, judo, tennis), dominante sur une commune en forte croissance démographique (près de 8200 habitants en 1990, soit une augmentation de 20% en quinze ans), provoque la saturation d'installations assez récentes : le judo-karaté club compte plus de 300 licenciés en 1992 (dont 180 en judo), et plus de 200 pour le Sou des écoles basket, utilisant un gymnase Bernichon saturé. C'est donc en 1992 que le complexe sportif est renforcé d'un second gymnase plus polyvalent, tout près du premier gymnase, en lieu et place d'un ancien dépôt de voirie, suivant les évolutions sportives depuis 1975. Quatre salles spécialisées et des salles de réunion sont aménagées pour des disciplines bien implantées comme la gymnastique ou le basket et d'autres qui se développent alors rapidement, tennis de table et volley[1]. De manière plus générale, les orientations politico-sportives ne sont pas bouleversées, privilégiant un développement progressif et traditionnel des clubs sportifs autour d'équipements fonctionnels, modernes mais sans grand prestige, tandis que les équipements de sports-loisirs comme le mini-golf ne connaissent pas de succès de fréquentation (déconnecté des installations connexes orientées très « sport en club »). Le complexe sportif est confirmé comme étant au cœur des équipements municipaux, plus à même de développer les sports de masse, sans nuisances pour les habitants et en terme de circulation dans la commune, bref de manière fonctionnelle.

La plupart des autres configurations socio-spatiales dans la périphérie Nord confirment le poids du complexe sportif banal, surtout lorsqu'il y a continuité politique des municipalités : le rôle du partenariat public Etat-municipalités compte selon nous autant que le contexte socio-économique local, selon un processus reproduit sans grandes nuances avec la prise en charge par une technostructure

---

[1] Par exemple, le volley club villardaire compte plus de 80 membres dès 1995, un an après la livraison du gymnase Souchon, confirmant que c'est bien l'équipement sportif public qui suscite la pratique sportive.

étatique. Les stratégies de modernisation communale par le complexe sportif représentent en fait une évolution banale d'un modèle d'aménagement sportif, où les clubs s'approprient l'espace sportif et le façonnent en faisant pression sur la municipalité.

Ainsi, la natation, le tennis, la gymnastique sportive ou l'athlétisme, donc des sports individuels centrés sur la performance et la compétition, mais plus encore les sports collectifs de compétition (volley, basket, etc) deviennent les sports privilégiés dans les espaces urbains de la région stéphanoise comme en France en général. Par contre, les tensions avec les structures traditionnelles d'encadrement, souvent privées (selon des logiques de gestion différentes des équipements municipaux), sont spécifiques à la région stéphanoise et posent la question du poids des acteurs privés.

1.3 Un « sport privé éclaté » en mutation : amicales, entreprises, clubs professionnels

1.3.1 Les difficultés du sport de masse traditionnel ...

Face à ce développement de sports fédéraux dominés par les logiques compétitives du sport de masse (relié au sport d'élite selon la pyramide fédérale), les sports constituant jusqu'alors le sport de masse peinent à pérenniser leur dynamique socio-sportive, en particulier dans les structures traditionnelles d'encadrement, à Saint-Etienne. Les sociétés sportives anciennes et surtout le monde amicaliste, dans une société urbaine en mutation, deviennent de moins en moins révélateurs d'identité micro-locale, tant pour les relations de voisinage que pour la polarisation ancienne de la vie associative autour de l'opposition laïques-confessionnels. Qu'en est-il concrètement, en particulier à Saint-Etienne où ce monde amicaliste est le plus structuré ?

Pour la municipalité Durafour, il paraît clair selon nous que les sports et jeux sportifs populaires, ancrés depuis longtemps dans la vie sociale des quartiers populaires péricentraux, ne sont pas prioritaires dans la politique sportive municipale, surtout si l'on compare avec les investissements réalisés pour les grands équipements et le sport de haut niveau. Au premier rang de ces sports figure le sport-boules, représentant un jeu sportif et des logiques fédérales complexes et incomplètes (divers types de concours, au sein de fédérations unitaires mais aussi et surtout affinitaires, dans les amicales et les patronages).

N'associant pas la ville à une image de modernité, le sport-boules n'obtient plus de véritable soutien municipal après la promesse électorale du boulodrome couvert en 1965. Seules quelques sociétés boulistes obtiennent des améliorations de leurs jeux et de leurs chalets qui servent de buvette et salle de jeux intérieurs. La pratique sportive de la boule lyonnaise elle-même évolue : d'une pratique de masse au sein des cafés mais aussi festive et visible avec les grands concours sur les places publiques stéphanoises (Carnot, Garibaldi, Villeboeuf), on passe au cours des années 1960 à une pratique plus renfermée où, à cause du faible renouvellement donc d'un vieillissement des pratiquants, le boulisme des sociétés de quartier laisse place aux jeux d'intérieur (cartes et billards). Après l'apogée des années 1950, les effectifs commencent à diminuer et retombent en dessous du niveau de 1936 : en 1971, la Loire ne compte plus que 423 sociétés et 14 636 boulistes licenciés contre environ 440 sociétés pour 16 000 licenciés en 1936[1]. Le boulisme sportif se développe alors plus au sein de structures sportives normalisées appelées boulodromes couverts : trois existent à Saint-Etienne (un municipal au stade Avias et deux dans des sociétés ou amicales). Symbole de cette sportisation de jeux sportifs traditionnels, le siège du CDBL (Comité Départemental Bouliste de la Loire) quitte au début des années 1970 le café de la place Jules Guesde pour un nouveau local moderne sur le site sportif de la Plaine Achille. Nous percevons ainsi une hiérarchisation des espaces-temps de la pratique selon les logiques sportives : des temps forts dans des espaces devenant des hauts lieux de pratique (lors des grands concours), des moments de pratiques plus banals dans des espaces plus « confinés » dans les quartiers (lors des concours internes dans les sociétés) et éventuellement une pratique spontanée au sein des sociétés ou non (la partie de boule lyonnaise entre sociétaires en fin d'après-midi, ou les parties de pétanque dans des espaces laissés libres de tout usage, encadrée par de récentes associations). Cette pratique spontanée reste majoritaire, traduite dans l'augmentation relative du nombre d'adhérents non licenciés au sein des sociétés boulistes, selon un relatif rejet du boulodrome municipal qui n'assure pas la même sociabilité de

---

[1] Le cas stéphanois ne fait que révéler sa lente érosion nationale : 180 500 licenciés en 1953, 179 000 en 1963 et 164 500 en 1973 : Pociello Christian (dir), 1981, *Sports et société : approche socio-culturelle des pratiques*, Vigot, Paris, 377 p.

camaraderie et de proximité. Il est intéressant de noter que le poids régional fort de la boule lyonnaise « empêche » une diffusion massive de la pétanque pourtant réelle au niveau national : 57 300 licenciés en 1953, 128 200 en 1963 et 282 600 en 1973[1].

Pour expliquer cette entrée en résistance du sport-boules stéphanois, le facteur sociologique est ici essentiel, au-delà de la faible prise en compte par le pouvoir politique local. L'effacement de cette vie traditionnelle des sociétés boulistes traduit l'éclatement des couches populaires, classe ouvrière en tête, en lien avec les nouvelles structures urbaines[2]. Ces transformations touchent particulièrement la jeunesse, parfois comme une perte de repères. Les sociétés boulistes sont de moins en moins révélatrices des identités micro-locales : certains sociologues locaux parlent d'une « résistance à l'esprit du temps », selon une culture populaire de quartier qui garde encore toute sa place dans la presse locale[3]. Bien sûr, tous les quartiers stéphanois n'évoluent pas de la même manière, selon leur identité propre et les stratégies socio-spatiales des acteurs locaux, depuis les « quartiers éclatés » comme la Rivière jusqu'aux « quartiers réactivés »[4].

En revanche, dans les espaces périphériques où le mouvement sportif reste dominé par des structures traditionnelles que sont les sociétés boulistes et les amicales ou les patronages, les difficultés se font souvent moins sentir. Sans raisonner de manière exhaustive, l'organisation du sport local à Saint-Chamond, commune importante d'environ 40 000 habitants, repose sur un mouvement sportif ancien et marqué par le poids des acteurs privés face à une municipalité Pinay peu entreprenante. Ce mouvement sportif ancien est d'abord celui du

---

[1] Pociello, 1981, op. cit.

[2] « L'accroissement de la mobilité à l'intérieur de la ville rompt l'homogénéité sociologique des anciens quartiers populaires ; l'encadrement traditionnel de la classe ouvrière résiste mal à cette érosion, laquelle se trouve accélérée par les pressions des moyens de communication de masse, de l'école et des migrations professionnelles et géographiques et qui mine profondément la structure de l'organisation de classe dans ses usines, ses quartiers, ses mouvements et ses institutions » (Ion, 1972, op. cit.). Cf. Augustin J-P. et Ion J., 1993, *Des loisirs et des jeunes, cent ans de groupements sportifs et éducatifs*, Ouvrières, Paris, 143p.

[3] Mandon, 1976, op. cit.

[4] Vant, 1981, op. cit.

monde amicaliste et des patronages qui représente la puissante organisation sportive des quartiers, reposant sur d'importants effectifs dans les sports populaires : Saint-Chamond compte à la fin des années 1970 encore une vingtaine de sociétés boulistes (dont les vieilles sociétés traditionnelles de sport-boules qui ont leurs propres terrains, et des sociétés de pétanque, plus récentes comme la pétanque saint-chamonaise en 1958 dans le quartier populaire du Creux) et de puissants patronages qui associent tradition associative idéologisée et sportisation moderne[1]. Ce sont d'ailleurs ces mêmes patronages, centrés sur la gymnastique jusqu'aux années 1950, qui introduisent des sports plus récents, profitant des nouvelles installations sportives : handball et volley acquièrent vite popularité et performances dans ces « clubs omnisports ». Mais c'est bien le football qui s'impose comme sport collectif (tant à l'échelle micro-locale que dans toute la région stéphanoise). En dehors du principal club de sport, le COSC, qui joue au stade municipal A. Pauze, la plupart des autres clubs pratiquent dans des espaces privés, tel le club de football rival du COSC, les SAI (Sports Athlétiques d'Izieux) qui jouent sur leur stade de Pachoa appartenant à l'entreprise de soierie Gillet-Thaon (qui cède le stade à la ville au milieu des années 1970 après sa perte de puissance économique avec des effectifs réduits de moitié entre 1950 et 1970, et surtout sa perte d'autonomie, au sein de Rhône-Poulenc textile).

Mais c'est surtout une entreprise industrielle qui mobilise le « sport privé », le sport d'entreprise, pas seulement à Saint-Chamond : l'ancienne compagnie Forges et Aciéries de la Marine devenue CAFL puis Creusot-Loire. Son action concerne la région stéphanoise.

1.3.2 ...mais un encadrement fort du sport de masse par les entreprises industrielles

L'action sociale de la CAFL, grande entreprise métallurgique qui emploie plus de 10 000 salariés en 1970 (au moment où se forme Creusot-Loire, dans ses trois sites, stéphanois, appelou et saint-

---

[1] Par exemple la Sentinelle en gymnastique, évoluant au niveau national après avoir pris un « virage » sportif à la fin des années 1960, révélé par l'adhésion à la FFG en 1968 (après 63 ans d'adhésion à la FSCF), ou Saint-Chamond basket, regroupement d'anceinnes sections de patronages, évoluant au niveau national.

chamonais) est tardive mais forte dans l'après-guerre, dans divers domaines sociaux (mutuelle, coopération familiale, culture, sports et loisirs), tel un paternalisme « modernisé » dans un cadre « fordiste », c'est-à-dire un encadrement des pratiques répondant aux aspirations du personnel et surtout assurant une culture d'entreprise face aux changements d'échelle de gestion économique. En dehors des Houillères qui gardent sans dynamisme aucun la gestion de leurs installations tout en subventionnant les principaux clubs, la CAFL suscite toute une politique sociale. Outre le secteur culturel (bibliothèques, sorties culturelles, associations de musique, harmonies, cliques et chorales), la culture sportive d'entreprise se retrouve à deux niveaux de la politique d'entreprise, selon deux grandes modalités de pratiques : d'un côté, une pratique sportive plutôt libre, non compétitive, encadrée directement au niveau du comité d'entreprise (ou d'établissement) à partir des années 1960 (tennis de table dans une salle privée en 1962, service de location de ski en 1963) ; d'un autre côté une pratique de club corporatif, initiée à travers le football dès le début des années 1950 (première équipe en FSGT à Saint-Chamond).

Mais c'est dans la vallée de l'Ondaine que le poids de la CAFL puis de Creusot-Loire se fait le plus sentir dans la structuration du sport local, complété par le poids des Houillères. La configuration socio-spatiale locale, faisant de l'Ondaine une vallée industrielle en voie de modernisation économique mais aussi politique (projet de fusion de communes en 1970), suscite des ententes diverses pour les clubs, sous influence directe des politiques d'entreprise sur les politiques sportives. Le sport est pris en charge par la création en mai 1963 de l'OCO, l'Omni-Club de l'Ondaine, un grand club multisports subventionné par l'entreprise à travers son comité d'établissement, mais aussi par les HBL, qui attribuent une importante subvention globale. L'OCO regroupe la plupart des clubs d'entreprise, utilisant jusque dans les années 1970 les espaces sportifs privés : le club athlétique d'Unieux et le SCAF en football et volley, l'USAF en rugby, basket et récemment handball, et diverses associations de gymnastique, boules et sarbacane. L'OCO, comptant plus de 1000 adhérents et dirigé par un président et quatre vice-présidents, mène une politique sportive d'éducation populaire, proche des valeurs du sport de masse et ouvrier, inscrit en FSGT pour huit sections sportives (football, handball, rugby, basket, volley, gymnastique, boules-sarbacane et ski).

Il est intéressant de noter à quel point cette structuration du sport corporatif par l'OCO joue sur la démocratisation/popularisation des pratiques, parfois selon des exceptions héritées d'un ancrage local original comme pour le rugby (un sport socialement élitiste introduit par les cadres des aciéries de Firminy et d'Unieux, diffusé au sein de l'USAF puis démocratisé à l'OCO, en milieu ouvrier[1]). A l'OCO rugby, l'inscription dans ce grand club omnisports très subventionné se prolonge par une politique sportive ambitieuse qui aboutit dès 1964 à l'entente OCO-Stade forézien, entre les deux principaux clubs de rugby de la région stéphanoise pour survivre face au poids grandissant du football : le nouveau club engage cinq équipes, utilise le stade Holtzer d'Unieux et s'entraîne aussi à l'Etivallière à Saint-Etienne. Mais rapidement les tensions entre joueurs, sur les valeurs sportives associées à ce sport (pour simplifier entre un idéal amateur et fair-play, élitiste, et une vision plus compétitive et virile, populaire), selon des clivages sociaux opposant des Stéphanois plus proches des valeurs d'un sport élitiste et des rugbymen de l'Ondaine plus proche du sport ouvrier. Ce schéma socio-spatial, où l'éloignement géographique compte tout autant que la distinction sociale, conduit à la séparation de l'entente en 1969. L'OCO rugby joue alors à nouveau en FSGT et non plus en FFR, reprenant son identité de sport ouvrier, donc selon un ancrage local hésitant entre l'image élitiste du rugby en général et la politique sociale privilégiant l'école de rugby. D'ailleurs, le club est marqué par les évolutions des années 1970 avec modification de la politique d'entreprise.

En effet, un changement du système d'acteurs privés perturbe ce contrôle très fort du mouvement sportif local par l'OCO : la transformation de la CAFL en Creusot-Loire en 1970 (où l'entreprise ligérienne se trouve incluse dans un grand groupe industriel de plus en plus détaché du tissu local, donc dans une logique moins proche des politiques sociales incluant le sport dans leurs préoccupations), vient modifier cette « entrée dans la modernité ». Seule la pratique sportive non encadrée en club maintient son dynamisme à travers une section 'sport' restructurée au sein du comité d'entreprise en 1971, en particulier à Saint-Chamond, organisant des sorties sportives (sports

[1] A la volonté des dirigeants de développer cette culture rugbystique s'ajoute certainement un processus d'imitation sociale de la part d'ouvriers / techniciens.

d'hiver, sports nautiques) et une pratique régulière de sports-loisirs collectifs en salle. La pratique corporative en club, nécessitant de fortes subventions pour se maintenir, subit les contrecoups de cette déterritorialisation de l'activité économique, donc de la politique d'entreprise : bien sûr, comme un signe fort au départ, Creusot-Loire confirme largement la subvention à l'OCO (passant symboliquement de 70 000 francs en 1970 à 110 000 francs en 1971) ; mais les années 1970 marquent la fin d'un âge d'or, avec des situations bien différenciées selon les sections (jusqu'à la disparition comme la sous-section sarbacane). A l'OCO rugby pour ne reprendre que cet exemple, le dynamisme de la section est incertain et l'école de rugby peine à garder un effectif proche des 40 jeunes au milieu des années 1970. A l'inverse, la section football est dynamique : fort de ses 142 licenciés FSGT en 1977 (et plus de 150 en 1983), elle profite du stade privé Buffard d'Unieux.

C'est que de manière générale jusqu'aux années 1970 et de manière récurrente par rapport aux années 1950, le poids des entreprises industrielles dans les vallées du Gier et surtout de l'Ondaine entraîne un déficit d'initiative des acteurs publics, hormis sur des équipements de base d'un type nouveau comme les piscines, aménagées à Saint-Chamond et au Chambon-Feugerolles nous l'avons vu. Ces vallées industrielles constituent donc dans ces années 1960-1970 des systèmes socio-spatiaux globaux inscrits dans un âge de la ville moderne dans le sens où la modernité industrielle s'accompagne de politiques sportives d'entreprise assez volontaristes, confirmant le poids des acteurs privés face aux acteurs publics traditionnels, Etat et municipalités (dominants à Saint-Etienne[1]).

En fait, le sport privé, corporatif, change de nature : dès l'après-guerre il s'est restructuré au sein des comités d'entreprise des

---

[1] Manufrance et la Manufacture d'armes encadraient une forte pratique sportive mais elles connaissent d'importantes difficultés économiques à la fin des années 1970 (fin de l'exploitation de la piscine des basses Villes par les Houillères). Il ne faut pas résumer l'évolution générale du sport d'entreprise à cette seule perte de vitesse de deux formes traditionnelles (les branches corporatives attachées à des fédérations spécialisées et le sport travailliste d'entreprise au sein de la FSGT) : cf. Augustin et Sorbets, 1992, « Les enjeux du sport dans l'entreprise », in *Jeux et sports dans l'histoire, Tome 1*, CTHS, Paris, p.143-154.

établissements industriels mais aussi des grandes administrations (Casino, PTT, MAS, Gaz-Elec, SCEMM, etc) ; cela est renforcé dans les années 1970. Ainsi à Saint-Etienne, l'ASPTT devient l'un des fleurons locaux du sport d'entreprise. Le club omnisports, corporatif et soutenu par le ministère des Postes, est à l'origine du principal complexe sportif associatif. Ce club ASPTT s'affirme dans les années 1960-1970, développant sa politique de sport de masse et sport-détente en élargissant l'offre au-delà du seul football et surtout s'ouvrant au grand public : ne pouvant plus aussi facilement utiliser des installations municipales comme celles de Méons, il souhaite s'affranchir de ces installations stéphanoises en construisant un centre omnisports sans soutien municipal. Sa localisation en périphérie, en dehors même des limites communales, traduit cette volonté d'autonomie mais aussi une évolution plus générale des principes de localisation, c'est-à-dire la « migration » des ensembles sportifs loin ces centres-villes, liée aux pressions immobilières[1]. Le centre sportif de l'ASPTT doit d'abord répondre à cette affirmation du club depuis les années 1960 (631 adhérents en 1969 dont 120 licenciés en football), selon la volonté du président du club M. Danizet et de son secrétaire M. Gontaud qui envisagent un grand projet pour accueillir tous ces sportifs. Plusieurs sites sont recherchés sur Saint-Etienne et, faute de vastes emplacements plats disponibles, dans sa proche périphérie. Un avant-projet précis est proposé début 1969, obtenant le soutien du ministère des Postes et surtout celui de la Jeunesse et des Sports (inscrit au Vème Plan). Situé dans la plaine de la Doa sur la commune de Villars au nord de Saint-Etienne, il comprend diverses installations sur 4,5 hectares, sans aucune logique de sport-spectacle : un grand bâtiment près du portail avec six vestiaires, un foyer d'accueil, une salle de gymnastique et judo, et une salle pour le tennis de table, et des installations de plein air (deux terrains de football, deux de basket, deux de volley, deux de tennis, 18 jeux de boules, une piste d'athlétisme six couloirs, une piste pour le demi-fond, des aires de sauts et de lancers). Le complexe sportif

[1] « Un terrain de sport est classé comme peu rentable non pas seulement pour des questions de coût d'infrastructures, mais surtout parce qu'en regard de ce coût, il est peu fréquenté. Pour cette raison, il sera implanté où le terrain est moins cher, c'est-à-dire à la périphérie de la ville, ceci contribuant à rendre sa fréquentation plus difficile, d'où vient en réalité l'idée qu'il constitue un équipement peu rentable » (in *Environnement et équipement urbain*, 1971, CRU, Paris, p.43).

est bien inscrit dans un traitement paysager de l'entrée nord de la ville et pas vraiment dans la politique urbaine de Villars (la plaine de la Doa est déjà très contrôlée par Saint-Etienne qui garde ce potentiel foncier pour de vastes projets). L'inauguration au milieu des années 1970 permet l'explosion des activités suite à une forte demande sociale : matches de football, de basket, de tennis, etc, sans oublier des activités sport-loisir indépendantes du complexe (sorties cyclisme et ski).

Un autre complexe sportif d'entreprise est créé un peu plus tard, mais plus porté par un partenariat ville-entreprise (en co-maîtrise d'ouvrage) que par un puissant groupe ayant structuré une importante pratique dans un club omnisports : c'est le complexe sportif Bennes Marrel à Andrézieux-Bouthéon (confirmant la puissance du modèle d'aménagement). Conséquence de la constitution de vastes zones industrielles dans les années 1970, c'est l'affirmation de la grande entreprise régionale Bennes Marrel, progressivement transférée au début des années 1970 sur Andrézieux (comptant 1300 employés à l'achèvement en 1974), qui produit l'aménagement sportif. Disposant d'un comité d'entreprise puissant et dynamique qui comprend une association sportive[1], elle demande à la mairie des aménagements sportifs dès 1979, soutenue par plusieurs autres grandes entreprises des zones industrielles locales, notamment Renault VI ou la MACIF. Il s'agit de rapprocher l'association sportive du site de l'entreprise. Le poids des entreprises est tel que Bennes Marrel pousse la municipalité à d'une part acheter huit parcelles sur 9400 m^2 que la SEDL vend au nord-ouest de l'aéroport (une zone délaissée par les implantations industrielles, à l'est de l'autoroute donc excentrée), d'autre part construire un ensemble sportif, si possible des courts de tennis, « pour l'intérêt général »[2]. Etant donné les coûts engagés, la municipalité cherche à négocier cet aménagement d'initiative essentiellement privée, et fin 1982 est lancé un complexe sportif municipal en co-maîtrise d'ouvrage (ville et Bennes Marrel). L'utilisation des terrains (un de football et deux courts de tennis) est prioritairement définie pour l'AS

[1] Née en 1950 d'une passion de plusieurs employés autour du football, élargie à d'autres sports dès le début des années 1970, basée à Saint-Etienne.

[2] DCM du 17/10/1980. Cet aménagement des tennis est a priori appuyé autant par les cadres demandeurs d'un sport-loisir de plein air, encore assez distinctif, que par les employés souhaitant profiter de la démocratisation en cours de cette activité.

Bennes Marrel : ce compromis suscite de vifs débats au conseil municipal, les opposants soulignant l'éloignement du site (alors qu'apparemment une possibilité existait pour agrandir le complexe de la Chapelle) et son caractère fermé (peu ouvert à la population locale). Une fois ce complexe achevé et inauguré en juin 1985 du nom du PDG de l'entreprise Jacques d'Assignies, le succès est finalement très limité et laisse la place à d'autres pratiquants que les employés, en particulier pour le tennis[1], ce qui symbolise une mutation dans le sport d'entreprise, qui devient secondaire dans la structuration des mouvements sportifs locaux.

En effet, cette structuration, centrée sur le poids des sports fédéraux grâce à de grands complexes sportifs, repose de plus en plus dans ces années 1970 et 1980 sur les municipalités. Cela témoigne encore une fois de la force du modèle d'aménagement sportif autour du complexe fonctionnel, ici presque para-municipal puisque l'ASPTT accueille autant de personnels des PTT que des jeunes des classes moyennes de la couronne Nord stéphanoise (effet d'émulation auprès des classes moyennes de Saint-Etienne et de sa périphérie).

Cela étant, l'impulsion des acteurs du monde économique pour le sport concerne aussi le spectacle sportif et la pratique du sport de haut niveau professionnel, à l'ASSE en football.

1.3.3 L'Epopée de l'ASSE, d'une entreprise de sport-spectacle au modèle social du football

Nous avons vu le poids de la ville dans la première phase de modernisation du stade G. Guichard dans les années 1960 (tribunes et éclairage) ; mais, dans les années 1970, le poids du club devient déterminant, notamment sous l'impulsion de son président Roger Rocher, dans des relations entre club et municipalité parfois tendues[2].

---

[1] La création d'une section tennis au sein de l'AS Bennes Marrel en 1983 grâce aux deux courts tout neufs ne suscite pas un grand enthousiasme parmi les employés : 14 membres sont recensés en 1983 (comme les années suivantes), certainement un signe de pratique « réservée » aux cadres de l'entreprise.

[2] Comme sur le sujet de l'entretien des installations d'éclairage : finalement, la ville s'engage à payer le tiers et l'ASSE les deux tiers (DCM du 18/12/1970), ou sur l'utilisation du stade en dehors des matches de l'ASSE (critique du match de rugby de gala entre le Pays de Galles et une sélection française du Sud-Ouest).

D'autres grands travaux sont menés dans les années 1970, sans que nous puissions parler d'un plan pluriannuel d'aménagement car la modernisation est inscrite dans une temporalité indécise où les résultats sportifs jouent un rôle important (positif avec l'Epopée). Au début des années 1970, le président Rocher négocie avec le maire M.Durafour un nouvel aménagement prestigieux : un grand bâtiment administratif permettant « d'asseoir le club dans ses meubles » avec un transfert du siège social au stade. Cette idée, contestée par plusieurs dirigeants souhaitant garder une visibilité du club en centre-ville, est inspirée des grands clubs européens, Real Madrid, Juventus du Turin et Manchester United. La ville accepte d'investir une nouvelle fois pour donner au club et au stade une envergure supplémentaire : le bâtiment, accolé à la tribune principale et sur pilotis, est construit, dans une connivence d'acteurs publics et privés, par l'entreprise de R. Rocher la SFTP. Le discours du maire à l'occasion de l'inauguration fin 1972 révèle tous les enjeux tournant autour du sport-spectacle à Saint-Etienne : justification de l'équipement collectif associé au poids du public, mode de gestion du club et de la ville, intégration dans la vie locale, etc. Deux autres améliorations sont ensuite apportées au milieu des années 1970 pour l'équipe professionnelle : l'une assez banale (augmentation de la puissance d'éclairage en 1974), l'autre innovante (pelouse synthétique couverte, une des premières installées en France[1]).

De manière plus globale, la mise au premier plan du football est, surtout vue de l'extérieur, liée à l'Epopée des Verts, révélant à la France entière le poids pris par le football professionnel dans le système des sports des années 1960-1970. Sans revenir en détail sur cette aventure sportive amplifiée par les médias, retenons comment elle constitue une expression de la société industrielle locale, une manière

---

[1] Permettant de bons entraînements en période hivernale grâce à un hall en charpente métallique sur 3500 m². Elle était déjà souhaitée par le club dès 1973 pour le terrain d'honneur, suscitant alors d'importants débats, entre le coût d'entretien de la pelouse classique (70 000 francs par an) et le coût d'investissement pour une pelouse synthétique (1,2 million de francs mais bien moins chère en entretien). Cet aménagement est refusé par la FFF (*Hebdo sports* n°3 de septembre 1973) et, finalement, la pelouse est refaite. La ville revendique ces sacrifices lourds pour l'aménagement du stade et son rôle dans l'image de marque de la ville, en se plaçant même dans le prolongement des efforts de la famille Guichard depuis quarante ans (cf. brochure officielle de l'ASSE 1974).

d'affirmer la modernité stéphanoise. Cette construction sociale se fait dans la durée et correspond, au-delà des résultats, à une politique sportive ambitieuse du club, menée avec les entraîneurs J. Snella puis le prestigieux A. Batteux qui permettent à des jeunes de s'affirmer. Puis le nouvel entraîneur et ancien joueur R. Herbin bâtit avec une politique de jeunes une nouvelle équipe performante qui gagne trois nouveaux titres de Champion de France de 1974 à 1976. Ces titres, s'ajoutant aux quatre consécutifs de 1967 à 1970, modifient la vision interne et externe du club, renforçant dans les représentations sociales ce que nous appelons le triptyque « un club, un stade, une ville ». L'équipe est identifiée à la ville et le supportérisme commence à acquérir une autre dimension, en partie grâce à une médiatisation croissante : les matches sont suivis à la radio et surtout à la télévision en couleur tandis que la presse relate toute la préparation et les lendemains de matches ; les écrits journalistiques et les ouvrages se multiplient dans les années 1970. Le public s'affirme, tant en nombre que dans la façon de concevoir le spectacle sportif, notamment par les rites autour du stade : la saison 1973/74 amène pour la première fois 300 000 spectateurs, et surtout le public devient plus fidèle (déjà plus de 1600 abonnés en 1975/76). Cette fidélité du public est encouragée par le club qui crée dès 1970 les membres associés : lancé dans le même esprit que l'amicale des supporters de 1934, mais à une autre échelle (grande campagne médiatique sur le rôle du supporter comme pierre de soutènement), ce groupe est l'un des tous premiers en France sous cette forme, tant en nombre que par la date de création. Le supporter consacre plus de temps à cette forme de loisir : « aller au stade » devient un spectacle de soirée et non plus un simple loisir du dimanche après-midi (même si de nombreux matches sont maintenus le dimanche et attirent le public le plus nombreux), surtout pour les ouvriers et les employés qui sont les forces vives des supporters. Cette représentation sociale d'un profil du jeune homme étudiant et/ou de classe populaire est confirmée par la première enquête auprès du public que le club organise en 1970[1].

[1] 25% des spectateurs sont ouvriers et 25% employés, sans oublier les 18% d'étudiants, seulement 10% de femmes. Etant donné que 61% sont des spectateurs réguliers venant parfois de loin, ce public qui vient en masse est une réalité économique pour le club : il représente 77% des recettes en 1974.

En outre, le sport pénètre la ville au quotidien, selon trois pratiques : au stade, dans la rue et en centre-ville entre les matches, chez soi devant la télévision. Le public montre à travers le club un fort attachement à la ville, même si la « télévision sportive naissante » exerce une concurrence pour le stade[1]. Ce sont surtout les grands matches européens qui dans ces mêmes années font vibrer la ville et la France du football (qui du même coup s'élargit). L'impact des grands soirs de Coupe d'Europe durant les saisons 1974/75 et 1975/76 est presque sans limite à Saint-Etienne, à la fois dans la réalité locale (supporters, habitants, élus) et comme idée construite et entretenue par la suite : toute une symbolique se crée autour du spectacle footbalistique de l'ASSE (le « chaudron », terme créé dans la presse locale en 1974, la panthère emblème du club)[2]. Dans l'imaginaire collectif, la ville est dans le stade et se retrouve même assimilée au football, même si dans la réalité les formes de supportérisme sont plus complexes que dans les représentations sociales[3]. C'est surtout la finale de Glasgow en mai 1976 qui cristallise une opinion favorable au club, amplifie le soutien local et national, au-delà des 30 000 Français ayant fait le déplacement[4].

Sans exagérer le supportérisme, on ne peut nier l'impact de cette aventure sportive sur l'image de la ville : grâce aux médias qui accentuent cette nouvelle représentation sociale, elle a autant joué que les politiques municipales sur le changement de représentation de ville noire en ville verte. Ainsi le « chaudron », où le public constitue le douzième homme, fonctionne dans les représentations sociales comme

---

[1] Ainsi un des premiers matches des Verts en direct à la télévision, le 25 septembre 1975 contre Nice, n'attire que 11 807 spectateurs à G. Guichard, contre plus de 38 180 pour le derby contre Lyon en fin de saison. Dès les débuts de la télévision sportive, le président Rocher redoute cet impact : il refuse les indemnités de l'ORTF pour diffuser le match retour contre le Benfica Lisbonne en novembre 1967, craignant une affluence ramenée de 35 000 à 20 000 spectateurs.

[2] Cf. Grange André, 1981, « De la futilité à l'immortalité : les Verts entre le commerce et l'épopée », in *Sport et société*, CIEREC, Saint-Etienne, p.241-259.

[3] Cf. Pouvreau Jean, 1975, *Psychologie du sport, comment une ville se polarise sur le sport*, mémoire de maîtrise de psychologie sociale, Université Paris V, 41p.

[4] Les anecdotes sportives comme les tirs sur les poteaux carrés des buts accentuent la dramatique du spectacle sportif, alors que même la presse anglaise valorise l'ASSE puisque le *Daily express* du 13 mai 1976 écrit « le Bayern a remporté la Coupe d'Europe mais Saint-Etienne a gagné nos cœurs ».

un creuset (intégrant la communauté des supporters, donnant une vision socialement homogène du spectacle sportif, renforcée par les chants qui envahissent le stade). Les métaphores concernant les supporters stéphanois sont portées par les médias et empreintes de religiosité, jusqu'à l'exagération : le stade devient un temple, où les supporters « ont la foi »[1] ; les trois dirigeants deviennent « la Sainte Trinité verte »[2]. L'été 1976 voit arriver des vagues de supporters qui « font du tourisme sportif » à Saint-Etienne et parlent même d'un pèlerinage à Geoffroy Guichard : les signes de l'engouement populaire local et national de manquent pas, au-delà de la seule fréquentation du stade[3]. Une enquête sur le rôle socio-économique de l'ASSE, réalisée en juin 1976, confirme cette nouvelle dimension du football qui, en créant un modèle social de réussite, par le sport, modifie la demande sociale, donc les politiques sportives.

Outre l'impact de l'Epopée en terme d'image, son impact social est loin d'être négligeable, confirmant l'affirmation d'un modèle social de sport de masse. Même s'il est difficile à quantifier (rares compilations statistiques), cet impact est fort : le nombre de licenciés et de clubs augmente fortement au cours des années 1970, à Saint-Etienne peut-être plus qu'en France, avec de plus en plus de clubs de quartier, tandis que sur un plan plus qualitatif une hiérarchie des clubs se met en place, avec une logique pyramidale, du petit club local à l'ASSE en passant par de grands clubs formateurs comme l'Olympique de Saint-Etienne (OSE). Ce dernier club, au sommet de la pyramide des clubs amateurs locaux, toujours présidé par R. Rocher renforce son prestige et son attractivité, cherchant à établir des passerelles avec le football professionnel et de haut niveau. Ainsi, lors de l'assemblée générale de

---

[1] Grimault Dominique et Mahé Patrick, 1981, *Allez les Verts ! : l'ASSE racontée par elle-même*, Denoël, Paris, 232 p.

[2] Pivot Bernard, 1980, *Le football en vert*, Hachette, Paris, 127 p.

[3] Un journaliste écrit en 1976 dans l'un des nombreux ouvrages sur l'histoire du club : « Hier cité repliée sur sa caricature « à la Zola », ville-repoussoir barbouillée de rouille et prisonnière de son ennui, la dynamique suscitée par le football a ravalé l'image de marque de Saint-Etienne » (Le Scour, 1976, 367 p.). Plus de 1 million d'exemplaires du disque « Allez les verts » sont vendus pendant et après la saison 1975/76 et le nombre moyen de spectateur augmente fortement (19 524 en moyenne en 1975/76 contre 14 002 la saison précédente. Cf. Marseille J., 1990, « une histoire économique du football est possible ? » in *Vingtième siècle*, n°26.

l'OSE en 1975, le président Rocher incite les juniors du club à devenir stagiaire à l'ASSE, telle une pépinière de champion, presque plus comme une école sportive qu'un club, essayant de rapprocher deux mondes qui de manière générale s'éloignent. Le football amateur stéphanois devient « Le » sport compétitif populaire, associé à des identités communautaires, de quartiers ou non (football corporatif, des immigrés, etc), effaçant définitivement le rugby local[1]. Déjà popularisé dans les quartiers stéphanois au cours des années 1950-1960, il peut être érigé en modèle social de la pratique sportive des années 1970, façonné et entretenu par une image populaire et des pratiques de quartier, par des nombreux aménagements de terrains (en particulier dans les deux complexes de Méons et l'Etivallière), enfin et surtout, dans les représentations sociales, par un club professionnel assurant la popularisation par le sport-spectacle. Cette dernière idée est reprise par la municipalité Sanguedolce à la fin des années 1970, assortie d'un objectif de démocratisation (pour développer les sports dans les classes populaires).

1.4 De nouvelles logiques socio-politiques privilégiant les aménagements en faveur du sport de masse populaire

1.4.1 La municipalité Sanguedolce à Saint-Etienne ou la rupture centralité / proximité

La première question qui se pose à l'étude de cette politique sportive du mandat Sanguedolce (1977-1983) est celle des ruptures politiques et socio-sportives locales. Les élections municipales de 1977 constituent par leur résultat peu prévisible (victoire de la gauche) une rupture politique évidente qui a des conséquences fortes sur la politique sportive municipale, en lien avec des évolutions sociales et politiques plus globales. A Saint-Etienne, les débats qui les précèdent sont virulents et plusieurs domaines rarement mis en avant jusque-là font

---

[1] Phénomène à mettre en perspective avec le Sud-Ouest où, malgré la puissance du rugby local, le football s'impose grâce aux logiques du sport-spectacle : J-P. Augustin, 1990, « La percée du football en terre de rugby, l'exemple du sud-ouest français et de l'agglomération bordelaise », in *Vingtième siècle*, n°26.

l'objet de discussions, d'oppositions fortes : ainsi en est-il de l'urbanisme et du sport, donc des aménagements sportifs.

Sans détailler toutes les listes et leur programme électoral, concentrons notre analyse sur les deux listes importantes et leur projet sportif, celle du maire sortant M. Durafour (centre-droit), et celle d'une gauche unie autour de Joseph Sanguedolce. Pour la première, il s'agit de conforter une position, de conserver la mairie, donc de mettre en avant le bilan des réalisations durant les deux mandats. Celui-ci est traduit en terme quantitatif : 600 clubs et 30 000 licenciés, trois nouvelles piscines, des dizaines de terrains : cf le tableau ci-dessous.

Tableau n° 8 : bilan des réalisations sportives sous la municipalité Durafour à Saint-Etienne[1]

Discipline	**1965**	**1976**
Football	14 terrains (aucun éclairé)	22 terrains (10 éclairés)
Football à 7	Aucun terrain	5 terrains
Rugby	1 terrain	3 terrains
Salles - gymnases	8 salles ou gymnases	26 salles – 4 salles spécialisées
Tennis	9 courts	30 courts – 4 couverts
Piscines	1 piscine d'été, 2 couvertes	1 piscine d'été, 4 couvertes
Boules	Pas de boulodrome couvert	1 boulodrome couvert 8 jeux
Tir	Rien	1 stand (10m – 25m – 50m)

Source : *l'Eclair du centre* décembre 1976

[1] Il faut ajouter d'autres aménagements sportifs à ce bilan soigneusement trié (selon les réalisations les plus spectaculaires) : 10 terrains de basket, 6 de volley, 5 de handball, surtout présents dans les complexes sportifs, 13 gymnases. Enfin sont évoqués de grands chiffres de fréquentation : 450 000 nageurs. Ce bilan quantitatif est à mettre en perspective avec le bilan national : le nombre de terrains de sports passe entre 1958 et 1980 de 9870 à 58 250, pour les gymnases respectivement de 4650 à 14 796, et pour les piscines de 1050 à 3265 (source : MJS).

A ce bilan comptable s'ajoute un bilan qualitatif sur les installations de haut niveau (à commencer par le stade d'athlétisme Henri Lux, « l'un des plus beaux de France ») et un discours sur l'apolitisme du sport, sur l'effort réalisé pour le bien de tous. Des projets pour le mandat sont évoqués mais de manière bien moins visible, peu présents dans les documents de campagne mais par rapport à la campagne de 1971, M. Durafour fait du sport une priorité politique. La place du sport n'a jamais été aussi importante dans le débat public local : c'est que la liste de gauche unie, poussée par les tenants d'un sport de masse populaire, en fait un point important des critiques sur les mandats de M. Durafour : le sous-équipement des quartiers Sud, et surtout le soutien nécessaire au sport de masse, en visant donc les classes moyennes et populaires[1]. Les principaux projets de la gauche sont donc le rééquilibrage du soutien au sport de masse par rapport au sport de haut niveau, thème traditionnel des politiques sportives de gauche au niveau local et national, en s'engageant pour donner autant au sport amateur qu'à l'ASSE et à construire des petits équipements couverts et de plein air dans les quartiers populaires (officiellement dans les quartiers sous-équipés d'après une analyse cartographique, en s'appuyant sur toute la vie associative). Des chiffres sont même donnés : trois gymnases tous les deux ans et un terrain de football par an, certainement pour contrer le bilan quantitatif de la majorité municipale. Sans revenir sur l'opposition idéologique des deux listes et sur la personnalité des deux principaux candidats – M. Durafour, centriste et homme politique reconnu (ministre du travail en 1974) et J. Sanguedolce, communiste, ancien mineur – la victoire de la gauche en mars 1977 est un choc politique et introduit une rupture. Elle peut être perçue comme la volonté de rééquilibrer le système sportif local tel que le définit J-P. Callède[2]. La rupture dans les discours est très forte : la nouvelle municipalité annonce des réformes dans la gestion de l'OMS, les réalisations d'équipements, la répartition des subventions,

---

[1] Le cas du football est mis en évidence (seuls cinq terrains de football ont été réalisés depuis 1965, pour un total de 19, soit un pour 10 000 habitants contre une norme nationale de un pour 5000 selon la grille de 1974).

[2] Pour qui le processus de démocratisation des pratiques sportives, le pluralisme associatif et le principe d'équité sociale sont compromis lorsque la municipalité tient à contrôler la vie sportive et lorsque quelques clubs visent des situations de monopole (en drainant la quasi-totalité des subventions, ici l'ASSE et le CASE).

l'animation sportive, bref dans tous les secteurs de la politique sportive municipale. Le choix de Claude Faure en adjoint aux sports marque une affirmation de la connotation politique du sport : technicien dans la métallurgie, cet ancien sportif bouliste est dirigeant aux niveaux départemental et national de la FSGT, Fédération Sportive et Gymnique du Travail, une fédération proche depuis toujours du parti communiste (même si elle s'ouvre sur l'ensemble du mouvement sportif dès la fin des années 1970).

Bien sûr, le sport n'est pas au cœur de la politique municipale qui privilégie l'emploi et la vie économique, dans un contexte très tendu de reconversion industrielle (débats sur Manufrance). Par contre, le sport rencontre un autre versant de cette politique générale, prenant pour modèle des villes comme Bologne ou Grenoble : l'urbanisme et la volonté de concertation. Par rapport aux années précédentes où le fonctionnalisme dominait l'aménagement urbain, le milieu des années 1970 marque de manière générale une rupture dans l'approche de l'urbanisme et du rôle des équipements collectifs, remettant en cause des principes dominants des années 1960 (logement en masse, sans réflexion sur le cadre de vie), tandis que des chercheurs se penchent sur les notions de ségrégation et de structures sociales, suscitant des débats sur les équipements collectifs et les besoins sociaux. A Saint-Etienne, le projet urbain conduit sous l'autorité de l'adjoint à l'urbanisme F. Tomas se place dans le mouvement urbano-populaire, délaissant l'urbanisme fonctionnaliste de l'époque et de la municipalité précédente pour de petites opérations à échelle de l'espace vécu. Le discours produit sur le sport dans les premières années du mandat est fort, appuyé par plusieurs évolutions socio-politiques et sportives au niveau national[1]. Il s'inspire de nouveaux discours en France sur la qualité de la vie, donc le respect d'un cadre de vie agréable où espaces verts et espaces de sports-loisirs ont toute leur place : l'aménagement de grands parcs des sports est un moyen de préserver des espaces agréables dans un paysage urbain de plus en plus

[1] D'un point de vue plus sociologique, plusieurs discours en France sur la démocratisation du sport viennent appuyer la municipalité dans ses objectifs : des sociologues montrent toute l'ambiguïté des discours sociaux sur le sport, en lien avec de fortes logiques de distinction. Cf. Le Pogam Yves, 1979, *Démocratisation du sport : mythe ou réalité ?*, J-P. Delage, Paris, 246 p.

uniforme et critiqué (surtout les grands ensembles et l'habitat collectif en général). Le sport est souvent au cœur de réflexions sur la ville comme laboratoire social, sur un droit à la ville en rupture avec des rapports très « capitalistes » entre la classe bourgeoise et la production d'espace comme à Saint-Etienne où le nouveau maire incarne implicitement la fin d'un rejet de la classe ouvrière dans la production d'espace.

A Saint-Etienne comme dans d'autres municipalités de gauche élues en 1977, l'interprétation locale des politiques sportives nationales change et se fonde sur l'écoute des besoins sociaux, plus précisément sur la défense de la société ouvrière / industrielle. Le contexte global d'intervention avec un pilotage étatique reste semblable, mais nuancé par la crise[1] : parmi les nuances avec la période initiale d'intervention dans les années 1960, la politique d'équipement sportif, jugée satisfaisante par le MJS, passe au second plan, même si cela n'est pas présenté ainsi[2]. En fait, l'Etat commence à changer son rôle, passant d'une tutelle à un partenariat : le modèle d'intervention assez autoritaire et incitatif s'essouffle dès le milieu des années 1970, à la faveur d'évolutions socio-politiques et économiques plus globales. Le principe de concertation succède à celui d'autorité : la France se positionne de manière durable dans une voie moyenne, « entre une étatisation qui écarte l'initiative privée et une privatisation qui exclut le soutien public »[3]. Les municipalités de gauche comme Saint-Etienne, si elles critiquent ce désengagement financier mettant les villes dans

---

[1] La crise aidant, l'Etat à travers ses élus de droite se désengage des interventions publiques : « La fin des années 1970 correspond à une période de remise en question. Remise en question d'une urbanisation qui commence à s'essouffler ; remise en question du rôle de l'Etat ; remise en cause des modèles d'intervention et d'équipement qui, sur le terrain, s'avèrent d'ailleurs de moins en moins à même de fonctionner comme on l'avait imaginé » (Augustin, 1995, op. cit., p.173).

[2] A partir du milieu des années 1970, les efforts se tournent vers quelques opérations plus ciblées, en partenariat avec des fédérations sportives : à l'opération '1000 piscines' succède l'opération '5000 courts de tennis' puis '1000 terrains de football'. De plus, ils portent sur la conception des équipements réalisés jusque là en masse, pour élargir la base des pratiquants : pour les piscines, la réflexion sur les types de natation (entraînement, compétition, libre) pour diverses fonctions (éducative, sportive, récréative, sociale) amène à concevoir des pataugeoires, plongeoirs, plages et solariums, des installations pour le spectacle.

[3] Callède, 2000, op. cit., p.149.

l'impossibilité d'achever des « programmes d'équipement sportif », émettent un avis défavorable à certaines pratiques d'aménagement de ces années 1960-1975 comme une attention trop faible donnée aux groupes sociaux dominés (l'intervention de l'Etat bénéficiant souvent aux plus influents, ce qui est nettement le cas pour le sport à Saint-Etienne d'après la nouvelle municipalité). De ce fait, c'est toute une stratification sociale liée aux équipements sportifs qui est contestée : « l'existence de sports appropriés, de clubs affinitaires, d'équipements d'élection, vient battre en brèche le projet de justice socio-spatiale instauré par la logique des normes »[1]. Bref, l'action publique développe une réflexion sur l'approche du sport dans la société, au-delà de la conception et l'utilisation des équipements : dès cette époque, les discours politiques mettent en avant la fonction sociale du sport, tandis que d'autres discours critiquent ce nouveau rôle du sport dans la société[2].

Comment ces discours sur la démocratisation, le cadre de vie, les critiques du sport de haut niveau, sont-ils reçus puis éventuellement traduits dans les politiques sportives par les élus stéphanois ? Dès le début du mandat, l'opposition entre la nouvelle et l'ancienne municipalités se cristallise sur certaines réalisations sportives, à commencer par la piscine de la Plaine Achille en cours d'achèvement et très coûteuse[3]. Une des conséquences de ce dossier complexe et

---

[1] Augustin, 1995, op. cit., p.174.

[2] Nous pensons au courant critique et à la sociologie du sport développée autour de Jean-Marie Brohm, avec dès 1975 la revue *Quel corps ?*, puis divers ouvrages dont en 1976 « Sociologie politique du sport », PU de Nancy, Nancy, 400 p. Une bonne analyse, comparative avec les idées de Bourdieu, est celle d'Henri Vaugrand en 1999 : *Sociologies du sport : théorie des champs et théorie critique*, l'Harmattan, Paris, 237 p. J-M. Brohm étudie la domination du sport par les institutions, ce qu'il appelle l'Appareil Idéologique d'Etat (AIE), expression reprenant des travaux de socio-géographes dans les années 1970 : « le sport est lui aussi devenu un sport monopolistique d'Etat » (Brohm, 1976, p.81).

[3] La municipalité Sanguedolce critique ce coût global, passant de 6 millions de francs en 1968 à près de 23 millions de francs en 1977 (soit trois fois le prix de la piscine Grouchy : *Vivre à Saint-Etienne* n°1 d'octobre 1977), sans compter le coût de fonctionnement (estimé à 4 millions de francs, créant un déficit d'exploitation pour un service rendu assez limité), argument accentué quelques mois plus tard lorsque la piscine n'obtient pas son homologation olympique (lignes d'eau trop étroites, annulant une possible mise en valeur par la compétition internationale).

coûteux, c'est l'abandon, déjà annoncé dans la campagne électorale, des grandes constructions sportives pour la compétition de haut niveau et le sport-spectacle. Certes, des raisons idéologiques justifient ce choix, mais c'est aussi une question de moyens financiers : la nouvelle municipalité critique l'endettement de la ville, surtout dans un domaine comme le sport où les recettes sont limitées. L'évolution du budget des sports est significative : en 1979, le sport représente environ 3,5% du budget d'investissement, contre 9% en 1977, alors que le poids dans le budget de fonctionnement passe de 3 à 4% environ (à cause du nombre d'installations toujours plus important).

Plus que l'évolution des budgets, la rupture locale réside dans la réorganisation du sport stéphanois : la nouvelle municipalité souhaite mettre en place un système d'acteurs plus centré sur le mouvement sportif local dans un esprit de concertation. C. Faure émet des critiques sur la gestion de son prédécesseur (selon lui trop proche du maire M. Durafour), notamment au sein d'un OMS trop contrôlé par la municipalité : le débat est tendu sur sa composition, même si tous les deux sont d'accord sur le poids nécessaire de l'adjoint aux sports, si possible en tant que président. L'OMS est réformé dès 1977 avec de nouveaux statuts visant à renforcer le poids du mouvement sportif dans les décisions municipales[1]. En phase avec l'OMS, C. Faure met en avant de nouvelles valeurs pour le sport stéphanois, plus en lien avec l'identité sportive traditionnelle (par exemple autour des boules ou de la gymnastique, vecteurs d'intégration et d'une vie sociale riche, autour du quartier et des amicales laïques). A ces sports populaires pratiqués en club s'ajoute le développement du sport scolaire en opposition à une politique de l'élite. Le bulletin municipal permet à C. Faure de présenter les projets et les réalisations de manière régulière, dans un discours très orienté[2].

---

[1] Des règles précises sont communiquées pour l'utilisation des installations sportives par les clubs, rationalisant une gestion des plannings rendue difficile par l'augmentation du nombre de clubs sportifs, tandis qu'elles sont gérées par un nouveau service de 166 agents (Service des Espaces Verts et des Equipements Sportifs), accompagné de l'institut de médecine du sport né en 1977. Il s'agit aussi de rationaliser une politique de subvention jugée inégalitaire.

[2] Nous pourrions multiplier les exemples comme la mise en avant de la fête du mini-basket à la Plaine Achille avec 2340 enfants, présentée face aux difficultés du CASE-basket (sport de masse contre sport de haut niveau) : BM n°6 de juin 1978.

Dans cette approche renouvelée des pratiques dans le champ sportif, élargissant la palette d'activités au-delà des sports fédéraux traditionnels, collectifs et individuels, la municipalité Sanguedolce développe un discours de démocratisation des sports, qui insiste sur la place du sport dans les services publics, au cœur de la ville, au-delà du seul équipement collectif[1]. Ce sport pour tous repose autant sur une idéologie sportive qu'une réalité multiforme prise par le sport : le sport en club, compétitif et fédéral reste bien sûr dominant, mais la politique sportive municipale intègre une demande sociale plus diverse, sur la pratique libre permettant l'épanouissement de la personne (surtout chez les classes moyennes). C'est plus une question de modalités de pratique que de disciplines sportives : le tennis par exemple combine associe la pratique traditionnelle en club, gardant encore un caractère assez élitiste, et la mode du tennis-loisir (perçu comme peu contraignant et gratifiant). Il se démocratise justement dans ces années 1970-1980, notamment dans les 14 clubs stéphanois (devenant le quatrième sport en effectifs, derrière le football, le ski et les boules)[2]. Mais dans le champ sportif local se maintient une hiérarchie sociale et sportive des clubs, qui correspond à des polarisations spatiales différentielles : les grands clubs rayonnant sur toute la ville et les clubs plus modestes associés à un quartier ou une partie de la ville[3]. Au-delà de cette pratique compétitive, il n'existe plus de lien direct entre pratique sportive en club et fréquentation des équipements, grâce à la pratique

---

[1] La municipalité met en valeur sa stratégie de rapprocher les versants de la politique sportive (équipements, soutien aux clubs, animation, santé et manifestations) : « le temps est bien révolu où pour un conseiller municipal pratiquer une politique sportive pouvait se limiter à réaliser un stade, voter une subvention ou faire présider le banquet annuel ou le bal de fin de saison par M. le Maire » (in *Saint-Etienne, ville sportive*, brochure de 1982, p.2).

[2] Plusieurs clubs de tennis dépassent les 100 adhérents-licenciés : jusqu'à 570 à Saint-Etienne Tennis Parc (qui profite des neuf courts de Méons et Montreynaud), 236 à l'AS Métare, 186 à l'ASMSE, 127 au Tennis-Club de Fauriel, etc. Le comité départemental de tennis est passé de 2100 licenciés en 1977 à 8167 en 1981.

[3] Les deux hiérarchies, sociale et sportive, sont beaucoup plus liées au tennis (où les clubs de haut niveau sont ceux qui recrutent dans les classes dirigeantes comme le SETP, associant prestige social et prestige des courts et du club-house) qu'à la boxe (où le caractère populaire est affirmé à tous les niveaux). Certains parlent d'un tennis de proximité, accessible à tous ou presque : Rougier, 1983, « Le tennis à Voiron, approche géographique d'un loisir de proximité », in *Norois*, n°120.

libre grand public développée dans les complexes tennistiques municipaux de l'Etivallière, Méons et Montreynaud. Cette coexistence de pratiques compétitives et ludiques, fédérales et individuelles, se retrouve pour le cyclisme ou le ski mais surtout pour la natation qui bénéficie à l'image du tennis d'un équipement public sans précédent. Une enquête locale confirme le poids pris par la natation dans les loisirs stéphanois (tandis que la municipalité estime à 40 000 environ le nombre de pratiquants non licenciés, soit autant que les licenciés, sans oublier les 46 657 scolaires) : les piscines sont les premiers équipements fréquentés (près de 12 fois par an et par ménage)[1].

Pour les gymnases, c'est la mode sportive féminine de la gymnastique volontaire qui explique cet engouement, tel un entretien physique du corps encadré par une trentaine de clubs stéphanois. Pour les stades et les complexes sportifs municipaux, c'est la mode du jogging qui traduit bien cette évolution des usages de l'espace sportif, différent des premiers usages dominants des années 1960-1970. Justement, si la « marge de manœuvre » de la municipalité sur des équipements comme les piscines est limitée (équipement standard et gestion financière rigoureuse), plus d'ajustements sont possibles sur les installations sportives de plein air, à commencer par les deux complexes de l'Etivallière et de Méons qui ne sont pas totalement achevés en 1977, dans le sens où il reste des espaces non utilisés (réservés à de futures tranches d'aménagement). Leur prise en charge par la municipalité Sanguedolce montre un revirement stratégique, guidé par la politique financière et l'idéologie sportive privilégiant le sport de masse démocratisé au sport-spectacle et/ou de haut niveau. Ainsi, à l'Etivallière, outre l'abandon de tous les grands projets initiés par la municipalité Durafour au cours des années 1960-1970, la jonction avec les terrains du Chambonnet et le stade Léon Nautin à la Chaléassière, qui n'était que partielle et laissait quelques terrains vagues, est progressivement aménagée par les services techniques municipaux en terrain de sport libre : par exemple en plaçant des cages de football aux deux extrémités, sans ligne de démarcation ni

[1] En cinquième position les stades (près de 6 fois) et en neuvième position les gymnases (près d'1,5 fois). Cette enquête est issue de la thèse de Jean-Claude Martinier en 1983 *De la production d'équipements collectifs à la gestion de l'urbain, le cas de Saint-Etienne 1970-1980*, Université de Saint-Etienne, 191 p.

terrassement précis, mais aussi en laissant des voies pour le jogging et le cross. Ce qui peut apparaître comme une anecdote révèle en fait une évolution du sport et de la pratique sportive en cette fin des années 1970 : la pratique informelle se développe dans ces vastes espaces sportifs, tel un football populaire[1]. En 1980, la ville aménage, quoique sommairement, un parcours de jogging d'environ 2000 mètres tout autour du parc, élément valorisé ensuite par la municipalité stéphanoise qui accompagne cette mode de la course à pied (et des parcours de santé). Ce soutien à une pratique libre, non fédérale, populaire, passe par une communication claire sur les espaces disponibles et « réservés », mais surtout par l'organisation des premières manifestations sportives de masse. Dès 1979, la ville organise le premier relais pédestre de Saint-Etienne, en référence directe à la traversée de Saint-Etienne organisée par la municipalité Soulié dans les années 1920 (*Vivre à Saint-Etienne* n°4 d'octobre 1978), tandis que ce relais pédestre à travers la ville s'affirme d'années en années avec plus de 4000 participants en 1980 : nous sommes dans le maintien d'une tradition ouvrière propre à la société locale.

De même, la municipalité Sanguedolce lance plusieurs projets de nouveaux équipements symboles d'un sport populaire à l'échelle des quartiers. Il serait trop long et peu utile de tous les analyser ; il reste que l'idéologie dominante est celle qui voit dans le quartier l'unité démocratique de base sur laquelle s'édifie l'expérimentation politique. Les principaux nouveaux gymnases sont construits dans des quartiers populaires jusque-là délaissés, toujours dans ou près des collèges ; ce sont souvent de simples salles couvertes sans l'envergure des COSEC. Sans détailler la cartographie, retenons une localisation privilégiant le sud et l'ouest de la ville, en lien avec des établissements scolaires[2].

---

[1] Toutefois, cet aménagement des terrains vagues de l'Etivallière peut être perçu comme un investissement minimal, à moindre coût : à l'Etivallière comme dans les autres grands espaces sportifs du Nord-Est, de Méons à la Plaine Achille en passant par Grouchy, seuls des travaux d'entretien et de mise aux normes (sur la sécurité et l'hygiène) sont entrepris, symbole d'un revers politico-sportif.

[2] De petits gymnases sont pensés et décidés entre 1977 et 1979 : la Chauvetière vers la Cotonne, au collège de Terrenoire, au Grand Clos, à la Rivière, à la Marandinière, à la Vivaraize, à Beaubrun, au lycée Nord, à Côte-Chaude et à la Perrotière, sur

Chaque quartier ou presque est au début des années 1980 doté d'un gymnase, appuyant la logique de proximité et d'équipement collectif rendant un service public, grâce certes aux efforts de la municipalité Sanguedolce mais aussi aux premières initiatives prises avant 1977. Quelques autres gymnases, anciens, sont modernisés, notamment deux vieilles salles des bains-douches peu valorisées depuis le Front Populaire. Parfois, la construction d'un gymnase s'accompagne d'aménagements sportifs de plein air à proximité, en général programmés simultanément et centrés sur des terrains de football[1].

D'ailleurs, le terrain de football est le second équipement sportif de proximité privilégié, dont il faut rationaliser l'aménagement tant sur un plan spatial que social[2]. Les nombreux terrains réalisés favorisent de fait les quartiers populaires du Sud et de l'Ouest : à Pracoing, à Maugara, au Grand Clos (second terrain de football en 1981) et à Montreynaud. Ce dernier quartier, situé au nord mais symbolisant, par sa population et son isolement géographique, les quartiers des classes moyennes et populaires, dans l'attente d'une « réponse sociale et politique » de la part des pouvoirs publics, fait l'objet d'une opération forte, inscrite dans une stratégie globale d'achèvement de la ZUP : l'ensemble Saint-Saëns avec son terrain de football est un « laboratoire de la forme urbaine pour requalifier l'habitat social »[3].

Outre ces équipements de taille moyenne favorisant la pratique de sports populaires, de la gymnastique au football, la municipalité Sanguedolce lance quelques opérations plus symboliques, plus fortes

---

l'ancienne commune industrielle de Terrenoire (donc valorisée comme rupture socio-politique : cf. *Vivre à Saint-Etienne* n°18 d'avril 1980).

[1] C'est le cas à la Cotonne, à la Rivière, au Grand Clos (AM : 10M132 et 133). Ces réalisations sont parfois des plateaux d'EPS, un langage technique qui évoque de petits espaces polyvalents avec un terrain pour les sports collectifs – hors football et rugby – et parfois une petite piste d'athlétisme de 100 mètres.

[2] En 1977, la ville recense 150 équipes de football pour seulement 22 terrains disponibles, soit plus de 6 équipes par terrain. Les besoins sont de 25 nouveaux terrains, soit un investissement de 13,75 millions de francs. La municipalité rationalise alors la répartition, la plus équitable possible, lors de réunions avec les représentations des fédérations : la FFF et la FSGT ont en théorie respectivement 13,5 terrains pour 73 équipes et 9,5 terrains pour 52 équipes, laissant très peu de place aux foyers et maisons de jeunes (qui pratiquent aussi sur des terrains vagues).

[3] Thomas Eric, 1992, *Politiques urbaines et transformations socio-spatiales, l'exemple stéphanois (1977-1991)*, Thèse de doctorat, Université de Lyon II, 438 p.

dans leur double objectif de démocratiser certains sports et de valoriser des quartiers jusque-là relativement délaissés pour les équipements collectifs. Une de ces opérations est la construction de courts de tennis dans le quartier de Montreynaud justement, ne répondant à aucune logique sportive micro-locale : pas de club, ni même de clientèle du quartier potentielle d'après la sociologie traditionnelle de ce sport encore marqué par son histoire très élitiste. Il s'agit donc d'importer le tennis dans un quartier populaire, moyen au-delà d'un enjeu sportif de « rattacher le quartier à la ville ». Un ensemble de dix courts extérieurs est prévu boulevard Vivaldi (au sommet de la colline, sur des espaces plats et à proximité des grands ensembles). Ils sont réalisés en 1981 avec même un onzième court et un club-house, se rapprochant des réalisations de l'Etivallière et de Méons (également sur la plan de la gestion, confiée à une association créée pour cela). La construction de ce complexe tennistique s'accompagne, selon la même ligne de conduite, de réalisations plus modestes : deux courts de tennis au Soleil et un à la Dame Blanche, près d'ensembles HLM.

L'autre aménagement sportif cherchant un rééquilibrage symbolique et effectif en faveur des quartiers populaires voire défavorisés est la piscine de la Cotonne, lancée en 1979 dans un quartier du Sud-Ouest stéphanois, justifiée par l'accroissement de la demande sociale et la bonne fréquentation des cinq piscines en service. Pourtant, la piscine devient réellement un gouffre financier pour des collectivités locales comme la ville de Saint-Etienne qui sont majoritairement propriétaires et doivent assurer non seulement une modernisation des installations mais encore une mise à disposition gratuite aux scolaires et aux clubs : en général seul le public paie[1]. Cela représente environ 20% du budget de fonctionnement des sports, bien plus que tous les gymnases et salles de sports réunis. En fait, cette nouvelle piscine de la Cotonne est surtout un acte symbolique pour la stratégie d'équipement sportif des quartiers populaires : elle est

---

[1] En 1980, au chapitre piscine du budget de fonctionnement « Sports et beaux arts » sont inscrits 9,33 millions de francs dont plus de la moitié (environ 5,6 millions de francs) consacrés à la piscine Plaine Achille (AM : 10M127). Si le total des investissements pour les travaux approche 2,5 millions de francs (dont seulement 1,5 million financés par la ville grâce à plusieurs subventions, notamment pour la piscine Souchon qui appartient toujours à l'Etat), c'est en fait pour réaliser des économies sur les coûts de fonctionnement (énergie).

implantée dans une ZAC qui comprend un récent grand ensemble, encore largement occupé par des classes moyennes mais déjà aussi par des populations défavorisées (et relativement isolé du reste de la ville, au sommet d'une colline). Elle représente en outre une grande réalisation dans les quartiers Sud-Ouest de la ville jusque-là dépourvus de tout équipement sportif d'importance (c'est-à-dire fonctionnant à l'échelle de la ville et non pas d'un seul quartier)[1]. Enfin, la construction s'inscrit dans un projet urbanistique de valorisation par la réflexion et la concertation avec les habitants du quartier, comprenant en plus de la piscine un centre socio-culturel, un collège, des espaces verts, etc., totalement maîtrisé par la ville[2]. Il s'agit d'une piscine classique mais permettant un accès facile aux personnes handicapées : bassin de 25 mètres, pataugeoire et espace détente. La piscine est inaugurée en décembre 1982, portant le total à six piscines stéphanoises, dans une volonté de service public uniforme, pour une conception d'utilisation autour de la seule natation sportive (par des clubs, des scolaires et le public).

Entrant dans les mêmes logiques d'équilibrage spatial au profit de quartiers populaires, une autre opération d'aménagement sportif, plus importante que des courts de tennis et une piscine, est celle du complexe sportif de Michon, constitué progressivement en réponse aux deux complexes du Nord-Est, l'Etivallière et surtout Méons pour le sport de masse. Il s'agit d'une réponse « politique », apportant certes un élément fort à l'offre de sports sur la ville, mais surtout un symbole d'opération située en dehors des vastes espaces plats du Nord-Est, et dans une unique logique de sport de masse. Le site est un espace plat de 5,5 ha, désaffecté (servant de décharge municipale), à proximité du crassier de Michon, à l'ouest de la ville. Un premier avant-projet, préparé une nouvelle fois par les STM fin 1979, est voté en conseil municipal à l'été 1980, correspondant à deux terrains de football et huit courts de tennis, réalisés en 1982. Se met donc en place une centralité

---

[1] Cf. *Vivre à Saint-Etienne* n°8 (11/1978). La piscine est présentée en conseil municipal par l'adjoint à l'urbanisme et non pas aux sports (DCM du 29/11/1979).

[2] La maîtrise d'œuvre est confiée aux services techniques municipaux dans la volonté de contrôler l'opération et d'éviter des tensions avec un cabinet d'architecte comme pour la piscine R. Sommet à la Plaine Achille : cette municipalisation de l'équipement sportif est l'occasion pour le maire de rappeler le désengagement de l'Etat (le budget du MJS est tombé à 0,64% du budget de l'Etat en 1979).

sportive secondaire, limitant l'attractivité des grands complexes sportifs du Nord-Est (même si celui de Michon n'a pas leur envergure). Cette centralité est tout de même assez « périphérique », proche des limites communales, confirmant la « nécessaire » localisation des parcs des sports loin du centre-ville, là où la pression immobilière est moins forte (ici sur des remblais), contrairement aux gymnases et salles de sports qui s'implantent toujours au cœur de quartiers denses péricentraux.

En phase avec les discours développés au moment de la rupture politique de 1977, précisément dans une perspective de défense de l'identité ouvrière, la municipalité Sanguedolce intervient enfin souvent au cours du mandat pour entretenir et moderniser les jeux de boules, en particulier les boulodromes couverts, privés ou municipaux[1]. Entre 1979 et 1981, le total des interventions se monte à une centaine pour 1,8 million de francs, puis 2 millions de francs pour une quarantaine en 1982. Comme pour bien marquer sa différence avec le début des années 1970, la municipalité tente par ce « coup de pouce » aux sociétés boulistes et aux amicales laïques de redonner aux quartiers une vie sociale riche. En parallèle, le monde amicaliste continue de s'élargir, tant dans son recrutement (moins centré sur le monde laïque en opposition au monde catholique) que dans ses activités, sportives mais aussi socio-culturelles. Toutefois, de manière générale, même si les effectifs restent importants dans le sport-boules stéphanois et ligérien (15 000 boulistes licenciés dans la Loire, encore une centaine de sociétés à Saint-Etienne), cette politique de soutien aux sports populaires ne peut enrayer la diminution des effectifs, surtout dans les fédérations affinitaires, dont le poids global diminue au niveau national. Ce recul de la boule lyonnaise, sport-loisir ancré dans la vie ouvrière des quartiers, s'effectue en partie au profit de la pétanque,

---

[1] Politique annoncée dès le second numéro de *Vivre à Saint-Etienne* en novembre 1977. En partenariat avec le CDBL qui centralise et trie les demandes des sociétés boulistes, elle aménage de nouveaux jeux dans plusieurs sociétés, construit un boulodrome couvert à Terrenoire, fournit gratuitement le fuel pour le chauffage des boulodromes couverts de l'AL de la Baraillière et de la Sainte-Barbe du Soleil (DCM du 3/12/1980), enfin améliore les bâtiments-buvettes, par exemple à Boule indépendante du Cros ou à l'Indépendante du Soleil (Merle, 2001, op. cit.).

sport-loisir parfois plus compétitif (jeux d'argent), sans grand attachement à la vie des quartiers[1].

C'est en fait le constat d'un échec de la sportisation des jeux sportifs traditionnels, de pratiques confinées dans des sociabilités de quartier valorisant la convivialité et l'aspect ludique. Symbole de cet échec (malgré le volontarisme municipal de revivifier ces traditions sportives), le projet d'un second boulodrome couvert est abandonné au cours du mandat. Répondant à une demande sociale ancienne (premier boulodrome trop petit avec ses huit jeux), dynamisée par une politique fédérale encourageant la sportisation, il est contraint par les dissensions locales, entre C. Faure favorable au doublement du boulodrome pour avoir 16 jeux, et le président du CDBL Robert Peyrard, proche de la droite locale, voulant un nouveau boulodrome, plus au sud-ouest du parc de l'Etivallière.

De même, toujours dans cet état d'esprit de défense d'une société ouvrière et industrielle, la municipalité Sanguedolce lance un projet de vélodrome couvert et l'abandonne. En discussion plus ou moins avancée depuis la fin des années 1950 (plutôt plus chez les sportifs que chez les élus), ce projet est remis dans le débat public lors des élections municipales de 1977, longtemps occulté par la municipalité Durafour après la destruction du vel d'hiv. Il fait l'objet d'une importante réflexion municipale au cours des années 1978-1981, rappelant l'objectif socio-politique de privilégier l'identité sportive traditionnelle, à laquelle sont attachées les couches populaires. C'est sur le cyclisme, sport populaire par excellence en région stéphanoise et cher au maire (ancien champion cycliste local), que se portent les priorités de la municipalité pour les grands projets. Un premier programme est ficelé en octobre 1979 vers la Plaine Achille, ambitieux et coûteux[2]. Censé compléter l'offre de sports-loisirs sur le site de la Plaine Achille, confortant la place du Nord-Est stéphanois, le projet est même présenté en conseil municipal pour une étude géomécanique

---

[1] Autre sport-loisir ancien et populaire, confiné dans des espaces clos et dans son image de jeu sportif local traditionnel, sans sportisation avancée, la sarbacane est en situation de survie au début des années 1980 : on ne compte qu'une douzaine d'associations pratiquantes, souvent de manière secondaire.

[2] Situé sur un terrain municipal et désaffecté de 15 000 m^2), il est basé sur une piste de 2150 mètres entourée de 6000 places, pour un coût avoisinant les 28 millions de francs, soit plus de 10 millions d'euros actuels (AM : 10M141).

préliminaire avant un concours d'architectes. Il lance alors de vifs débats chez les élus[1]. Au départ, tous les élus de gauche votent pour l'étude du géomécanique qui est réalisée en août 1980, confirmant les difficultés de construire sur un tel sol (*Vivre à Saint-Etienne* n°21 de juillet 1980). Un second projet plus polyvalent donc plus consensuel est ficelé au cours de l'année 1981. Cependant, son coût d'environ 40 millions de francs, porté à 45 millions de francs début 1982, ne le rend plus réaliste au plan politico-financier. Il apparaît peut-être comme un équipement censé faire oublier le déclin industriel local, traduisant un enfermement dans une stratégie identitaire « de défense »[2].

Pourtant, malgré ces échecs du boulodrome et du vélodrome, la politique de construction de grands équipements sportifs n'est pas négligée par la municipalité Sanguedolce, en particulier au cours de la seconde partie du mandat, se détachant des discours de la rupture de 1977. Est-ce un revirement de la politique sportive ? L'ambiguïté du positionnement de cette politique quant à la tension entre la centralité des grands équipements et la portée sociale des petits équipements de quartiers traduit plus selon nous un compromis politico-idéologique.

Outre l'intérêt de développer les équipements de quartier qui assurent un service public des sports de proximité, la municipalité Sanguedolce n'ignore pas la portée symbolique du grand équipement, souvent associé au sport-spectacle. Plusieurs autres projets que le vélodrome, imaginés et discutés en conseil d'adjoints, traduisent les

---

[1] D'un côté les élus PSU craignent un retour de la politique de prestige comme avant 1977 et suggèrent de donner la priorité aux pistes cyclistes simples, de manière générale aux « équipements légers décentralisés, plus que des équipements centraux lourds et coûteux ». C. Faure, appuyé par le Maire, répond par une présence du vélodrome dans le programme électoral, inscrite dans une nostalgie du vel d'hiv, par un investissement maîtrisé et sans prestige. D'autres élus de gauche comme B. Vennin sont favorables en cas d'aides étatiques et d'utilisation pour d'autres sports, alors que les radicaux tentent de relativiser l'opposition entre équipements de masse et de prestige (DCM du 12/3/1980).

[2] Finalement, après échec de ce projet, l'effort envers le sport cycliste passe par l'installation d'un anneau de vitesse au parc des sports de Méons en 1983 (au centre de la poste cycliste de 1 km réalisée dans les années 1960). Cet aménagement moins ambitieux peut ainsi apparaître comme une compensation, même s'il n'est pas présenté comme tel. Cela complète l'offre de sport cycliste sur la région en proposant un équipement pour les pistards, dynamisé par l'école municipale de cyclisme, mais bien en deçà des projets du début de mandat.

ambitions de la municipalité Sanguedolce, soucieuse de proposer un modèle de développement sportif associant sport de masse et sport de haut niveau comme « locomotive ». Même s'ils n'aboutissent pas, essentiellement par hésitation sur les choix politico-sportifs (quant au coût lié à ces ambitions), leur portée symbolique rejoint la volonté municipale d'imprimer une marque visible et durable dans l'aménagement sportif. C'est le cas à l'Etivallière où la municipalité Sanguedolce porte des projets se démarquant des programmes lancés sous l'ère Durafour (tennis couverts et patinoire). Le complexe sportif de l'Etivallière est bien repensé début 1981 avec un plan-programme de trois ans mais qui ne prend plus ces équipements prestigieux comme référence : il s'agit de confirmer la polyvalence du parc des sports (de la masse au haut niveau) et de proposer des grands équipements « à taille humaine ». Le plus emblématique est une salle omnisports de 1500 à 2000 places pour le CASE-basket, intermédiaire entre le gymnase Villeboeuf (850 places), saturé, et le Palais des Sports (4000 places), trop grand, finalement avorté[1]. Le choix de cet aménagement sportif, même à l'état de projets, révèle donc un relatif retour de l'image de marque, poussé par la concurrence urbaine et par les stigmates de l'échec d'une revitalisation des sports populaires. Allant dans le même sens que ces projets d'envergure mais selon un système d'acteurs plus cohérent et plus stable, un grand équipement stéphanois fait l'objet d'une politique « de grands travaux », en décalage avec le discours sur la politique sportive générale (sport de masse et dans les quartiers) : c'est le stade Geoffroy Guichard.

1.4.2 Une politique de grand équipement : l'agrandissement du stade G. Guichard dans la dynamique de l'Epopée

Cette politique de soutien aux grands équipements est moins un revirement de stratégie politique qu'un signe d'une continuité dans le

[1] « Le but à poursuivre est de créer un équipement pouvant accueillir d'importantes rencontres sportives avec 2500 spectateurs et un équipement de quartier pour Bergson – la Terrasse » écrit C. Faure dans un document interne (AM : 10M109), avec un second niveau pour le tennis et la musculation. Le soutien au CASE-basket se traduit en fait par la rénovation fin 1981 de sa salle de 850 places au gymnase Villeboeuf (la municipalité parlant de « locomotive pour le sport de masse » : *Vivre à Saint-Etienne* n°23, novembre 1981).

système d'acteurs entourant le stade et le club, ce dernier étant au cours du mandat 1977-1983 dans une phase de politique sportive ambitieuse après l'épopée européenne du milieu des années 1970. Dix ans environ après les derniers travaux sur le bâtiment principal, le stade est à nouveau modernisé en profondeur, dans la dynamique de réussite sportive de l'ASSE, sous la pression du président Rocher et du spectacle sportif populaire (selon des logiques d'acteurs marchandes plus puissantes que pour le projet de vélodrome). Pour comprendre les logiques socio-politiques soutenant ces travaux, il faut analyser les débats et les raisons données par les élus de la majorité.

D'abord et avant tout, la conjoncture des années 1977-83 est favorable au club et le stade continue d'être un équipement prioritaire, désormais incontournable dans la politique municipale d'aménagement sportif : forte de ses résultats, l'ASSE du président Rocher devient plus exigeante envers les élus. Elle se définit comme une entreprise de sport-spectacle, de manière avant-gardiste en France : le club bénéficie d'une aura nationale à l'image des sections d'associés supporters[1]. En fait, derrière une image de club populaire se cache un club moderne géré par des logiques marchandes (ouverture en 1977 de la boutique des verts qui vend plus de 50 000 articles en 1980/81). Rocher développe, certains disent au club avec mégalomanie, une politique sportive de vedettariat qui permet de conquérir un dixième titre de Champion de France en 1981. La très bonne fréquentation du stade, tant en coupe d'Europe qu'en championnat (plus de 38 000 spectateurs de moyenne en Coupe d'Europe et plus de 20 000 en championnat), pousse le club à demander de nouveaux travaux sur les gradins dès 1979. La municipalité évoque alors ses liens avec le club fétiche de la ville[2]. Elle agrandit en 1979 les gradins nord et sud : une nouvelle pente permet de gagner environ 3000 places tout en améliorant la visibilité et la sécurité grâce à des barrières[3]. Mais plus que cet

[1] Phénomène unique dans le football français, ces sections se multiplient dans tout le pays. En 1981, 44 existent pour 6000 adhérents, dont 6 pour 1800 adhérents en région parisienne (dans les cafés-brasseries de Paris et sa banlieue).

[2] L'ASSE est perçu comme le club populaire ambassadeur, créant une émulation dans la ville, légitimant alors un équipement « sophistiqué » (DCM du 22/6/1979).

[3] Dès le début de saison, un nouveau record d'affluence est battu avec 41 276 personnes contre l'OM le 9 août 1979 ; mais lors de ce match, des voitures sont garées sur le boulevard périphérique malgré l'interdiction : la ville commande une

agrandissement « de fortune », le projet qui cristallise les tensions et révèle toutes les ambiguïtés de la politique municipale pour le stade et le club est celui des grands travaux lancés en 1981 pour l'accueil du Championnat d'Europe des Nations 1984. D'un projet « club/ville », on passe à un projet complexe piloté par un triangle de négociation « club – ville – Etat ». Sans détailler un aménagement long et complexe, la ville présente d'abord un premier projet de modernisation dès le printemps 1980 (début d'un long cycle de réflexions, décisions et débats sur cet aménagement jusqu'en juin 1984), sous la pression du club qui « voit grand » puisque ce premier projet consiste en un stade international de 55 000 places, chiffre jamais atteint en France après la guerre[1]. Bref, toute une stratégie d'acteurs locaux et nationaux se met en place au début des années 1980, par convergence d'affinités et d'intérêts autour du club, du stade et de la ville. Néanmoins, des débats importants se cristallisent autour de ces grands travaux : la modernisation du stade suscite des controverses ; et de simples variantes d'aménagement suggèrent en arrière-fond toute une conception du stade, du sport-spectacle et de la place du football dans la ville.

Le premier projet de 1980, très ambitieux, est repoussé en 1981 après des critiques dans la majorité de gauche (du PSU surtout, argumentant sur la volonté depuis 1977 de rééquilibrer sport de masse et sport-spectacle, sur les efforts déjà importants pour l'ASSE et la possibilité d'un financement par le club qui est le premier bénéficiaire). Un nouveau projet d'agrandissement moins ambitieux est présenté début 1981 : les tensions restent fortes sur le coût malgré un pilotage par les STM, sans cabinet d'architecte prestigieux[2]. Face à cette opposition (notamment sur les subventions espérées), l'adjoint aux sports C. Faure doit se justifier au regard de la politique sportive

---

étude à un bureau parisien spécialisé sur l'état de circulation, une enquête de fréquentation chez les spectateurs, une recherche de sites, etc (DCM du 26/9/1979).

[1] Sauf pour le projet parisien de Grand Stade, mais non réalisé (*Vivre à Saint-Etienne* n°17 de mars 1980). Il faut pour cela réaménager la tribune principale rue de la Tour (plus 7000 places) puis les tribunes Nord et Sud (plus 8800 places), pour plus de 50 millions de francs (DCM du 23/4/1980), 17 millions d'euros actuels.

[2] M. Canivet est l'architecte choisi par la ville, ayant déjà travaillé en 1979 (mais pas en 1972 pour le bâtiment administratif, qu'il propose de démolir, parlant même d'une façade d'hôpital or c'est l'un des symboles de la puissance du club).

municipale, dans la presse et au conseil municipal[1]. Finalement, l'assurance d'accueillir des matches du Championnat d'Europe renforce le projet, mieux ficelé sur le plan financier grâce à une réduction de capacité (selon une nouvelle directive de l'UEFA). Le stade est ramené à 48 500 places dont 23 000 assises. Il est voté de manière plus consensuelle en mars 1982 : il s'agit surtout de montrer l'unité de la gauche à l'approche des élections municipales de 1983. Le stade devient plus confortable et plus fonctionnel : la majorité des travaux est centrée sur le cadre sportif, pelouse et tribunes, sans soucis de l'environnement qui reste assez industriel, à l'image des quatre grands pylônes d'éclairage pouvant rappeler les cheminées d'usines. La vocation de sport-spectacle est renforcée entre le respect des traditions et une modernité qui, bien que d'envergure et très coûteuse pour la ville, n'entre pas explicitement dans une stratégie de marketing urbain : l'important reste la réussite du Championnat d'Europe, celle du club, et non pas directement l'image de la ville. La ville accueille deux matches, le 14 juin et surtout 19 juin 1984 avec la France en quart de finale face à la Yougoslavie[2].

Bref, le stade occupe une place telle que les clivages politiques traditionnels s'effacent pour des logiques d'acteurs plus complexes : pour la municipalité Sanguedolce, l'ASSE assure la popularisation accrue d'un sport déjà populaire, malgré son caractère marchand d'entreprise de sport-spectacle. Toutefois, la question des ruptures politico-sportives locales est loin d'être éludée, à Saint-Etienne comme ailleurs, surtout lorsque des municipalités placent le sport au cœur du développement urbain.

---

[1] L'intervention publique le 18/1/1982 répond à un certain nombre de critiques (de l'opposition de droite), sur le manque d'aide aux clubs tournés vers l'élite et à l'athlétisme en particulier, sur le manque de terrains de football, sur le manque d'investissement en général. C. Faure parle d'efforts réels dans ces domaines, et d'un investissement nécessaire pour Geoffroy Guichard. Il critique le Conseil Général, dominé par la droite, qui ne s'engage que sur 6 millions de francs de subvention contre 12,25 millions prévus en 1980, allant même jusqu'à parler de remise en cause du projet avec l'effacement des partenaires.

[2] Qui reste l'un des grands matches de cette aventure sportive (premier grand titre national) : la France gagne 3 à 2 grâce à trois buts de Michel Platini, ancienne star de l'ASSE (quatre autres joueurs de l'équipe nationale ont porté le maillot vert à la fin de l'épopée : Lacombe, Rocheteau, Battiston et Genghini), assurant l'intérêt local pour ce match (plus de 48 000 spectateurs).

2. A partir des années 1970-1980, des politiques municipales inscrivant le sport au cœur de la ville

2.1 Des politiques de marketing urbain par le sport

2.1.1 Un contexte de décentralisation et municipalisation

Les années 1980 correspondent certes à une rupture politique, celle du retour de la droite à Saint-Etienne avec les deux mandats de François Dubanchet, à un troisième âge de la ville selon S. Wachter (celui de la ville-projet et du maire-entrepreneur), mais aussi à toute une évolution de la conception du sport dans la société et dans l'aménagement urbain. Sur le premier point se pose à nouveau la question des ruptures politico-sportives, entre « retour à la normale » et tournant par rapport à la période durafourienne. C'est la seconde idée que nous privilégions dans le sens où la rupture de 1983 est plus forte dans les discours que dans la réalité (où le sport occupe finalement une place assez modeste, au moins au départ). Signe que la rupture existe dans les discours, les élections municipales de mars 1983 sont précédées d'une campagne difficile où s'opposent surtout les listes de la gauche unie et du centre-droit (autour de l'ancien premier adjoint de M. Durafour, F. Dubanchet qui a largement dirigé les affaires de la cité stéphanoise entre 1974 et 1977 à cause des occupations ministérielles de son maire). Même si le sport occupe une place moins importante qu'en 1977 du fait de préoccupations plus graves, notamment sur l'emploi, les raisons de critiquer les projets sportifs sont nombreuses. La droite critique la gestion de la gauche, bénéficiant d'un mouvement national plus favorable qu'en 1981, d'une tradition de centre-droit à Saint-Etienne, fondée sur l'anticommunisme après la Libération (ville de population ouvrière mais aux origines rurales, tenue par un petit patronat), d'un renouvellement de l'équipe contrairement à la liste de gauche elle-même divisée.

La gauche, elle, valorise son bilan, notamment dans le bulletin municipal *Vivre à Saint-Etienne* dès fin 1982[1]. Le bilan quantitatif

[1] Avec un numéro double sur le bilan quantitatif (en plus du bilan sur les clubs) : 6 gymnases, 14 courts de tennis, 14 terrains de football, 7 plateaux d'EPS, un complexe

répond à celui de 1977 pour M. Durafour, mais il ne met pas en valeur les équipements du haut niveau : c'est la stratégie du sport pour tous contre le sport-prestige. En fait, les réflexions engagées pour la campagne de 1977 sont reconduites et approfondies, notamment sur les réalités sociales de terrain et la vie quotidienne. La droite l'emporte de justesse au second tour, plaçant comme maire François Dubanchet, un homme de 60 ans aux racines rurales qui aime à se dire peu politisé. Sans logique d'affrontement politicien direct avec C. Faure, mais sans continuité non plus, l'adjoint aux sports devient André Delorme[1]. La présentation du projet de mandat dans un bulletin municipal du printemps 1983 montre la rupture annoncée dans la campagne électorale : il s'agit de redonner une image de ville sportive, de mieux utiliser les équipements existants, d'aider fortement les clubs de haut niveau, de pas user d'ingérence dans les associations sportives, et bien sûr de lancer de nouveaux projets[2].

Pour comprendre le cas stéphanois, il semble nécessaire de replacer notre réflexion dans les tendances globales de l'aménagement sportif (et de l'aménagement urbain avec la décentralisation) et du contrôle du sport par les pouvoirs publics. Depuis la fin des années 1970 nous l'avons vu, l'Etat ne semble plus porter son effort sur les équipements : au contraire, les lois de décentralisation de 1982 et 1983 cèdent de nombreuses compétences aux collectivités locales, communes en tête, mais aussi conseils généraux et les nouveaux conseils régionaux. L'autorité centrale ne délègue plus mais partage ses pouvoirs : l'Etat devient partenaire et non plus tuteur. Cet acte politique s'inscrit, au moins pour le sport, dans une meilleure définition de

---

sportif à Michon, une piscine à la Cotonne, un anneau de vitesse à Méons. Sont également mis en évidence les principaux projets de 1983.

[1] Ancien président de l'Union Départementale des Fédérations Sportives de la Loire (devenu Comité Départemental Olympique et Sportif de la Loire en 1985) et responsable des sections volley puis escrime au CASE (dont il devient d'ailleurs vice-président, telle une orientation para-municipale dans l'héritage durafourien).

[2] Sont cités tous azimuts des gymnases, courts de tennis, patinoire, et divers équipements jamais évoqués et à la mode, tels une salle de squash, des pistes de karting, de vélo-cross et de patins à roulette, etc. L'une des mesures immédiates change la manière de concevoir les équipements sportifs municipaux par un souci gestionnaire d'utilisation optimale : c'est la fermeture des stades municipaux durant l'été 1983 (sauf Méons et l'Etivallière pour la pratique libre) : mal perçue par la population, cette décision n'est pas renouvelée par la suite.

besoins sociaux locaux : « replacée sur la longue durée, il s'agit sans doute d'une étape logique visant à privilégier la définition et l'expression de 'politiques de proximité', élaborées au plus près des administrés et de leurs besoins, exprimés comme tels ou non »[1]. Pourtant, le sport n'apparaît pas de manière claire dans les compétences transférées, sans crédits alloués aux équipements sportifs. En fait, l'organisation publique du sport qui se met en place dans ces années 1982-84 dépasse cette vision simpliste. La décentralisation, en donnant plus de pouvoirs aux communes, lance une période d' « éclatement des politiques de construction d'équipements sportifs »[2]. D'un côté l'Etat garde des principes d'intervention assez forts avec la poursuite du FNDS, l'augmentation du budget ministériel et la loi Avice de 1984 centrée sur la mission de service public. D'un autre côté les collectivités territoriales façonnent des politiques sportives de plus en plus structurées, en partenariat avec les divers échelons administratifs et le mouvement sportif, selon l'organisation pyramidale du sport français. Le système d'acteurs publics est donc complexifié par ces « nouveaux acteurs » comme le département dont les interventions étaient limitées, dans la Loire comme ailleurs, à quelques subventions aux associations sportives.

Peut-on alors parler d'un nouveau système d'acteurs où le Conseil Général produit une politique sportive qui éventuellement contrecarre les projets de la grande ville selon l'objectif de veiller au développement sportif de tout le département, ou bien le département n'agit-il qu'en tant que « guichet » dans les subventions d'équipements ? La réalité est certainement entre les deux et évolue au cours des années 1980 : cette politique sportive naissante à l'échelle départementale, suggérée par les lois de 1983, influe sur les logiques d'équipements dans la grande ville, pas forcément pour les favoriser.

---

[1] Callède, 2000, op. cit., p.153.

[2] Falcoz M. et Chifflet P., 1998, « La construction publique des équipements sportifs : aspects historique, politique et spatial » in *Annales de la rechercher urbaine* n°79, p.14-22. De nombreux autres spécialistes de l'action publique locale parlent d'un « oubli du sport » : pour plus de précisions juridico-sportives, cf les ouvrages suivants : Alaphilippe François et alii, 1984, *Sport et collectivités locales*, Sirey, Paris, 183 p., Collomb Pierre, 1988, *Sport et décentralisation*, Economica, Paris, 255p., et Chazaud Pierre, 1989, *Le sport dans la commune, le département et la région*, Berger-Levrault, Paris, 521 p.

Dans la Loire, le Conseil Général (CGL) intervient certes de manière plus forte dès 1984, mais au départ sans définition précise d'une politique sportive : il s'agit de poursuivre la politique de subvention engagée depuis plusieurs années, avant la décentralisation, et de proposer des aides à l'équipement sportif des plus petites communes en milieu rural, suivant les recommandations nationales. La structuration d'une politique sportive départementale est toute progressive, menée par le conseiller général François Rochebloine[1]. L'augmentation des crédits à l'investissement pour les équipements sportifs s'accompagne d'une rationalisation et d'une volonté de guider les aides en faveur d'une répartition équitable sur le département, en hiérarchisant les équipements : c'est en 1987 qu'apparaît la distinction grands équipements / équipements normaux. Celle-ci a tendance en fait à reproduire les inégalités socio-spatiales puisque la répartition de ces subventions (40% pour les grands équipements) montre un apport financier considérable pour la ville de Saint-Etienne et ses grands projets, même si en nombre d'équipements soutenus, le milieu rural est privilégié[2]. L'analyse des budgets d'équipements sportifs votés au début des années 1990 montre cette même priorité financière donnée aux grands équipements et au sport fédéral de haut niveau en général, qui privilégient les grandes villes. Bref, dans ces années 1980, l'intervention du Conseil Général est certes croissante mais limitée en volume financier et en possibilité de mettre en cause la polarisation des grands équipements sur Saint-Etienne[3]. Cette structure socio-politique, où la municipalité prend l'essentiel des initiatives en partenariat avec les autres collectivités territoriales, donne selon nous les bons outils

---

[1] Responsable de la commission jeunesse et sports dès 1985, c'est un homme de terrain de centre-droit. Dès sont arrivée, les choix sur la répartition des crédits sont discutés et précisés en fonction d'une politique socio-spatiale qui cherche à limiter à l'échelle du département la domination de l'agglomération stéphanoise.

[2] En 1987 seuls trois grands équipements dont deux stéphanois sont concernés : 38,8% pour un terrain de sport à Villeboeuf, 26,7% pour la réfection de la piste d'athlétisme du stade H. Lux, et 34,5% pour la base départementale du tennis à Montbrison. Cela représente 2,2 millions de francs sur 5,6 millions au total.

[3] Il en est de même pour le Conseil Régional (qui a moins de prérogatives directes dans le domaine du sport puisque ses compétences concernent en priorité le développement économique, social, sanitaire, culturel et scientifique). Le seul processus de régionalisation concerne le sport de haut niveau, selon une hiérarchie naissante des échelons territoriaux calée sur les niveaux sportifs (Callède, 2000).

pour engager des politiques sportives cohérentes : les « logiques descendantes », du ministère jusqu'au Service Municipal des Sports (SMS), s'accompagnent de « logiques montantes » où des initiatives municipales renouvelées et diffusées peuvent influer sur la politique sportive nationale, renforçant le modèle français du service public. Un processus de municipalisation se met en place, prenant en compte plusieurs aspects du développement sportif que l'Etat ne prend pas toujours en compte à l'échelle nationale : animation sportive, encadrement des activités, gestion de la vie associative. Au niveau local, l'intervention en faveur du sport se trouve plus structurée : l'adjoint délégué au sport, accompagné d'un conseiller municipal délégué dans les plus grandes villes, intervient au premier plan, dans la programmation et le choix des équipements, relayé par le maire qui reste son supérieur dans la décision. Cet adjoint peut, dans un souci de politique sociale concertée, mettre en place une commission des sports (souvent élargie aux loisirs, à la jeunesse et à la culture) où un certain nombre de conseillers municipaux et de représentants sportifs étudient les problèmes d'organisation du sport local : un triptyque « élus-SMS-OMS » se structure au niveau local, souvent sans l'expertise des services de l'Etat[1].

C'est d'ailleurs cette organisation institutionnelle du sport à Saint-Etienne qui permet de mettre en avant la rupture politico-sportive de 1986, plus forte que celle de 1983 où les changements de discours ne s'accompagnent pas d'un revirement dans l'aménagement sportif, si ce n'est l'effacement du sport dans les priorités municipales. En effet, avec l'équipement de base de la ville grâce aux incitations étatiques et aux deux municipalités précédentes ayant placé le sport au cœur de leur politique urbaine (débat sur la centralité / proximité des équipements),

[1] Le fonctionnement des OMS est à ce titre riche d'enseignements : institué comme association de type loi 1901 indépendante de la municipalité, l'OMS agit de manière très hétéroclite dans la réalité, à l'image de sa composition : plusieurs membres du conseil municipal, à titre personnel ou membre de la commission municipale des sports, représentants d'associations civiles, scolaires, d'entreprises, représentants de la DDJS, etc. Certaines municipalités en font dans une logique de concertation une véritable commission extra-municipale aux pouvoirs importants (recensement des besoins en équipement, instruction des demandes et des répartitions de subventions), alors que d'autres limitent leur influence, sans grande référence idéologique et politicienne, tout au moins dans les discours.

la municipalité Dubanchet estime devoir faire une pause dans ce processus. La priorité n'est plus la couverture spatiale de la ville en équipements (qui est jugée globalement satisfaisante par les élus, la ville s'engageant simplement à achever plusieurs réalisations dans les quartiers), mais la gestion financière du patrimoine sportif.

Une grande réflexion est menée au service des sports, reposant sur une grande étude complète centrée sur l'utilisation et le coût des équipements actuels[1]. Les piscines constituent un point noir dans le budget de fonctionnement, d'autant plus que les dépenses se sont envolées avec la politique sociale menée pour leur fréquentation[2]. L'éclatement de l'offre s'accompagne d'un redéploiement spatial de la fréquentation au profit des piscines plus récentes, les plus modernes et les mieux équipées. Ainsi la piscine Plaine Achille affirme sa vocation de centralité, contrairement aux autres, attachées à une fréquentation de quartier (grand public et surtout scolaires). Nous pouvons parler d'une spécialisation des piscines : outre Plaine Achille et Grouchy pour le grand public, Villeboeuf et Souchon sont exclusivement dédiées aux scolaires (respectivement du secondaire et du primaire) et aux clubs, tandis que les deux autres selon une fréquentation plus équilibrée, de proximité dans les quartiers sud-est et sud-ouest. De ce fait, cette enquête n'apporte aucune idée précise de projets d'aménagement sportif : elle vise surtout à mieux assurer une gestion efficace, maintenant le service public mais en limitant si possible le déficit d'exploitation. Cela traduit symboliquement un « relâchement » dans la politique d'équipement sportif de la ville, tant pour des raisons budgétaires que pour une approche politique de la planification très limitée : nous ne pouvons parler d'un héritage durafourien immédiat[3].

---

[1] L'étude « résultats d'exploitation des équipements sportifs en 1984 » est présentée début 1985 : l'ensemble des équipements coûte en fonctionnement 42,5 millions de francs en 1984 dont 20,77 millions pour les piscines, près de la moitié (29,1% pour les stades et tennis, 20,8% pour les gymnases et 1,2% pour le reste).

[2] Mise à disposition des clubs, accueil des scolaires : si en 1974 la répartition entrée payante / entrée gratuite était de 70/30, elle est de 56/43 en 1977 puis 52/48 en 1984 (jusqu'à 50/50 en 1981 au cœur du mandat de la municipalité de gauche).

[3] Nous formulons plusieurs hypothèses : absence de préoccupations urbanistiques globales, achèvement de deux grands dossiers (stade G. Guichard et complexe de Michon), priorité d'une gestion économe de l'existant, moindre pression sociale d'un mouvement sportif encore concentré sur une pratique sportive fédérale.

Les premières années du mandat sont donc celles d'une optimisation de la gestion des équipements existants, tant sur le strict plan de l'occupation des espaces sportifs que sur l'entretien amélioré de ces espaces. Même les grands complexes sportifs ne font plus l'objet de projets précis, malgré des espaces disponibles importants, que ce soit à l'Etivallière ou Méons. D'ailleurs, même le projet de grande salle pour la pratique du basket de haut niveau au sein du CASE-basket, telle une association entre haut niveau et centralité sportive du lieu, voté juste avant les élections municipales le 23 février 1983, n'est pas repris par la nouvelle municipalité, ou alors de manière différente. En effet, un événement précipite ce changement : l'incendie le 14 avril 1984 du gymnase de quartier du Bardot (utilisé par un grand groupe scolaire) que la ville pense reconstruire en plus grand pour le basket de haut niveau (plus le handball et le volley, pratiqués au CASE également).

C'est le projet de Stadium du Bardot, que les élus de gauche contestent, pour lui-même (problèmes d'accès, de parking et d'utilisation en concurrence avec les écoles) et pour l'occasion manquée d'installer le CASE à l'Etivallière dans un environnement sportif et fonctionnel, tel un renforcement de la centralité sportive. La municipalité confirme les travaux, bénéficiant d'indemnités pour cette reconstruction, et le Stadium est inauguré le 5 octobre 1984 pour le début de la saison sportive. Cette réalisation de l'urgence, reposant certes sur un équipement de qualité (3000 places assises), témoigne selon nous d'une prise en compte assez moyenne des enjeux sportifs et identitaires autour des clubs de basket de haut niveau et de leur salle : l'installation dans une grande salle (à l'Etivallière ou à la Plaine Achille dans des espaces sportifs déjà constitués et assimilés au haut niveau) pouvait permettre d'asseoir une identité de club-phare pour le basket stéphanois, de populariser ce sport en complément du football. Le Stadium du Bardot est donc le seul grand équipement sportif municipal construit dans la première moitié du mandat, ce qui nous laisse penser que la politique de marketing urbain ne se centre plus sur le sport, la priorité étant donnée clairement aux loisirs culturels et surtout à l'économie, secteur qui nécessite une réelle relance avec la désindustrialisation.

Le tournant de 1986 redonne un poids aux stratégies de marketing urbain par le sport : il repose largement sur un changement des acteurs publics locaux. A la suite d'un différent entre le maire et son adjoint aux sports, portant sur les ambitions des projets sportifs, celui-ci est remplacé en même temps qu'est restructurée l'organisation du sport municipal, entre fin 1986 et début 1987. Le nouvel adjoint aux sports (et de la vie associative), est Jean-Aimé Gidrol, ancien cadre à la retraite et adjoint à la vie associative depuis 1983, aidé d'une conseillère déléguée, Marie-Thérèse Sérodon, hôtelière de profession. Ce changement de personnes s'accompagne d'un nouveau partenariat mis en place avec le mouvement sportif, après un lent effacement de l'OMS et de la concertation en général. Dès fin 1986 est mise en place une Commission Extra-Municipale des Sports (CEMS), divisée en cinq commissions spécialisées et d'apparence plus neutre puisqu'elle est présidée par un dirigeant sportif, Jean Giraud et composée d'une trentaine de bénévoles pour la plupart issus du mouvement sportif. L'OMS se trouve alors déchargé des principaux dossiers : problèmes sportifs entre municipalité et associations, répartition des subventions, aide aux nouveaux projets. Il s'agit donc d'une « reprise en main » de la part de la municipalité, dans tous les sens du terme (politique et sportif) car Jean Gidrol assume son choix de privilégier le sport de compétition par rapport aux loisirs qui doivent être alors « canalisés »[1]. Cela traduit une volonté de reprise en main presque autoritaire du développement sportif en contrôlant au maximum les pratiques, y compris dans leurs territorialités les plus larges, en dehors des équipements dédiés à cet usage sportif. La politique sportive prend une orientation plus volontariste, entre tradition et innovation : le sport redevient « la grande affaire de Saint-Etienne » (brochure municipale de 1987). Enfin, quelques mois plus tard, à l'automne 1987, Jean-Michel Lionard, sportif puis dirigeant à l'ASMSE, est nommé directeur du service sports et vie sociale, avec un nouvel organigramme pyramidal. Le sens donné par ce nouveau jeu d'acteurs publics – élus et techniciens – à cette « nouvelle » politique est celui d'un effort nécessaire pour avoir de beaux équipements, bien ordonnés et aménagés, sans viser la quantité mais la qualité (le haut niveau).

Il paraît désormais nécessaire de voir comment ces orientations politico-sportives nouvelles, sont perçues, intégrées et mises à

---

[1] In *Loire matin* du 26 février 1987. Cela concerne le tennis à Montreynaud à cause de tensions entre membres de club et particuliers, mais aussi le cyclisme à Méons pour l'anneau de vitesse cycliste (dont l'utilisation nécessite une autorisation, élément rappelé dans le BM n°36 de janvier 1987).

contribution dans les projets et réalisations d'aménagement sportif à Saint-Etienne. Selon quelle articulation local / global ? Dans quels objectifs et ambitions ? La politique sportive des années 1986-1994 à Saint-Etienne recherche assez clairement l'image de marque de la ville, selon des mesures tous azimuts suggérant selon nous une pensée politique moins structurée que sous M. Durafour (où la priorité était donnée aux complexes sportifs concentrés dans le Nord-Est stéphanois). En outre, le sport commence à être intégré voire support d'opérations d'aménagement urbain, supposant alors que l'équipement sportif soit pensé à plusieurs échelles (micro-locale, quartier, ville).

Concrètement, le dossier d'aménagement qui permet de mettre en relief cette rupture de 1986, plus forte que celle de 1983, est celui du complexe de Michon : après l'achèvement de la première tranche fin 1983, les décisions sont longtemps retardées, peut-être comme pour marquer une certaine défiance vis-à-vis d'un projet voté par la municipalité Sanguedolce. La relance n'est effective que début 1987 avec la seconde tranche (au départ deux nouveaux courts de tennis, un terrain de football engazonné, un grand bâtiment-vestiaire et un parking), inaugurée le 25 février 1989, quelques jours avant les élections municipales. Il s'agit en fait d'espaces sportifs supplémentaires pour renforcer la centralité de ce complexe et l'image de modernité associée à ce quartier anciennement marqué par l'exploitation minière (un terril domine le complexe) : le terrain de football engazonné s'accompagne d'un second en stabilisé et surtout une piste cycliste est prévue pour décharger celle de Méons déjà très utilisée. L'Ouest stéphanois bénéficie donc d'un complexe sportif, certes moins vaste et moins polyvalent que Méons ou l'Etivallière, mais centré sur des sports populaires et des sports-loisirs en dehors des structures fédérales, tennis et cyclisme. La municipalité cherche donc par cet aménagement peut-être à concilier objectif de marketing urbain et politique sociale, suivant les modes sportives. Mais la plupart des dossiers d'équipements sportifs municipaux, nouveaux ou modernisés à partir de 1986, privilégient la première logique.

2.1.2 Le sport de haut niveau dans l'image de marque par le sport

Comme pour Michon, la modernisation d'installations sportives réalisées au parc des sports de l'Etivallière fait relativement consensus entre élus de droite et de gauche, chacun revendiquant la paternité : il s'agit d'achever la normalisation du complexe sportif en renforçant la complémentarité entre sport de masse et sport de haut niveau, selon une idéologie sportive héritée des années 1960. Ces travaux, rarement spectaculaires mais visant à offrir des espaces sportifs normalisés et homologués, traduisent une « mise en ordre » sportive devant laisser une image agréable (destruction des premiers vestiaires-baraques). Ainsi, la modernisation globale du vieux stade L. Nautin décidée en 1987 s'accompagne d'une réfection totale de la piste d'athlétisme du stade H. Lux, pour un coût important de 2,35 millions de francs : les deux opérations sont complémentaires et rationnelles puisque la piste au stade L. Nautin doit accueillir des compétitions importantes en « déchargeant » le stade H. Lux dont la piste modernisée ne doit servir qu'aux plus grandes compétitions.

Par contre, le consensus éclate pour le principal équipement nouveau du parc des sports, le grand gymnase pour le haut niveau féminin, mais encore pour d'autres aménagements sportifs d'envergure placés au cœur d'une logique de marketing urbain, dans un partenariat politico-sportif élargi (comme le DOJO de Villeboeuf). Un parallèle peut d'ailleurs être dressé entre ce gymnase et le DOJO, selon des systèmes d'acteurs et des rebondissements similaires privilégiant le haut niveau (prévus tous deux en 1987 et réalisés en 1992-1993 lors du second mandat Dubanchet). En effet, le premier projet de DOJO remonte à l'été 1987, dans la dynamique de relance des aménagements sportifs lancée par le nouvel adjoint J. Gidrol : c'est en fait une maison départementale du judo, prévue pour le Judo-Club de la Loire, principal club de Saint-Etienne et de tout le département grâce à une structuration précoce autour du sport de haut niveau (nombreux titres nationaux et européens). Mais le projet n'est relancé qu'en 1992, modifié dans le sens d'un équipement de prestige, et plus stéphanois que départemental, dans la tendance du second mandat Dubanchet[1]. Ce projet de 1992 revient à un coût important de 11 millions de francs (trois fois supérieur à 1987), pour un grand bâtiment sur deux niveaux. C'est une réponse au renforcement du Judo-Club de la Loire, le plus important club unisport stéphanois avec près de 800 adhérents en 1992.

[1] Sur le plan spatial, le nouveau projet se traduit par un déplacement de Montreynaud (prévu en 1987) vers une situation plus centrale, symbolique des nouvelles fonctions, au parc de Villeboeuf récemment réorganisé (AD : 1836W43).

Ce DOJO ouvre en 1994 et peut alors accueillir de nouvelles pratiques sportives importées du Japon et d'autres pays asiatiques au cours des années 1970-1980 : le karaté bien sûr, mais aussi l'aïkido, le jujitsu, et deux pratiques européanisées pour introduire ces sports, le self-défense et l'éveil sportif (BM n°117 de septembre 1994). Le projet sportif est certes celui du haut niveau, mais faisant aussi une large part au sport de masse, en club ou à l'école, ce qui explique certainement son caractère assez consensuel, au contraire du second équipement sportif structurant réalisé dans le mandat 1989-1995 : le complexe gymnique S. Berland, dédié à la gymnastique féminine de haut niveau.

Ce gymnase S. Berland suscite plus de tensions quant au nombre de sportifs concernés (20 contre 800 environ) : dès le départ, un premier avant-projet est présenté dès avril 1987 et s'inscrit comme un grand projet d'équipement structurant, dans le sens où il allie projet sportif et grand équipement-phare pour la ville (grâce à un système d'acteurs partenarial). Il s'agit d'installer de façon durable et moderne le centre régional de gymnastique féminine (Centre Permanent d'Entraînement et de Formation ou CPEF, sorte d'anti-chambre de l'équipe de France élite), installé dans la dynamique de décentralisation en 1985[1]. Le CPEF est d'abord installé au gymnase V. Duchamp en partenariat avec la principale société de gymnastique de la ville, l'Indépendante stéphanoise (qui confirme le virage sportif de haute compétition pris dès les années 1970). Plusieurs facteurs locaux ont contribué à ce partenariat où plusieurs acteurs locaux, associant élitisme sportif et élitisme social, répondent à une demande nationale, officialisé par une convention Etat-ville-FFG le 15 septembre 1985 :
- l'initiative du docteur Bousquet impliqué dans la gymnastique, reliant sport de haut niveau et centralité hospitalière de Saint-Etienne
- les dirigeants de l'Indépendante soucieux de se positionner en club formateur pour le haut niveau (fort de ses 400 membres)
- des résultats sportifs (une participation aux JO de Los Angeles 1984)
- le soutien de la ville qui s'engage pour un équipement de qualité.

[1] Officiellement parce que la seule concentration à l'INSEP est préjudiciable, et officieusement parce que l'état de l'INSEP est plutôt mauvais, coûteux à entretenir : cela évite à l'Etat les coûts d'investissement et de fonctionnement pour les CPEF, même s'il aide à travers le FNDS. Deux autres structures pour la gymnastique féminine se trouvent à Marseille et Créteil (et les hommes à Antibes et Lyon), donc dans une logique très décentralisée.

La nécessité de proposer cet équipement de qualité, même si le gymnase V. Duchamp a bénéficié d'une modernisation au cours du mandat précédent, pousse la ville à prendre en main le dossier d'un nouvel équipement. La disponibilité foncière à l'Etivallière, les hésitations sur son aménagement final, l'absence ou presque de terrassement sur ce site municipal, justifient le choix de localisation. Les ambitions municipales sont fortes, à l'image du nom officiel[1], et l'investissement prévu atteint 12,8 millions de francs : il comprend sur une grande salle, une salle de danse, une salle de musculation et divers annexes fonctionnels (vestiaires, bloc médical, salle de réunions, grand hall d'entrée). Mais c'est à cause de facteurs nationaux (complexité du dossier administratif pour les subventions, évolution de la situation politique au niveau étatique et fédéral) et locaux (opposition de gauche sur l'éventuelle ouverture socio-sportive au-delà de la seule compétition de haut niveau et lancement d'autres dossiers importants) que ce dossier est mis entre parenthèse en cette fin des années 1980.

La relance de ce grand gymnase n'a lieu que début 1990, après les élections municipales qui confirment l'équipe Dubanchet. Le projet sportif ayant mûri, les dirigeants du CPEF, le président Cavalero et le vice-président Laffay (tous les deux dirigeants à l'Indépendante), souhaitent un équipement ambitieux et centré sur la compétition internationale, avec gradins de 500 places, salles et plateaux spécialisés pour la danse mais aussi des salles de cours, piscine, sauna, etc. Le nouveau centre doit être une vitrine pour le club qui peut organiser avec la ville de grandes compétitions, affirmant alors une centralité non plus seulement à l'échelle régionale mais nationale, dans une logique du sport-spectacle assez lucrative. Mais la municipalité, principal financeur (d'un projet qui atteint les 20 millions de francs, soit plus de 4 millions d'euros actuels), préfère un projet moins ambitieux, autour des 14 millions de francs (reprenant plusieurs idées du grand projet comme les gradins et le sauna), ce qui contente les élus de l'opposition.

---

[1] Le CRPEFSHNGSFSE (sic) : Centre Régional Permanent d'Entraînement et de Formation pour le Sport de Haut Niveau de Gymnastique Sportive Féminine de Saint-Etienne. Cf. Honta Marina, 1998, « Les 'filières du haut niveau' entre polarisation du local et localisation des pôles », in Le Dû Francis et Reneaud Martine, *Sport de haut niveau en régionalisation*, MSHA, Talence, p.157-184.

En septembre 1992, le gymnase Séraph Berland est inauguré[1]. Contrairement aux grands équipements des années 1970 pilotés par l'Etat et des municipalités-relais, il s'agit d'un équipement public construit grâce à un partenariat d'acteurs publics assez élargi : c'est un renversement politico-sportif avec des dossiers d'initiative municipale, portés par un argumentaire devant les autres financeurs publics dont l'Etat. Nous sommes bien dans une tendance générale au partenariat et à la contractualisation. Pour gérer le CPEF dans ses nouveaux locaux – devenu en 1995 un Pôle France de gymnastique féminine selon les dénominations ministérielles – une convention est signée en 1993 entre la ville et les deux associations, le CPEF bien sûr et l'Indépendante qui peut utiliser les salles à certains horaires. Le club ne pilote donc pas directement le centre : la FFG nomme un directeur professionnel pour gérer la structure[2]. La réussite est en demi-teinte : face à la réussite du Pôle France, la gestion financière est très lourde, sans réelle utilisation du complexe S. Berland par d'autres clubs ou par la fédération (quelques compétitions et stages fédéraux), ce qui alimente les critiques de l'opposition de gauche. D'autres dossiers d'aménagements sous tension traduisent l'affirmation d'un second type de politique d'image par le sport : celui d'une attractivité par le sport-loisir. Nous sommes alors bien de loin des stratégies de la municipalité Sanguedolce pour défendre le sport pour tous et le sport populaire (largement lié au sport ouvrier dans le cas stéphanois) : c'est tout un élitisme, social et/ou sportif, qui se trouve désormais valorisé, porté par d'autres groupes sociaux, en particulier pour le golf.

2.1.3 Les sports-loisirs dans l'image de marque par le sport

Le golf municipal est l'équipement stéphanois emblématique d'une place croissante donnée au sport dans l'aménagement urbain,

---

[1] Du nom de cette gymnaste locale (championne de France 1934 et fondatrice de l'Indépendante en 1935) qui l'inaugure. La municipalité, félicitée par le président de la FFG Rey, vante son gymnase, « le plus beau d'Europe » (BM n°29 de 1992).

[2] Lionel Brunel, un ancien professeur assez proche de la municipalité puisque président de la section golf de l'ASMSE de 1987 à 1991 (donc plus comme gestionnaire que spécialiste de gymnastique). Les dirigeants de l'Indépendante, jusque-là responsables du centre dans « leur salle » perdent donc une part de pouvoir, même si quelques-uns sont membres du conseil d'administration.

précisément dans le renouvellement urbain, tant par l'envergure de l'opération que par les critiques tournant autour des divers enjeux. Revenir aux sources du projet, c'est analyser la stratégie d'utilisation du sport comme moteur d'un aménagement urbain et d'une nouvelle image autour de la ville verte, d'où des débats locaux souvent éloignés de la pratique sportive : nous sommes dans les débuts d'un « sport prétexte ». Lancé en 1986 au moment de la rupture politico-sportive évoquée précédemment, il s'agit d'un équipement collectif présentant une offre sportive nouvelle à Saint-Etienne, pensé et créé sur l'initiative de la puissance publique locale, mais dont le caractère de service public est largement contesté, tant vis-à-vis du public visé (les couches supérieures de la société locale même si le projet est aussi celui de la démocratisation du golf) que de la gestion, déléguée à un groupe privé spécialisé (autant par nécessité gestionnaire que par choix idéologique).

Sans détailler l'enracinement national de la culture sportive du golf[1], retenons qu'au début des années 1980 ce sport fait toujours partie des « pratiques mondaines à fort capital social », reposant sur un recrutement par filtre financier, social et culturel, un sport socialement constitué par l'exclusion, bref élitiste. En 1986, c'est en France et dans la région Rhône-Alpes la mode du golf (cf. tableau ci-dessous).

Tableau n° 9 : évolution du golf en France 1963-1998

	1963	1973	1983	1993	1998
Nb de parcours	95	/	134	350	509
Effectifs FFG	13 500	25 000	57 300	207 600	269 600
Clubs corporatifs	/	/	137*	401	590
Licenciés corpo.	/	/	3750*	17 600	24 000

* données de 1988 Aubert, 1999 ; Pociello, 1981 ; FFG, 2000

Ainsi, jusqu'au début des années 1980, la croissance du nombre de parcours est régulière mais assez lente, puis elle s'accélère au milieu des années 1980, devenant une vraie mode qui en partie remplace celle du tennis qui s'essouffle au même moment, toute progression gardée du nombre d'équipements. La diffusion spatiale s'accompagne d'une

[1] Nous renvoyons le lecteur à notre mémoire de DEA (Merle, 2001, op. cit.).

relative démocratisation, notamment grâce à la création d'une commission 'golf corporatif' à la FFG en 1989, intégrant une manière plus conviviale et plus ouverte de pratiquer ce sport-loisir[1].

A Saint-Etienne, la municipalité Dubanchet veut compenser un déficit local puisque dans ce processus général de diffusion spatiale privilégiant la région parisienne et les régions touristiques, stations balnéaires et thermales (où les pratiques mondaines ont toujours joué un rôle moteur dans la fréquentation)[2], le golf n'a pu trouver sa place à Saint-Etienne, comme dans le reste du département. D'autres facteurs locaux peuvent être avancés : absence d'intervention du petit patronat local « se limitant » à d'autres loisirs mondains (tennis et courses hippiques, plus en rapport avec l'élevage dans la Plaine du Forez), contraintes topographiques et climatiques du milieu, faible demande sociale (voire une mentalité stéphanoise réfractaire à une pratique coûteuse et oisive), etc. Au milieu des années 1980, la municipalité stéphanoise estime que ces facteurs peuvent être limités, dans un contexte global où le golf devient une mode et connaît une explosion des effectifs licenciés et des parcours publics, alors que les créations étaient jusque-là surtout privées comme dans la Plaine du Forez[3]. Sans

---

[1] Ces chiffres masquent une diversité sociologique importante des golfs, que nous pouvons résumer en trois catégories peu étanches : le golf privé traditionnel, confidentiel, au recrutement malthusien (reposant sur un parrainage, tel un cercle fermé) ; le golf commercial, moderne et touristico-ludique, géré comme une entreprise de service marchand, implanté près des métropoles et des zones touristiques ; enfin le golf public, dont la formule naît en France en 1972 après une étude sur les golfs britanniques, permettant de rendre le golf plus accessible (premier centre public d'initiation ouvert en 1975 à Croissy-sur-Seine).

[2] Les golfs sont très anciens dans la région Rhône-Alpes, selon une répartition géographique privilégiant les zones touristiques et les grandes villes, qui exclue la région stéphanoise où ne se concentrent pas de manière permanente ou temporaire les élites économiques et sociales (premier golf à Aix-les-Bains dès 1900, à Evian en 1907, à Uriage et Lyon en 1921, à Megève en 1923, à Combloux en 1928, etc.).

[3] Le golf privé de Craintilleux, premier dans la Loire, est aménagé en 1983 par quelques riches Stéphanois adeptes du tennis, en pleine campagne dans le domaine de Presle, à 25 km au Nord de Saint-Etienne, rappelant la précocité de la Plaine du Forez à accueillir les pratiques sportives élitistes (comme les courses hippiques un siècle plus tôt). Ouvert au début de la mode du golf, il symbolise la diffusion du golf à l'ensemble du territoire national, touchant toutes les élites locales, dont celles de Saint-Etienne (préférant jusque-là le tennis). Ce golf est bien « équipé » pour la vie sportive et sociale : parcours 18 trous sur 40 ha, en bordure d'un petit bois et d'une

détailler la signification socio-spatiale du parcours de golf, retenons son double caractère paradoxal, exclusif et visible, mais encore son caractère paysager, telle une nature artificialisée assurant une mise en scène, assimilé donc à un indicateur de la qualité de vie[1]. Les représentations sociales fabriquent progressivement une nouvelle figure de la « ville – nature » porteuse d'une urbanité mieux vécue. Cette relation n'est toutefois pas uniforme puisque chaque groupe social et professionnel a sa conception du golf : peuvent s'opposer les idées et les interventions de l'écologiste, de l'agriculteur parfois, des habitants, des paysagistes, des services municipaux avec divers outils et procédures (étude d'impact, zone d'environnement protégé, code forestier et surtout plan vert, le plan national golfique de 1981). Qu'en est-il dans le cas stéphanois ? Quels éléments de ces discours et tendances urbanistiques retrouve-t-on ? Ils sont nombreux : la municipalité Dubanchet lance l'opération du golf municipal dans des objectifs multiples et ambitieux, source de tensions et d'une politisation immédiate du dossier.

Le golf devient un aménagement sportif prioritaire dans la stratégie de communication de la ville, dans la politique de contre-image. Il devient un moyen d'affirmation du potentiel local (d'accueil, d'animation, d'innovation ...), un symbole de la ville verte, à un moment où cette image est portée moins haut par les résultats de l'ASSE[2]. Sur un plan urbanistique, il s'inscrit dans un vaste projet de réhabilitation ou reconquête des quartiers ouest de la ville, marqués par l'activité minière et la dégradation paysagère[3]. Concrètement, le golf répond à l'opportunité de valoriser une friche urbaine dégradée,

---

rivière, practice 20 postes, grand bâtiment d'accueil avec un « pro-shop » (magasin spécialisé), billard, etc. Le second golf privé est celui de Saint-Romain-le-Puy ouvert en 1990, après l'investissement conjoint de plusieurs amis, pour un petit parcours « rustique » de 9 trous, au domaine des Sucs près de la route nationale menant de Saint-Etienne à Montbrison, intégré dans un complexe ludique comprenant un restaurant, des salles de séminaire et une discothèque.

[1] Lazzarotti Olivier, 1995, *Les loisirs à la conquête des espaces périurbains*, l'Harmattan, Paris, 319p.

[2] Cette politique de relance économique, immobilière et de marketing urbain dépasse le cas du golf : cf la thèse d'Eric Thomas sur les exemples du technopôle (et d'autres zones industrielles), des réhabilitations de l'habitat et de friches comme Manufrance (devenant l'Espace Fauriel), etc (Thomas, 1992, op. cit.).

[3] Thomas, 1992, op. cit.

devenue décharge municipale à partir des années 1960, dans le quartier de Momey (dominant la petite vallée encaissée du Riotord). D'un côté ce site correspond à « un espace de rejet aux marches du tissu urbain »[1], d'un autre côté la proximité du parc de Montaud permet de renforcer une « coulée verte », d'autant plus que la municipalité Sanguedolce maintient à côté de cette décharge des jardins ouvriers et des terres agricoles, aux limites de la commune avec Villars et Saint-Genest-Lerpt (sur une trentaine d'hectares)[2].

A l'ampleur des travaux de démolition prévus s'ajoutent plusieurs contraintes du site : topographiques, pédologiques et foncières puisque sur les 92 ha du projet, la ville n'en possède que 31, les Houillères et le centre hospitalier régional en ayant respectivement 12 et 3, et divers propriétaires particuliers et agriculteurs les 46 ha restant. Malgré cela, le site permet de valoriser la proximité avec le centre-ville (environ 2 km), sur une vaste superficie non constructible donnant un potentiel urbanistique remarquable avec l'opportunité de réaliser à proximité immédiate des programmes immobiliers (et plus largement attirer des entreprises et des cadres, dans un contexte de crise économique régionale). Il s'agit d'un véritable pari qu'engage la municipalité Dubanchet, surtout pour un aménagement sportif comme le golf où le poids de l'environnement immédiat est fort[3]. Dans les représentations sociales dominantes, qui sont souvent celles des classes dominantes et non pas de la classe ouvrière locale qui voit ce projet d'un mauvais œil (surtout les boulistes et habitants de Chavassieux), le golf est considéré comme un « plus » dans le paysage urbain[4]. Nous

---

[1] Thomas, 1992, op. cit., p.363.

[2] C'est le passage « du noir de la mine au vert du green » (*La Tribune Le Progrès* du 10 septembre 1989), permettant « de réhabiliter un secteur particulièrement dévalorisé, des terres en friche, une décharge d'ordures ... il accompagnera la transformation en profondeur de Saint-Etienne et l'amélioration indispensable de son image au dehors » (*Loire-matin* du 27 juillet 1987).

[3] « Pratiquer le golf à proximité d'une autoroute ou dans un cadre bucolique ne procure pas le même plaisir » (Desbordes M., Ohl F. et Tribou G., 1999, *Marketing du sport*, Economica, Paris, p. 229).

[4] Support d'une image sportive dynamique et prestigieuse, il est bien un moyen moderne d'effacer les traces négativées du passé industriel : « Une opération de requalification spatiale : reconquête de la décharge, transfert des installations diverses, rationalisation ou transfert des jardins ouvriers, démolition du puits de la Chana au cœur du golf, décision de la démolition de la cité du Bois Monzil peuplée

pouvons donc parler de la recherche d'une ville-paysage, d'une ville double, une à regarder et une à oublier, ce qui est loin d'être consensuel.

En conséquence, ce projet prend rapidement un caractère politique reposant sur les enjeux socio-spatiaux : l'élitisme et la centralité de l'équipement. La municipalité se soude autour du maire, de l'adjoint à l'urbanisme M. Thiollière et de l'adjoint aux sports J. Gidrol qui justifient le projet à plusieurs reprises en minimisant d'ailleurs l'aspect sportif[1]. Le dossier est lancé en 1986 et la préparation des travaux dure environ deux ans avec concours d'architecte et étude d'impact, pendant lesquels l'opposition de gauche, communiste en particulier, ne cesse de contester la légitimité : la campagne électorale pour les élections municipales de mars 1989 place le golf au cœur des débats. La gauche reprend son argumentaire de 1977 sur la proximité sociale grâce aux petits équipements de quartier, en l'opposant à la centralité et au prestige du golf[2] : certains élus communistes rappellent qu'un golf équivaut à quatre terrains de football, cinq gymnases et une piscine ; le golf est pour eux « une folie au-dessus des moyens de la ville », servant d'exutoire pour une contestation politique plus générale. Réélue, la municipalité de droite confirme l'achèvement de la première tranche qui est inaugurée le 15 septembre 1989, formée sur 12 ha de trois éléments : le centre d'initiation et d'entraînement avec un grand practice de 110 postes dont 28 couverts, le parcours pitch and putt de six trous et le bâtiment

---

d'immigrés préférée à la réhabilitation ... qui permet de gommer les séquelles d'un passé industriel minier et d'un paysage social dévalorisé, couplé avec un objectif de désenclavement de Nord-Ouest stéphanois » (Thomas, 1992, p.365).

[1] Le projet sportif repose sur une dynamique encore assez timide : l'ASMSE, club municipal omnisports, lance une section golf en 1985 (qui se déplace alors majoritairement dans les golfs lyonnais).

[2] Le socialiste Bruno Vennin écrit : « Réaliser un terrain de golf aujourd'hui à Saint-Etienne ne nous paraît pas un investissement prioritaire, compte-tenu des conditions économiques locales et des lacunes criantes que connaît encore la ville en équipements sportifs de quartier » (*la Tribune le Progrès* du 15 mars 1989). Pourtant, en France, ces arguments sont minimisés par les défenseurs du golf public : « Des opportunités particulières peuvent s'offrir avec la réhabilitation d'espaces dégradés (décharges, friches industrielles, etc) sur lesquelles la création d'un golf ne coûte guère plus cher qu'un espace vert » : Céron Jean-Paul, 1994, *Le golf en France, bilan et perspective*, AFIT, Paris, 36 p.

d'accueil de style Louisiane. Elle replace alors les enjeux socio-sportifs au centre du projet avec la volonté de démocratiser le golf, tout en lançant la seconde tranche, celle du parcours 18 trous. Prévue pour fin 1992, elle est finalement inaugurée en septembre 1994[1]. La communication de la municipalité au moment de cette inauguration vise à donner un esprit local au golf stéphanois : puisque la mentalité stéphanoise considère dans un esprit ouvrier que le golf est un « sport de riches », un passe-temps onéreux reposant sur une culture sportive exogène[2], la normalisation paysagère s'accompagne d'opérations symboliques[3]. Pour ancrer le golf dans le mouvement sportif local et assurer un « virage sportif » avec force, l'ASMSE-golf cède sa place en 1994 à un club indépendant : Saint-Etienne Golf Association (SEGA), avec renouvellement des dirigeants. Bref, sans analyser ici les premières formes de fréquentation, le golf municipal de Saint-Etienne constitue bien une opération d'envergure pour le marketing et le renouvellement urbains dans un partenariat public-privé : la ville, sans tradition sportive ni de gestion pour ce type d'équipement, délègue la gestion (proche des golfs privés). Justement, la particularité stéphanoise réside dans le faible écart sociologique entre golfs privés et golfs publics, notamment du fait d'une simultanéité des projets et d'un faible potentiel de distinction par les golfs élitistes[4]. Si les phénomènes

---

[1] A cause de divers problèmes fonciers, techniques et financiers (repoussant l'inaugurations du 9 trous à octobre 1993). C'est toujours l'aspect financier qui alimente le débat politique : d'un côté le coût de la seconde tranche passe de 40 à 52 millions de francs ; d'un autre côté le déficit d'exploitation moyen annuel dépasse 1 million de francs les premières années.

[2] Merle, 2001, op. cit.

[3] Une stèle de commémoration est mise en place trois jours après l'inauguration officielle du parcours, au trou n°2, ancien emplacement du puits de la Chana (exploité de 1820 à 1967 et où périssent 68 mineurs dans un accident le 2 novembre 1942). Un lexique du « gaga golfique » est diffusé dans le bulletin municipal : 'fouilla boudie' désigne le birdie (un coup sous le par), le 'piosiou' est un jeune golfeur, le 'vesous' un mauvais golfeur, etc. (*Saint-Etienne aujourd'hui* n°117 de 1994). Une autre marque de l'opposition à la culture ouvrière de la ville est le débat ayant eu lieu sur la pratique du golf à l'UFOLEP.

[4] Alors qu'au niveau national, un green-fee (entrée individuelle) coûte en 1994 en moyenne 237 francs dans un golf privé contre 176 francs dans un golf public (Merle, 2001). En 1998, lors de la seule enquête départementale sur le golf, un green-fee le week-end coûte 220 francs au golf de Craintilleux et 245 francs à Saint-Etienne, certainement à cause de la situation privilégiée de Saint-Etienne qui lui donne une

de concurrence sont niés dans la plupart des discours, ils existent bel et bien, un des buts du golf de Saint-Etienne étant justement d'attirer des cadres et professions libérales qui rejoignent le golf privé du Forez.

Ce type de concurrence quant aux représentations associées à ce type d'équipement pour une même discipline sportive se retrouve au cœur des enjeux d'une autre opération de marketing urbain par l'équipement innovant de sport-loisir : la piscine à vague de Saint-Chamond, placée en « laboratoire de l'urbain ».

Ce dossier est porté par une municipalité Badet qui place le sport au cœur de l'aménagement urbain et des enjeux socio-politiques de la commune, contrairement à la municipalité Pinay en place des années 1930 à 1977. Aux élections de mars 1977 donc, comme dans de nombreuses villes de Rhône-Alpes et de France, la gauche l'emporte dans un esprit de renouvellement des élites locales : à l'ancien maire A. Pinay, qui se retire à 85 ans, succède le socialiste Jacques Badet, un jeune professeur de 33 ans dirigeant une liste de gauche unie. Il s'agit d'associer les citoyens à la gestion municipale, de poursuivre la politique de logement social tout en rénovant les quartiers anciens (constatant un dépeuplement précoce d'un centre-ville assez dégradé), de renforcer la vie associative locale, en partie grâce aux équipements sportifs[1]. Un autre élément important est l'ensemble des difficultés socio-économiques que connaît la ville en cette fin des années 1970, tant pour les grandes entreprises comme Creusot-Loire que pour de plus petites dans des secteurs industriels variés : Saint-Chamond est en recherche d'un renouveau. Le sport est pour la municipalité Badet un

---

zone de chalandise très peuplée et à cause de la situation isolée du golf privé, sans grande stratégie distinctive avec les autres. Cf. Berthault J-P. et Dury G., 1998, *Etude sur les golfs de la Loire*, CDGL / DDJS, Saint-Etienne, 43 p. Dans cette enquête, 72,2% des golfeurs interrogés ont choisi leur golf pour la proximité, et seulement 7,4% pour le coût.

[1] « Nous voulions construire des équipements sportifs, des halles de sport, des stades, une piscine couverte, des équipements collectifs pour faciliter la vie associative » : Badet, 1987, *Etre maire de Saint-Chamond*, Horvath, Le Coteau, p.22). G. Gay dans sa thèse sur la structuration spatiale de la vallée du Gier parle de l'affirmation d'un « droit à la ville » basé sur les équipements collectifs, d'une adaptation aux nouveaux enjeux urbains (Gay, 1992, *Structuration de l'espace et dynamiques sociales : recherche sur l'exemple d'une vieille région industrielle, la vallée du Gier*, thèse de doctorat, Université de Saint-Etienne, 922 p.).

vecteur important de renouveau, que ce soit par le grand équipement polyvalent (grande halle des sports achevée en 1980 avec gymnase et gradins, salles spécialisées de judo ou tennis de table) ou par le sport-loisir dans une conception du sport plus ouverte aux évolutions socio-culturelles. C'est dans ce dernier point que s'inscrit la piscine couverte à vague construite dans ce premier mandat.

Il s'agit au départ, dès la campagne électorale de 1977, de construire une simple piscine couverte, comme le proposait d'ailleurs la liste de droite d'H. Gidrol (malgré les refus de Pinay d'inscrire un tel projet coûteux dans le programme du mandat). Dès 1978, la ville acquiert pour construire la piscine, dans le quartier de la Martinière vers le Creux, une parcelle aux établissements Gillet-Thaon, entreprise textile qui contrôlait le quartier. Ce choix n'est pas anodin pour un tel équipement : *« Nous sommes ici aux marges de l'espace saint-chamonais, dans un lieu que nous avons défini comme le domaine des Gillet ; de ces caractéristiques procède une certaine disponibilité qui favorise une invention urbaine qui n'aurait sans doute pas été possible au cœur de la ville. Le retrait des anciens maîtres du lieu font de celui-ci un espace vacant au sens plein du terme et, les pratiques sociales qui l'investissaient jadis ayant disparu, on peut en réinventer complètement l'usage. Sa situation marginale en fait d'autre part l'interface idéale entre l'espace saint-chamonais et l'extérieur ; la Martinière est de Saint-Chamond mais n'est pas dans Saint-Chamond, ce qui fait que le centre nautique peut être perçu à la fois comme une piscine pour les Saint-Chamonais et un lieu de distraction à Saint-Chamond pour l'extérieur »*[1]. Si le terme d' « interface idéale » paraît exagéré à la vue d'une localisation peu visible et accessible depuis l'extérieur, nul doute que la réflexion des années 1978-1979 sur le type de piscine est liée à cette situation. Hésitant entre une piscine couverte traditionnelle et un équipement novateur, à une époque où s'opposent les deux types de piscines, le choix du maire se porte en 1980 sur une piscine polyvalente, ludique et innovante, incluant un système générateur de vagues par une houle d'importance variable. J. Badet parle d'une inspiration lors d'un voyage personnel à Amsterdam car les

---

[1] Gay, 1992, op. cit., p.635.

réalisations françaises de ce type sont très rares[1]. Le maire, souhaitant améliorer la réalisation de Saint-Quentin en proposant une piscine plus ouverte car axée sur les loisirs, parle donc d'une « piscine d'avenir », anticipant la mode naissante des piscines sports-loisirs.

Mais l'acceptation locale du projet est difficile, auprès de la population et chez certains élus de gauche. Dans un contexte d'aménagement national encore marqué par les réalisations industrialisées, le passage de la notion de piscine traditionnelle à celle de piscine d'animation et sports-loisirs est délicat, largement contesté par le club nautique local et par une partie de la population. La municipalité multiplie les justifications : d'ordre technique quant au coût de fonctionnement de la piscine du Coin (désaffection du public), mais surtout d'ordre socio-politique. En effet, la piscine est associée à un complexe couvert polyvalent, une halle des sports destinée entre autres au récent lycée professionnel hôtelier voisin : il s'agit au total d'un immense COSEC sur deux étages (deux bassins, une salle polyvalente, un bar-cafétéria). La ville choisit un grand équipement intégré dans un bâtiment compact à l'architecture originale, presque de prestige. L'envergure des travaux et les modifications apportées repoussent son ouverture qui se fait finalement en février 1983 juste avant les élections municipales de mars, dans un contexte tendu[2].

Il s'agit donc d'une nouvelle génération de piscine, plus ludique que sportive : la communication de la mairie autour de cette réalisation d'envergure est très importante, à tous les niveaux (institutionnel, collectivités territoriales, public), à l'image du nom choisi pour affirmer une vocation populaire (Roger Couderc, journaliste sportif). Si elle insiste sur l'aspect sportif, polyvalent et novateur, elle ne manque pas de souligner son inscription dans une opération d'aménagement urbain à travers un redéploiement post-industriel dans ce quartier du

---

[1] Seules deux piscines ont été réalisées en région parisienne, une privée à Paris dès 1936 (après une vingtaine d'années d'essais pour créer des vagues), et la seconde, publique, plus moderne, à Saint-Quentin-en-Yvelines en 1976 (piscine de plein air avec un bassin de 1750 m², profonde jusqu'à 2 mètres, équipé d'un système de création de vagues tout nouveau, à l'image de la ville nouvelle).

[2] Cf. les articles de la revue *Communes et régions de France* (n°215 de 1982) et celui de Robert Botteghi en 1982 (très complet avec exposé technique du maire et du directeur des STM) : « Vers une nouvelle génération de piscines publiques ? » in *Le Moniteur*, 18 janvier 1982, p.40-43.

Creux, au-delà du développement des équipements collectifs. Mais pour de nombreux Saint-Chamonais, entraînés par l'opposition de droite, il s'agit de la « piscine de tous les maux », peu utile et surtout mal située. Les élus de droite, mobilisant plusieurs arguments sur le coût et l'originalité du projet depuis 1980, prennent le complexe nautique comme étendard dans la critique de la gestion Badet : « *Alors, comment juger l'attitude de nos opposants à propos de la réalisation de la piscine Roger Couderc ? [...] Si la piscine à vague était ressentie comme le symbole de notre gestion dynamique, elle devint, au moment des élections municipales, dans la bouche de nos adversaires, le symbole d'une gestion dispendieuse ; les chiffres se multipliaient de la manière la plus fantaisiste dans les tracts de l'opposition : ces vagues dont on faisait courir le bruit qu'elles étaient dangereuses, ces vagues qui engloutissaient les jeunes enfants conduisaient la commune à la noyade financière ! Une telle réalisation, un tel monstre, ne pouvait naître que du cerveau de quelqu'un aveuglé par la folie des grandeurs, un mégalomane méprisant pour ses concitoyens et jonglant allègrement avec l'argent des contribuables !* »[1]. Ce texte, écrit quatre ans après les élections, témoigne de la vigueur des débats, dans une orientation socio-politique à l'opposé des clichés sur les politiques sportives « de droite et de gauche », les critiques de la droite saint-chamonaise rappelant plutôt l'argumentaire de la gauche stéphanoise en 1977 (à cause d'une configuration politique locale, où un maire place l'équipement sportif innovant au centre d'enjeux socio-politiques majeurs dans un contexte de désindustrialisation). En fait, en complément de réalisations d'envergure visant le renouveau local, la municipalité Badet met en avant, notamment au moment de la campagne électorale de 1983 mais aussi durant tout le mandat, une promotion globale des sports sans négliger aucun aspect[2]. Malgré une campagne tendue sur la gestion municipale, surtout le sport, la liste Badet l'emporte au second tour.

---

[1] Badet, 1987, op. cit., p. 54.

[2] Ainsi, dans le bulletin municipal *Vivre ensemble à Saint-Chamond*, la municipalité souligne les grandes réalisations coûteuses (halle Boulloche), le rôle des grands champions comme « têtes d'affiche » donnant le goût au sport (BM de janvier 1982), donc dans une logique éloignée du sport populaire.

A l'ouverture de la piscine à vague, alors que sur un plan politique une nouvelle organisation du sport municipal est mise en place avec un service municipal des sports naissant autour de la gestion du complexe nautique, le dossier de la piscine à vague continue de mobiliser l'opinion et le travail des élus, chacun suivant l'achèvement du programme et les premières fréquentations : il s'agit de contrôler la popularisation des loisirs nautiques[1]. Signe que la piscine est une opération de communication pour la ville, l'évènementiel accompagne son lancement : inauguration de prestige en présence d'un ministre, colloques pour les mondes du sport et de la conception d'équipement, visites des installations, et surtout accueil de l'émission populaire Intervilles en juillet (27 639 entrées en août 1986 contre 19 000 en moyenne). La photo ci-dessous atteste de l'importance de ces visites et du côté spectaculaire de la piscine.

Photo n°5 : visite à caractère officiel de la piscine à vague de Saint-Chamond en 1986

Badet, 1987

[1] Dès le printemps 1983, la municipalité vote l'achèvement du complexe, à la fois sur la fonctionnalité intérieure (aménagement de la mezzanine permettant un regard sur le bassin) et sur l'environnement (accès, grand parking, aire de détente et de jeux, ou simplement aire de rencontre pour les habitants du Creux).

En parallèle, les débats se concentrent sur la piscine d'été, symbole des équipements sportifs de la période Pinay, d'un service public de base pour la natation, surtout après un décrêt d'avril 1981 sur la nécessaire mise aux normes. Dans l'esprit de la majorité, elle doit être relayée par le nouveau complexe nautique : elle ferme au cours de l'année 1983 après réflexion sur la mise en conformité en complément du complexe R. Couderc (qui n'aurait qu'une fonction ludique et compétitive, sans entraînement des clubs ou presque)[1]. Donc aucun projet d'amélioration de cet équipement n'est voté, comme délaissé par la municipalité qui se consacre à sa piscine moderne : ce dossier est plusieurs fois remis en avant par l'opposition, notamment en 1985 et 1987, pour donner plus de poids aux accusations d'une piscine à vague de prestige[2]. Bref, peut-être comme pour imposer son projet de complexe nautique couvert et signe qu'avec la décentralisation les projets d'aménagements sportifs ne dépendent plus que du maire (ou presque), le maire de gauche refuse ici un équipement collectif de base au profit d'un grand équipement attractif et symbole d'une politique d'image.

L'exploitation de la piscine à vague, très coûteuse, alimente sans cesse les débats houleux sur le coût du service public de natation : l'opposition de droite critique la forte hausse des tarifs, elle-même liée à un lourd déficit, tandis que les communistes souhaitent une piscine plus populaire[3]. La politique scolaire de la municipalité reste la même, privilégiant une logique de masse pour les écoles locales (jusqu'à quatre classes pour une séance de 45 mn, encadrées par les instituteurs et deux maîtres-nageurs). La piscine à vague joue donc aussi le rôle de

---

[1] La liste des éléments à refaire et le coût associé sont jugés trop lourds, autour de 7 à 8 millions de francs (AMSC : 1W268). D'ailleurs, la piscine d'été est à peine évoquée dans le livre bilan du maire en 1987 (Badet, 1987).

[2] En 1987, le débat est à son paroxysme lorsque la municipalité Badet annonce, après plusieurs années d'abandon (et de réflexion sur son utilisation maximale avec une commission de réflexion chez les élus, y compris ceux de l'opposition comme Noël Paul), sa transformation en maison des Sports. Badet évoque l'impossible « replâtrage », la nécessaire réhabilitation totale pour plus de 10 millions de francs et l'absence de priorité politique, selon une conception du sport assez large.

[3] Ce à quoi répond l'adjoint aux sports par le poids financier et le rôle social de la gratuité pour les scolaires. Les votes de plusieurs augmentations de tarifs, presque chaque année, pour « rentabiliser la piscine », sont tendus.

service public d'une piscine classique, tout en poursuivant l'innovation ludique : le maire fait en effet voter plusieurs travaux d'amélioration de l'offre en sport-loisirs (installation d'un toboggan en 1985, puis d'un bain bouillonnant à 37°C accompagné d'une station de massage en 1987, enfin d'un mini-golf à l'extérieur en 1988, géré par un particulier), non sans opposition[1]. Les élus de la majorité justifient le caractère ludique, parlant d'un « complexe sportif d'animation », d'une réelle demande sociale, d'un espoir de rentabiliser rapidement les investissements : nous sommes à la limite du sport.

Cette orientation ludique accentue le rayonnement géographique de la piscine, souvent même au-delà de la vallée du Gier, de la région stéphanoise à la région lyonnaise. Certes, la municipalité Badet valorise le versant 'pratique à vocation d'animation sociale' puisque la piscine à vague accueille tous les étés les opérations de promotion 'été sportif', les trois-quarts des activités étant encadrés directement par les maîtres-nageurs (natation bien sûr mais aussi water-polo, initiation à la plongée et au sauvetage, tennis de table, tir à l'arc, volley-ball ...). Mais c'est la fréquentation extra-locale qui compte, forte toute l'année (même si elle n'est jamais évaluée précisément) grâce entre autres à de nombreuses sorties de comités d'entreprise. D'après ses opposants, cette attractivité n'est bénéfique que pour l'image extérieure de la cité, pas pour toute la population puisque avec les augmentations de tarifs comme en 1988 et 1989 certains Saint-Chamonais migrent à Saint-Etienne pour avoir une piscine publique trois fois moins cher[2] : c'est tout le débat sur celui qui paye ce service public, l'usager ou le contribuable.

Le bilan de la piscine à vague est selon nous assez mitigé, même si pour la municipalité Badet le bilan municipal ne se limite pas à cette réalisation à l'approche des élections de 1989 (renforcement de la centralité du complexe du Coin mais aussi multiplication des

---

[1] La droite locale se dit « scandalisée » par une telle orientation ludique, loin de l'apprentissage de la natation (selon une conception plus restreinte du service public) et pour une clientèle « hypothétique » (DCM du 21/3/1985).

[2] Une entrée adulte coûte en 1988 17,50 francs à Saint-Chamond, et 14,80 francs pour une entrée enfant, contre un coût de 5 à 8 francs à Saint-Etienne (DCM du 21/12/1987). La municipalité répond par les écarts de déficit : 1,7 million de francs à Saint-Chamond (43 francs par habitant) contre 19,857 millions à Saint-Etienne (96 francs par habitant).

équipements de quartiers). Entre sport-loisir de prestige et sport populaire, Badet se place en position intermédiaire dans les idéologies sportives, proche tantôt d'une politique envers les sports populaires et les petits équipements de quartier (ancrée à gauche), tantôt d'une politique d'équipements prestigieux. Si la piscine à vague a permis d'anticiper une évolution ludique de la demande sociale, elle n'a pas profondément modifié la conception de l'équipement nautique qui reste adaptée aux exigences financières et à la notion de service public de natation. Cela pose la question d'un éventuel renouvellement de l'offre de sports nautiques en piscine à l'échelle de la région stéphanoise, en fonction d'une demande qui cesse de se limiter à une pratique fédérale en club centrée sur la compétition de masse, ce qui n'est pas propre à la natation en piscine mais touche les sports et équipements de base qui étaient à la mode dans les années 1960-1970.

2.1.4 Une remise en cause des sports traditionnels

Au-delà du cas particulier saint-chamonais, la piscine est l'équipement sportif emblématique des années 1970, largement prise en charge au moment de l'interventionnisme d'Etat puis qui se retrouve relativement délaissé, surtout à Saint-Etienne face aux nouveaux enjeux portés par le sport quant aux stratégies de distinction territoriale. Dans les années 1980, c'est l'équipement public qui pâtit le plus de la politique de grands équipements structurants (projets et réalisations), implicitement écarté par la municipalité Dubanchet, selon nous sans soucis de répondre à la demande (un phénomène qui n'est pas que stéphanois). Ainsi, c'est le statu quo dans l'offre des piscines stéphanoises, à l'image de l'abandon du projet de modernisation de la piscine Grouchy (construite bien avant la mode nationale des piscines couvertes) : d'une part son utilisation est limitée puisqu'elle est découverte ; d'autre part son rayonnement, pendant longtemps à l'échelle de la ville, est remis en cause par la bonne fréquentation de la piscine de la Plaine Achille, et se retrouve limité aux quartiers Nord. En 1988, dans un souci d'une gestion plus économique, la municipalité pense à sa fermeture et le confirme en 1990, après d'importantes discussions sur le choix à opérer (sur l'ampleur des travaux, par exemple un toit amovible). En effet, au début du second mandat, la ville accélère son évolution immobilière avec des opérations privées : la piscine d'été de Grouchy est démolie avec l'ancienne caserne toute proche pour une grande opération immobilière. Face à ce choix qui sacrifie un équipement collectif et sportif de base pour une rentabilisation du patrimoine foncier municipal et un début de privatisation du processus de modernisation urbaine, les élus de gauche critiquent cette suppression, préjudiciable aux nombreux jeunes des quartiers Nord, de Montreynaud en particulier, et souhaitent une nouvelle piscine pour répondre à la demande croissante de sports nautiques, en même temps qu'un gymnase pour le quartier. Le maire évoque alors, selon nous dans un effet d'annonce au moment de la destruction de la piscine, un projet de complexe nautique à l'entrée Nord de la ville, la zone de la Doa, (en partenariat avec Villars et Saint-Priest-en-Jarez). Ce dossier du complexe nautique revient parfois sur le devant de la scène politique, mais il est progressivement occulté par le problème naissant du vieillissement des autres piscines municipales. Il traduit une approche des piscines publiques très technique, gestionnaire et sans réel souci des évolutions de la demande sociale dans le sens du sport-loisir : les piscines ne constituent plus dans ces années 1980-1990, à Saint-Etienne tout au moins, un élément valorisant la politique d'aménagement sportif ; elles n'entrent pas dans la stratégie de marketing urbain. Elles sont devenues un équipement public banal qui offre un service public certes coûteux mais répondant à une demande que l'ensemble des élus pense assez uniforme.

En parallèle, la politique des gymnases de quartier traduit l'évolution conjointe d'une politique sportive municipale délaissant les pratiques populaires de proximité et d'une lente érosion globale de ces pratiques, liée au bon équipement au niveau national et accentuée au niveau local par la désindustrialisation. La municipalité Dubanchet entreprend la rupture avec la politique d'équipement des quartiers sous Sanguedolce, certes progressivement pour ne pas contrer la demande sociale, achevant certains projets de 1982-1983 et lançant de petites réalisations dans les quartiers[1]. Mais fin 1985, les élus de la majorité annoncent bel et bien une réduction des projets dans les quartiers : l'opposition de gauche critique bien sûr cette remise en cause globale des logiques de proximité, tant pour le nombre d'équipements prévu en

[1] Telle « une politique de transition » (BM n°6 de janvier 1984). En 1984 sont programmés plusieurs gymnases, un à la Cotonne (en achèvement), un à Beaubrun, celui du lycée Nord, à Saint-François pour l'Avant-Garde.

baisse que pour les dossiers eux-mêmes, ne répondant pas à une véritable politique sociale. Les seuls équipements sportifs consensuels sont ceux favorisant directement le sport scolaire. Dans le second mandat où la priorité est confirmée pour les grands projets du haut niveau sportif, le sport scolaire reste pris en compte mais par quelques réalisations de prestige dont le gymnase du lycée Fauriel[1]. Ainsi, dominante dans les gymnases municipaux, la pratique compétitive de masse des sports collectifs et de la gymnastique peine à se développer à cette période à Saint-Etienne.

La problématique est légèrement différente pour le tennis qui associe une pratique libre minoritaire et un poids majeur des clubs et de leur pratique fédérale compétitive, contrairement à la natation. Plus qu'un simple manque d'adaptation à une évolution de la demande et à un positionnement secondaire dans les politiques municipales d'équipements sportifs, nous préférons parler d'un échec de la structuration durable du tennis en région stéphanoise, notamment sur cette pratique fédérale compétitive dans un contexte délicat d'une mode sportive fluctuante (connaissant son apogée au milieu des années 1980). Il traduit les difficultés des systèmes d'acteurs locaux – centrés sur la relation ville/club – à pérenniser les sports traditionnels des années 1960-1970. Jusqu'au milieu des années 1980, nous sommes bien en région stéphanoise dans une période de consolidation de l'équipement tennistique local, les communes se tournant vers les courts couverts : cf. le tableau en page suivante. Différemment des années 1970 où le court de tennis accompagne le processus général d'urbanisation, impulsé par les opérations nationales MJS / FFT, l'évolution politico-sportive majeure tient au mode d'intervention publique : c'est le poids renforcé des collectivités locales dans un contexte de décentralisation, où les initiatives des municipalités sont relayées par les conseils généraux et régionaux. L'investissement dans les courts, extérieurs et surtout couverts, est poursuivi alors que la pratique, aussi bien libre que fédérale en club, commence à stagner.

---

[1] Pour un coût important de 12,8 millions de francs correspondant au prestige de ce grand lycée public de centre-ville (DCM du 2/10/1989), telle une stratégie d'embellissement (Bouabdallah, 1998). Par ailleurs, la ville poursuit sa stratégie de rationalisation en « récupérant » un maximum de gymnases scolaires pour la fréquentation des clubs et du public en soirée (BM n°62 de mai 1989).

Tableau n°10 : développement du tennis en France et dans la Loire dans les années 1980

	Licenciés français	Clubs français	Courts français	Licenciés ligériens	Clubs ligériens	Courts couverts
1980	801 204	4800	15 000	8163	54	3
1985	1 324 000	8770	21 500	15 506	102	/
1989	1 360 000	9900	33 400	/	/	31

Source : Mallet, 1990

L'échec des acteurs locaux du tennis stéphanois à gérer la crise nationale, que ce soit par un développement sportif des clubs ou un investissement dans des équipements attractifs montre le poids des tendances globales dans les difficultés des sports traditionnels et fédéraux en région stéphanoise. Poursuivant une dynamique initiée dans les années 1970 par les municipalités Durafour et Sanguedolce avec les complexes tennistiques de Méons et de Montreynaud, la municipalité Dubanchet prend plusieurs décisions pour faire du tennis un sport-phare dans la ville, s'assurant le contrôle de la gestion des courts de Montreynaud pour une pratique sportive de masse, à travers la convention signée en 1984 avec l'ASMSE, tout en laissant une relative autonomie au club Saint-Etienne Tennis Parc (SETP) à Méons pour développer une politique du haut niveau[1]. Le lancement de cette politique est municipal : il passe par l'aménagement dès 1983 de quatre courts couverts en terre battue, toujours gérés par SETP. Par contre, les aménagements progressifs réalisés par SETP à Méons ne sont pas subventionnés : après la réalisation de nouveaux vestiaires, d'une salle de squash, d'une petite piscine, d'un snack et d'un logement du gardien, sans oublier une terrasse et des escaliers à l'extérieur, la ville modifie la convention pour que l'association entretienne toutes ces

[1] Dès lors, l'ASMSE change ses statuts de club municipal et entame une véritable stratégie d'ouverture à tous les Stéphanois, bien au-delà du seul personnel municipal, pour construire un grand club omnisports : l'ASMSE compte plus de 1300 adhérents en 1987. En tennis, le club devient une « usine à jeu », entre pratique libre et pratique sportive enseignée par des moniteurs. Cette connivence entre l'ASMSE et la municipalité confirme la thèse d'une « municipalisation » du sport : cf. Chateaureynard Yves, 1989, « Le sport : un nouvel enjeu de pouvoir au niveau local », in *STAPS*, n°20, p.7-13.

réalisations (DCM du 6/3/1989). Celles-ci ne sont pas anodines et s'accompagnent de toute une stratégie sportive pour faire de SETP le grand club de tennis stéphanois (premier tournoi international en 1983), dans un contexte local assez tendu puisque les clubs privés se développent en périphérie de l'agglomération stéphanoise, notamment depuis 1980 avec l'AT la Quérillière à Saint-Just-Saint-Rambert et le CT de l'Orangerie à l'Etrat, attirant une partie des élites stéphanoises[1].

La très forte croissance du tennis stéphanois dans ces années 1983-1986 explique en partie ces investissements de clubs dans des structures semi-privées, d'autant plus que les tennis municipaux ne peuvent plus répondre à la demande et ne favorisent pas l'esprit de club[2]. Sans structuration locale assez forte, le tennis stéphanois est largement touché par la crise nationale dès la fin des années 1980. En 1988, SETP n'organise plus son tournoi international, concurrencé par le projet lyonnais de Grand Prix de tennis de Lyon concrétisé en 1986, sans compter que pour de nombreux bons joueurs, l'idéal est de « monter à Lyon » : l'effort de mise en spectacle est rapidement remis en cause et les difficultés de gestion s'accumulent. Finalement, SETP est en liquidation judiciaire en octobre 1992, comptant alors moins de 200 licenciés (plus de la moitié de l'effectif a quitté le club en cinq ans, chiffre bien supérieur aux autres clubs). Les premières stratégies privées des « années folles » du tennis privé stéphanois aboutissent à un échec retentissant, largement relayé par la presse. Le grand club privé de la ville, le plus ancien et le plus prestigieux, s'écroule, faute d'ambitions contrôlées et de retour sur investissement. Cet échec marque symboliquement l'affaiblissement d'une élite économique, confirmant peut-être la difficile reconversion stéphanoise dans un contexte socio-économique tendu. La ville récupère alors les installations de Méons, c'est-à-dire 13 courts au total dont une majorité en terre battue. Dès l'année suivante, elle signe une convention de gestion avec l'ASMSE, pour une période 20 mois seulement, et dans

---

[1] L'Orangerie, appelée aussi centre sportif du Château Valbois, installée dans une ancienne propriété bourgeoise, se modernise pour garder son caractère distinctif : le club comprend en 1989 cinq courts extérieurs et deux courts couverts.

[2] Ainsi, le TC de Saint-Etienne dispose d'un court à Solaure, de deux courts à l'Etivallière puis de deux courts à la Plaine Achille ; de même le Tennis-Club de Michon utilise les courts du complexe sportif, au bord d'une voix rapide et non loin d'immeubles anciens dégradés, dans un cadre peu attractif.

une logique proche des tennis de Montreynaud[1]. L'utilisation de l'ensemble tennistique de Méons redémarre mais en séparant donc logique sportive et logique marchande, tennis et pratiques de loisirs connexes[2]. Mais le tennis stéphanois peine à retrouver, comme en France, la dynamique du début des années 1980. Les politiques de développement qui se succèdent au niveau des clubs et des municipalités montrent depuis les années 1970 une ambiguïté entre banalisation d'une pratique en voie de démocratisation grâce à la multiplication des courts et les prémices d'une remise en cause de ce modèle de pratique compétitive de masse.

Par ailleurs, les abandons des projets de boulodrome et de vélodrome au début des années 1990 apparaissent comme révélateurs des transformations socio-économiques locales. Ces deux projets d'équipement, déjà relancés une première fois sous la municipalité Sanguedolce, le sont par la municipalité Dubanchet à la fin des années 1980, notamment dans une perspective électoraliste à peine masquée, mais surtout portés par de nombreux sportifs et par les couches populaires de la ville (attachés au boulodrome pour la pratique de masse, et au vélodrome pour le spectacle sportif populaire). Il reste que pour ces sports traditionnels, peu dynamisés par les modes nationales, les difficultés sont fortes ; et les dynamiques locales, anciennes et ancrées dans la société industrielle, ne suffisent plus à porter de grands projets d'équipements. L'échec de la construction à Saint-Etienne d'un vélodrome représente celui d'une redynamisation du cyclisme sur piste, dans une nostalgie du vel d'hiv et d'un sport-spectacle populaire pour les plus anciens, dans la difficulté à créer un projet sportif ambitieux dans une discipline mineure au sein du cyclisme pour les plus jeunes. S'attachant, dans une stratégie politique pré-électorale, à tenter de construire un partenariat productif autour du cyclisme sur piste, la

---

[1] Quant aux autres équipements de loisirs de SETP, ils sont repris par une gestion totalement privée, marchande : la ville signe un bail commercial avec la SARL le Passing pour 9 ans, concernant les locaux du restaurant et de la piscine, mais aussi l'accueil et la réservation des tennis (DCM du 7/6/1993).

[2] L'aspect sportif redevient prioritaire avec la mise en place d'une école de tennis à l'ASMSE, que la municipalité n'hésite pas à appeler « centre de formation » (BM n°6 de juin 1993). L'ASMSE-tennis est à son apogée : parti de 20 licenciés en 1976, il est passé à 150 avec les courts de Montreynaud puis à 575 en 1993.

municipalité Dubanchet lance dans la campagne de 1989 le projet de vélodrome couvert, ensuite annoncé dans le plan de mandat au printemps 1989[1]. Mais le poids désormais moins influent des cyclistes et surtout des logiques de sport-spectacle associées, sans oublier le poids des interventions locales récentes au parc des sports de Méons au début des années 1980 (piste et anneau de vitesse), enfin l'absence d'une réelle volonté politique remettent en cause ce projet, de nouveau enterré pour plusieurs années.

L'échec est plus fort symboliquement pour le boulodrome couvert, concernant un jeu sportif ancien et ancré dans les traditions populaires de la région stéphanoise. Ce projet de boulodrome couvert, déjà prévu mais reporté par la municipalité Sanguedolce, abandonné dans le mandat 1983-1989, revient dans les projets municipaux du mandat 1989-1995. Assez habilement, la ville communique en 1988 et début 1989 sur les sports populaires, principalement à travers le bulletin municipal (une approche significative des enjeux électoraux derrière le sport stéphanois). Objectivement, il s'agit d'une réponse à une demande sociale constante, celle des boulistes qui sont encore plus de 12 000 licenciés ligériens en 1989, renforcée par la pression des « pétanqueurs » qui deviennent plus nombreux et utilisent parfois le boulodrome municipal M. Javelle. Les boulistes « entrent dans le créneau » de la politique sportive de Gidrol puisqu'ils demandent ce nouveau boulodrome pour organiser de grandes compétitions sportives[2]. Cette demande se trouve relayée par le président du CDBL, Robert Peyrard, qui est nommé en 1989 conseiller municipal délégué au sport pour aider l'adjoint J. Gidrol, confirmé dans ses fonctions.

Donc un système d'acteurs favorable semble en place pour l'avancée du projet : une première annonce de principe est faite en conseil municipal fin 1990, puis une seconde plus précise fin 1991

---

[1] Un dossier apparemment avancé, prévu sur le site de la Doa (en attente d'aménagement depuis déjà plusieurs années), comprenant une grande salle polyvalente : cyclisme sur piste, athlétisme, volley, etc (BM n°62 de mai 1989).

[2] Se déroulant au parc des expositions à la Plaine Achille où la mairie aménage pour un mois environ une cinquantaine de jeux temporaires : le concours des Maîtres joueurs jadis organisé par le CDBL au vel d'hiv, puis les concours des fédérations affinitaires (FSCF puis FSGT et l'UFOLEP ensemble, par volonté de cette dernière dont les effectifs diminuent plus à cause de sports concurrents dans les amicales laïques), enfin le concours de pétanque de la FFPJP.

(agrandissement du stade Avias). La mairie s'oriente lors du projet définitif de 1991 vers une réalisation de prestige, conforme aux projets d'aménagement sportif à l'Etivallière, depuis l'époque Durafour jusqu'au complexe S. Berland achevé en 1992. Mais, malgré la demande insistante des élus de gauche (DCM du 5/4/1993) et sa relance en 1993 et 1994 pour obtenir le maximum de subventions, la municipalité Dubanchet abandonne le projet, justifiant un manque de co-financement (subventions indépendantes du niveau local)[1]. Le dossier est enterré avec deux significations : une sociopolitique car, comme les grands projets dépendent de la volonté des partenaires publics, un jeu d'acteurs aux intérêts parfois divers doit se mettre en place de manière consensuelle pour lancer les réalisations (par exemple ici la volonté du Conseil Général de développer les boulodromes dans le reste du département) ; une autre socioculturelle puisque le sport-boules connaît un assez fort recul, faute d'un renouvellement des pratiquants. En effet, le sport-boules peine à maintenir son dynamisme, surtout la boule lyonnaise face à la pétanque, plus compétitive et plus simple dans son organisation (règlement, jeu, popularisation dans la pratique libre des Français). A Saint-Etienne, seules deux ou trois sociétés boulistes gardent une visibilité grâce au « virage sportif » entrepris dans ces années 1980.

Le diagnostic général est celui d'un début de déstructuration des quartiers populaires, tant social que socio-politique avec l'effacement progressif des antagonismes traditionnels (patronage catholique / amicale laïque) : le sport révèle bien ici des transformations sociales locales.

---

[1] Le vote de la résiliation des marchés au printemps 1994 « attire la foudre » de l'opposition et M. Chomat proteste à cause d'un aménagement programmé, budgété et surtout rendu nécessaire par le vieillissement et la taille du boulodrome M. Javelle mais encore par la pression des pétanqueurs qui, plus nombreux et organisés dans la ville demandent leur bâtiment (DCM du 28/3/1994).

2.2 Les premiers impacts de la désindustrialisation : d'abord une banalisation sportive

2.2.1 Le sport pris en charge par les municipalités face à l'effacement des entreprises industrielles

Dans toute la vallée de l'Ondaine et l'Ouest stéphanois, nous avons vu à quel point les grandes entreprises métallurgiques et minières contrôlaient depuis les années 1930 le développement des sports à travers des équipements privés, essentiellement des stades de football, mais aussi de grands clubs omnisports comme l'OCO. Les années 1970-1980 sont celles du renversement du système d'acteurs en faveur des acteurs publics, reposant autant sur un désengagement des entreprises (perceptible notamment pour l'activité minière avec plusieurs fermetures de puits dans les années 1970) que sur l'incitation des politiques étatiques (selon un processus de diffusion du modèle d'aménagement du complexe sportif municipal), enclenchant un processus de banalisation de l'organisation des champs sportifs locaux.

L'opération la plus importante de modernisation d'un ensemble sportif privé, contrôlé par les Houillères, est menée à la Ricamarie : c'est le complexe sportif de Caintin. La municipalité du communiste Fernand Montagnon, ancien ouvrier métallurgiste, au pouvoir depuis plusieurs années, souhaite élargir son offre sportive dès le début des années 1970, surtout pour les terrains de plein air où le retard d'équipement est criant. Elle dispose seulement d'un vieux gymnase et ne construit le premier véritable gymnase municipal qu'en 1967 dans le quartier ouvrier de Montrambert[1]. Pour aménager d'autres terrains de sports, les opportunités foncières sont limitées à cause du poids des Houillères (qui contrôlent 40% du territoire communal) et surtout celles-ci disposent de terrains privés, notamment le stade Bayon au nord-est de la commune (dont l'utilisation par les clubs de la ville suppose des négociations difficiles pour la municipalité). Aux premières fermetures des mines au milieu des années 1970, les friches

---

[1] Appelé Youri Gagarine et inauguré le 1er mai 1968 (deux symboles forts pour la municipalité communiste). Ce gymnase permet d'assurer la sportisation du basket local ; en même temps le basket amicaliste quitte les places publiques, enlevant à l'espace public un usage fédérateur pour la population locale.

ainsi dégagées sur des dizaines d'hectares modifient la place du sport dans l'aménagement urbain. La reconversion initiée par les Houillères de la zone Bayon en une vaste zone industrielle condamne le stade Bayon, sacrifié aux enjeux économiques : avec l'aide des Houillères qui met d'abord à disposition un terrain plus au nord, vers le puits Caintin au lieu-dit le Brûlé, la ville devient propriétaire du sol en 1972 ; mais le site, marqué par un ravinement dû à de fortes pentes et à une ancienne « décharge minière », nécessite des travaux préliminaires : l'aménagement sportif peut commencer, d'autant plus que le Maire F. Montagnon est facilement réélu en 1977 (par 70% des voix environ).

Le complexe sportif de Caintin devient l'œuvre d'un maire, d'une commune, des pouvoirs publics qui placent le sport au cœur d'un aménagement urbain renouvelé avec la désindustrialisation. Il affirme une centralité sportive périphérique qui correspond autant aux localisations habituelles (grands terrains de sport rejetés dans les marges urbaines) qu'à l'opportunité foncière de reconvertir des friches minières. F. Montagnon lance la première tranche du complexe sportif en se basant sur la commission extra-municipale des sports qui assure une dimension participative au projet. Ce dernier est inscrit dans une idéologie sportive de gauche axée sur le sport pour tous et les sports-loisirs : en plus des deux terrains de football prévus mais dont un seul est réalisé sur les terrains municipaux[1], deux courts de tennis sont prévus pour un accès libre et sans grande logique compétitive (suivant la mode nationale). Deux autres courts sont prévus dans une seconde tranche en 1981 mais l'orientation loisir entre alors en opposition avec la politique sportive fédérale qui privilégie la logique des clubs[2] : faute de subvention, la construction est repoussée (dans une troisième tranche en 1985). Les acteurs d'échelle nationale, Etat et fédérations,

---

[1] L'autre, plus petit, l'est en 1979 sur un terrain des Houillères vers le puits du Crêt de Mars, juste au nord de Caintin, pour lequel la municipalité est obligée en 1981 de négocier l'ouverture après des soucis de fréquentation., Ses abords accueillent le reste de la seconde tranche au début des années 1980 : stand de tir dans l'ancienne carrière sous ce petit terrain de football, et bâtiment-vestiaire (servant également de salle de réunion et de buvette-cafétéria), inauguré le 8 mai 1984 sous le nom de foyer du Brûlé en mémoire des fusillés du 16 juin 1869 (lors d'une révolte des mineurs menée par Michel Rondet au puits Caintin), pour maintenir une mémoire ouvrière locale.

[2] L'opération '5000 courts' ne concerne que les équipements locaux de compétition pour lesquels une convention doit garantir l'exclusivité à un club.

gardent donc toute leur influence dans les projets locaux, à la Ricamarie comme ailleurs. La constitution du complexe sportif par initiative de la municipalité est donc toute progressive, permise ici par la continuité politique : à nouveau réélu au premier tour en 1983 (62,3% des voix), F. Montagnon poursuit, toujours dans une volonté participative, la constitution du complexe sportif : la décharge fermant en 1984, Caintin est confirmé dans sa spécificité et sa centralité sportives.

Le complexe sportif devient bien pour le maire « l'affaire de toute une vie » (BM d'avril 1984) dans le sens où le sport occupe une place centrale dans la politique urbaine locale. A l'achèvement en 1985 des deux premières tranches, la dimension populaire est confirmée : les terrains de sports rencontrent une demande locale de sports propre à la mentalité ouvrière, accueillant surtout des matches de football. La population sportive augmente et atteint, malgré la baisse générale (9644 habitants en 1982 contre 11 539 en 1968) 1500 licenciés, soit 15,6% de la population. En football, premier sport pratiqué, 16 équipes de 6 clubs jouent sur un seul grand terrain, d'où le lancement de la troisième tranche de Caintin avec un second grand terrain et deux courts de tennis (et un premier achèvement paysager). En 1988, après une pause dans cet aménagement étalé sur plus de dix ans, le complexe sportif est relancé pour trois nouvelles tranches. La quatrième et la cinquième sont réalisées en 1988-1989 dans une logique spatiale fonctionnaliste : la municipalité communique sur la préparation globale du projet (surfaces sportives, annexes et environnement), telle une rationalité et une normalisation paysagère qui jusque-là faisaient défaut avec les Mines (BM de février 1988). F. Montagnon, une dernière fois réélu (56% des voix dans une liste de gauche unie), lance en 1990 la sixième tranche : un troisième terrain de football et un abri couvert vers les tennis (sans oublier un circuit tout autour du complexe, pour jogging, VTT ou bi-cross). La municipalité ricamandoise maintient donc des années 1970 aux années 1990 une politique d'aménagement sportive ambitieuse, centrée sur le sport-loisir pour tous, en rupture avec le désinvestissement progressif des Houillères dans le soutien aux sports.

Dans toute la vallée de l'Ondaine, le renversement du système d'acteurs en faveur des acteurs publics pour l'impulsion des sports dépasse le cas du complexe de Caintin : il est global et progressif, à l'échelle de tout le bassin de vie. La prise en charge du sport par les diverses municipalités, face à l'effacement des entreprises industrielles, repose souvent sur un transfert presque banal dans le patrimoine sportif (du stade privé au stade municipal), et la politique de reconversion de friches industrielles par l'aménagement sportif tient largement de l'opportunité foncière. A Firminy, principale commune de la vallée de l'Ondaine, dirigée par le communiste Théo Vial-Massat à partir de 1971, plusieurs espaces de jeux sportifs, en pratique libre ou non, sont aménagés dans les années 1970 en lieu et place de terrains industriels, pour redonner un usage valorisant à un espace dévalorisé, au moins ponctuellement et symboliquement, enfin pour faire valoir une politique sociale[1]. Par exemple en 1974 aux pieds des HLM du quartier Fayol, l'ancienne carrière des Aubépines est transformée en terrains de sports collectifs (volley et handball), tandis que dans le quartier de la Barge, marqué par la présence d'un ancien crassier, la ville aménage un terrain de football au milieu des années 1970. Mais la principale opération des années 1980 est l'acquisition aux Houillères (qui cessent leur activité en 1980) du stade du Soleil, près du quartier Fayol, qui avait été construit par la Compagnie des Mines de Roche-la-Molière et Firminy dès 1937. Grâce à une forte subvention d'Etat (75%), la municipalité engage une rénovation totale en trois tranches de ce stade relativement délaissé depuis les années 1960, mais reposant sur la dynamique sportive du principal club de football, le Football Club Olympique de Firminy. C'est l'occasion de valoriser un paysage urbain qui commence à être marqué par la désindustrialisation[2].

Dans ces logiques de production d'espaces sportifs, l'évolution du sport à Roche-la-Molière, dans l'Ouest stéphanois, porte des similitudes fortes avec la vallée de l'Ondaine, ne serait-ce qu'au regard d'un système d'acteurs « historique » donnant un poids essentiel aux

---

[1] La nouvelle municipalité Vial-Massat développe un discours sur le sport proche des milieux ouvriers et populaires et une vision urbanistique moins ambitieuse que sous Claudius-Petit, autour de constructions plus modestes et favorisant les sports populaires de proximité (en rupture avec l'urbanisme sportif fonctionnaliste ayant abouti au complexe sportif de l'ensemble Le Corbusier).

[2] La première tranche consiste en une clôture et la création d'un vaste parking, la seconde plus longue en une réfection du sol stabilisé dès 1983, la dernière en divers aménagements annexes (éclairage, gradins, nouveaux vestiaires) et connexes (aires de jeux, deux courts de tennis, aménagement paysager des abords). Les tennis sont achevés en 1987 et leur gestion est confiée à la puissante AL Fayol-Gaffard.

grandes entreprises industrielles et aux compagnies minières. Elle confirme l'impact de la désindustrialisation sur l'organisation du sport local, tant sur les clubs que les terrains : nous pouvons presque parler d'un modèle d'intervention publique. A Roche-la-Molière, le principal équipement est dans les années 1960 le stade omnisports de Beaulieu appartenant aux Houillières, permettant au principal club local, le COR (Club Olympique Rouchon pratiquant surtout le football avec une assez forte présence de mineurs polonais), d'atteindre un bon niveau régional. A la fin des années 1960, avec le ralentissement de l'activité minière et politique des HBL qui ne privilégient plus le sport, le club perd en dynamisme et le stade privé de Beaulieu se dégrade[1]. Au tout début des années 1970, avec la fin de l'activité des Houillères sur la commune, la puissance publique entre en jeu, associant initiative municipale et financement d'Etat dans le cadre du VIème Plan. Deux opérations phares sont lancées : d'une part le stade L. Berger inauguré en 1976, du nom de l'ancien maire de 1965 à 1971, après quatre ans d'aménagement[2] ; d'autre part, le stade de Beaulieu, acheté aux Houillères en 1972 comme l'ensemble du quartier de la Varenne qui jouxte la cité ouvrière de Beaulieu, mis à disposition du COR. La ville prévoit rapidement un ensemble sportif complet de part et d'autres de la route principale qui traverse la commune[3]. Trois millions de francs sont donc investis par la commune en quatre ans, de 1972 à 1976, à

---

[1] Ce stade privé est complété juste à côté par un autre terrain de football en 1969, appartenant à une petite entreprise privée, les établissements Sablé, qui permettent son utilisation en dehors du club de football corporatif, jusqu'en 1983 où ils en cèdent l'utilisation (puis la propriété en 1986) à la municipalité rouchonne.

[2] En 1972, la ville achète aux HBL, avec subvention d'Etat, les terrains miniers au sud-est de la commune, sur 7,5 ha livrés avec plates-formes arasées à la cote des futurs terrains de sport (rompant avec les initiatives privées du passé). Elle lance avec les services techniques municipaux maîtres d'œuvre, en 1973, un projet de complexe sportif, avec deux terrains de football (un terrain d'honneur en gazon et un d'entraînement en stabilisé), une piste d'athlétisme, quatre courts de tennis, tribunes et vestiaires (tout en laissant un emplacement pour une future piscine).

[3] Elle se concentre sur la partie ouest des terrains, à côté du nouveau collège Louis Grüner, en aménageant un espace sportif complet reposant sur un gymnase (construit en 1972 avec une petite tribune, pour le basket en priorité mais aussi la gymnastique, le volley et le handball, enfin le tennis) et des terrains de sports extérieurs annexes (plateau d'EPS, terrains de basket, handball et volley ainsi qu'une piste droite d'athlétisme et un court de tennis) réalisés entre 1973 et 1975.

partir de quelques réalisations privées antérieures. Nous sommes ainsi proches des logiques de production du complexe sportif de Caintin à la Ricamarie mais dans une orientation plus banale, où le sport occupe une place moins centrale dans les objectifs politiques du maire.

Le système d'acteurs repose sur une incitation des politiques nationales tellement forte que d'elle dépend l'équipement sportif de la commune : le projet de piscine toujours à Roche, nécessaire d'après les élus, est ainsi reporté en 1976 faute de financement national, d'autant plus que l'expérience voisine de la piscine de l'Ondaine freine les volontés politiques[1]. Par contre, grâce aux nouvelles installations municipales, le mouvement sportif rouchon prend de l'ampleur : par exemple, le tennis-club rouchon naît en 1976 au stade Berger, assurant la gestion des trois courts (et du quatrième court aménagé en 1982, avec alors plus de 300 membres) ; l'association gymnique née en 1979 affiliée en FSCF compte rapidement plus de 200 licenciées, alors que la même année est organisée une fête omnisports au stade Louis Berger. A la fin des années 1980, la ville compte donc trois terrains de football, un de rugby, deux gymnases, six courts de tennis, un DOJO, pour 36 sociétés sportives (dont 420 licenciés en football, 360 en basket, 350 en arts martiaux et 230 en rugby), un dynamisme révélateur d'un virage pour la commune, passant du vieux centre minier avec équipements privés à la commune périphérique résidentielle, dont la croissance du mouvement sportif assez banale accompagne des réalisations sportives municipales assez banales elles-aussi.

2.2.2 La banalisation des équipements / clubs sportifs locaux

Au-delà du regard politique et foncier où les restructurations de grandes entreprises industrielles conduisent à la formation de friches reprises en général par les municipalités qui « prennent le relais » dans la politique d'aménagement sportif, c'est toute la structuration du développement des sports qui en jeu. La désindustrialisation ou plutôt

[1] « L'expérience de la piscine de l'Ondaine démontre qu'il faut être très prudent et certain de la compatibilité des charges avec le budget communal » (BM de 1976, p.19). La fin du programme '1000 piscines' quelques mois après met fin à ce projet de piscine : il n'est plus question d'avoir une piscine par commune (d'autant plus que Roche-la-Molière passe de 11 043 habitants en 1962 à 9931 en 1975).

au départ la déterritorialisation des entreprises industrielles locales (à l'image de Creusot-Loire qui au début des années 1980 cède ses activités sidérurgiques à Usinor et s'efface de la scène économique locale) joue sur cette restructuration des mouvements sportifs locaux. Ainsi, l'OCO, très grand club omnisports contrôlé par les grandes entreprises (dont Creusot-Loire) est touché par l'affaiblissement économique de cette dernière qui, liquidée en 1984, accélère la baisse ses subventions[1]. Le 3 octobre 1989, malgré 1378 adhérents dans 12 sections, l'OCO est dissout faute de subventions significatives : la plupart des sections renaissent sous forme de clubs spécialisés, soutenus alors par les municipalités (et parfois quelques entreprises). Ces clubs, qui ne jouent plus en FSGT mais en fédérations olympiques, connaissent des fortunes diverses, et souvent une période difficile au début des années 1990, de transition : l'USAF handball ne compte que 15 licenciés en 1993 et retrouve un dynamisme avec d'autres dirigeants et le soutien de la municipalité de Firminy. Celle-ci soutient également le nouveau Firminy volley club, l'Athlétic club de l'Ondaine, tandis que la section football FSGT devient le Football Club d'Unieux, se différenciant de la section football FFF qui devient le Football club sportif de Fraisses : à deux idéologies sportives, la première du sport-loisir populaire, la seconde du sport compétitif plus élitiste, correspond une coupure géographique : pour simplifier, Unieux, commune ouvrière, garde cette identité alors que Fraisses représente plus la commune périphérique banale. Seule une logique de grand club ambitieux et pour un sport plus élitiste comme le rugby parvient à regrouper plusieurs communes, comme pour le Rugby club de l'Ondaine-Unieux né en 1989[2]. Toutefois, d'autres clubs, corporatifs et autres, entrent dans un processus de banalisation de la vie sportive :

---

[1] De 170 000 francs en 1984, elles baissent à 140 000 francs en 1986 et 50 000 francs en 1988 (Vigouroux, 1995). La déstructuration du tissu économique local touche l'ensemble des clubs corporatifs, à l'image de l'AS Faure, un club de football FSGT né en 1964 : dynamique dans les années 1960-1970 au cœur de la modernité industrielle, utilisant le stade privé du Soleil (puis dès 1973 le stade municipal Buffard d'Unieux), il s'essouffle et disparaît au début des années 1980.

[2] Ce qui arrive aux clubs des communes industrielles de la périphérie stéphanoise est caractéristique d'une évolution nationale majeure : ainsi, l'ensemble des fédérations affinitaires dont la FSGT représente encore 22% des licenciés en 1949 et seulement 9,6% en 1990.

ainsi, un club d'entreprise de l'Ondaine parvient, là aussi grâce au soutien des municipalités, à perdurer et même devenir un grand club amateur : c'est le Groupe Sportif Dervaux, né en 1948 et utilisant dès les années 1950 le stade municipal de la Pouratte au Chambon-Feugerolles. Dans les années 1980, grâce à une politique de communication et une recherche de partenaires (sponsoring élargi grâce à l'entreprise mère fournit plus du tiers du budget au milieu des années 1990), le club reste dynamique grâce à son orientation fédérale.

Ce processus de banalisation n'est en rien spécifique à la vallée de l'Ondaine : le cas de l'US Villars dans une petite commune de la couronne Nord anciennement minière est un autre exemple de transition d'un club d'entreprise privé ayant débuté sur des installations privées vers un club de football fédéral au modèle sportif classique. L'origine de l'USV réside dans l'existence de deux clubs privés qui fusionnent en 1974 pour éviter de disparaître[1], utilisant au départ le stade Paul Bert (appartenant aux Houillères mais situé juste à côté des établissements Denis) puis le nouveau complexe sportif municipal. L'US Villars connaît alors un grand développement grâce au soutien municipal, direct et indirect (mise à disposition de terrains et du formateur René Souchon).

Au-delà de ce processus de banalisation des mouvements sportifs locaux et des espaces associés (diffusion massive du modèle sportif français de pratique et remise en cause des spécificités de la société industrielle locale), les acteurs publics de la région stéphanoise, accompagnés d'une sphère d'acteurs privés renouvelée dans une logique marchande, investissent de manière assez originale dans les aménagements sportifs, selon des stratégies de distinction territoriale.

---

[1] L'ASMV, Association Sportive des Mineurs de Villars, fondée en 1945 et soutenu par les Houillères jusqu'à leur cessation d'activités dans les années 1960, et le CSDV, Club Sportif Denis Villars, né en 1963 à l'initiative du dirigeant des établissements industriels Henri Denis (une chaudronnerie née en 1950). L'ASMVDV, jouant en FSGT, fort de 160 licenciés (en partie fils de mineurs et employés des établissements Denis), garde une identité de club ouvrier dans une commune qui globalement perd cette identité. Mais les équipes de jeunes, dirigées par l'adjoint aux sports René Souchon (depuis 1977), évoluent en FFF et lors de l'achat du stade Paul Bert par la commune en 1982, le club se restructure, achevant sa transition : l'ASMVDV devient l'Union Sportive Villars, qui ne joue qu'en FFF.

2.3 La distinction territoriale par le sport au-delà de la banalisation sportive

2.3.1 Le dynamisme des sports-loisirs : d'une initiative privée au relais d'acteurs publics

Par rapport aux années 1970 où émergeait une demande sociale de sports-loisirs, les années 1980 sont celles qui associent cette même demande qui prend de l'ampleur à une prise en charge par des acteurs privés dans une logique marchande qui s'affirme dans la société globale des années 1980 : cela confirme le poids des modes sportives dans l'aménagement sportif. Dès lors, les acteurs publics, municipalités en tête, hésitent entre un laisser-faire vis-à-vis de cette initiative privée et des stratégies de contrôle sur ces nouvelles activités.

Divers degrés d'intervention peuvent alors être analysés. D'abord, il arrive que les municipalités soutiennent implicitement le développement de sports-loisirs ancrés dans la sphère marchande mais sans concurrence directe pour des formes de pratique traditionnelles : c'est le cas du squash, un nouveau sport qui arrive comme une mode en France dans ces années 1980, proche du tennis, mais plus physique, plus rapide, moins onéreux a priori. Saint-Etienne n'échappe pas au boom du milieu des années 1980 et la municipalité Dubanchet communique sur les deux seules structures privées : le Squash-club du Pilat né en 1983 au sud de la ville et le Squash 42 né en 1986 au nord de la ville. Si pour ce type de structure assez limitée et indépendante, la municipalité stéphanoise n'a aucun souci de « gestion », valorisant simplement la richesse de l'offre locale, il arrive que les aménagements pour le squash soient mêlés à ceux, plus traditionnels et publics, du tennis : c'est le cas à Saint-Chamond où le tennis-squash club (c'est-à-dire le traditionnel tennis-club où quelques jeunes initient une section squash en 1990) pousse à la construction d'un complexe tennistique couvert avec deux salles de squash, inauguré en 1992.

Les conventions d'utilisation signées entre la ville et les clubs utilisateurs mêlent politique sociale et politique du haut niveau, sport et loisir, encadrement fédéral et pratique libre (d'un côté salle de judo et de tennis de table, d'un autre côté deux saunas et deux courts de squash, en général gérés de manière privée, correspondant à une offre commerciale de sport- loisir en gestion libre). C'est surtout le signe que les municipalités de la région stéphanoise souhaitent éviter une mise à l'écart dans la réponse à cette demande sociale de sports-loisirs : les initiatives totalement privées, pour le squash comme pour d'autres disciplines, sont en fait rares. Ce sport marchand est développé, contrairement au début du siècle où il existe nous l'avons vu dans les logiques élitistes du sport-spectacle naissant, en direction des populations urbaines, sans grand esprit de distinction sociale, au sein d'une société libéralisée (centrée sur l'épanouissement individuel et les sociabilités informelles ou alors en groupe d'amis).

A Saint-Etienne, plusieurs pratiques de sports-loisirs, très à la mode dans ces années 1980, sont prises en charge au départ par divers acteurs privés, essentiellement dans le secteur commercial donc dans une logique marchande affirmée, mais en lien plus ou moins étroit avec la municipalité qui d'une part encourage de manière générale cette libéralisation du sport, d'autre part se positionne en relais des initiatives en cas d'échec commercial des acteurs privés. Cette prise en charge passe par des investissements dans des réalisations nouvelles, voire inédites à Saint-Etienne, pour élargir l'offre et surtout répondre à une demande sociale. Le site privilégié est la Plaine Achille, confirmant les projets municipaux de la période Durafour d'en faire une zone de loisirs polyvalente, un immense complexe de loisirs sportifs, telle une centralité secondaire (avec son palais des sports et des spectacles, sa grande halle omnisports, sa piscine R. Sommet, ses halls d'exposition). Un grand projet privé vient se greffer au milieu des années 1980, celui d'un couple de gérants de bars Christian et Yvette Peyret, qui achète le restaurant de la foire le Flore et projète la construction d'un bowling, après plus de dix ans d'absence d'un tel équipement à Saint-Etienne[1]. La municipalité, qui voit là l'occasion d'élargir à moindre frais l'offre de loisirs de ce site ludique, soutient le projet, accompagnant une mode nationale, d'abord en cédant en 1986 le terrain dont elle est propriétaire à l'ouest du site, puis en finançant une grande partie des travaux[2]. Le bowling de douze pistes, d'homologation fédérale, est inauguré en

[1] Un petit bowling privé existait jusque dans les années 1970 dans un café place J. Jaurès (témoin de l'effacement des cafés dans l'accueil des pratiques sportives). Ce sport très américain, né à la toute fin du XIXème siècle et importé en France dès 1910, se développe dans les années 1980 après être resté plutôt confidentiel : la France ne compte que 22 bowlings en 1972 (BM n°123 de mars 1995).

[2] Plus de 8 millions de francs sur le total de 10 millions, soit deux millions d'euros actuels (*la Tribune le Progrès* du 1er décembre 1988).

décembre 1988, agrémenté d'espaces annexes comme un bar-restaurant, des billards et des jeux vidéos. Le succès est immédiat, grâce à une forte publicité (inauguration par l'équipe professionnelle de l'ASSE) et à des animations ludiques propres aux stratégies marketing du sport marchand. Il se vérifie tant sur le plan de la fréquentation individuelle de loisir que sur le plan sportif avec un club, le bowling-club de Saint-Etienne[1]. Peut-être pour assurer la gestion durable de l'établissement, la ville achète le bâtiment et signe en janvier 1992 une convention d'exploitation par affermage avec la SARL Bowling de Saint-Etienne. Dès lors, la municipalité communique plus sur le bowling, toujours dans cet esprit de complémentarité sport et loisir, logique de service public et logique marchande.

En revanche, signe des difficultés de cette politique sportive mêlant les deux logiques, le second équipement sportif de la Plaine Achille, la patinoire, ne connaît pas le même succès. La conduite du projet de patinoire à Saint-Etienne est surtout révélatrice des difficultés de la seule initiative privée pour ce type d'équipement sport-loisirs. Le projet est au départ privé, celui d'une SARL constituée en novembre 1984 par un frigoriste stéphanois, J-C. Cazorla, pour construire et gérer une patinoire privée, non loin des halls d'exposition, sur un terrain communal hors du domaine public du parc des expositions. Au départ, Cazorla propose au début de 1984 à la municipalité un projet ambitieux : le réaménagement du Palais des Sports en grande patinoire polyvalente[2]. Finalement, le risque économique, dénotant au moins l'importance prise par les acteurs privés « commerciaux » dans les projets d'aménagement sportif, ne convainc pas la municipalité qui soutient plutôt le projet d'une petite patinoire, en signant une convention pour la construction et la gestion reposant sur un accord pour la fréquentation des scolaires. La patinoire en gestion privée fonctionne dès la saison 1984/85 mais les difficultés s'accumulent pour la SARL (déficit d'exploitation, tempête en avril 1985). L'exploitation privée est stoppée au bout d'une saison et la ville doit alors se

[1] La fréquentation loisir concerne 350 personnes par semaine en moyenne et jusqu'à 800 personnes en vacances scolaires. Le club compte plus de 50 licenciés et organise son premier tournoi international (BM n°60 de mars 1989).

[2] Avec une piste olympique de 60 X 30 mètres pouvant accueillir une équipe de hockey. Le montage financier repose sur un investissement de 2,7 millions de francs, compensé par une fréquentation estimée à 70 000 entrées par an.

substituer à la SARL pour l'échéance de prêt en avril et octobre 1985 : à sa liquidation judiciaire en juin 1986, M. Cazorla cède la patinoire à la ville (comme prévu dans la convention de 1984). Si Saint-Etienne obtient une offre publique de patinage, elle le fait dans des conditions inhabituelles de substitution à l'échec du sport privé, et surtout sans culture des sports de glace en milieu urbain (les premières patinoires du début du siècle n'étaient qu'installées provisoirement sur des places publiques ou au Rond-Point). Durant l'hiver 1986/87, la patinoire stéphanoise reste fermée, relayée par la mode du patin à roulette qu'investissent d'autres acteurs privés de manière éphémère. Dans ces années 1984-1987, l'initiative privée portant un projet de sport-loisir compte tout autant que le soutien municipal à cette entreprise privée : l'acteur public tend à se substituer aux logiques commerciales et développe un projet sportif.

En effet, la municipalité Dubanchet refonde en 1987 un projet de patinoire peu différent, faute de réelle volonté d'investissement. D'une part le bâtiment est conservé au même emplacement, avec sa structure métallique pyramidale, et le seul réel investissement concerne l'installation de gradins pour 150 visiteurs ; d'autre part la gestion est à nouveau déléguée à l'ancien propriétaire-gestionnaire M. Cazorla, après négociation entre les deux parties, confirmant le poids des scolaires mais aussi les tensions avec l'opposition de gauche (gestion jufée floue). Suite à divers soucis techniques, la patinoire ne peut ouvrir en 1987/88 et l'inauguration a lieu le 29 septembre 1988, tandis que dans le même temps, la municipalité poursuit l'aménagement global du site Plaine Achille : les constructions du bowling et de la patinoire s'accompagnent d'une stratégie de contrôle foncier pour gérer accès et parkings aux différents bâtiments, telle une normalisation achevée de la friche urbaine. Pour la patinoire, une nouvelle convention d'exploitation par affermage est signée avec une nouvelle SARL, Terre de glace, dirigée par M. Cazorla, confirmant l'initiation des scolaires[1]. Mais le succès des sports de glace scolaires n'a pas de résonance sur la fréquentation du grand public qui ne vient pas en masse, peut-être faute d'une taille suffisante. Ce dossier montre donc l'ambiguïté d'une gestion déléguée, c'est-à-dire une entrée du marché relativement

[1] Pour tenir l'objectif de 1500 scolaires par saison, une monitrice est recrutée, des institutrices sont formées et les familles participent plus (DCM du 3/7/1989).

contrôlée et soutenue par la puissance publique, ce qui crée des tensions avec les tenants d'une gestion traditionnelle. Il témoigne donc surtout de la force d'opposition entre deux conceptions du sport et de l'aménagement (des deux forces politiques locales).

C'est le signe qu'au-delà d'un renouvellement des acteurs privés autour de la sphère marchande s'emparant de ces modes de sports-loisirs, les municipalités restent des acteurs incontournables dans les politiques d'aménagements sportifs. Ce sont parfois elles qui, à un degré d'intervention plus important, lancent et accompagnant certaines pratiques ludiques, dits de sports californiens (fun) dont le caractère sportif n'est affirmé que dans un second temps, tel le bi-cross ou le karting. A Saint-Etienne, la pratique du bi-cross est lancée par l'aménagement en 1987 d'une piste au complexe sportif de Méons (en attente d'achèvement, permettant de regrouper sur ce site toutes les activités cyclistes avec la piste et l'anneau de vitesse). Nous pouvons parler d'un projet sportif fédéral autour des sports cyclistes puisque les travaux sont financés par la FFC et le club local, Forez bi-cross, qui avait fait pression pour cet équipement en 1985. D'autres pistes de bi-cross ou de moto-cross sont aménagées dans la région stéphanoise, au départ sans lien avec une stratégie compétitive de club, plus comme pratique de loisir ayant pour cadre les périphéries urbaines (suscitant ensuite la création de clubs) : c'est le cas à la Fouillouse de la piste de moto-cross créée en 1983 près du hameau de la Niarée au sud du village (utilisée par le moto-club feuillantin) puis de la piste de bi-cross créée en 1984 près du hameau des Tuileries au nord (suscitant la création du club Fouillouse bi-cross en 1986). Ces aménagements, celui de Saint-Etienne en particulier, répondent à un besoin social important, lié au développement des sports dits californiens dont s'empare la jeunesse stéphanoise et des grandes villes en général. Le bi-cross est un sport californien dans le sens où c'est un spectacle dynamique avec les démonstrations de free style, « technologisé » avec un vélo particulier. Importé des Etats-Unis via l'Angleterre et les Pays-Bas, il perd son aspect confidentiel, à Saint-Etienne comme en France puisqu'il est reconnu par la Fédération française de Cyclisme. Trois autres petites pistes sont réalisées par la municipalité Dubanchet, à peu près la même année, dans divers quartiers (telle une complémentarité centralité / proximité), même si la ville ne communique pas vraiment sur les pistes de quartier puisqu'elles n'entrent pas dans la stratégie de marketing urbain par le sport de haut niveau et le sport-spectacle.

Parfois, cette introduction locale de modes sportives nationales tient à quelques initiatives privées qu'un cadre public permet de concrétiser, dans le sens où les politiques municipales sont garantes du niveau d'équipement et de la majorité des aménagements sportifs : c'est le cas du karting à Villars, commune de la première couronne où se développe, sans grande distinction de classes sociales, un mouvement sportif banal autour d'un complexe sportif (cf. supra). Une initiative originale, modeste au départ, vient compléter cet équipement sportif de base, assez banal : sur l'idée d'un élu devenu adjoint aux sports, Jean-Paul Chetail (sportif tous azimuts, pilote de 1964 à 1982), la ville de Villars réalise au cœur du complexe sportif une piste de karting en 1982. J-P. Chetail crée cette même année, avec une poignée de passionnés, l'AS karting de Villars (avec 30 licenciés dont 7 en compétition), comme il avait monté une équipe automobile dix ans auparavant : ce particularisme local repose sur un acteur politique local, un élu passionné, signe que l'aménagement sportif de ces petites et moyennes communes repose un système d'acteurs assez simple où l'offre guide la demande. Le renversement entre offre et demande sportive, que nous avons déjà caractérisé pour ces années 1980, est rapide car avec l'affirmation du karting des problèmes de cohabitation avec les utilisateurs du complexe, notamment lors des matches de football, nécessitent de repenser cet aménagement. La ville, ne pouvant plus « reculer » après le succès du kart local (54 licenciés dont 26 en compétition en 1986), aménage une grande piste avec homologation fédérale sur le site de Montravel en 1986, un terrain acheté par la commune en périphérie du territoire communal, au bord d'une autoroute et d'une station d'épuration. Symboliquement, il s'agit pour nous du rejet de pratiques ludo-sportives hors des complexes sportifs classiques, même si les deux cultures ne sont pas opposées[1]. C'est l'exemple même de spécialisation locale à partir d'un petit équipement

[1] Ainsi, conséquence de la sportisation du karting à Villars, l'AS karting (fort de ses 110 licenciés et de son soutien politique à travers J-P. Chetail), crée en 1994 une section haut niveau, Villars défi karting, pour préparer quelques pilotes au Championnat de France (dont Sébastien Chetail), en partenariat avec l'Automobile Club du Forez et le Conseil Général (avec location de kart pour le grand public).

original, valorisé par la suite et permettant de bâtir un projet sportif de haut niveau.

Enfin, à l'opposé de ces modes d'intervention publique, pour s'adapter à la demande de sports-loisirs, il arrive que sur certains créneaux suggérés par la diversification des pratiques sportives (simplement amorcée dans ces années 1980), seuls les acteurs privés interviennent, dans une logique purement marchande, en déconnexion relative avec la société locale et le mouvement sportif traditionnel. Ces acteurs privés de la sphère marchande ne sont en effet plus ceux directement issus de la société industrielle locale (grandes entreprises), et ils n'ont souvent aucun rapport direct avec les acteurs traditionnels de la puissance publique. Le cas emblématique est celui des clubs de gym privés : la demande sociale n'est en rien comparable à la fréquentation traditionnelle des sociétés de gymnastiques, reposant sur un esprit de club souvent compétitif, ancré dans une histoire profonde[1]. L'approche est plus individuelle et hédoniste, limitée à l'entretien physique du corps et associée à des sociabilités plus « éphémères » : large choix d'horaire, pratiques gymniques variées (musculation, yoga, danse, boxe, arts orientaux ...) et dans des micro-espaces à l'opposé des grandes salles de gymnase, etc. D'ailleurs, le nom de mise en forme est préféré à celui de gym ou gymnastique, pour bien se différencier d'un modèle de pratique traditionnel, dans une logique entrepreneuriale. En outre, le marché est très segmenté, des petites salles de quartier aux grandes structures d'accueil hiérarchisées[2]. Saint-Etienne n'échappe pas comme les autres grandes villes à ce mouvement d'initiatives privées, même si les logiques socio-spatiales sont moins affirmées : la plupart des structures privilégient les espaces centraux qui répondent à une logique de passage pour les travailleurs du centre-ville, et à une logique de proximité pour les classes aisées des beaux

[1] « L'implantation de ces espaces répond à une logique économique d'offre d'activités spécialisées pour une clientèle spécifique qui ne doit rien à l'impulsion de normes publiques » (Augustin, 1995, op. cit., p.175).

[2] Cf. Bessy Olivier, 1990, *De nouveaux espaces pour le corps, approche sociologique des salles de mise en forme et de leur public*, Université de Paris V, 403 p. L'auteur distingue six types d'espaces, en adéquation avec les secteurs sociaux : espaces hors classe des grands hôtels, chaînes haut de gamme, Gymnase club, espaces intermédiaires, salles de quartier, espaces particuliers, profitant chacun différemment d'une clientèle de proximité et /ou de passage.

appartements du centre-ville. En 1989, la ville compte une quinzaine d'établissements, dont les trois-quarts situés en centre-ville, les autres préférant la proximité d'espaces commerciaux[1]. En centre-ville, les clubs sont très divers, du petit club dans un vieil appartement rue Gambetta jusqu'aux grands établissements sportifs comme Californian paradise et ses 1500 m^2 rue Balaÿ. Ce dernier club illustre une des évolutions majeures du début des années 1990 : l'entrée sur le marché stéphanois de grands groupes : ainsi, en 1991, il devient le Gymnasium, proposant par exemple une halte-garderie et pratiquant l'agressivité commerciale. Outre le système commercial de franchise pour de grands groupes, le marché des clubs de gym stéphanois est très volatile malgré l'inertie des localisations, de plus en plus segmenté[2]. A cette segmentation du marché de la mise en forme s'ajoute le développement du sport domestique, analysé au début des années 1990 par A. Haumont[3]. Ainsi, ces formes de pratique qui reposent sur un nouveau rapport au corps et spatialement sur des espaces à l'opposé de la normalisation des équipements publics comme les gymnases exercent une concurrence pour les équipements sportifs publics traditionnels. Etant dans une logique purement marchande, ces pratiques de mise en forme ne font l'objet d'aucun soutien de la puissance publique et d'aucune communication de la part de la municipalité. Elles sont même assez souvent perçues comme une concurrence qu'il faut taire, se

[1] Près de Centre-deux (par exemple body-building 20 rue Chevreul) et de Monthieu. Notons un positionnement en direction ou même à proximité du Cours Fauriel, lieu de résidence privilégié de la bourgeoisie stéphanoise (World gym place Villeboeuf, Athena rue de la convention, etc), sans négliger d'autres quartiers « riches » : Gym liberty par exemple est place Foch à Montaud.

[2] Les petits clubs de quartier ont tendance à disparaître comme ceux du quartier Saint-François (qui comprend par ailleurs un grand club de gym sportive, l'AGSE), alors que d'autres se forment avec toujours plus d'équipements, de manière souvent éphémère et dans des quartiers d'habitat plus récent (Feeling form rue Bergson avec sauna et salle de musculation). La segmentation se poursuit avec des clubs plus féminins (Hydroform rue d'Arcole en 1992), plus axés sur les soins du corps (Gym cool place de l'Hôtel de Ville et Vitaform rue Wilson sur les massages, ouverts la même année), d'autres enfin atypiques comme Cobra gym (près de Centre-Deux, pratiquant même la boxe française).

[3] Cf. Haumont A. et Chevalier V., 1992, *Le sport domestique*, Centre de recherche sur l'habitat, Paris, 108p. Partant de la tradition bourgeoise de l'équipement privé (court de tennis, piscine), les auteurs évoquent la réflexion d'architectes-urbanistes puis les « mises en scène » sportives dans les espaces domestiques.

positionnant sur des sports gymniques déjà pratiqués dans des structures traditionnelles, clubs et fédérations, même s'il ne s'agit pas forcément de pratiques prenant le relais de l'ancienne gymnastique (plutôt en complémentarité de la gym volontaire). Cela étant, en région stéphanoise comme en France, ce marché de la mise en forme, surfant sur les valeurs portées par la société libéralisée des années 1980, reste limité et n'introduit pas de vrais éléments de distinction territoriale. Il confirme avec l'ensemble des sports-loisirs analysés précédemment le poids de la grande ville dans l'innovation sportive.

2.3.2 Des pratiques sportives (de haut niveau) à l'origine de politiques de distinction territoriale

Outre ce poids de la grande ville dans l'innovation sportive par les pratiques ludiques, la logique métropolitaine se traduit par les ambitions exacerbées dans le rayonnement sportif grâce au haut niveau sportif : nous sommes d'une part dans l'héritage durafourien d'une structuration des politiques sportives municipales autour des grands équipements, clubs et manifestations, et d'autre part dans un processus nouveau où quelques clubs, dits partenaires, cherchent à s'affirmer dans le champ sportif local, face à la multitude d'associations sportives que compte la ville (environ 600 à la fin des années 1980). La stratégie marketing dépasse la seule logique constructrice, d'aménagement au sens restreint : en reprenant plus ou moins le modèle du triptyque « stade G. Guichard – ASSE – grands matches », la ville soutient fortement l'appropriation de ses grands équipements par de grands clubs et de grandes manifestations. Il s'agit d'adapter l'orientation durafourienne aux évolutions du sport moderne, dans un contexte national de concurrence inter-urbaine affirmée.

Le premier point est le soutien aux grands clubs dans une logique sportive du sport-spectacle marchand, suivant le modèle du football professionnel (de manière plus ou moins avancée selon les sports), par la mise à disposition des installations et les subventions. C'est le cas pour le CASE, le grand club omnisports stéphanois, fort de ses centaines d'adhérents (1200 licenciés ans en 1989) dans six disciplines dont quatre à connotation fortement compétitive en sport collectif (basket, hand, volley et rugby). Il est largement soutenu dans ses championnats et ses manifestations sportives, « encadré » pour renforcer l'image de Saint-Etienne comme ville du sport de haute compétition, surtout à un moment où les résultats de l'ASSE sont très éloignés de la réussite des années 1970. Signe de proximité avec le jeu politique local, un nouveau président arrive dès 1983, Jacques Bréchotteau, plus proche des idées de F. Dubanchet. Le basket est la section-phare avec 26 équipes en 1984/85, installée cette saison-là pour l'équipe première au nouveau Stadium au Bardot, bénéficiant d'une subvention municipale de 1,2 million de francs. Dès 1986, l'équipe première monte en Nationale I A mais de manière très temporaire, tandis que s'affirment d'autres sections, celles de handball et surtout de volley : à la suite d'une modification des statuts de l'association en 1986, permettant entre autres de recruter des joueurs semi-professionnels en laissant une plus grande autonomie à chaque section, l'équipe première de volley monte en Nationale I B en 1988, puis en Nationale I A en 1990, elle aussi installée au Stadium du Bardot qui se remplit alors au fur et à mesure des saisons[1].

La stratégie municipale du second mandat de F. Dubanchet accentue la structuration sportive du CASE sur le haut niveau, évoluant vers le professionnalisme, suscitant des tensions et des difficultés d'adaptation. Ainsi, le basket, en difficulté au tournant des années 1990 (dépôt de bilan en 1990), est relancé en se basant sur la jeunesse : l'équipe première remonte en Nationale 2 en 1995, attirant de 250 à 1000 spectateurs par match. Mais c'est surtout le volley qui s'affirme au milieu des années 1990 dans la voie professionnelle, dans une logique « inflationniste » que la municipalité ne contrôle plus vraiment, malgré une forte subvention, face aux dirigeants et à leurs sponsors[2]. Bref, que ce soit pour le basket ou le volley, cette instabilité politico-sportive ne permet pas de fidéliser un public nombreux et varié (au-delà des amateurs de ce sport). Cela n'a pas d'incidence sur la culture sportive dominante et sur la politique d'aménagement sportif :

---

[1] Les subventions du CASE « explosent » alors : en 1990, l'association obtient une subvention globale de 2,8 millions de francs (plus de 500 000 euros actuels), auxquels s'ajoutent des subventions spécifiques pour le volley et le hand (dont l'équipe joue en Nationale 1), respectivement de 1 million et 0,2 million de francs (AM : 9C1), soit un total très proche de celui de l'ASSE (4 millions de francs).

[2] La montée en Nationale 1A en 1990 et surtout la qualification en Coupe d'Europe en 1993 (attirant jusqu'à 3500 spectateurs par match) lancent un recrutement ambitieux mais c'est la liquidation judiciaire dès 1994, dans un contexte fédéral tendu avec la ligue, malgré une subvention exceptionnelle de 500 000 francs.

le Stadium du Bardot, rarement plein, ne devient pas vraiment un haut lieu du spectacle sportif local.

D'autres clubs sont aidés, soit directement par de fortes subventions, soit indirectement par la mise à disposition de leurs installations (qu'ils gèrent plus ou moins directement) : par exemple l'Indépendante stéphanoise avec le complexe S. Berland, pour laquelle la ville parle d'un rôle de formation essentiel, justifiant de fortes subventions (même si dans la réalité peu de jeunes filles de l'Indépendante accèdent au Pôle France). Plus proche des logiques semi-professionnelles et dans un sport individuel très axé sur le sport-spectacle, le Coquelicot, un des plus anciens clubs d'athlétisme, est largement soutenu, profitant de subventions annuelles approchant les 200 000 francs dans les années 1980-1990, et d'une réfection totale de la piste du stade H. Lux en 1987, sans oublier le soutien aux principaux athlètes (pour plusieurs d'entre eux champions de France). En retour, la marathonienne Jocelyne Villeton, médaillée de bronze aux Championnats du Monde de Rome en 1987, sert ensuite de « mascotte » pour la ville (comme les joueurs de l'ASSE).

Cette politique de développement territorial centrée sur les clubs sportifs de haut niveau n'est pas propre à la grande ville : les communes importantes comme Saint-Chamond peuvent développer des politiques similaires, visibles surtout lors des ruptures politiques comme en 1989[1]. En fait, pour la grande ville, c'est surtout par l'organisation de manifestations sportives que se met en place un partenariat entre ces grands clubs et la ville, mettant en valeur les grands équipements sportifs stéphanois donc l'image de ville sportive. En effet, les années 1986-1994 sont celles d'une affirmation, plus ou moins réussie, de nombreuses grandes manifestations sportives, soit du sport-spectacle grâce au haut niveau, soit de masse dans le sens où elles rassemblent des centaines de sportifs (pour la plupart amateurs). Les grands clubs stéphanois sont surtout impliqués dans le second type de

[1] En effet, après avoir initié des regroupements de clubs pour favoriser le haut niveau sous Badet dans les années 1980 (Saint-Chamond basket, entente athlétique, entente Saint-Chamond Volley), la municipalité saint-chamonaise modifie la répartition des subventions dès 1990 de manière brutale, confirmant l'écart entre la pratique de masse et celle de quelques clubs évoluant au niveau national (en basket et en volley).

manifestations, servant l'image de ville moderne qui suit les modes sportives, y compris de sports-loisirs.

Ainsi, l'ASMSE organise, dès septembre 1985, le premier triathlon de Saint-Etienne, entre la base nautique de Saint-Victor-sur-Loire et le stade G. Guichard comme pour unir symboliquement les grands équipements sportifs municipaux. Dans un esprit similaire mais plus modeste, l'ASMSE organise, en plus du traditionnel relais pédestre de Saint-Etienne (le dixième en 1988), un tour du golf municipal en 1988 pour valoriser ce nouvel aménagement sportif en voie d'achèvement : le sport est pris comme vecteur de communication sur le renouvellement urbain. De manière générale, il existe pour la municipalité stéphanoise une approche du sport par la puissance publique assez proche des acteurs privés du système marchand, privilégiant les manifestations plus visibles, aux retombées plus fortes. Saint-Etienne accueille également des manifestations inédites à caractère prestigieux, en général organisées dans un partenariat municipalité / club et qui ne visent pas la pratique de masse mais le divertissement et la couverture médiatique (championnat de France cycliste professionnel sur route en 1988, jumping international en 1988 et 1989, championnats du monde Handisport en 1990, dans la poursuite des efforts de M. Durafour[1]). Elles valorisent les grands équipements du Nord-Est stéphanois, confirmant leur centralité et leur rôle de vitrine sportive.

La manifestation sportive qui traduit le plus ces ambitions de développement territorial par le sport est celle des courses hippiques qui sont relancées par la municipalité Dubanchet en 1989, en partenariat avec l'hippodrome de Saint-Galmier pour proposer des courses nocturnes (uniques en Rhône-Alpes) donc dans le sens d'un spectacle sportif attractif, reprenant un projet du second mandat Durafour. Suite à l'arrivée en 1989d'un nouveau président de la société hippique de Saint-Galmier, l'industriel Jean Thomas, marquant après

[1] Ils sont organisés en partenariat avec le club Saint-Etienne Handi Sport (comme en 1970 et 1975) et sont un succès pour les 1200 athlètes des 104 pays hôtes et pour la ville qui montre ses équipements et son organisation sportive : cérémonies à G. Guichard, basket au Bardot, cyclisme à Méons, natation à la Plaine Achille et Grouchy, volley à la Plaine Achille, athlétisme à l'Etivallière.

R. Rocher l'ascension par le sport du petit patronat local[1], la ville accompagne la grande campagne d'investissement pour retrouver l'aura des courses hippiques en province (après une période de désaffection nationale). Cette initiative municipale apparaît bien sûr en décalage avec l'initiative privée du début du siècle pour populariser ce spectacle sportif naissant, mais il existe une logique marchande similaire à l'arrière-plan, celle de l'affirmation d'une classe socio-économique dominante qui utilise le spectacle sportif à des fins économiques, comme espace relationnel et mondain. Concrètement, un protocole d'accord est voté et signé avec la société hippique de Saint-Galmier : grâce à une subvention annuelle de 250 000 francs pendant 15 ans, la société et l'hippodrome portent le nom de Saint-Etienne – Saint-Galmier dès la saison 1990. Cet accord est largement contesté par la gauche qui parle d'une demande sociale très limitée (DCM du 6/11/1989), reprenant un débat vieux de près d'un siècle sur le soutien à un spectacle mondain qui garde une image élitiste. Après des décennies d'absence d'une politique de soutien aux courses hippiques, Saint-Etienne se repositionne sur ce créneau « sportivo-mondain », dans une logique pouvant rappeler l'aménagement du golf mais sans l'objectif socio-sportif de démocratisation. Ce sont donc surtout les évènements sportifs et non pas le seul grand équipement, en parallèle avec une recherche de médiatisation, qui recentrent la stratégie marketing : au-delà du spectacle et de l'animation urbaine, ils sont un moyen d'appel à la fierté locale, d'affirmer une altérité par rapport aux représentations dominantes (Saint-Etienne la sportive et la dynamique face à Saint-Etienne la travailleuse et la renfermée).

Toutefois, on ne peut parler, dans le cas stéphanois et selon un héritage durafourien, de stratégie globale autour du triptyque « grands équipements – clubs – manifestations » puisque la municipalité d'une part ne contrôle pas tous les aménagements sportifs (poids des acteurs privés et marchands), d'autre part ne mène pas une politique sportive

---

[1] Jean Thomas, par ailleurs président du club de basket la Pontoise à Saint-Just-Saint-Rambert (évoluant au niveau national), est gérant des établissements Thomas-Sograma spécialisés dans l'exploitation des gravières de la Loire et la vente de matériaux de construction (fondés par son grand-père qui a créé une écurie de courses en 1933). Il est devenu, dans la lignée familiale, éleveur-propriétaire de trotteurs, membre puis président de la société hippique.

cohérente. Il s'agit plus, surtout pour les grandes manifestations, d'opérations opportunes souvent éphémères : ainsi, malgré son succès (5500 entrées en 1988, près de 7500 l'année suivante), le jumping international n'a lieu qu'en 1988 et 1989 à la Plaine Achille.

Surtout, les critiques de la gauche sont virulentes et récurrentes sur cette politique sportive. Elles attestent, et pas seulement sous la municipalité Dubanchet, d'une forte politisation du sport à Saint-Etienne dans ces années 1960-1990, en particulier sur les dossiers d'aménagement sportif en lien avec la place prise par l'équipement sportif dans la ville (notamment sur le golf). Pour simplifier, aux logiques de proximité privilégiées par les élus de gauche dans une idéologie d'égalité sociale par le sport (c'est-à-dire par de petits équipements de quartier favorisant les sports populaires, à la fois ceux de la classe ouvrière et les plus pratiqués) s'oppose la politique des grands équipements centraux favorisant le sport de haut niveau et/ou le sport spectacle, dans une stratégie de marketing urbain mêlée à un discours sur l'importance de l'équipement collectif et des liens avec le sport de masse. Cette logique prônée par les municipalités Durafour et Dubanchet ne suppose pas des politiques homogènes et figées : à l'héritage durafourien valorisant le sport de haut niveau comme une vitrine pour la ville moderne mais aussi un moyen de « tirer » le sport de masse s'ajoutent des tendances nouvelles selon les modes sportives et d'aménagement dans les années 1980, reposant largement sur des logiques marchandes (d'initiatives privées, que les acteurs publics ne font qu'accompagner).

Parfois, ces politiques sportives municipales du haut niveau modifient la gestion d'un équipement, comme à la piscine de l'Ondaine dans les années 1980. Construite comme piscine classique par les deux municipalités de gauche de la Ricamarie et du Chambon-Feugerolles, assurant un service public de natation à l'échelle de la vallée de l'Ondaine, la rupture politique avec l'arrivée de la droite au Chambon-Feugerolles modifie le sens donné à la pratique sportive. Lors de l'élection d'André Cognet en 1983, les premières tensions entre les deux gestionnaires apparaissent et en 1985, à la fin du contrat de gestion du syndicat intercommunal à vocation unique, la municipalité Cognet consent à prolonger ce contrat pour quatre ans, jusqu'aux élections municipales de 1989, non sans tensions sur la politique de gestion des activités proposées (la municipalité ricamandoise étant attachée au simple service public de natation). La victoire au premier tour du successeur de Cognet, Jean-François Barnier, remet en cause l'association des deux communes pour la piscine dès l'été 1989. Le Chambon-Feugerolles souhaite avoir sa piscine municipale et le nouveau maire, qui est statutairement le président du syndicat, demande sa dissolution, ce qui perçu comme une petite trahison par les Ricamandois. La municipalité Barnier souhaite contrôler le planning et privilégier, outre sa population scolaire dont l'enseignement de la natation demande plus de créneaux, l'affirmation sportive du Club Nautique de l'Ondaine, notamment en natation synchronisée[1]. Ce souhait répond à une politique sportive de prestige en rupture avec les gestions précédentes, en valorisant un créneau bien spécifique de la natation. Par exemple, la sociétaire Anne Capron, championne de France 1988, est quatrième aux JO de Séoul la même année, entraînée par P. Besson qui a participé aux JO de Los Angeles en 1984, alors qu'à la rentrée 1993 ouvre une classe spéciale natation synchronisée au collège Fourneyron. En outre, d'un projet sportif centré sur la natation scolaire, exerçant un service public à l'échelle de la vallée industrielle, la gestion passe à une orientation plus polyvalente, tournée vers les sports-loisirs au caractère populaire discutable (kayak, water-polo). Il existe donc une volonté politique de structurer la polarisation d'un équipement sportif banal, passant d'une utilisation traditionnelle et banale à l'ambition du haut niveau et de l'attractivité par la richesse de l'offre sportive.

Nous voyons donc bien émerger une structuration possible des politiques sportives municipales autour des équipements, clubs et/ou manifestations, dans une grande hétérogénéité productrice de distinction territoriale. Mais une configuration socio-spatiale et politique particulière montre cette homogénéité d'une politique sportive municipale qui place le sport au cœur de son projet de ville : c'est Andrézieux-Bouthéon, commune moyenne au nord-ouest de Saint-Etienne qui s'affirme progressivement comme pôle sportif majeur à l'échelle de la région stéphanoise.

[1] Mais aussi en water-polo (30 licenciés sur les 300 membres en 1990). Enfin, dernier signe de cette politique de clubs, le club de kayak, né en 1985 au bassin Carrot (délaissé par la pêche sportive), obtient la mise à disposition de la piscine un soir par semaine, complétant l'entraînement d'été à Saint-Pierre-de-Bœuf.

2.3.3 *Le sport dans les projets de ville : l'exemple andrézien*

Pour comprendre ce poids original du sport dans la politique locale, il nous faut revenir à la première phase de structuration sportive de la commune. Andrézieux-Bouthéon est une commune issue de la fusion en 1965 d'Andrézieux bourg semi-industriel en bord de Loire, et de Bouthéon petit bourg rural. Cette fusion, « expéditive, réussie mais inachevée »[1], s'accompagne de divers projets d'aménagement d'envergure, avec notamment un troisième pôle urbain : les grands ensembles de la Chapelle (formant alors une forme urbaine en triangle, relativement éclatée, sans unité physique ni sociologique[2]). Ce quartier, situé entre zones d'activité et noyaux villageois, repose sur une logique urbanistique fonctionnaliste, proche du zonage strict (habitat et à proximité un collège, un centre commercial et un complexe omnisports). Ce complexe sportif est aménagé avec quelques équipements de base dans les années 1970, sans grandes ambitions sportives. Il favorise l'éclosion de plusieurs clubs les années 1970, telle une structuration banale du sport local dans un partenariat clubs/municipalité répondant d'un modèle national. Ces clubs sont créés et dynamisés par la société locale, en particulier les populations jeunes des classes moyennes récemment installées dans la commune, tandis que l'équipement est produit par une municipalité encouragée par l'Etat. Tantôt les clubs sont créés dans la structuration traditionnelle des sociabilités et dynamisés par l'équipement, tantôt c'est l'équipement qui suscite la création du club[3]. Mais le principal club andrézien, tourné vers la compétition, reste celui de l'ASF en football

---

[1] Cretin Claude, 1995, *Saint-Etienne n'est plus dans Saint-Etienne*, PU de Saint-Etienne, Saint-Etienne, 394 p.

[2] La Chapelle acquiert vite une identité de quartier populaire (départ des classes moyennes), alors que Bouthéon a une identité plus rurale (entre résidences d'agriculteurs et résidences secondaires bourgeoises) et Andrézieux une identité plus industrielle (donc à la fois ouvrière et bourgeoise).

[3] Dans le premier cas, l'Amicale Laïque Sportive (ALS) naît dès 1971 autour du basket et devenant un club de compétition attirant la jeunesse andrézienne (près de 80 licenciés dès 1973), encourageant la construction du gymnase. Dans le second cas se forment, en 1975 grâce à l'achèvement de la piste d'athlétisme et d'un court de tennis, deux clubs par initiative locale (municipalité et population) : le Tennis-Club (TCAB) et le FAC, Forez Athlétic Club, qui « prend » des licenciés au club athlétique des Trois Ponts installé à Saint-Just-Saint-Rambert.

qui passe de 67 licenciés en 1967 à 264 en 1976 et autour de 280 vers 1980 : il bénéficie d'abord de travaux sur son terrain « historique » près de la gare (acquis par la ville en 1972), puis d'un second terrain à la Chapelle pour les entraînements de jeunes.

Jusqu'au début des années 1980, le poids des clubs est limité dans le système d'acteur local. et on ne peut pas parler de centralité sportive bien constituée : d'une part les équipements sportifs de la Chapelle sont éclatés (les installations couvertes d'un côté, les, installations de plein air d'un autre), d'autre part les sites sportifs sont disséminés dans les trois pôles urbains (à l'image de la construction d'un gymnase pour le groupe scolaire Pasteur dans le centre d'Andrézieux). A cet éclatement socio-spatial correspond une période de stabilisation de la croissance démographique qui pousse les acteurs publics locaux à prendre le temps d'une réflexion sur le projet de ville.

A l'arrivée de François Mazoyer à la tête de la municipalité en 1983, l'urbanisation – où se mêlent croissances démographique et économique – confirme le potentiel de développement autour de la jeunesse mais ne résoud pas l'éclatement communal en trois pôles urbains. La Chapelle, quartier le plus tourné vers Saint-Etienne, est perçue comme une pièce rapportée par les deux autres, achèvant cette « déconstruction » du territoire communal local[1]. Plusieurs unités de paysage bien différentes caractérisent une organisation urbaine qui offre peu de lisibilité, renforçant la représentation d'une commune péri-urbaine éclatée, selon une ascension récente mal maîtrisée. L'enjeu pour le nouveau maire est de susciter un projet de ville, non seulement en maîtrisant cette urbanisation mais aussi en créant une identité communale forte.

Conscient que le destin de cette bourgade a radicalement changé dans les années 1970, le maire souhaite prendre l'initiative du développement. Personnalité dynamique et aux idées ambitieuses pour sa commune, F. Mazoyer est au contact des diverses couches sociales de la société locale grâce à sa profession de principal du collège depuis 1978. Il lance une politique d'aménagement volontariste, moderniste, voire innovante, basée sur le potentiel humain (la jeunesse) et financier (fiscalité généreuse grâce aux entreprises industrielles) ; et le sport doit jouer un rôle essentiel dans la recomposition urbaine. La municipalité

[1] Cretin, 1995, op. cit.

Mazoyer accentue le partenariat ville / clubs, créant un parallèle entre offre et demande sportives, selon un intérêt réciproque. Elle fait le pari de miser sur les équipements sportifs pour asseoir une image de ville dynamique rayonnante, tel un « centre de gravité » pour le sud de la Plaine du Forez, à l'opposé d'une périurbanisation sans identité propre.

L'organisation municipale du sport est d'abord repensée et rationalisée : un OMS est créé avec 24 membres[1] ; et le premier adjoint Jean-Louis Grillet est responsable de la vie sportive et associative (par ailleurs président du tennis-club). La politique sportive municipale naissante se fait dans une connivence avec un mouvement sportif renforcé, à l'image du TCAB justement : fort de ses 300 licenciés au milieu des années 1980 (dans les dix premiers clubs du département), il peut peser sur les décisions municipales, notamment les projets d'équipements (éclairage des courts extérieurs, courts couverts). Le club, qui en 1983 emploie quatre éducateurs sportifs et organise son premier tournoi, bénéficie à partir de 1985, outre des deux gymnases durant l'hiver, des deux courts municipaux de la Chapelle jusque-là réservés en usage libre à la population locale. De manière plus générale, l'ensemble des clubs joue un rôle de premier plan et l'augmentation des subventions atteste de cette importance (d'environ 28 000 francs en 1982 à 59 000 en 1985 puis 158 000 en 1988). Cet encouragement municipal concerne surtout les sports de compétition et les clubs récents, mais l'affirmation globale des clubs sportifs touche aussi bien les anciens clubs qui se renforcent parfois en se diversifiant, tel le FAC (section tir à l'arc puis cyclotourisme), que de nouveaux clubs qui se créent au milieu des années 1980, souvent sur l'initiative de populations récemment implantées dans la commune souhaitant impulser une vie associative[2].

De ce fait, le maire axe sa politique sportive sur les équipements en repensant l'ensemble sportif de la Chapelle pour former le complexe des Bullieux. Après une période d'achèvement de l'équipement de base

---

[1] 16 présidents de club (et représentants des écoles), 6 conseillers municipaux et 2 personnalités du mouvement sportif (M. Machon du FAC et M. Ferréol de l'ASF, donc de deux clubs phares qui « dominent » les autres). Son président est le chirurgien dentiste J-J. Lacoste, le président de l'ASF, le plus important club local, et non pas l'adjoint aux sports comme dans de nombreuses communes.

[2] Handball club en 1986 (avec subvention exceptionnelle de démarrage de 3000 francs), escrime club, club auto-moto des Chambons, le karaté-club, etc.

et de réflexion globale (1983-1986)[1], c'est en direction des sports-loisirs que se recentre ce vaste aménagement sportif, en lien avec les caractéristiques de la société locale et la politique urbaine du maire. L'objectif reste l'encouragement au sport de masse par les clubs, dans l'idée qu'une telle centralité sportive crée une émulation réciproque, un esprit sportif communal, évitant au quartier récent et déjà réputé difficile de la Chapelle de se marginaliser[2]. Mais, en outre, divers aménagements sportifs sont tournés vers une pratique libre ludo-sportive. Ainsi, anticipant la mode du squash qui touche la France et la région stéphanoise à la fin des années 1980, la ville accompagne un projet privé de salle de squash à la Chapelle, face au complexe sportif des Bullieux[3]. En fait, c'est tout un projet d'aménagement ludique du complexe des Bullieux qui est pensé, faisant fi des partenaires publics mobilisés pour les équipements traditionnels, anticipant une évolution ludique des pratiques. La municipalité Mazoyer propose un « espace de liberté » pour compléter le programme de remise en valeur du quartier de la Chapelle, donc sans lien direct avec le mouvement sportif et fédéral local, telle une action sociale, avec une piste de skateboard, un mini-golf, un terrain de handball-volley, un parcours sportif de santé et un circuit de bi-cross, des sports tous jeunes et pratiqués par la jeunesse. Peut-être trop novateur, le projet n'est suivi que progressivement après 1986 : dans une logique de sports pour tous

---

[1] Eclairage des terrains, vestiaires, clôture du complexe, mais surtout second terrain de football et court de tennis couvert grâce aux opérations nationales '5000 courts de tennis' et '2000 terrains de football' : « saisir les subventions » est l'expression du maire qui navique entre logiques de guichet et de projet. Il faut ajouter une maison des sports et un boulodrome couvert de huit jeux avec gradins.

[2] Lors de l'inauguration officielle du complexe en 1985 par le préfet de la Loire, il est bien présenté comme la volonté de structurer le quartier autour du sport et de la jeunesse, telle « une grande œuvre d'équipement public et d'urbanisme » (*l'Envol* n°12 de 1985). Pourtant, si le complexe est valorisé comme signe de vitalité et d'une fusion communale réussie, la réalité spatiale montre une centralité sportive toute relative : le complexe des Bullieux, situé à peu près au centre du territoire communal, n'est pas au centre de gravité des trois pôles urbains.

[3] Elle participe à hauteur de 50% à la construction de cette salle de 600 m² (située dans une zone réservée à une urbanisation du quartier interrompue au début des années 1980), assurant par convention une utilisation pour les scolaires et le personnel municipal. L'opposition de gauche souligne une initiative privée, une affaire commerciale très différente du bénévolat sportif traditionnel.

(*l'Envol* n°18 de 1986), le parcours de santé est aménagé fin 1986 sur 1400 mètres avec ses 14 obstacles, tout comme la piste de bi-cross, une aire de détente derrière le gymnase des Bullieux (trois tables de ping-pong, un terrain de volley, un terrain de tennis-ballon) et enfin le mini-golf éclairé, construit début 1987. Deux autres réalisations viennent compléter cette offre dans le quartier de la Chapelle début 1988 : un mur d'escalade tout près du premier terrain de football stabilisé ; et un « ludoparc » (aire de jeux sportifs en plastique) sur la place centrale de la Chapelle, anticipant la mode nationale des espaces multisports au tout début des années 1990. Ces réalisations sont possibles grâce à un contrôle foncier sur le quartier : avec la fin de la ZAC en 1985, la ville « récupère » en 1986 pour un franc symbolique les terrains acquis par la SEDL pour l'aménagement du quartier, soit 33 500 m^2 (DCM du 18/3/1986) ; et avec l'achat de plusieurs terrains pour le lycée polyvalent (envisagé au nord des Bullieux), la ville dispose d'un contrôle foncier plus important, confortant ses ambitions.

Il serait toutefois réducteur d'analyser cette politique de sports-loisirs uniquement en terme d'équipements, sans la remettre en perspective dans une orientation sportive du partenariat ville / clubs et dans la politique de la ville faisant du sport-loisir le versant d'une politique sociale, le volet d'un aménagement urbain au cœur d'un quartier pilote, la Chapelle. Sur la politique sociale, le mur d'escalade est le résultat d'un programme Habitat et Vie Sociale où les équipements jouent un rôle majeur[1]. De même, la pratique de certains sports dans les opérations estivales de promotion du sport[2], comme le tir à l'arc ou le karaté, sont à l'origine directe de création de clubs

[1] L'étude HVS est pilotée par EPURES qui entreprend une analyse historique de la commune puis fait des propositions de mesures concrètes, confirmant la logique fonctionnaliste (centre sportif à la Chapelle, centre administratif à Andrézieux, unité spatiale à Bouthéon). Rendue en 1987, dans un esprit d'expérimentation encouragé au niveau national, l'étude propose 18 actions pour « une longueur d'avance » : cf. EPURES, 1987, *Habitat et vie sociale : Andrézieux-Bouthéon, le quartier de la Chapelle*, Saint-Etienne, 170p. Des mesures simples concernent le lien physique et paysager des équipements sportifs avec l'habitat collectif du quartier : jonctions piétonnes, jardins familiaux, alignement d'arbres.

[2] « Sports vacances » de 1983 à 1985, « pass sports été » en 1986 et 1987, « été chaud » en 1988, etc., confirmant l'utilité sociale du sport puisque ces opérations sont l'occasion de faire découvrir les diverses activités physiques et sportives à la jeunesse locale, grâce à l'aide des clubs qui peuvent ainsi recruter.

sportifs, profitant de modes nationales autour de ces sports jeunes. Sur l'orientation sportive, pour reprendre l'exemple du mur d'escalade, le club CESAM (Club d'EScalade et Activités de Montagne) est créé lors de son ouverture en 1988, témoin d'une volonté de structurer un grand mouvement sportif local à partir des réalisations pouvant apparaître comme de simples loisirs sportifs de proximité. Enfin, dernier versant de cette politique sportive municipale volontariste, plusieurs manifestations sportives, de masse surtout (de sport-spectacle de haut niveau secondairement), sont mises en place durant le mandat pour entretenir l'émulation sportive et affirmer l'image sportive de la ville auprès des habitants et de l'extérieur[1].

Les aménagements sportifs en faveur d'une pratique de sports-loisirs ne se limitent pas au seul quartier de la Chapelle : pistes de moto et bi-cross aménagées sur un vaste terrain de 92 000 m^2, dans une zone laissée libre pour une future extension de l'aéroport[2], aménagements ludiques de la zone des Bords de Loire, dans une orientation sportive limitée après de multiples hésitations sur une « mise en valeur touristique et sportive » révélatrice des ambitions de la municipalité Mazoyer[3]. D'autres équipements « décentralisés » sont modernisés en fin de mandat (vestiaires du stade de la gare et gymnase Pasteur) ; mais la signification socio-spatiale est ici secondaire, le maire cherchant à éviter l'accusation de négliger le centre-ville et l'équipement sportif des quartiers anciens).

Au total, le bilan dressé en 1989 par la municipalité Mazoyer à l'occasion de la campagne électorale est largement valorisé dans la métaphore de l'envol (avec la référence historique à l'aviation). Le

---

[1] Grand prix cycliste, fête de l'automne avec démonstrations de trail sur la piste de la Chapelle en 1986, tournoi de football de l'ASF, tour pédestre de la commune.

[2] Il s'agit de répondre à la demande sportive du club Auto-Moto des Chambons (fort de ses 66 membres), jusque là installé dans la gravière privée de l'entreprise Thomas qui ne répond plus à la demande croissante des jeunes motards. Au départ mal compris par plusieurs élus qui le jugent cher et éloigné des habitations, le projet est justifié par le maire comme un projet associatif avec le club local, évoquant la possibilité de proposer une initiation à la population locale, selon une localisation évitant la gêne pour le bruit (et celle d'un vaste parking).

[3] Lancement d'une ZAD en 1985 où il s'agit surtout de contrôler d'anciennes gravières, de résorber une aire de décharge plus ou moins sauvage, puis de créer une zone de loisirs familiale (jeux d'enfants, jardins familiaux, puis mini-golf, pêche en étang, aires de jeux sportifs) sans oublier les espaces verts et circulatoires.

secteur des sports et des loisirs, cher au maire, est mis en évidence tant sur le plan quantitatif (liste des équipements dont ceux du complexe des bullieux sur 6 ha) que sur l'animation globale de la cité, signe d'une qualité de vie : les subventions ont été multipliées par trois en moyenne, le nombre de clubs est passé de 14 à 22. Le budget consacré aux sports représente en moyenne plus de 8% sur le mandat, bien au-dessus de la moyenne nationale, tant en fonctionnement qu'en investissement. Ce premier mandat a été réellement consacré au sport de masse dans toute sa diversité, même si tous les clubs et tous les sports n'ont pas été aidés de la même manière[1].

Après avoir placé le sport au cœur du projet de ville en centrant les efforts sur un complexe sportif dédié à la population locale, les ambitions d'une politique de développement territorial par le sport changent d'échelle lors du second mandat. Dès la campagne fin 1988 sont annoncés, grâce à la perspective d'avoir un lycée, une halle des sports et une nouvelle piste d'athlétisme, grâce à une aide prévue du Conseil Régional, mais surtout une piscine avec étude de faisabilité[2]. Réélu dès le premier tour avec près de 80% des voix, le maire mobilise alors la nouvelle équipe municipale des sports autour de ce dernier projet[3]. La politique sportive n'est en fait qu'une déclinaison de l'affirmation d'une centralité (avec par exemple le Théâtre du Parc). Le

---

[1] La visite du secrétaire d'Etat Jeunesse et Sports M. Bergelin le 8 octobre 1987 est l'occasion de promouvoir cette identité sportive locale et le rôle du complexe des Bullieux comme centralité sportive créatrice de cette identité.

[2] Réalisée par le bureau d'étude parisien « Société conseil et gestion en sports loisirs tourisme », mais pour la municipalité la vocation de service public est dépassée par une vocation ludique suggérée dans le programme HVS de 1987 : « la création d'un complexe nautique a été souvent évoquée. Outre l'insuffisance en capacité des piscines du secteur Nord, l'implantation de nombreux établissements scolaires militent en sa faveur. De dimension conséquente, il devra être attractif et tiendra plus du parc de loisirs nautiques que de l'austère piscine ».

[3] Dès 1988, J-L. Grillet laisse sa place à M. Jourdy, un représentant de commerce de 44 ans, jusque là adjoint à l'environnement et à la qualité de vie, membre de la commission sportive (dont il devient président en 1989). De plus, une commission spécifique est créée début 1990 pour penser la piscine dans l'environnement sportif du lycée, comprenant le maire, cinq adjoints, quatre architectes et trois « techniciens » : un représentant de la DDJS, le proviseur du lycée et le directeur de la piscine intercommunale (DCM du 21/5/1990).

positionnement d'Andrézieux-Bouthéon est ambitieux et pour cela le type d'équipement sportif n'est plus tout à fait le même qu'au premier mandat : la piscine traduit cette évolution, tout en confirmant l'objectif de créer une identité locale. Le projet choisi, de l'architecte-urbaniste local Michel Lassagne, est assez conforme à l'étude de faisabilité de 1989 : sans rentrer dans les détails techniques, retenons sa vocation ludique et sportive, donc polyvalente, tel un équipement structurant. Le choix de la localisation aux Bullieux, justifiée par la proximité du parc des sports et des établissements scolaires, nécessite une grande modification de voirie en créant un accès par le parc des sports, le long du nouveau lycée (et un nouveau grand parking à cause de prévisions d'un accès automobile majoritaire), donc plusieurs acquisitions foncières (réalisées en 1991). L'organisation générale du complexe nautique est également confirmée : outre l'ensemble des bassins, l'étendue et l'orientation sud-ouest pour les plages mais aussi le traitement soigné des limites séparatives avec l'extérieur « pour éviter toute fraude et nuisances visuelles », ce sont les équipements ludiques qui en font l'originalité, prenant ouvertement modèle sur l'innovation de Saint-Chamond dix ans auparavant et sur les piscines ludiques en général (« sortes d'aqualands publics » avec toboggan, fosse, bassin ludique, rivière à courant et bain bouillonnant). Le coût atteint 40 millions de francs contre 27,3 millions de francs prévus dans l'étude de faisabilité, mais l'offre est sans commune mesure avec les piscines aux alentours[1].

Bien sûr, plusieurs critiques apparaissent sur ce projet de piscine ludique, à commencer par son caractère social d'apparence limité, dépassé par le caractère moderne et prestigieux que symbolise l'architecture audacieuse rompant avec les tours de la Chapelle, quartier dont la population se sent dès le départ peu concernée par l'équipement malgré la proximité spatiale (signe que pour de tels équipements les représentations sociales guident l'appropriation de l'espace sportif, quelle que soit la distance avec l'équipement). La

[1] Une couverte à Saint-Just-Saint-Rambert et trois en plein air à Feurs, Saint-Galmier et Montrond. L'attractivité d'Andrézieux-Bouthéon, déjà forte en terme d'emplois, est largement évoquée : 62 000 habitants à moins de 10 km et 92 000 à moins de 25 km (hors Saint-Etienne et Montbrison déjà équipées), sans oublier la population communale elle-même, toujours assez jeune (68% a moins de 40 ans).

localisation est assez mal comprise par les habitants des pôles d'Andrézieux et de Bouthéon qui ne bénéficient pas de ces grandes opérations de réhabilitation urbaine, ce qui constitue le point de tensions essentiel. Les élus de l'opposition soulignent également l'absence de concertation même s'ils ne remettent pas en question l'intention ludique. Le surcoût d'investissement par rapport à une piscine classique est censé être absorbé par le pari des sports-loisirs pour augmenter la fréquentation.

Ce pari n'est pas seulement celui des sports nautiques (même si la piscine mobilise 90% du budget des travaux) : elle est accompagnée d'un gymnase scolaire – rendu nécessaire à cause d'une forte augmentation des effectifs scolaires – et surtout d'un centre de remise en forme, tous deux attenants. Ce dernier apparaît clairement dans l'étude de faisabilité comme un « plus » dans l'attractivité du complexe à échelle de toute l'agglomération stéphanoise, habituellement investi par le secteur privé marchand comme à Saint-Etienne[1]. Nous sommes donc à la limite du service public et du service commercial. L'offre proposée est importante sans avoir l'ampleur des grands clubs privés de la ville-centre : sur 250 m² salle de musculation / danse, espace fitness avec douche massante, bain bouillonnant, trois cabines de sauna, un hammam, des bancs d'UVA et une salle de relaxation. Le centre ouvre à l'automne 1993, six mois après la piscine, dans l'objectif d'attirer les classes moyennes et supérieures qui ont investi le Sud de la Plaine du Forez, alors que d'autres installations prévues sont repoussées[2]. Cela confirme peut-être l'évolution idéologique du projet de ville qui se détache d'une volonté privilégier la population locale, surtout du quartier de la Chapelle.

Lors de l'ouverture du complexe nautique, l'enjeu est de taille pour la commune : confirmer l'attractivité d'une mobilité résidentielle par la mobilité temporaire, d'agrément, presque au quotidien. La

---

[1] « L'aspect 'détente' nautique a été nettement privilégiée et ceci en terme de complémentarité avec le bassin à vagues de Saint-Chamond qui présente uniquement le côté 'dynamique' de l'activité nautique sans possibilité d'activités annexes liées à l'entretien du corps » (Etude de faisabilité, 1989).

[2] Un espace jeux et un mini-bowling devaient « permettre de tenir un rôle 'social' et attractif sur la population adolescente de la commune » (Etude de faisabilité, 1989), sans oublier en plein air les courts de tennis et un mini-aqualand, enfin une patinoire (grâce à un système de chauffage-refroidissement complémentaire).

municipalité multiplie les opérations de communication lors de l'ouverture à l'été 1993, notamment sur le plan technique (publication des plans, des procédés techniques de chauffage de l'eau à 28°C, description du parcours à l'intérieur, etc.)[1]. L'offre nautique / ludique est très importante : natation sportive (pour tous âges), école de natation, aquagym, nage avec palmes, nage à contre-courant, hydrothérapie et bains à remous, etc., d'où une tarification supérieure aux piscines classiques. D'ailleurs, le centre est géré comme dans le secteur privé, avec des horaires d'ouverture spécifiques et un renouvellement fréquent du matériel, même si la tendance générale est moins à la recherche des dernières nouveautés et au culturisme qu'au simple loisir d'entretien. Le succès de fréquentation est réel dès le départ grâce à l'effet de nouveauté : près de 70 000 baigneurs de mai à décembre 1993 (avec des pointes à 1900 entrées par jour en août), 400 abonnés au CRF début 1994[2]. Cette fréquentation témoigne de l'attractivité du complexe, encore plus que pour la piscine qui représente un service public assez commun à l'échelle du sud de la Plaine du Forez : l'enquête statistique de 1997 auprès des abonnés montre cette polarisation[3]. L'aire d'influence est vaste, avec un poids certain des urbains et surtout des communes proches à forte proportion de couches sociales moyennes supérieures, étendue de Saint-Etienne jusqu'à Feurs.

Mais il ne faudrait pas limiter la politique d'aménagements sportifs à vocation polarisante à la réalisation du complexe nautique Nautiform : la structuration d'une politique sportive de haut niveau

---

[1] Dans son discours inaugural du 21 juin 1993, le maire parle d'un bel équipement pour les habitants d'Andrézieux et leurs voisins, appuyant l'idée d'un ancrage sur le long terme : « c'est l'affirmation de notre foi en l'avenir, la constitution d'un patrimoine dédié aux générations futures » (*l'Envol* n°12 de décembre 1993).

[2] « La salle de musculation s'avère trop petite. La municipalité étudie sérieusement les possibilités d'agrandissement pour permettre aux adhérents de profiter au maximum de cet espace » (*l'Envol* n°16 de décembre 1994). Mais ce projet est repoussé, tout comme celui d'un second bassin extérieur.

[3] Sur 901 abonnés ayant répondu, 22,4% sont d'Andrézieux-Bouthéon, 34,1% des communes voisines (14,1% de St-Just-St-Rambert et 10,1% de Veauche) et 43,5% d'autres communes (7,3% de Saint-Etienne, 4,6% de Saint-Galmier, 2,6% de communes du Rhône et 1,2% de Montbrison). Les abonnés du CRF habitent dans 108 communes différentes, dont 34 ne comprennent qu'un ou deux adhérent(s) mais dont 15 comprennent au moins dix personnes.

pour des clubs attractifs, autour du sport-spectacle, doit confirmer l'idée d'une centralité à échelle supra-communale. Dans ce second mandat, la municipalité Mazoyer s'engage en faveur des grands clubs, telle une connivence entre un projet de ville passant à échelle du bassin de vie et les ambitions de quelques dirigeants sportifs durablement positionnés dans le mouvement sportif local. Reposant essentiellement sur une amélioration de l'existant, l'envergure de ces améliorations dépasse le cadre communal de clubs locaux, notamment pour le football et le tennis qui sont deux sports complémentaires dans une offre attractive[1]. Le premier effort se porte dès 1989 en faveur du football et du stade de l'ASF, près de la gare : un vaste projet de modernisation-agrandissement est voté, pierre angulaire du projet sportif[2]. Le stade moderne doit permettre une montée vers le haut niveau amateur et les nouvelles installations (parking, barrière, et surtout tribune couverte de 1000 places avec vestiaire et éclairage) sont inaugurées par 3000 spectateurs en juin 1991 avec le jubilé P. Revelli (qui donne son nom à la tribune) : le stade de la gare, expression correspondant plus à un terrain rural, devient le stade Roger Baudras du nom du secrétaire historique du club, de 1960 à 1985. Le club passe de 260 licenciés en 1989 à 320 en 1992 et assure un spectacle de football d'un bon niveau amateur.

Quant aux aménagements pour le tennis, reposant là aussi sur un projet sportif centré sur des installations de haut niveau, ils concernent les courts couverts, rares dans la Loire donc attractifs et plus à même d'assurer un bon niveau sportif (entraînement et compétition toute l'année). Après un second court couvert, construit début 1991, le grand tournant pour le TCAB, fort de ses 350 licenciés, date de 1992 avec la fin du club Saint-Etienne Tennis Parc qui provoque la migration dans les clubs de la périphérie Nord de plusieurs bons joueurs. Nous retrouvons ici des enjeux socio-spatiaux anciens favorisant le sud de la Plaine du Forez, où se combinent logiques de

---

[1] Un sport populaire de masse hiérarchisé (laissant une grande place entre le club professionnel régional l'ASSE et de nombreux petits clubs amateurs) et un sport socialement plus élitiste, conjuguant vocations compétitive et ludique ; ayant tous deux un fort potentiel de sport-spectacle par le championnat et les tournois.

[2] Recrutement de l'entraîneur-joueur P. Revelli ancien joueur de l'ASSE dès 1989, dans l'objectif de « tirer vers le haut » les 15 autres équipes et les 260 licenciés du club (*l'Envol* n°1 de 1989 et n°3 de 1990).

distinction sociale par migration spatiale et logiques de distinction sportive. La municipalité cherche à « capter » ce flux potentiel, concurrencé par le club voisin privé de la Quérillière, installé près des zones industrielles mais dans un cadre verdoyant (sur la commune de Saint-Just-Saint-Rambert) et qui associe ambitions sportives et fonctions de détente avec piscine et club-house, à l'opposé des logiques de démocratisation des clubs municipaux. Elle construit donc deux nouveauc courts couverts, confortant l'existence à grande échelle de deux micro-pôles au sein du complexe des Bullieux : les quatre courts en plein air près des tours de la Chapelle, et les quatre courts couverts dont deux en terre battue plus au nord-est. En parallèle, le club se structure en faveur d'une politique sportive plus compétitive, notamment en direction de la jeunesse, sous l'influence du dynamique président J-M. Pangaud[1]. L'essor sportif du club dans ces années 1991-1993 (même si plus de 80% des adhérents ne font pas de compétition régulière et pratiquent donc en loisir) amène la municipalité à prévoir un rapprochement des installations : trois courts extérieurs et un club-house sont aménagés en 1993, délaissant en partie les courts de la Chapelle, très proches des tours et des aires de jeux occupés par la jeunesse du quartier[2]. Nous pouvons parler d'un véritable complexe tennistique au sein du parc des sports des Bullieux. Tous ces investissements pour le tennis sont réalisés par la commune avec un minimum de subventions, sur les fonds propres.

L'implication de la municipalité Mazoyer dans la structuration de clubs sportifs attractifs et vitrines pour la ville se retrouve pour d'autres clubs comme l'ALS en basket dans sa salle du gymnase Lacoste. Plus qu'une simple coïncidence, l'affirmation sportive de ce club répond de la même logique vertueuse née du système d'acteurs municipalité / clubs dynamiques. Pour l'ALS, la montée en Nationale 4 de l'équipe première pousse la FFBB à demander un agrandissement de

---

[1] Ouverture d'une classe tennis-études au collège et recrutement de moniteurs en 1991, embauche d'un entraîneur professionnel, renforcement du tournoi Open pour faire « un grand événement tennistique » avec plus de 300 participants en 1991 doublé d'un tournoi gentlemen (*l'Envol* n°6 de 1991).

[2] La décision de ne pas rénover ces quatre courts est confirmée à la fin de l'année lorsque la municipalité engage la construction d'un quatrième court extérieur : cette micro-géographie locale nous montre des stratégies spatiales de distinction sociale entre un club relativement élitiste et des populations locales défavorisées.

la salle (qui date de 1977), soutenue par le président Roland Jouve qui a de grandes ambitions pour le club : soutenant ce projet sportif, le maire décide l'agrandissement du gymnase en 1992 (après un premier vote de principe dès juillet 1989). Bref, directe ou indirecte (à cause de normes fédérales liées à une montée du niveau sportif des clubs), la pression des grands clubs est forte auprès d'une municipalité qui voit le moyen de poursuivre son projet de ville centré sur le sport à échelle d'une agglomération.

Les logiques d'acteurs, mises en place au cours du premier mandat, évoluent donc vers un partenariat revendiqué entre des grands clubs sportifs et le maire qui continue d'impulser les projets, n'hésitant pas en retour à pratiquer l'ingérence dans la vie des clubs. L'analyse de la répartition des subventions est à ce titre très instructive avec une explosion différenciée des montants selon les clubs et les projets sportifs : à partir de 1990, le football et le basket sont énormément plus aidés, dans une orientation sportive bien définie qui privilégie le sport de haute compétition[1]. Nous pouvons parler d'une « prise de pouvoir » des grands clubs privilégiés, c'est-à-dire d'associations qui combinent poids des licenciés et du haut niveau sportif, sur un plan local comme national d'ailleurs (dans les sports collectifs, voire individuels et médiatisés comme l'athlétisme), tel que le montre le tableau en page suivante, auquel il faut ajouter la présence de subventions exceptionnelles qui renforcent ces écarts (pour les déplacements). Bien sûr, la politique sportive municipale ne porte pas que sur le sport de haut niveau, soucieuse d'assurer un maintien et une diversification de l'offre de sports-loisirs : nous pensons aux efforts consentis pour le squash dans le maintien de l'offre sportive[2].

---

[1] La différence entre sports de haute compétition et sports-loisirs ou sport de compétition à faible niveau sportif est très nette, jusqu'à la caricature pour un club comme l'ALS qui voit un fossé se creuser entre la section basket au niveau national (subvention multipliée par 8,5 entre 1989 et 1992) et la section boules-billard qui reste à vocation détente et loisir (subvention multipliée par 0,9).

[2] En 1990, la municipalité passe une convention avec le squash club pour une location, encadrée par le personnel municipal, aux élèves et aux jeunes de la Chapelle dans le cadre des opérations « été chaud » et « contrats bleus » (rapportant 29 000 francs au club géré par une SARL). Elle devient même propriétaire du bâtiment en 1991 après déficit de la SARL (qui reste propriétaire du fonds de commerce, assurant les frais de fonctionnement et de gestion du club).

Tableau n°11 : évolution des subventions aux grands clubs sportifs andréziens (1989-1992)

Subventions (francs)	1989	1990	1992
Total des clubs sportifs	262 500	510 950	989 100
Total des grands clubs*	130 000	363 000	715 000
Rapport grands clubs/total	49,5%	71%	72,3%
Total ASF + ALS-basket	105 000	330 000	640 000
Rapport ASF + ALS / total	40%	64,6%	64,7%

* ASF, ALSB, TCAB et FAC Source : DCM Andrézieux-Bouthéon

Certes, après un bilan de dix ans de vie municipale, le discours de la municipalité Mazoyer est centré sur le ralentissement des investissements, au moins sur le sport ; mais elle maintient sa politique sportive centrée sur le haut niveau et les grands clubs, en développant l'animation sportive des équipements pour lesquels elle a beaucoup investi. Outre une grande fête du sport organisée à partir de 1994 (au Nautiform le samedi et sur les Bords de Loire le dimanche), citons :
- un match amical ASSE-OL organisé avec l'ASF le 17 mai 1994 au stade Baudras (suivi d'un contrat club VIP avec l'ASSE)
- et surtout un grand tournoi de tennis en 1996, homologué en catégorie Masters France, de niveau international (intégré à l'ATP Tour), organisé avec le TCAB[1]. Ancêtre du Challenger actuel, il attire plus de 4000 spectateurs au sein des installations municipales et permet d'asseoir une image de ville sportive par le sport-spectacle.

Nous retrouvons là, certes dans un contexte spatio-temporel différent et sans réel processus d'imitation, le triptyque mis en place par la municipalité stéphanoise Dubanchet dans les années 1980-1990 sur une orientation durafourienne : grands équipements sportifs, grands clubs, grandes manifestations. Nous sommes même proches d'une gestion par le sport (qui continue de mobiliser près de 10% du budget municipal). Pourtant, le projet de ville de 1983 (unification d'une commune éclatée par l'identité sportive) est un relatif échec car les

[1] Au départ, c'est plus ou moins une demande de F. Mazoyer à J-M. Pangaud qui a de l'expérience dans les tournois de tennis puisque, au début des années 1980, il organisait déjà des tournois au sein du club. Ce tournoi est possible grâce aux tennis couverts et en réquisitionnant le gymnase des Bullieux et la salle des fêtes.

centres urbains – Andrézieux, Bouthéon, la Chapelle – constituent bien encore trois entités séparées. D'ailleurs la centralité des Bullieux est confirmée au milieu des années 1990 à travers le projet sportif global ayant pour support principal un palais des sports, un très grand équipement sportif de compétition censé renforcer le sport-spectacle (et même Saint-Etienne ou Saint-Chamond n'ont pas de palais des sports). Erigé en projet-phare dans la campagne électorale de 1995, il s'agit d'un véritable complexe sportif couvert polyvalent, comprenant outre le palais des sports un centre d'hébergement et une salle spécialisée de gymnastique, sur le même site (entre le Nautiform et les autres installations du complexe sportif des Bullieux : tennis, athlétisme, football).

Mais le décès brutal du maire à quelques semaines des élections nécessite une refonte de la liste : sa femme Annie Mazoyer accepte finalement d'être tête de liste pour porter ses projets. Sa liste est brillamment élue, sans orientation politique bien définie (toujours plutôt de centre droit) mais dans une ambiance tendue à cause de l'urgence politique et de querelles sous-jacentes. A. Mazoyer reconduit une organisation municipale similaire aux années précédentes, si ce n'est une plus grande délégation des dossiers et quelques changements d'adjoints comme pour le sport : l'adjoint devient Roland Jouve, président de l'ALS basket, pressenti par F. Mazoyer dans un esprit de confiance mutuelle à l'image du projet de palais des sports justifié par les bons résultats de l'ALS. Dans le système d'acteurs local, la montée en puissance des grands clubs face à un maire peu expérimenté et souhaitant simplement poursuivre fidèlement les projets de son conjoint, crée quelques tensions qui secouent les premières années du mandat et remettent en cause la stabilité des relations entre acteurs (démissions de six conseillers municipaux en 1996 et 1997). Par contre, la municipalité renforce son action par un système en triangle avec, outre l'OMS, la commission municipale des sports et un embryon de service des sports[1].

[1] Ce dernier est constitué surtout des employés du Nautiform mais aussi d'un directeur technique des installations d'abord recruté pour l'ASF, l'ancien joueur et entraîneur Pascal Chermette. Quant à l'OMS, il se trouve présidé par un kinésithérapeute qui, comme le souhaitait toujours F. Mazoyer, n'est pas président de club pour éviter de concentrer trop de pouvoir (même s'il n'est force de proposition que pour les petits clubs).

Le dossier prioritaire est donc le palais des sports, ses annexes et les autres équipements sportifs prévus pour l'athlétisme et le tennis, en co-maîtrise d'ouvrage avec la SEDL, confirmé par la nouvelle municipalité au printemps 1996 avec la commande d'une étude de faisabilité qui confirmant l'enjeu urbanistique fort[1]. Le terrain est encore contrôlé par la SEDL et la localisation interne au quartier des Bullieux est réfléchie selon les équipements présents et les possibilités foncières (en bas au centre de la photo en page suivante). Le coût envisagé dépasse les 25 millions de francs, d'autant plus que l'architecture est prestigieuse, celle de l'ellipse qui garde une référence historique forte avec le modèle architectural né du Colisée dans la Rome antique[2]. Le palais des sports et salles annexes (hébergement, gymnastique) comprend sur 7000 m² : une grande salle basket/tennis avec 2000 places en gradin, une salle spécialisée de gymnastique avec 300 places en gradin, un centre d'hébergement de 60 lits et des locaux annexes (techniques, de circulation, de logement).

L'idéologie sportive qui sous-entend ce projet centré sur le haut niveau, un peu dans l'esprit du complexe stéphanois S. Berland mais dans une vision plus polyvalente, est celle d'un fort lien entre pratique de masse et pratique de haute compétition[3]. L'objectif est bien ici une attractivité à échelle régionale et nationale, tel un pôle sportif de haute compétition pensé de manière cohérente, mais sans accès pour les scolaires et la majorité des licenciés (sauf le stade d'athlétisme et les courts de tennis couverts, rénovés en 1998).

---

[1] « Contribuer à la requalification du quartier voisin d'habitat de la Chapelle ... en lui attachant l'image d'un ensemble structuré de plusieurs équipements modernes et de premier plan ; mettre à disposition des habitants d'Andrézieux-Bouthéon des équipements ... de haut niveau, et par là enrichir l'offre que la ville déjà réputée 'sportive' peut faire aux entreprises en création ou en relocalisation et à leurs personnels ; compléter sur le plan dimensionnel et sur le plan qualitatif la capacité de performances des mouvements associatifs de la ville et des communes environnantes ... » (Etude faisabilité d'un palais des sports, SEDL, 1996).

[2] Vigneau François, 1998, *Les espaces du sport*, PUF, Paris, 128 p.

[3] L'architecte le met en valeur : « le palais des sports est générateur d'urbanité. Il établit une continuité entre les terrains de jeux où s'entraînent les gamins et le lieu mythique où tous rêvent de se produire » (*l'Envol* de juin 1997).

Photo n°6 : vue aérienne du complexe sportif des Bullieux à Andrézieux-Bouthéon en 1995

Source : ville d'Andrézieux-Bouthéon

C'est toute l'organisation sportive qui est repensée, en partenariat avec les deux clubs spécialisés, le FAC qui a de grandes ambitions en athlétisme et le TCAB, un club de tennis puissant qui compte 475 adhérents et deux équipes au niveau national. D'une part, le stade de football au centre de la vieille piste est supprimé pour laisser toute sa place aux disciplines de l'athlétisme : on passe symboliquement d'un espace sportif polyvalent pour le sport de masse à un équipement pour l'athlétisme de haut niveau. D'autre part, l'ensemble des neuf courts de tennis est réorganisé[1]. Le total des investissements réalisés pour ce complexe sportif, en tenant compte des aménagements annexes et de voirie avoisine les 45 millions de francs. Outre cet aménagement d'envergure, d'autres versants de la politique

[1] Les deux courts couverts en toiles tendues sont déplacés au fond du site et deux courts extérieurs sont transformés en courts couverts en terre battue (deux autres courts couverts sont prévus, liés au gymnase des Bullieux et au club-house).

sportive municipale confirment, dans cette « ère Mazoyer qui se prolonge » (1995-1998), les engagements passés :
- augmentation constante des subventions qui dépassent 3 millions de francs dès 1997 (avec la même part pour les grands clubs)
- augmentation constante et forte du budget de fonctionnement pour le sport (plus de 10 millions de francs en 1997 avec le poids de la gestion des grands équipements comme le centre nautique)
- aide portée aux clubs en difficulté, y compris pour une gestion privée comme le squash[1], etc.

Il reste que, dans son projet de ville centré sur le sport et la jeunesse, Andrézieux-Bouthéon s'est structurée sur l'initiative d'une équipe municipale dynamique autour de son maire F. Mazoyer (puis de sa femme durant trois ans) et autour d'un mouvement sportif sans cesse croissant mais aussi de plus en plus hiérarchisé. La ville compte au milieu des années 1990 près de 4000 sportifs, licenciés et scolaires, pour une population proche de 9500 habitants, soit un record dans le ratio révélant l'attractivité des clubs. A une logique de sport de masse au cours du premier mandat, dans une offre sportive complémentaire entre compétition et sport-loisir, s'est substituée une logique de projet sportif complet et ambitieux, associant des grands équipements structurants pour le sport-loisir et la haute compétition en lien avec les résultats de quelques grands clubs (football, basket, tennis et athlétisme). D'un projet de ville pour construire une identité commune à trois pôles urbains, évoluant d'ailleurs rapidement vers une politique de requalification et d'image autour du quartier de la Chapelle (grâce au complexe sportif des Bullieux), la municipalité est passée à un projet d'agglomération, à l'échelle du bassin de vie, assumant financièrement et en terme d'image une attractivité pour la pratique libre et encadrée des sports (en confirmant la « vocation sportive » du quartier des Bullieux). Nous parlons alors d'un pôle sportif périphérique, selon une péri-urbanisation relativement contrôlée et autour d'un discours du maire centré sur la modernité et l'urbanité.

[1] Cinq ans après l'achat du bâtiment et la convention signée pour la gestion et le loyer, la ville consent à diminuer ce dernier de moitié pour préserver le club.

Conclusion

Nous avons montré à travers les aménagements sportifs en région stéphanoise, inscrits dans cette urbanité industrielle depuis l'apparition des sports modernes (et même avant avec les jeux sportifs de la société proto-industrielle), que l'acquisition du sens des lieux relève de logiques sociales de production et de transformation des espaces sportifs. Cette production puis structuration en fonction des groupes sociaux est autant une construction matérielle qu'idéelle, selon l'importance des images et des identités qui façonnent les hauts lieux du sport, notamment du sport-spectacle comme le stade Geoffroy Guichard. Cette dialectique du matériel et de l'immatériel est aussi celle du local et du global, surtout lorsque l'image sportive vue de l'extérieur (limitée à la ville du football) cache toute une diversité de pratiques et d'acteurs du champ sportif : si l'architecture globale des logiques nationales de production des espaces sportifs est vérifiée, quant au passage de l'équipement privé à l'équipement collectif rendant un service public puis utilisé comme outil d'aménagement urbain, la région stéphanoise montre plusieurs spécificités quant à l'évolution de la société industrielle puis post-industrielle.

Ainsi, trois périodes s'individualisent dans la complexification des systèmes d'acteurs autour du développement sportif, dans cette affirmation progressive de la place du sport dans la société. Dans la première, jusqu'aux années 1920, les espaces sportifs le sont rarement par destination première et ne sont pas inclus dans un aménagement urbain quelconque (selon des pratiques urbanistiques encore timides en France). Dans le cadre de la ville industrielle opposant un centre-ville bourgeois, des quartiers péricentraux populaires et des périphéries où alternent zones industrielles et espaces naturels ou ruraux, les localisations d'espaces sportifs privilégient d'un côté les zones centrales, au cœur des espaces urbains denses (gymnases, salles de sport, jeux de boules), d'un autre côté les zones en dehors de l'urbanisation, pour fuir la ville industrielle (parcs, hippodromes et champs d'aviation). Plus que ces localisations dont le caractère tient largement à l'opportunité foncière et aux nécessités de la pratique sportive (champ d'aviation loin des espaces urbanisés), l'important réside dans la diversité des acteurs qui, peu nombreux, se rencontrent peu dans la pratique sportive, un peu plus dans le spectacle sportif mais comme mise en scène des élites locales (courses automobiles et cyclistes sur piste, concours de sports d'hiver, etc.). Nous sommes bien dans un sport de « l'entre soi », classes dirigeantes d'un côté et classes populaires de l'autre (même si les secondes agissent souvent par imitation des premières). Des années 1920 aux années 1960, une seconde opposition s'ajoute, plus politique, entre acteurs privés du monde de l'entreprise et acteurs publics (municipalité stéphanoise en tête). Plusieurs modèles d'aménagement sportif tendent à s'opposer : les quelques réalisations publiques (parcs des sports à l'Etivallière, Grouchy ou Villeboeuf, piscines comme à la Talaudière), qui suivent un modèle d'intervention national émergent sous le Front Populaire puis sous Vichy, s'opposent aux grandes réalisations des entreprises stéphanoises agissant par stratégie de contrôle social (compagnies minières et grandes entreprises métallurgiques) ou par stratégie économique de promotion de l'entreprise (la famille Guichard à travers un club omnisports puis le club professionnel de football, les industriels du cycle à travers le Vel d'hiv). Ces grands équipements urbains investissent les zones péri-centrales (dont les deux principaux, stade G. Guichard et Vel d'hiv), voire quelques périphéries d'agglomération.

Mais c'est dans la troisième période, depuis les années 1960, que l'équipement sportif communal se structure dans l'agglomération. Les espaces sportifs par destination se multiplient, accompagnant l'urbanisation, placés même au cœur de l'aménagement urbain par la puissance publique qui les pilote rationnellement. Il existe donc un modèle d'aménagement sportif public dominant, tel un partenariat Etat-municipalités où le premier pilote dans les années 1960-1970 (produisant les équipements de base gymnase, stade et piscine, mais aussi les complexes sportifs) et les secondes dans les années 1980-1990 (produisant de plus en plus d'équipements spécifiques : courts de tennis, DOJO, golf, etc.). En région stéphanoise, les municipalités jouent un rôle essentiel face à des acteurs privés en voie d'effacement dans la production et la gestion d'espaces sportifs comme sur un plan socio-économique (dans un contexte de désindustrialisation). Ces élus assignent un rôle modernisateur à l'équipement sportif, offrant un service public à une population plus nombreuse, issue en général des classes moyennes. Ils agissent de manière de plus en plus structurée, rationalisée grâce aux acteurs en place, services des sports et parfois OMS (offices municipaux des sports), et grâce aux nouveaux versants assignés à la politique sportive (soutien aux clubs et manifestations, animation), produisant alors plusieurs espaces sportifs rationalisés, privilégiant la centralité (fonctionnelle, symbolique et socio-politique).

Outre les grands complexes sportifs municipaux, parfois hérités d'investissements privés (complexes sportifs de Roche-la-Molière et la Ricamarie, initiés par les compagnies minières), ces équipements sportifs de base sont aménagés dans une idéologie du sport de masse, parfois liée à des sociabilités de proximité (politique de gymnases sous la municipalité Sanguedolce à Saint-Etienne), parfois mêlée à une politique de marketing et de renouvellement urbain (piscine à vague de Saint-Chamond par la municipalité de gauche Badet). Malgré l'objectif premier d'un développement des pratiques sportives grâce au maillage d'équipement de base, des éléments d'instrumentalisation apparaissent.

Justement, cette tendance utilitariste du sport où l'équipement sportif acquiert une place nouvelle dans l'aménagement urbain se confirme récemment, dans des évolutions post-industrielles qui remettent en question le poids des équipements traditionnels. En effet, une tendance sociologique forte est la diversification des disciplines sportives et des espaces associés à ces nouvelles modalités de pratiques : dans une société post-moderne, individualiste et hédoniste, l'orientation ludique est privilégiée par plusieurs groupes sociaux, avec diverses modes où la pratique libre prend le dessus sur la pratique fédérale. Outre cette tentative de régulation de pratiques informelles (dans une conception normatrice de l'action publique locale), les politiques publiques sportives sont confrontées à d'autres défis : la montée en puissance d'acteurs privés marchands peut déstabiliser l'offre sportive, mais aussi la renforcer dans le cadre des partenariats publics-privés. La commune elle-même, si elle reste la matrice des politiques publiques du sport, n'est pas toujours l'acteur dominant, face aux autres niveaux de collectivité (timide émergence des stratégies intercommunales) mais encore face aux acteurs du monde sportif : le poids des fédérations et plus encore des ligues professionnelles, surtout dans la volonté de rénover le patrimoine sportif vieillissant des années 1960-70, atteste d'une normalisation presque achevée des espaces sportifs mais suscite de fortes tensions de type local / global. Les tensions locales concernent plutôt les formes d'instrumentalisation du sport, que ce soient les stratégies de distinction territoriale par l'évènementiel sportif (à l'image des Coupes du Monde 1998 en football et 2007 en rugby, entre coûts et retombées) ou l'utilisation du sport dans la politique sociale et la politique de la ville (notamment depuis les J-Sports au début des années 1990).

Table des figures et des tableaux

Table des matières

Partie 3 : L'équipement sportif au cœur d'un service public du sport (années 1960 – années 1990)

1. Une impulsion nationale décisive dans l'extension des espaces sportifs (années 1960-1970)

1.1 L'interprétation d'une politique nationale : les ambitions sportives précoces de la municipalité Durafour

1.2 L'équipement sportif des autres communes, la diffusion locale d'un processus global

1.3 Un « sport privé éclaté » en mutation : amicales, entreprises, clubs professionnels

1.4 De nouvelles logiques socio-politiques privilégiant les aménagements en faveur du sport de masse populaire

Collection "**Espaces et Temps du Sport**"
dirigée par Jean Saint-Martin et Thierry Terret
Editions L'Harmattan,
16 rue des Ecoles
75005 Paris

Le phénomène sportif a envahi la planète. Il participe de tous les problèmes de société, qu'ils soient politiques, éducatifs, sociaux, culturels, juridiques ou démographiques. Mais l'unité apparente du sport cache mal une diversité aussi réelle que troublante : si le sport s'est diffusé dans le temps et dans l'espace, s'il est devenu un instrument d'acculturation des peuples, il est aussi marqué par des singularités locales, régionales, nationales. Le sport n'est pas éternel ni d'une essence transhistorique ; il porte la marque des temps et des lieux de sa pratique. C'est bien ce que suggèrent les nombreuses analyses dont il est l'objet dans cette collection créée par Pierre Arnaud qui ouvre un nouveau terrain d'aventures pour les sciences sociales.

Ouvrages parus dans la collection « Espaces et temps du sport »

- Joël Guibert, *Joueurs de boules en pays nantais. Double charge avec talon*, 1994.
- David Belden, *L'alpinisme, un jeu ?*, 1994.
- Pierre Arnaud (éd.), *Les origines du sport ouvrier en Europe*, 1994.
- Thierry Terret, *Naissance et développement de la natation sportive*, 1994.

- Philippe Gaboriau, *Le Tour de France et le vélo. Histoire sociale d'une épopée contemporaine,* 1995.
- Michel Bouet, *Signification du sport*, 1995.

- Pierre Arnaud et Thierry Terret, *Histoire du sport féminin*, 1996, 2 tomes.
- André Benoît, *Le sport colonial*, 1996.
- Michel Caillat, *Sport et civilisation,* 1996.
- Thierry Terret, *Histoire des sports*, 1996
- Michel Fodimbi, Pascal Chantelat, Jean Camy, *Sports de la Cité*, 1996
- Michel Vaugrand, Jean-Pierre Escriva, *L'Opium sportif*, 1996.
- Bernadette Deville-Danthu, *Le Sport en noir et blanc*, du sport colonial au sport africain,1996.

- Paul Boury, *La France du Tour, le Tour de France, un espace sportif à géographie variable*, 1997.
- Pierre-Alban Lebecq, *Paschal Grousset et la Ligue Nationale d'Education Physique*, 1997.
- Sébastien Darbon, *Du rugby dans une ville de foot, Le cas singulier du Rugby-Club de Marseille,* 1997.

- Pierre Arnaud, *Les Athlètes de la République, gymnastique, sport et idéologie républicaine*, 1998 (réédition).

- Michel Bouet, *Traité de sportologie*, 1998.
- Charroin Pascal et Terret Thierry, *Histoire du water-polo*, 1998.
- Catherine Louveau, Annick Davisse, *Sport, Ecole, Société. La différence des sexes*, 1998.
- Marc Barreaud, *Dictionnaire des footballeurs étrangers du championnat de France professionnel, 1932-1992*, 1998.
- Jean-Paul Besse, *Les Boxeurs et les Dieux*, 1998.
- Christian Vivier et Jean-Paul Loudcher, *Le sport dans la ville*, 1998.
- Cyrille Petitbois, *Des responsables du sport face au dopage*, 1998.
- Pierre Arnaud et James Riordan, *Sports et relations internationales, les démocraties face aux régimes autoritaires*, 1998.
- Evelyne Combeau-Mari, *Sport et décolonisation à La Réunion,* 1998.
- Maurice Baquet, *Education sportive, initiation et entraînement,* 1998. (Réédition de l'ouvrage paru en 1942).

- Marc Durand, *La compétition en Grèce antique, généalogie, évolution, interprétation,* 1999.
- Jean-Michel Delaplace, *L'Histoire du sport, l'histoire des sportifs. Le sportif, l'entraîneur, le dirigeant, XIXème-XXème siècles,* 1999.
- Kim-Min-Ho, *L'origine et le développement des arts martiaux*, 1999.
- Vivier Christian, *La sociabilité canotière, La société nautique de Besançon*, 1999.
- Delsahut Fabrice, *L'empreinte sportive amérindienne, les jeux américains face au Nouveau Monde sportif*, 1999.

- Callède Jean-Paul, Fauché Serge, Gay-Lescot Jean-Louis, *Sport et identités*, 2000.
- Marianne Lassus, *L'affaire Ladoumègue,* 2000.
- Christina Koulouri, *Le sport et la société bourgeoise. Les associations sportives en Grèce (1870-1922),* 2000.
- Jean-François Loudcher, *Histoire de la savate, du chausson et de la boxe française,1797-1978*, 2000.
- Claude Piard, *Où va la gym ? L'éducation physique à l'heure des STAPS,* 2000.
-Jean-Claude Gaugain, *Jeux, gymnastiques et sports dans le Var (1860-1940),* 2000.

- Jean-Philippe Saint-Martin et Thierry Terret, *Le Sport français dans l'entre-deux-guerres*, 2001.
- Claude Roggero, *Sport... et désir de guerre*, 2001.
- Pascal Chantelat, *La professionnalisation des organisations sportives*, 2001.
- Michel Rainis, *Histoire des clubs de plage (XXème siècle),* 2001.
- Olivier Hoibian, *Les Alpinistes en France, 1870-1950, une histoire culturelle*, 2001.
- Gérard Couturier, *Jean Guimier, 1913-1975. Une vision politique et culturelle pour l'éducation physique et le sport*, 2001.

- Alice Travers, *Politique et représentations de la montagne sous Vichy. La montagne éducatrice*, 2001.
- Claude Piard, *Education physique et sport,* 2001.

- Michel Heluwaert, *Jeunesse et sport*, 2002.
- Patrice Gicquel, *Un siècle de vélo au pays des sourds*, 2002.
- Pierre Arnaud, Thierry Terret, Pierre Gros, Jean-Philippe Saint-Martin, *Le sport et les Français pendant l'Occupation*, 2 tomes, 2002.
- Michel Pousse, *Rugby, les enjeux de la métamorphose*, 2002
- Jacques Dumont, *Sport et assimilation à la Guadeloupe (1914-1965),* 2002.
- CDOS - Val d'Oise, Sport, *Education et Société. Les associations 100 ans après*, 2002.
- Fabien Ollier et Henri Vaugrand, *L'intégrisme et le football*, 2002.
- Thierry Terret, Patrick Fargier, Bernard Rias, Anne Roger, *L'athlétisme et l'Ecole, histoire et épistémologie d'un sport éducatif*, 2002.
- Thierry Terret et Henri Humbert, *Histoire et diffusion de la gymnastique aquatique (1960-2000*), 2002.

- Michel Heluwaert, *Sport sans jeunesse*, 2003.
- Fabien Ollier, *La maladie infantile du Parti communiste français (« le sport »),* 2003.
- Alex Poyer, *Les premiers temps des véloces-clubs. Apparition et diffusion du cyclisme associatif français entre 1867 et 1914*, 2003.
- Thierry Terret, *Les jeux interalliés de 1919. Sport, guerre et relations internationales*, 2003.
- Laurence Prudhomme-Poncet, *Histoire du football féminin*, 2003.
- Jean Saint-Martin, *Educations physiques nationales et exemplarités étrangères en France entre 1815 et 1914*, 2003.
- Tony Froissart, *« Sport populaire »* de Seine-et-Oise, *1880-1914*, 2003.
- Laurence Munoz, *Histoire du sport catholique, La Fédération sportive et culturelle de France, 1898-2000*, 2003.
- Jérôme Pruneau, *Les joutes languedociennes. Ethnologie d'un « sport traditionnel* », 2003.

- James Riordan, Arnd Krüger et Thierry Terret, *Histoire du sport en Europe*, 2004.
- Pierre-Alban Lebecq (sous la direction de), *Sport, éducation physique et mouvements affinitaires*, 2 vol., 2004.
- Fabien Ollier, *Mythologies sportives et répressions sexuelles*, 2004.
- Fabrice Delsahut, *Les hommes libres de l'Olympe : les sportifs oubliés de l'histoire des Jeux Olympiques*, 2004.
- Pierre Lagrue, Le *Tour de France, reflet de l'histoire et de la société*, 2004
- Florence Carpentier, *Le comité international olympique en crises : la présidence de Henri Baillet-Latour, 1925-1940*, 2004.
- Fabien Grœninger, *Sport, religion et nation. La Fédération des patronages d'une guerre mondiale à l'autre,* 2004.
- Albert Bourzac, *Les bataillons scolaires. 1880-1981. L'éducation militaire à*

l'école de la République, 2004.
- Louis Thomas, *Et si l'éducation physique n'était qu'un mythe !*, 2004.
- Bernard Michon et Thierry Terret, *Pratiques sportives et identités locales*, 2004.
- Paul Goirand, Jacques Journet, Jacqueline Marsenach, René Moustard et Maurice Porte, *Les stages Maurice Baquet. 1965-1975. Genèse du sport de l'enfant*, 2004.

- Michaël Attali, *Le syndicalisme des enseignants d'éducation physique, 1945-1981*, 2005.
- Julie Gaucher, *L'écriture de la sportive. Henry de Montherland et Paul Morand*, 2005.
- Sylvain Ferez, *Les corps et les mots. Claude Pujade-Renaud : mensonge et vérité du mouvement,* 2005.
- Thierry Terret, Philippe Liotard, Jean Saint-Martin et Anne Roger, *Sport et genre*, 4 vol., 2005.

- Sylvain Villaret, *Naturisme et Education corporelle*, 2006.
- Cécile Ottogalli-Mazacavallo, *Histoire des femmes alpinistes au Club Alpin Français (1874-1919) : Un genre de compromis,* 2006.
- Jacques Dumont, *Sport et mouvements de jeunesse à la Martinique*, 2006.
- Pascal Leroy, *François Faber, Du Tour de France au Champ d'Honneur,* 2006.
- Allen Guttmann, *Du rituel au record. La nature des sports modernes*, 2006.

- Yves Morales, *Une histoire culturelle des sports d'hiver. Le jura français des origines aux années 1930*, 2007.
- Sandrine Viollet, *Le Tour de France cycliste. 1903-2005*, 2007.
- Jean-Claude Bussard, *L'éducation physique suisse en quête d'identité (1800-1930),* 2007.
- Christophe Pécout, *Les chantiers de la jeunesse et la revitalisation physique et morale de la jeunesse française (1940-1944),* 2007.
- Pierre-Olaf Schut, *Une histoire de la spéléologie,* 2007.
- Jean-Paul Bourgier et Gérard Staron, *Atmosphères de courses. Conditions climatiques et compétitions cyclistes*, 2007.
- Pierre Richard, *Et pourquoi pas le jeu de galets ! Une histoire du curling au Québec (1807-1980),* 2007.
- Guy Bono, *Golden Goal. L'avenir du football européen en question*, 2007.

L'HARMATTAN, ITALIA
Via Degli Artisti 15 ; 10124 Torino

L'HARMATTAN HONGRIE
Könyvesbolt ; Kossuth L. u. 14-16
1053 Budapest

L'HARMATTAN BURKINA FASO
Rue 15.167 Route du Pô Patte d'oie
12 BP 226
Ouagadougou 12
(00226) 50 37 54 36

ESPACE L'HARMATTAN KINSHASA
Faculté des Sciences Sociales,
Politiques et Administratives
BP243, KIN XI ; Université de Kinshasa

L'HARMATTAN GUINÉE
Almamya Rue KA 028
En face du restaurant le cèdre
OKB agency BP 3470 Conakry
(00224) 60 20 85 08
harmattanguinee@yahoo.fr

L'HARMATTAN CÔTE D'IVOIRE
M. Etien N'dah Ahmon
Résidence Karl / cité des arts
Abidjan-Cocody 03 BP 1588 Abidjan 03
(00225) 05 77 87 31

L'HARMATTAN MAURITANIE
Espace El Kettab du livre francophone
N° 472 avenue Palais des Congrès
BP 316 Nouakchott
(00222) 63 25 980

L'HARMATTAN CAMEROUN
BP 11486
Yaoundé
(00237) 458 67 00
(00237) 976 61 66
harmattancam@yahoo.fr

561622 - Avril 2014
Achevé d'imprimer par

1livre.com
du rêve à la réalité !